Vulkan
实战

[波] Pawel Lapinski 著
苏连印 苏宝龙 译

Vulkan Cookbook

电子工业出版社
Publishing House of Electronics Industry
北京·BEIJING

内容简介

3D 图形加速功能是 3D 应用程序的绝对关键点。实践证明只有低层级的操作方式才能发挥出图形硬件的全部潜能。接替 OpenGL 的 Vulkan 正是这种低层级 API。它可以给予开发者更多的硬件控制权，并使 3D 应用程序获得更高的运行速度。本书详细介绍了 Vulkan 的各种知识。

本书由 12 章构成，其中包括：Vulkan API 的基础知识、Vulkan 图像显示、命令缓冲区和同步化、资源和内存、描述符集合、渲染通道和帧缓冲区、着色器、图形和计算管线、记录命令和绘制操作、拾遗补缺、照明、高级渲染技术。

了解 C/C++语言、掌握了图形编程基础知识，并想要了解 Vulkan 优势的开发者，最适合阅读本书。掌握了 Vulkan 基础知识的读者和希望了解 Vulkan 优势的 OpenGL 开发者，都适合阅读本书。

Copyright©2017 Packt Publishing. First published in the English language under the title 'Vulkan Cookbook–(9781786468154)'.

本书简体中文版专有出版权由 Packt Publishing 授予电子工业出版社。未经许可，不得以任何方式复制或抄袭本书的任何部分。专有出版权受法律保护。

版权贸易合同登记号　图字：01-2017-5968

图书在版编目（CIP）数据

Vulkan 实战 /（波）帕维尔·利平斯基（Pawel Lapinski）著；苏连印，苏宝龙译. —北京：电子工业出版社，2022.1

书名原文：Vulkan Cookbook

ISBN 978-7-121-42493-9

Ⅰ. ①V… Ⅱ. ①帕… ②苏… ③苏… Ⅲ. ①图形软件－程序设计 Ⅳ. ①TP391.41

中国版本图书馆 CIP 数据核字（2021）第 252167 号

责任编辑：张春雨　　　特约编辑：田学清
印　　　刷：涿州市般润文化传播有限公司
装　　　订：涿州市般润文化传播有限公司
出版发行：电子工业出版社
　　　　　北京市海淀区万寿路 173 信箱　　　邮编：100036
开　　本：787×980　　1/16　　印张：38.75　　字数：797.9 千字
版　　次：2022 年 1 月第 1 版
印　　次：2023 年 2 月第 2 次印刷
定　　价：199.00 元

凡所购买电子工业出版社图书有缺损问题，请向购买书店调换。若书店售缺，请与本社发行部联系，联系及邮购电话：（010）88254888，88258888。

质量投诉请发邮件至 zlts@phei.com.cn，盗版侵权举报请发邮件至 dbqq@phei.com.cn。

本书咨询联系方式：010-51260888-819　　faq@phei.com.cn。

译者序

最开始被发明出来的时候，计算机只能进行数学计算，实质上就是一个超级算盘。随着时间不断推移，计算机软件和硬件技术不断在深度和广度上飞速发展。在机床上安装计算机，计算机就成了工业机器人。在战斗机上安装计算机，计算机就成了火控系统。在家庭中使用计算机娱乐，计算机就是游戏机、电视和录像机。将计算机微型化并安装无线通信部件，计算机就成了智能手机。计算机已经渗透人类社会的各个角落，与人们的日常生活密不可分。

在图像处理领域，计算机同样大显身手。电影中的太空场景、灭世景象，电视剧中的特效都是使用计算机图像渲染技术制作的。计算机图像渲染技术还被应用于计算机辅助设计。各种设计图都是使用计算机图像渲染技术制作的。各种电子游戏场景也需要使用计算机图像渲染技术，而且要求更高。因为游戏场景不仅需要制作精美，还需要更快的生成速度。

Vulkan 是大名鼎鼎的 OpenGL 的继任者，而且也是由 Khronos Group 行业协会开发的。Vulkan 实质上就是一个函数库。通过调用这个函数库中的函数，应用程序开发者能够直接执行低层级的硬件操作。AMD 公司的技术人员通过研究，发现使用低层级的硬件操作，能够发挥图形硬件（显卡）的全部潜能，从而大幅度提高图形处理工作的效率。该理论得到证实后，其他图形硬件制造厂商纷纷开始开发自己的图形库。

Vulkan 的优点：
- Vulkan 是跨平台的、开源的，支持它的硬件厂商有很多，它代表了未来。
- Vulkan 直接执行低层级硬件操作，减少了额外开销。
- Vulkan 改善了多线程性能，降低了 CPU 占用率及功耗，还拥有更快的渲染性能。
- Vulkan 会统一桌面的 OpenGL 和移动平台的 OpenGL ES，且都会被它取代。

本书的作者 Pawel Lapinski 是一位拥有十多年经验的资深图形软件工程师，他在本书中使用了大量的实践范例。这些范例程序既有实用性也有启迪性，深入浅出地讲解了 Vulkan 的各种功能和中高级图形渲染技术。

翻译前沿计算机科学书籍的工作并不轻松，也不是单独一个人能够完成的。在此我要感谢电子工业出版社张春雨等编辑对本书提供的帮助。此外，苏连印、刘桂英、艾玉林、孙召景、张纪悦、张纪华、孙德林和孙召恒等也参与了本书的翻译工作。

因时间仓促，译者水平有限，书中难免有不足和疏漏之处，恳请读者批评指正。

作者简介

Pawel Lapinski 是一位图形软件工程师，就职于 Intel 公司。十多年前，Pawel Lapinski 和他的朋友们使用 C++、OpenGL 和 Cg 开发了一款 3D 培训/模拟应用程序，这款软件使用了头盔式显示器和立体成像等高端技术，至此开启了他的职业生涯。

当开始研究工作后，Pawel Lapinski 就专注于 3D 图形技术，尤其对开放式的跨平台 OpenGL 库感兴趣。他撰写了一部论述高效使用顶点和片段着色器的教程。至此之后，他就不断谋求与 3D 图形有关的工作机会，并扩展他在这一领域的知识。Pawel Lapinski 有幸加入了一个优秀的开发小组，这个小组当时正在波兰格但斯克科技大学开发一个当时最大的类 CAVE 系统。Pawel Lapinski 负责使用 Unity3D 引擎实现 3D 可视化功能，以及通过立体成像支持运动跟踪功能。

Pawel Lapinski 的整个职业生涯都在研究计算机图形技术、OpenGL 库和着色器。然而，在成为 Intel 公司的一名程序员后，他负责对 Vulkan 图形驱动程序进行确认测试，因而获得了研究 Vulkan 的机会。Pawel Lapinski 编写了一系列介绍如何使用 Vulkan 的教程，通过本书与读者分享他掌握的 Vulkan 知识。

致谢

这是我第一次写书，是我生命中非常重要的一个时刻。在此，我要感谢许多人。

首先，我要感谢我的妻子 Agata 和我的孩子们，感谢他们对我们的家付出的爱、耐心和不断的支持。

如果 Jacek Kuffel 先生没有在小学教授我英语，那么我也写不了这本书。他让我知道了语言的重要性，还教会了我如何写作。我对写作的热爱都源自 Jacek Kuffel 先生。

我在学生时代就对 3D 图形编程很感兴趣。在此我要感谢我的论文导师 Mariusz Szwoch 博士和我的 3D 图形课程老师 Jacek Lebiedz 博士。感谢他们对我的支持和帮助，如果没有他们，我就无法学习 OpenGL，也无法学习 Vulkan。

衷心感谢我所在的 Intel 波兰分公司的开发小组，该小组是我见过的最优秀的开发团队。他们不仅是这个领域的专家，也是非常友善、真诚和暖心的朋友。感谢他们耐心地回答我的许多问题，将他们的知识分享给我，还要感谢他们创造的非常好的日常工作氛围。特别感谢 Slawek、Boguslaw、Adam、Jacek 和我的主管 Jan。

最后，特别感谢 Packt 出版社的团队。我一直梦想能够写一本书，Packt 出版社的团队帮助我实现了这个梦想。在我撰写本书时，Aditi、Murtaza、Nitin 和 Sachin 从始至终都为我提供支持。因为有他们的帮助，我的写作工作才能变得更轻松。

读者服务

微信扫码回复：42493

- 获取本书配套代码
- 加入"游戏开发"读者交流群，与更多同道中人互动
- 获取【百场业界大咖直播合集】（持续更新），仅需 1 元

审稿人简介

Chris Forbes 是一位软件开发者,就职于谷歌公司,主要负责 Vulkan 确认测试支持和开发其他相关系统组件。他参加过为 Linux[①]的开源图形驱动程序实现 OpenGL 3 和 OpenGL 4 支持功能的开发工作,还参加过重新编写经典策略游戏,以便使这些游戏能够在现代系统[②]上运行的工作。同时,他也是 Packt 出版社出版的 *Learning Vulkan* 一书的技术审稿人。

---

① 请浏览 www.mesa3d.org。
② 请浏览 www.openra.net。

前言

计算机图形技术有较长和有趣的发展史，许多用于生成 2D 或 3D 图像的 API 和自定义图形处理方式不断涌现。在计算机图形技术的发展史中，OpenGL 是一个里程碑，是最早出现的一批图形库之一。OpenGL 不仅可以用于实时创建高性能 3D 图形，而且任何人都可以在多种操作系统上使用它。现在 OpenGL 仍旧在发展中，而且被广泛使用。

自从 OpenGL 被开发出来，图形硬件发展非常迅速。最近，为了适应这种高速发展，一种新的 3D 图形渲染技术处理方式出现了，这种处理方式通过低层级方式访问图形硬件。OpenGL 被设计成一种高层级 API，使用它可以轻松地在屏幕上渲染图像。虽然这种高层级的处理方式为用户提供了方便，但图形驱动程序的处理工作变得困难，这是制约硬件发挥其全部潜能的主要原因之一。新的处理方式尝试战胜这些困难——它给予用户更多的硬件控制权，但同时需要用户承担更多责任。因为这种处理方式能够消除驱动程序的阻碍，应用程序开发者可以使图形硬件发挥全部潜能。低层级的访问操作使驱动程序能够变得更为小巧，但获得这些益处的代价是开发者必须做更多的工作。

这种新的图形渲染技术是由 AMD 公司在设计 Mantle API 时提出的。当 Mantle API 证明低层级访问方式可以大幅度提高性能后，其他图形硬件公司纷纷开始开发自己的图形库。这些图形库中两个最突出的代表是苹果公司的 Metal API 和微软公司的 DirectX 12。

上面提到的这些图形库都是专门为指定的操作系统和/或硬件开发的，它们不具备像 OpenGL 那样的开源和跨平台特性。2016 年 Vulkan 横空出世，它是由 Khronos Group 行业协会开发的，该协会也开发并维护了 OpenGL。Vulkan 代表了一种新的图形处理方式——通过低层级操作访问图形硬件，但是与其他图形库不同，任何人都可以在多种操作系统和硬件平台上使用 Vulkan——从安装了 Windows 或 Linux 操作系统的高性能台式机，到使用 Android 操作系统的移动设备。因为 Vulkan 还是一个非常新的图形 API，所以指导开发者如何使用 Vulkan 的教程还比较少。本书旨在填补这个空白。

本书主要内容

第 1 章介绍 Vulkan 的基础知识。本章介绍了下载 Vulkan 的 SDK、连接 Vulkan Loader 库的方式、怎样选择用于执行操作的物理设备,以及创建逻辑设备的方式。

第 2 章介绍 Vulkan 图像显示。本章介绍了交换链的定义和用于创建交换链的参数。掌握这些知识后,我们就可以使用交换链执行渲染操作并在屏幕上查看工作成果。

第 3 章介绍命令缓冲区和同步化。本章介绍了如何将命令记录到命令缓冲区并提交到队列中,以便命令被硬件执行。本章还介绍了各种同步机制。

第 4 章介绍资源和内存两种基础且最为重要的资源——图像和缓冲区,使用它们可以存储数据。本章介绍了创建图像和缓冲区的方式、为图像和缓冲区准备内存空间的方式,以及通过我们编写的应用程序(CPU)将数据加载到图像和缓冲区中的方式。

第 5 章介绍如何将创建好的资源提供给着色器。本章介绍了如何创建在着色器内部使用的资源,以及如何设置描述符集合——应用程序和着色器之间的接口。

第 6 章介绍将一组绘制操作组织到一个集合中的方式,该集合称为子通道。多个子通道构成了渲染通道。本章介绍了如何创建附着材料(渲染操作的目标,会在执行绘制操作的过程中被使用),以及如何创建帧缓冲区。帧缓冲区会根据附着材料描述,与指定的资源绑定到一起。

第 7 章介绍所有可用图形和计算着色器阶段的编程规范。本章介绍了如何使用 GLSL 编程语言编写着色器程序,还介绍了如何将这些着色器程序转换为 SPIR-V 程序——Vulkan 核心唯一接收的形式。

第 8 章介绍创建图形和计算管线的过程。这两个管线用于设置绘制命令和计算操作的参数,以便图形硬件能够正确地处理这些命令和操作。

第 9 章介绍如何将用于绘制 3D 模型的所有操作记录下来,以及分配计算工作。本章介绍了各种优化技巧,使用这些技巧可以提高应用程序的性能。

第 10 章介绍 3D 渲染应用程序必然会用到的一组便捷工具。本章介绍了如何从文件中加载纹理数据和 3D 模型,还介绍了如何在着色器内部处理几何图形。

第 11 章介绍常用的照明技巧,从简单的漫反射和镜面反射照明计算,到法线贴图和阴影贴图技巧。

第 12 章介绍高级渲染技术,该技术广泛应用于许多流行的应用程序,如游戏和基准测试程序。

阅读本书前需要了解的注意事项

Vulkan 是开源的和跨平台的，本书介绍关于它的各方面知识。Vulkan 可以在 Microsoft Windows 7（以及更新的版本）和 Linux （Ubuntu 16.04 或更新的版本）操作系统中使用。Android 7.0 以上的版本和 Android Nougat 也支持 Vulkan，但是本书中的示例代码不是专门为 Android 操作系统设计的。

如果想要为 Windows 7+和 Linux 之外的操作系统开发自己的应用程序或在这二者之外的操作系统上运行本书的示例程序，那么图形硬件和驱动程序都必须支持 Vulkan。要了解详细信息，应查询 3D 图形硬件厂商的网址和/或客服，以便查明图形硬件是否能够运行使用 Vulkan 的软件。

在使用 Windows 操作系统时，可使用免费软件 Visual Studio Community 2015 IDE（或更新的版本）编译本书的示例代码，还应将 CMAKE 3.0 或更新的版本与 Visual Studio Community 2015 IDE 一起使用，以便获得高效的软件编译解决方案。

在使用 Linux 操作系统时，可以组合使用 CMAKE 3.0 和 make 工具进行编译工作，也可以使用其他编译工具（如 QtCreator）编译本书的示例代码。

本书面向的读者

了解 C/C++语言、掌握图形编程基础知识，以及想要了解 Vulkan 优势的开发者，最适合阅读本书。掌握 Vulkan 基础知识的读者，可以更轻松地完成本书中的实验。希望了解 Vulkan 优势的 OpenGL 开发者也能更深刻地体会到本书的价值。

本书中的标题

本书中出现了多个重复的标题（准备工作、具体处理过程、具体运行情况、补充说明和参考内容）。

下面说明这些标题的具体含义。

- **准备工作**：这个标题下方介绍实验的主要目的，还会介绍该实验需要设置哪些软件和初始设置。
- **具体处理过程**：这个标题下方介绍实验步骤。
- **具体运行情况**：这个标题下方详细介绍实验步骤的执行情况。
- **补充说明**：这个标题下方介绍更多关于这个实验的信息，以便读者能够获得更多的知识。

- **参考内容**:这个标题下方提供一些有价值的参考信息。

使用规范

本书使用了下列文本规范。

本书的代码、数据库中表格的名称、文件夹名称、文件名、文件扩展名、路径名、虚拟网址、用户输入信息和 Twitter 网站的用户名都使用代码体表示。例如,只需将想要激活的图层名称赋予环境变量 VK_INSTANCE_LAYERS。

代码格式如下所示:

```
{
  if( (result != VK_SUCCESS) ||
    (extensions_count == 0) ) {
  std::cout << "Could not enumerate device extensions." << std::endl;
  return false;
  }
}
```

任何命令行的输入和输出都以下面的格式展示:

```
setx VK_INSTANCE_LAYERS
VK_LAYER_LUNARG_api_dump;VK_LAYER_LUNARG_core_validation
```

新术语和重要词汇都使用粗体表示。计算机屏幕上显示出来的文字,如菜单项和对话框中的文字使用的字体:"在 **Administration** 面板中选择 System info 选项。"

 警告或者重要的提示信息以这种形式出现。

 建议和技巧以这种形式出现。

目录

第 1 章 Vulkan 的基础知识 1
本章主要内容 2
下载 Vulkan 的 SDK 2
启用验证层 4
连接 Vulkan Loader 库 7
加载 Vulkan 函数的准备工作 9
加载从 Vulkan Loader 库导出的函数 13
加载全局级函数 15
检查可用的实例扩展 18
创建 Vulkan 实例 20
加载实例级函数 23
确认哪些物理设备可用 28
检查可用的设备扩展 30
获取物理设备的功能和属性信息 32
检查可用队列家族和它们的属性 34
根据功能选择队列家族的索引 37
创建逻辑设备 39
加载设备级函数 45
获取设备队列 49
使用几何着色器、图形和计算队列创建逻辑设备 51
销毁逻辑设备 55
销毁 Vulkan 实例 56
释放 Vulkan Loader 库 56

第 2 章　Vulkan 图像显示 58
　　本章主要内容 59
　　通过已启用的 WSI 扩展创建 Vulkan 实例 59
　　创建显示曲面 62
　　选择支持显示指定曲面功能的队列家族 67
　　通过已启用的 WSI 扩展创建逻辑设备 69
　　选择显示模式 71
　　获取显示曲面的功能 76
　　选择交换链图像 78
　　选择交换链图像的尺寸 80
　　选择使用交换链图像的场景 81
　　选择转换交换链图像的方式 83
　　选择交换链图像的格式 84
　　创建交换链 88
　　获取交换链图像的句柄 92
　　通过 R8G8B8A8 格式和邮箱显示模式（mailbox present mode）创建交换链 94
　　获取交换链图像 98
　　显示图像 101
　　销毁交换链 104
　　销毁显示曲面 105

第 3 章　命令缓冲区和同步化 107
　　本章主要内容 108
　　创建命令池 108
　　分配命令缓冲区 110
　　启动命令缓冲区记录操作 113
　　停止命令缓冲区记录操作 116
　　重置命令缓冲区 117
　　重置命令池 118
　　创建信号 120
　　创建栅栏 122
　　等待栅栏 124
　　重置栅栏 126

将命令缓冲区提交给队列 127
使两个命令缓冲区同步 131
查明已提交命令缓冲区的处理过程是否已经结束 133
在提交给队列的所有命令都被处理完之前等待 135
等待已提交的所有命令都被处理完 136
销毁栅栏 137
销毁信号 138
释放命令缓冲区 139
销毁命令池 141

第4章　资源和内存 143

本章主要内容 144
创建缓冲区 144
为缓冲区分配内存对象并将它们绑定到一起 147
设置缓冲区内存屏障 152
创建缓冲区视图 157
创建图像 159
将内存对象分配给图像并将它们绑定到一起 164
设置图像内存屏障 168
创建图像视图 174
创建 2D 图像和视图 177
通过 CUBEMAP 视图创建分层的 2D 图像 179
映射、更新主机可见内存及移除主机可见内存的映射关系 181
在缓冲区之间复制数据 185
将数据从缓冲区复制到图像 186
将数据从图像复制到缓冲区 190
使用暂存缓冲区更新与设备本地内存绑定的缓冲区 193
使用暂存缓冲区更新与设备本地内存绑定的图像 198
销毁图像视图 203
销毁图像 204
销毁缓冲区视图 204
释放内存对象 205
销毁缓冲区 206

	具体处理过程	207
第 5 章	**描述符集合**	**208**
	本章主要内容	209
	创建采样器	209
	创建已采样的图像	212
	创建合并的图像采样器	216
	创建仓库图像	218
	创建统一纹素缓冲区	221
	创建仓库纹素缓冲区	225
	创建统一缓冲区	229
	创建仓库缓冲区	231
	创建输入附着材料	233
	创建描述符集合布局	238
	创建描述符池	240
	分配描述符集合	242
	更新描述符集合	245
	绑定描述符集合	251
	通过纹素和统一缓冲区创建描述符	253
	释放描述符集合	258
	重置描述符池	259
	销毁描述符池	261
	销毁描述符集合布局	262
	销毁采样器	262
第 6 章	**渲染通道和帧缓冲区**	**264**
	本章主要内容	264
	设置附着材料描述	265
	设置子通道描述	268
	设置子通道之间的依赖关系	272
	创建渲染通道	274
	创建帧缓冲区	277
	为几何渲染和后处理子通道准备渲染通道	280
	通过颜色和深度附着材料准备渲染通道和帧缓冲区	287

启动渲染通道..293
　　　进入下一个子通道..295
　　　停止渲染通道..296
　　　销毁帧缓冲区..297
　　　销毁渲染通道..298
第 7 章　着色器..299
　　　本章主要内容..299
　　　将 GLSL 着色器转换为 SPIR-V 程序...300
　　　编写顶点着色器..302
　　　编写细分曲面控制着色器..304
　　　编写细分曲面评估着色器..307
　　　编写几何着色器..310
　　　编写片段着色器..314
　　　编写计算着色器..316
　　　编写通过将顶点位置乘以投影矩阵获得新顶点位置的顶点着色器......................319
　　　在着色器中使用入栈常量..321
　　　编写纹理化的顶点和片段着色器..323
　　　通过几何着色器显示多边形的法线..326
第 8 章　图形和计算管线..332
　　　本章主要内容..333
　　　创建着色器模块..334
　　　设置管线着色器阶段..336
　　　设置管线顶点绑定关系描述、属性描述和输入状态..................................339
　　　设置管线输入组合状态..342
　　　设置管线细分曲面状态..345
　　　设置管线视口和剪断测试状态..346
　　　设置管线光栅化状态..350
　　　设置管线多重采样状态..353
　　　设置管线深度和刻板状态..355
　　　设置管线混合状态..358
　　　设置管线动态状态..363
　　　创建管线布局..366

设置图形管线创建参数......370
　　创建管线缓存对象......375
　　通过管线缓存获取数据......377
　　合并多个管线缓存对象......379
　　创建图形管线......381
　　创建计算管线......384
　　绑定管线对象......387
　　通过合并的图像采样器、缓冲区和入栈常量范围，创建管线布局......388
　　创建含有顶点和片段着色器，并启用了深度测试及动态视口和剪断测试功能的图形管线......391
　　在多个线程中创建多个图形管线......397
　　销毁管线......401
　　销毁管线缓存对象......402
　　销毁管线布局......403
　　销毁着色器模块......404

第9章　记录命令和绘制操作......406
　　本章主要内容......407
　　清除颜色图像......407
　　清除深度—刻板图像......409
　　清除渲染通道附着材料......411
　　绑定顶点缓冲区......412
　　绑定索引缓冲区......415
　　通过入栈常量为着色器提供数据......416
　　通过动态方式设置视口状态......418
　　通过动态方式设置剪断状态......420
　　通过动态方式设置线条宽度状态......421
　　通过动态方式设置深度偏移状态......422
　　通过动态方式设置混合常量状态......423
　　绘制几何图形......425
　　绘制带索引的几何图形......427
　　分配计算工作......429
　　在主要命令缓冲区的内部执行次要命令缓冲区......431

　　　　在命令缓冲区中记录通过动态视口和剪断状态绘制几何图形的命令 432
　　　　通过多个线程向命令缓冲区中记录命令 441
　　　　创建动画中的单个帧 445
　　　　通过增加已渲染帧的数量提高性能 450

第 10 章　拾遗补缺 456
　　　　本章主要内容 456
　　　　创建转移矩阵 457
　　　　创建旋转矩阵 459
　　　　创建缩放矩阵 462
　　　　创建透视投影矩阵 464
　　　　创建正交投影矩阵 468
　　　　从文件加载纹理数据 470
　　　　从 OBJ 文件加载 3D 模型 473

第 11 章　照明 479
　　　　本章主要内容 479
　　　　通过顶点漫射照明渲染几何图形 480
　　　　通过片段镜面反射照明渲染几何图形 496
　　　　通过法线贴图渲染几何图形 502
　　　　使用立方体贴图绘制反射和折射几何图形 513
　　　　向场景中添加阴影 524

第 12 章　高级渲染技术 540
　　　　本章主要内容 540
　　　　绘制天空盒 541
　　　　使用几何着色器绘制广告牌 549
　　　　使用计算和图形管线绘制微粒 556
　　　　渲染细化的地形 568
　　　　为进行后处理渲染四画面全屏效果 583
　　　　对颜色纠偏后处理效果使用输入附着材料 591

第 1 章

Vulkan 的基础知识

本章要点：
- 下载 Vulkan 的 SDK。
- 启用验证层。
- 连接 Vulkan Loader 库。
- 加载 Vulkan 函数的准备工作。
- 加载从 Vulkan Loader 库导出的函数。
- 加载全局级函数。
- 检查可用的实例扩展。
- 创建 Vulkan 实例。
- 加载实例级函数。
- 确认哪些物理设备可用。
- 检查可用的设备扩展。
- 获取物理设备的功能和属性信息。
- 检查可用队列家族和它们的属性。
- 根据功能选择队列家族的索引。
- 创建逻辑设备。
- 加载设备级函数。
- 获取设备队列。
- 使用几何着色器（geometry shader）、图形和计算队列创建逻辑设备。
- 销毁逻辑设备。
- 销毁 Vulkan 实例。
- 释放 Vulkan Loader 库。

本章主要内容

Vulkan 是由 Khronos Group 行业协会新开发出的图形应用程序接口（graphics API）。它会取代 OpenGL，它是开源的，且能够跨平台。然而，因为 Vulkan 能够在多种类型的设备和操作系统上运行，所以为了能在我们编写的应用程序中使用它，还需要编写一些具体的基础设置代码。

本章介绍在 Windows 和 Ubuntu Linux 操作系统上使用 Vulkan 的方式；介绍使用 Vulkan 的基础知识，如下载软件开发工具包（Software Development Kit，SDK）和设置验证层（validation layer），掌握了这些基础知识后我们就能够调试使用 Vulkan 的应用程序；介绍使用 Vulkan Loader 库、加载全部 Vulkan 函数、创建 Vulkan 实例和选择用于处理工作的设备的方式。

下载 Vulkan 的 SDK

在开发使用 Vulkan 的应用程序前，需要先下载 Vulkan 的 SDK。这样才能在应用程序中使用 SDK 的资源。

 可从 https://vulkan.lunarg.com 下载 Vulkan 的 SDK。

准备工作

在运行使用 Vulkan 的应用程序前，还需要安装支持 Vulkan 的显卡驱动。可以从显卡厂商的网站下载这些驱动程序。

具体处理过程

在 Windows 操作系统中：
（1）浏览 https://vulkan.lunarg.com。
（2）通过调整滚动条到达该页面的底部，然后单击 Windows 按钮。
（3）下载 SDK 的安装文件。
（4）运行 SDK 安装程序并选择安装该 SDK 的位置。其默认安装位置为 C:\VulkanSDK\<具体版本号>\文件夹。

（5）安装过程结束后，打开安装 Vulkan SDK 的文件夹，然后打开 RunTimeInstaller 子文件夹。运行 VulkanRT-<具体版本号>-Installer 程序，安装最新版本的 Vulkan Loader。
（6）切换回安装 Vulkan SDK 的文件夹，打开 Include\vulkan 子文件夹。将头文件 vk_platform.h 和 vulkan.h 复制到开发应用程序的项目文件夹中，我们将这两个文件称为 Vulkan 头文件。

在 Linux 操作系统中：

（1）通过运行下面的命令可以将系统中已安装的软件更新至最新版本。

```
sudo apt-get update
sudo apt-get dist-upgrade
```

（2）要通过创建 SDK 和运行 Vulkan 样本程序，以及运行下列命令，安装额外的开发软件包。

```
sudo apt-get install libglm-dev graphviz libxcb-dri3-0
libxcb-present0 libpciaccess0 cmake libpng-dev libxcb-dri3-
dev libx11-dev
```

（3）浏览 https://vulkan.lunarg.com。
（4）通过调整滚动条到达该页面的底部，然后单击 Linux 按钮。
（5）下载 Linux 版本的 SDK 软件包。
（6）打开终端界面并切换到保存 SDK 软件包的文件夹。
（7）通过运行下列命令，更改 SDK 软件包的访问权限。

```
chmod ugo+x vulkansdk-linux-x86_64-<具体版本号>.run
```

（8）使用下面的命令运行 SDK 软件包。

```
./vulkansdk-linux-x86_64-<具体版本号>.run
```

（9）切换到 VulkanSDK/<具体版本号>文件夹，该文件夹是由 SDK 软件包自动创建的。
（10）通过运行下面的命令，设置环境变量。

```
sudo su
VULKAN_SDK=$PWD/x86_64
echo export PATH=$PATH:$VULKAN_SDK/bin >> /etc/environment
echo export VK_LAYER_PATH=$VULKAN_SDK/etc/explicit_layer.d >>
/etc/environment
```

```
echo $VULKAN_SDK/lib >> /etc/ld.so.conf.d/vulkan.conf
ldconfig
```

（11）切换到 x86_64/include/vulkan 文件夹。

（12）将头文件 vk_platform.h 和 vulkan.h 复制到开发应用程序的项目文件夹中，我们将这两个文件称为 Vulkan 头文件。

（13）重启计算机，以便使这些更改生效。

具体运行情况

SDK 中含有使用 Vulkan 创建应用程序所需的资源，应将 Vulkan 头文件（vk_platform.h 和 vulkan.h）包含到应用程序的源代码中，只有这样才能在应用程序的代码中使用 Vulkan 的函数、结构、设备清单等。

Vulkan Loader 是一种动态链接库（在 Windows 中它的文件名为 vulkan-1.dll，在 Linux 中它的文件名为 libvulkan.so.1），用于存储 Vulkan 函数和将这些函数传送给显卡的驱动程序。Vulkan Loader 可使我们编写的应用程序与其连接，并通过它加载 Vulkan 函数。

参考内容

请参阅本章的下列内容：

- 启用验证层。
- 连接 Vulkan Loader 库。
- 释放 Vulkan Loader 库。

启用验证层

Vulkan 的主要设计目标是提升性能，其提升性能的方式之一是减少显卡驱动程序执行状态和错误检查操作的次数。这也是 Vulkan 被称为"瘦身型 API"或"瘦身型驱动程序"的原因之一。Vulkan 是一种最简硬件抽象，只有做到最简才能使 Vulkan 在跨多家硬件厂商的各种设备上运行，这些设备包括高性能的微型计算机、智能手机和低能耗的嵌入式系统。

然而，与传统的高级 API（如 OpenGL）相比，这种设计方式会使通过 Vulkan 编写应用程序的工作变得更困难。因为这种设计方式的前提是程序员能够正确地使用这种 API，并且愿意遵守 Vulkan 的技术规范，所以驱动程序为开发者提供的反馈信息极少。

为了解决这个问题，Vulkan 被设计成了一种分层的 API。它的最底层（核心）是 Vulkan

本身，该层（如下图所示）与驱动程序进行通信，以便能够为硬件编写程序。在最底层的上面（应用程序和 Vulkan 之间的区域），开发者可以创建额外的逻辑层，以便减轻调试处理过程的负担。

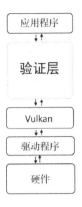

具体处理过程

在 Windows 操作系统中：

（1）切换到安装 SDK 的文件夹，打开 Config 子目录。

（2）将 vk_layer_settings.txt 文件复制到用于调试程序的目录（存储想要调试的应用程序的文件夹）中。

（3）创建名为 VK_INSTANCE_LAYERS 的环境变量。

① 打开命令行窗口（在开始菜单中的搜索输入框中输入 cmd.，然后按回车键）。

② 输入下面的命令。

```
setx VK_INSTANCE_LAYERS
VK_LAYER_LUNARG_standard_validation
```

③ 关闭命令行窗口。

（4）再次打开命令行窗口。

（5）切换到存储想要调试的应用程序的文件夹。

（6）运行该应用程序，命令行窗口中会显示该应用程序的警告和错误信息。

在 Linux 操作系统中：

（1）切换到安装 SDK 的文件夹，打开 Config 子目录。

（2）将 vk_layer_settings.txt 文件复制到用于调试程序的目录（存储想要调试的应用程序的文件夹）中。

(3)创建名为 VK_INSTANCE_LAYERS 的环境变量。

① 打开终端窗口。

② 输入下面的命令。

```
export
VK_INSTANCE_LAYERS=VK_LAYER_LUNARG_standard_validation
```

(4)运行想要调试的应用程序,终端窗口中会显示该应用程序的警告和错误信息。

具体运行情况

Vulkan 的验证层含有一系列软件库,这些软件库能够帮助用户在开发过程中发现应用程序的潜在问题。它们的调试功能包括:验证传输给 Vulkan 函数的参数、验证纹理和渲染目标格式、跟踪 Vulkan 对象并监视它们的生命周期和使用情况、监视潜在的内存泄露和通过调用 Vulkan 函数输出(显示/打印)数据的情况等。这些功能是由多个验证逻辑层实现的,但大多数都被集成到一个名为 VK_LAYER_LUNARG_standard_validation 的验证层中,本示例启用的就是这个验证层。其他验证层包括:VK_LAYER_LUNARG_swapchain、VK_LAYER_LUNARG_object_tracker、VK_LAYER_GOOGLE_threading 和 VK_LAYER_LUNARG_api_dump。可以使用与本例类似的方式,一次同时启用多个验证层。只需要将多个验证层的名称,同时赋予 VK_INSTANCE_LAYERS 环境变量即可。如果使用 Windows,则请注意应使用分号分隔多个验证层的名称。

```
setx VK_INSTANCE_LAYERS
VK_LAYER_LUNARG_api_dump;VK_LAYER_LUNARG_core_validation
```

如果使用 Linux,则应使用冒号分隔多个验证层的名称。

```
export VK_INSTANCE_LAYERS=VK_LAYER_LUNARG_api_dump:
VK_LAYER_LUNARG_core_validation
```

环境变量 VK_INSTANCE_LAYERS 还可以用于其他操作系统专用设置,如 Windows 中的高级操作系统设置和 Linux 中的/etc/environment 配置。

上面的例子是以全局方式启用验证层的,这会使验证层能够应用于所有应用程序。但也可以在应用程序创建实例的过程中以在源代码中内嵌命令的方式,仅为单个应用程序启用验证层。然而,这种处理方式需要在启用或禁用不同的验证层时,每次都重新编译整个应用程序。因此,前面例子介绍的启用验证层的方式显然更容易。在使用这种方式时,不要忘记在发布应用程序的最终版本前,禁用这些验证层。要禁用这些验证层,只需要删除

VK_INSTANCE_LAYERS 环境变量。

 不应在应用程序的发布版本中启用验证层，因为这会大幅度降低性能。

要获得可用验证层的完整名单，请参阅 SDK 的说明文档。该文档存储在 Vulkan SDK 安装文件夹的 Documentation 子文件夹中。

参考内容

请参阅本章的下列内容：
- 下载 Vulkan 的 SDK。
- 连接 Vulkan Loader 库。
- 释放 Vulkan Loader 库。

连接 Vulkan Loader 库

显卡厂商通过显卡驱动提供对 Vulkan 的支持。任何显卡厂商都可以在它们选择的任何动态链接库中实现该支持，而且能够通过更新驱动程序更改该支持。这也是 Vulkan Loader 库会随显卡驱动程序一起被安装的原因。

当然，我们也可以单独将 Vulkan Loader 库安装到 SDK 的安装文件夹中。不论被安装的驱动程序是哪个厂商的或是哪个版本的，Vulkan Loader 库都能够使开发者访问 Vulkan API 的入口点（在 Windows 中通过库文件 vulkan-1.dll，在 Linux 中通过库文件 libvulkan.so.1）。

Vulkan Loader 库负责将 Vulkan 调用语句，传输给合适的显卡驱动程序。在一台计算机中，可能有多个硬件组件都支持 Vulkan，但在使用 Vulkan Loader 库的情况下，我们就不需要知道具体应该使用哪个驱动程序，也不需要知道为了使用 Vulkan 需要连接具体哪个软件库。作为开发者，我们需要知道的仅是 Vulkan 动态链接库的名称：在 Windows 中为 vulkan-1.dll，在 Linux 中为 libvulkan.so.1。当我们想要在应用程序中使用 Vulkan 时，只需要使用应用程序的源代码与 Vulkan Loader 库相联（加载 Vulkan Loader 库）。

 在 Windows 中，Vulkan Loader 库文件的名称为 vulkan-1.dll。在 Linux 中，Vulkan Loader 库文件的名称为 libvulkan.so.1。

具体处理过程

在 Windows 操作系统中：
（1）在应用程序的源代码中创建一个 HMODULE 类型的变量，将之命名为 vulkan_library。
（2）调用 LoadLibrary("vulkan-1.dll")函数，并将该操作的结果存储在 vulkan_library 变量中。
（3）通过查明 vulkan_library 变量的值不是 nullptr（空值常量），确认该操作已经成功完成。

在 Linux 操作系统中：
（1）在应用程序的源代码中创建一个 void*类型的变量，将之命名为 vulkan_library。
（2）调用 dlopen("libvulkan.so.1", RTLD_NOW)函数，并将该操作的结果存储在 vulkan_library 变量中。
（3）通过查明 vulkan_library 变量的值不是 nullptr，确认该操作已经成功完成。

具体运行情况

LoadLibrary()是 Windows 提供的函数，dlopen()是 Linux 提供的函数。它们都能将指定的动态链接库加载（打开）到编写的应用程序所用的内存区域中。这样就可以加载指定动态链接库中的函数（通过获取函数的指针），从而在编写的应用程序中使用这些函数。

当然，我们最感兴趣的是使用 Vulkan 中的函数，要使用这些函数，在 Windows 中可加载 vulkan-1.dll 动态链接库，在 Linux 中可加载 libvulkan.so.1 动态链接库。

```
#if defined _WIN32
vulkan_library = LoadLibrary( "vulkan-1.dll" );
#elif defined __linux
vulkan_library = dlopen( "libvulkan.so.1", RTLD_NOW );
#endif

if( vulkan_library == nullptr ) {
  std::cout << "Could not connect with a Vulkan Runtime library." << std::endl;
  return false;
}
return true;
```

成功加载 Vulkan Loader 库后，就可以加载一个 Vulkan 的专有函数，以便获取其他 Vulkan API 函数的地址。

参考内容

请参阅本章的下列内容：
- 下载 Vulkan 的 SDK。
- 启用验证层。
- 释放 Vulkan Loader 库。

加载 Vulkan 函数的准备工作

当我们想要在自己编写的应用程序中使用 Vulkan 时，需要调用在 Vulkan 说明文档中有详细说明的函数。因此，为 Vulkan Loader 库添加依赖关系，第一种方式是使用 vulkan.h 头文件中定义的函数原型，以静态方式将 Vulkan Loader 库和我们开发的软件项目关联起来；第二种方式是禁用 vulkan.h 头文件中定义的函数原型，在我们编写的应用程序的源代码中，以动态方式加载函数的指针。

第一种方式更简单一点，但会使用直接在 Vulkan Loader 库中定义的函数。当需要在具体设备上执行操作时，Vulkan Loader 库需要根据我们以参数形式提供的设备句柄，重新定向调用函数语句，才能调用适当的程序。这种重新定向操作会花一些时间，因此会影响性能。

第二种方式需要在应用程序的源代码中多做一些工作，但能够避免第一种方式中的重新定向操作，并且会提升一些性能。在使用这种方式时，如果我们不需要使用全部的 Vulkan 函数，则可以选择仅加载一部分 Vulkan 函数。

本书介绍第二种方式，因为这会在控制应用程序方面为开发者提供更多权力。要通过动态方式加载 Vulkan Loader 库中的函数，可以将 Vulkan 函数的名称封装在一组简单的宏中，并将函数的声明、定义和加载语句分别存储在多个文件中。

具体处理过程

（1）在软件开发项目中定义 VK_NO_PROTOTYPES 预处理指令：如果用户使用 Microsoft Visual Studio 或 Qt Creator 之类的开发环境，可以在项目属性（project properties）对话框中执行该操作，也可以在编写的应用程序的源代码中，在导入 vulkan.h 文件的语句前面,使用预处理指令#define VK_NO_PROTOTYPES 执行该操作。
(2)新建一个文件,将其命名为 ListOfVulkanFunctions.inl。
(3)在 ListOfVulkanFunctions.inl 文件中添加下列内容。

```
#ifndef EXPORTED_VULKAN_FUNCTION
#define EXPORTED_VULKAN_FUNCTION( function )
#endif

#undef EXPORTED_VULKAN_FUNCTION
//
#ifndef GLOBAL_LEVEL_VULKAN_FUNCTION
#define GLOBAL_LEVEL_VULKAN_FUNCTION( function )
#endif

#undef GLOBAL_LEVEL_VULKAN_FUNCTION
//
#ifndef INSTANCE_LEVEL_VULKAN_FUNCTION
#define INSTANCE_LEVEL_VULKAN_FUNCTION( function )
#endif

#undef INSTANCE_LEVEL_VULKAN_FUNCTION
//
#ifndef INSTANCE_LEVEL_VULKAN_FUNCTION_FROM_EXTENSION
#define INSTANCE_LEVEL_VULKAN_FUNCTION_FROM_EXTENSION( function,
extension )
#endif

#undef INSTANCE_LEVEL_VULKAN_FUNCTION_FROM_EXTENSION
//
#ifndef DEVICE_LEVEL_VULKAN_FUNCTION
#define DEVICE_LEVEL_VULKAN_FUNCTION( function )
#endif

#undef DEVICE_LEVEL_VULKAN_FUNCTION
//
#ifndef DEVICE_LEVEL_VULKAN_FUNCTION_FROM_EXTENSION
#define DEVICE_LEVEL_VULKAN_FUNCTION_FROM_EXTENSION( function,
```

```
    extension )
#endif

#undef DEVICE_LEVEL_VULKAN_FUNCTION_FROM_EXTENSION
```

（4）新建一个头文件，将之命名为 VulkanFunctions.h。
（5）将下面的内容插入到 VulkanFunctions.h 头文件中。

```
#include "vulkan.h"

namespace VulkanCookbook {

#define EXPORTED_VULKAN_FUNCTION( name ) extern PFN_##name name;
#define GLOBAL_LEVEL_VULKAN_FUNCTION( name ) extern PFN_##name name;
#define INSTANCE_LEVEL_VULKAN_FUNCTION( name ) extern PFN_##name name;
#define INSTANCE_LEVEL_VULKAN_FUNCTION_FROM_EXTENSION( name, extension ) extern PFN_##name name;
#define DEVICE_LEVEL_VULKAN_FUNCTION( name ) extern PFN_##name name;
#define DEVICE_LEVEL_VULKAN_FUNCTION_FROM_EXTENSION( name, extension ) extern PFN_##name name;

#include "ListOfVulkanFunctions.inl"

} // 命名空间为VulkanCookbook
```

（6）新建一个源代码文件，将其命名为 VulkanFunctions.cpp。
（7）将下面的内容添加到 VulkanFunctions.cpp 文件中。

```
#include "VulkanFunctions.h"

namespace VulkanCookbook {

#define EXPORTED_VULKAN_FUNCTION( name ) PFN_##name name;
#define GLOBAL_LEVEL_VULKAN_FUNCTION( name ) PFN_##name name;
#define INSTANCE_LEVEL_VULKAN_FUNCTION( name ) PFN_##name name;
```

```
#define INSTANCE_LEVEL_VULKAN_FUNCTION_FROM_EXTENSION( name,
extension ) PFN_##name name;
#define DEVICE_LEVEL_VULKAN_FUNCTION( name ) PFN_##name name;
#define DEVICE_LEVEL_VULKAN_FUNCTION_FROM_EXTENSION( name,
extension ) PFN_##name name;

#include "ListOfVulkanFunctions.inl"

} // 命名空间为VulkanCookbook
```

具体运行情况

前面介绍的这几个文件虽然不易被理解,但是,VulkanFunctions.h 和 VulkanFunctions.cpp 文件的确可用于声明和定义,以及存储 Vulkan 函数指针的变量。这些声明和定义是通过便捷的宏定义和导入 ListOfVulkanFunctions.inl 文件的语句完成的。将来我们可以更新 ListOfVulkanFunctions.inl 文件,在该文件中以各种调用等级的形式列出 Vulkan 函数的名称。这样我们就不需要在不同的位置多次重复书写这些函数的名称,从而能避免打字错误。只需要在 ListOfVulkanFunctions.inl 文件中键入必要的 Vulkan 函数的名称一次,就可以在需要时随时导入该文件。

对于指针被存储在变量中的 Vulkan 函数,怎样才能知道其类型呢?这非常简单,函数的名称直接提示了该函数原型的类型。如果函数的名称为<name>,那么该函数的类型就是 PFN_<name>。例如,一个用于创建图像的函数名为 vkCreateImage(),该函数的类型为 PFN_vkCreateImage。这也是前面几个文件中定义的宏仅将函数的名称作为唯一参数的原因,通过函数的名称可以轻松得到函数的类型。

用于存储 Vulkan 函数地址变量的声明和定义,应该放置在命名空间、类或结构中。这是因为如果将这些声明和定义设置为全局级,那么可能会在某些操作系统中引发问题。牢记使用命名空间并提高代码的可移植性,会得到更好的成果。

应该将用于存储 Vulkan 函数指针变量的声明和定义,放置在命名空间、类或结构中。

完成这些准备工作后,就可以加载 Vulkan 函数。

参考内容

请参阅本章的下列内容：
- 加载从 Vulkan Loader 库导出的函数。
- 加载全局级函数。
- 加载实例级函数。
- 加载设备级函数。

加载从 Vulkan Loader 库导出的函数

加载（连接）Vulkan Loader 库后，为了在我们编写的应用程序中使用 Vulkan，需要加载 Vulkan Loader 库中的函数。但是，不同操作系统使用不同的方式从动态链接库（在 Windows 中库文件的扩展名为 dll，在 Linux 中库文件的扩展名为 so）导出的函数中获取地址。然而，Vulkan 力争能够跨多个操作系统运行。因此，为了使开发者不论为哪种操作系统开发应用程序都能够加载 Vulkan 中的所有函数，Vulkan 引入了一个函数，使用该函数可以加载所有 Vulkan 函数。然而，该函数只能通过操作系统特定的方式加载。

具体处理过程

在 Windows 操作系统中：

（1）在应用程序的源代码中创建一个 PFN_vkGetInstanceProcAddr 类型的变量，将其命名为 vkGetInstanceProcAddr。

（2）调用 GetProcAddress(vulkan_library, "vkGetInstanceProcAddr")函数，将该操作的结果转换为 PFN_vkGetInstanceProcAddr 类型，并将之存储在 vkGetInstanceProcAddr 变量中。

（3）通过查明 vkGetInstanceProcAddr 变量的值不是 nullptr，确认该操作已经成功完成。

在 Linux 操作系统中：

（1）在应用程序的源代码中创建一个 PFN_vkGetInstanceProcAddr 类型的变量，将其命名为 vkGetInstanceProcAddr。

（2）调用 dlsym(vulkan_library, "vkGetInstanceProcAddr")函数，将该操作的结果转换为 PFN_vkGetInstanceProcAddr 类型，并将之存储在 vkGetInstanceProcAddr 变量中。

（3）通过查明 vkGetInstanceProcAddr 变量的值不是 nullptr，确认该操作已经成功完成。

具体运行情况

GetProcAddress()是 Windows 提供的函数，dlsym()是 Linux 提供的函数。这两个函数都能够获取已加载的动态链接库中指定函数的地址。需要从 Vulkan Loader 库中公开导出的唯一函数是 vkGetInstanceProcAddr()，使用该函数能够通过独立于具体操作系统的方式，加载任何 Vulkan 函数。

为了简化和同时自动化加载多个 Vulkan 函数的工作，并降低出错的可能性，应该将声明、定义和加载函数的代码封装在一组简洁的宏定义中（请参阅前面的内容）。这样通过在宏定义中封装所有 Vulkan 函数的名称，将这些宏定义存储在一个文件中，我们就能够将所有 Vulkan 函数都存储在一个文件中。然后，我们可以在多个位置包含这个文件，并利用 C/C++的预处理功能。通过重新定义宏，可以重新声明和定义存储函数指针的变量，从而能够加载所有函数。

下面是 ListOfVulkanFunctions.inl 文件中被修改的部分。

```
#ifndef EXPORTED_VULKAN_FUNCTION
#define EXPORTED_VULKAN_FUNCTION( function )
#endif

EXPORTED_VULKAN_FUNCTION( vkGetInstanceProcAddr )

#undef EXPORTED_VULKAN_FUNCTION
```

其余文件（VulkanFunctions.h 和 VulkanFunctions.cpp）没有被修改。这些声明和定义语句会自动被进行预处理的宏执行。然而，仍旧需要加载从 Vulkan Loader 库导出的函数。下面是本例的实现代码。

```
#if defined _WIN32
#define LoadFunction GetProcAddress
#elif defined __linux
#define LoadFunction dlsym
#endif

#define EXPORTED_VULKAN_FUNCTION( name ) \
name = (PFN_##name)LoadFunction( vulkan_library, #name ); \
if( name == nullptr ) { \
  std::cout << "Could not load exported Vulkan function named: " \
```

```
        #name << std::endl; \
    return false; \
}

#include "ListOfVulkanFunctions.inl"

return true;
```

反斜杠（\）：在 C 语言中起换行作用，用于宏定义和字符串换行，其中在宏定义中使用居多。如果一行代码有很多元素，导致太长影响阅读，则可以通过在结尾加\的方式，实现换行，编译时会忽略\换行符，当成一行处理。在宏定义中，要换行必须使用\结尾。

上面实现代码中，先定义了一个宏，这个宏负责获取 vkGetInstanceProcAddr()函数的地址。该宏通过代表 Vulkan Loader 库的 vulkan_library 变量获取 vkGetInstanceProcAddr()函数的地址，该宏会将该操作的结果转换为 PFN_kGetInstanceProcAddr 类型，并将该结果存储到 vkGetInstanceProcAddr 变量中。然后，这个宏会检查该操作是否成功完成，并在该操作执行失败时，在屏幕上显示适当的消息。

当 ListOfVulkanFunctions.inl 文件被导入后，在该文件中所有为 Vulkan 函数定义的预处理操作都会完成。本例仅处理了 vkGetInstanceProcAddr()函数，使用相同的方式可以处理任何等级的函数。

现在，我们获得了一个用于加载 Vulkan 函数的函数，这样就可以使用独立于操作系统的方式，获取其他 Vulkan 函数的指针。

参考内容

请参阅本章的下列内容：
- 连接 Vulkan Loader 库。
- 加载 Vulkan API 函数的准备工作。
- 加载全局级函数。
- 加载实例级函数。
- 加载设备级函数。

加载全局级函数

我们已经获得了 vkGetInstanceProcAddr()函数，使用该函数可以通过独立于操作系统的方式加载其他 Vulkan 函数。

Vulkan 函数分为 3 个等级：全局级、实例级和设备级。设备级函数用于执行标准操作，如绘图、创建着色器模块、创建图像和复制数据；实例级函数用于创建逻辑设备。要加载设备和实例级函数，需要创建实例；全局级函数用于创建示例，所以应最先加载全局级函数。

具体处理过程

（1）在应用程序的源代码中创建一个 PFN_vkEnumerateInstanceExtensionProperties 类型的变量，将其命名为 vkEnumerateInstanceExtensionProperties。

（2）创建一个 PFN_vkEnumerateInstanceLayerProperties 类型的变量，将其命名为 vkEnumerateInstanceLayerProperties。

（3）创建一个 PFN_vkCreateInstance 类型的变量，将其命名为 vkCreateInstance。

（4）调用 vkGetInstanceProcAddr(nullptr, "vkEnumerateInstanceExtensionProperties") 函数，将该操作的结果转换为 PFN_vkEnumerateInstanceExtensionProperties 类型，并将之存储在 vkEnumerateInstanceExtensionProperties 变量中。

（5）调用 vkGetInstanceProcAddr(nullptr, "vkEnumerateInstanceLayerProperties") 函数，将该操作的结果转换为 PFN_vkEnumerateInstanceLayerProperties 类型，并将之存储在 vkEnumerateInstanceLayerProperties 变量中。

（6）调用 vkGetInstanceProcAddr(nullptr, "vkCreateInstance") 函数，将该操作的结果转换为 PFN_vkCreateInstance 类型，并将之存储在 vkCreateInstance 变量中。

（7）通过查明上述所有变量的值都不是 nullptr，确认这些操作都已经成功完成。

具体运行情况

Vulkan 中仅有 3 个全局级函数：vkEnumerateInstanceExtensionProperties()、vkEnumerateInstanceLayerProperties() 和 vkCreateInstance()。这些函数在创建实例的过程中被使用，用于检查哪些实例级扩展和逻辑层可用于创建实例。

获取全局级函数的方式，与获取 Vulkan Loader 库中其他函数的方式类似。最简洁的方式是将全局级函数的名称添加到 ListOfVulkanFunctions.inl 文件中。

```
#ifndef GLOBAL_LEVEL_VULKAN_FUNCTION
#define GLOBAL_LEVEL_VULKAN_FUNCTION( function )
#endif
```

```
GLOBAL_LEVEL_VULKAN_FUNCTION( vkEnumerateInstanceExtensionProperties )
GLOBAL_LEVEL_VULKAN_FUNCTION( vkEnumerateInstanceLayerProperties )
GLOBAL_LEVEL_VULKAN_FUNCTION( vkCreateInstance )

#undef GLOBAL_LEVEL_VULKAN_FUNCTION
```

不需要更改 VulkanFunctions.h 和 VulkanFunctions.cpp 文件，但仍旧需要使用上一示例介绍的实现代码并加载全局级函数。

```
#define GLOBAL_LEVEL_VULKAN_FUNCTION( name ) \
name = (PFN_##name)vkGetInstanceProcAddr( nullptr, #name ); \
if( name == nullptr ) { \
  std::cout << "Could not load global-level function named: " \
    #name << std::endl; \
  return false; \
}

#include "ListOfVulkanFunctions.inl"

return true;
```

自定义宏 GLOBAL_LEVEL_VULKAN_FUNCTION 将函数的名称接收为参数，并将该参数提供给 vkGetInstanceProcAddr() 函数。vkGetInstanceProcAddr() 函数会尝试加载指定的函数，如果加载操作失败，vkGetInstanceProcAddr() 函数就会返回 nullptr。vkGetInstanceProcAddr() 函数返回的任何结果都会被转换为 PFN_<name> 类型，并被存储在合适的变量中。

在加载函数失败的情况下，该宏会显示一条消息，使用户知道哪个函数无法加载。

参考内容

请参阅本章的下列内容：
- 加载 Vulkan 函数的准备工作。
- 加载从 Vulkan Loader 库导出的函数。
- 加载实例级函数。
- 加载设备级函数。

检查可用的实例扩展

Vulkan 实例能够收集每个应用程序的状态信息，使我们得以创建几乎可执行所有操作的逻辑设备。在创建实例前，应该考虑启用哪些实例级扩展。典型的最重要的一种实例级扩展是与交换链（swapchain）有关的扩展，这种扩展用于显示图像。

与 OpenGL 相比，Vulkan 中的扩展必须以明确的方式启用。我们无法创建没有扩展为其提供支持的 Vulkan 实例，因为创建这种实例的操作会失败。这就是我们需要查明指定的硬件平台支持哪些扩展的原因。

具体处理过程

（1）在应用程序的源代码中创建一个 uint32_t 类型的变量，将其命名为 extensions_count。

（2）调用 vkEnumerateInstanceExtensionProperties(nullptr, &extensions_count, nullptr)函数。除第二个参数（该参数为 extensions_count 变量的地址，用于指向 extensions_count 变量）外，应该将所有参数的值都设置为 nullptr。

&是 C 语言中的取地址符号，如创建了一个变量 a，&a 代表指向变量 a 的指针，即变量 a 的地址。

（3）如果函数调用操作成功完成，那么可用实例级扩展的总数会被存储在 extensions_count 变量中。

（4）创建一个 vkExtensionProperties 类型的存储结构，使用该结构存储扩展的属性。最佳解决方案是使用 std::vector 容器，将该容器命名为 available_extensions。vector 容器是 C++标准库（由标准类库和标准函数库构成）中的标准类。

（5）调整 vector 容器 available_extensions 的大小，使之能够容纳不小于 extensions_count 变量值数量的扩展数据（如扩展的名称、版本号等）。

（6）调用 vkEnumerateInstanceExtensionProperties(nullptr, &extensions_count, &available_extensions[0])函数。将第一个参数设置为 nullptr；将第二个参数设置为 extensions_count 变量的地址；将第三个参数设置为元素类型为 VkExtensionProperties 的数组，且该数组中元素的个数应不小于 extensions_count 变量的值。本例将第三个参数设置为 vector 容器 available_extensions 的第一个元素的地址。

（7）如果该函数调用操作成功完成，那么 vector 容器 available_extensions 中会含有指定硬件平台支持的所有扩展的名单。

具体运行情况

可以将用于获取实例级扩展的代码分成两个部分。先获取可用扩展的总数。

```
uint32_t extensions_count = 0;
VkResult result = VK_SUCCESS;

result = vkEnumerateInstanceExtensionProperties( nullptr,
&extensions_count, nullptr );
if( (result != VK_SUCCESS) ||
    (extensions_count == 0) ) {
  std::cout << "Could not get the number of Instance extensions." << std::endl;
  return false;
}
```

当在将最后一个参数设置为 nullptr 的情况下调用 vkEnumerateInstanceExtensionProperties() 函数时，该函数会将可用扩展的数量存储在第二个参数指向的变量中。这样我们就能够了解指定硬件平台支持多少个扩展，以及需要使用多少空间存储这些扩展的参数。

完成获取扩展属性的准备工作后，就可以再次调用同一个函数。在执行这次调用操作时，应将最后一个参数设置为指向准备好的空间［一个数组元素类型为 VkExtensionProperties 的数组或 vector 容器（如本例）］的地址，扩展的属性会被存储到该空间中。

```
available_extensions.resize( extensions_count );
result = vkEnumerateInstanceExtensionProperties( nullptr,
&extensions_count, &available_extensions[0] );
if( (result != VK_SUCCESS) ||
    (extensions_count == 0) ) {
  std::cout << "Could not enumerate Instance extensions." << std::endl;
  return false;
}

return true;
```

在使用 Vulkan 时，调用同一个函数两次的处理方式很常见。多个 Vulkan 函数会在将最后一个参数设置为 nullptr 时，将查询操作返回的元素数量保存起来。当将它们的最后一个参数指向合适的变量时，它们就会返回元素本身。

现在我们已经获得了可用设备名单，因而可以仔细查看该名单，查明指定硬件平台上是否有我们想要启用的扩展。

参考内容

请参阅本章的下列内容：
- 检查可用的设备扩展。

请参阅第 2 章的下列内容：
- 通过已启用的 WSI 扩展创建 Vulkan 实例。

创建 Vulkan 实例

Vulkan 实例是一种收集应用程序状态信息的对象，它用于封装应用程序的名称、创建应用程序引擎的名称和版本，以及已启用的实例级扩展和逻辑层等信息。

通过 Vulkan 实例我们还可以查明可用的物理设备，以及创建执行标准操作（如创建和绘制图像）的逻辑设备。因此，在使用 Vulkan 前，需要创建新的实例。

具体处理过程

（1）在应用程序的源代码中创建一个 std::vector<char const *>类型的变量，将其命名为 desired_extensions。将想要启用的所有扩展的名称都存储在 desired_extensions 变量中。

（2）创建一个 std::vector<VkExtensionProperties>类型的变量，将其命名为 available_extensions。获取所有可用扩展的名单（请参阅前面的内容），将该名单存储在 available_extensions 变量中。

（3）确保 desired_extensions 变量中保存的所有扩展名称，也都出现在 available_extensions 变量中。

（4）创建一个 VkApplicationInfo 类型的变量，将其命名为 application_info。将下列值赋予 application_info 变量存储结构中的各个成员。

① 将成员 sType 的值设置为 VK_STRUCTURE_TYPE_APPLICATION_INFO。

② 将成员 pNext 的值设置为 nullptr。

③ 使用编写的应用程序的名称设置 pApplicationName 成员。

④ 使用编写的应用程序的版本设置 applicationVersion 结构成员；可通过设置好主要版

本、次要版本和路径值的 VK_MAKE_VERSION 宏，做到这一点。

⑤ 使用创建应用程序的引擎的名称设置 pEngineName 成员。

⑥ 使用创建应用程序的引擎的版本设置 engineVersion 成员；可使用 VK_MAKE_VERSION 宏执行该操作。

⑦ 将成员 apiVersion 的值设置为 VK_MAKE_VERSION(1, 0, 0)。

（5）创建一个 VkInstanceCreateInfo 类型的变量，将其命名为 instance_create_info。将下列值赋予 instance_create_info 变量存储结构中的各个成员。

① 将成员 sType 的值设置为 VK_STRUCTURE_TYPE_INSTANCE_CREATE_INFO。

② 将成员 pNext 的值设置为 nullptr。

③ 将 0 赋予 flags 成员。

④ 将指向 application_info 变量的指针赋予 pApplicationInfo 成员。

⑤ 将成员 enabledLayerCount 的值设置为 0。

⑥ 将成员 ppEnabledLayerNames 的值设置为 nullptr。

⑦ 将 vector 容器 desired_extensions 中含有的元素数量赋予 enabledExtensionCount 成员。

⑧ 将指向 vector 容器 desired_extensions 中第一个元素的指针（如果该容器是空的，则该指针的值为 nullptr），赋予 ppEnabledExtensionNames 成员。

（6）创建一个 VkInstance 类型的变量，将其命名为 instance。

（7）调用 vkCreateInstance(&instance_create_info, nullptr, &instance)函数。将该函数的第一个参数设置为指向 instance_create_info 变量的指针；将第二个参数设置为 nullptr；将第三个参数设置为指向 instance 变量的指针。

（8）通过查明 vkCreateInstance()函数的返回值等于 VK_SUCCESS，确认调用该函数的操作成功完成。

具体运行情况

在创建 Vulkan 实例前，需要收集一些信息。首先，需要将我们想要启用的实例级扩展的名单存储到一个数组中。然后，查明指定的硬件平台是否支持这些扩展。通过获取所有可用实例级扩展名单并查明其中是否包含我们想要启用的所有扩展，可以做到这一点。

```
std::vector<VkExtensionProperties> available_extensions;
if( !CheckAvailableInstanceExtensions( available_extensions ) ) {
  return false;
}
```

```
for( auto & extension : desired_extensions ) {
  if( !IsExtensionSupported( available_extensions, extension ) ) {
    std::cout << "Extension named '" << extension << "' is not supported."
<< std::endl;
    return false;
  }
}
```

还需要创建一个变量，以便在该变量中存储编写的应用程序的信息，如应用程序的名称和版本号、创建应用程序的引擎的名称和版本号，以及我们想要使用的 Vulkan 的版本号（目前只能使用 Vulkan 的第一个版本）。

```
VkApplicationInfo application_info = {
  VK_STRUCTURE_TYPE_APPLICATION_INFO,
  nullptr,
  application_name,
  VK_MAKE_VERSION( 1, 0, 0 ),
  "Vulkan Cookbook",
  VK_MAKE_VERSION( 1, 0, 0 ),
  VK_MAKE_VERSION( 1, 0, 0 )
};
```

前面示例中指向 application_info 变量的指针，是由用于创建实例的变量（instance_create_info，该变量中含有多个用于创建实例的实际参数）提供的。除了提供指向 application_info 变量的指针，使用 instance_create_info 变量还可以提供我们想要启用的扩展的名称和数量，以及我们想要启用的 Vulkan 逻辑层的数量和名称。启用扩展和 Vulkan 逻辑层都不需要创建合法的 Vulkan 实例。然而，有些扩展非常重要，没有这些扩展就很难开发出具有完整功能的应用程序，因而最好还是使用这些扩展，但可以忽略 Vulkan 逻辑层。下面的示例创建了一个用于定义实例参数的变量。

```
VkInstanceCreateInfo instance_create_info = {
  VK_STRUCTURE_TYPE_INSTANCE_CREATE_INFO,
  nullptr,
  0,
  &application_info,
  0,
```

```
    nullptr,
    static_cast<uint32_t>(desired_extensions.size()),
    desired_extensions.size() > 0 ? &desired_extensions[0] : nullptr
};
```

准备好上述数据后,就可以创建 Vulkan 实例了。使用 vkCreateInstance() 函数可以做到这一点,该函数的第一个参数必须是指向 VkInstanceCreateInfo 类型变量的指针;第三个参数必须是指向 VkInstance 类型变量的指针。创建好的实例会存储在这个 VkInstance 类型的变量中;第二个参数极少会用到,它可以是指向 VkAllocationCallbacks 类型变量的指针,VkAllocationCallbacks 类型的变量用于存储定位器回调函数。这些定位器回调函数用于控制定位主机内存的方式,并且主要用于调试。在大多数情况中,可以将定义定位器回调函数的第二个参数设置为 nullptr。

```
VkResult result = vkCreateInstance( &instance_create_info, nullptr,
&instance );
if( (result != VK_SUCCESS) ||
    (instance == VK_NULL_HANDLE) ) {
  std::cout << "Could not create Vulkan Instance." << std::endl;
  return false;
}

return true;
```

参考内容

请参阅本章的下列内容:
- 检查可用的实例扩展。
- 销毁 Vulkan 实例。

请参阅第 2 章的下列内容:
- 通过已启用的 WSI 扩展创建 Vulkan 实例。

加载实例级函数

我们已经创建了一个 Vulkan 实例,下一步是获取物理设备名单,从名单中选择一个设备,然后通过该设备创建逻辑设备。这些操作是通过实例级函数执行的,要使用这些函数,需要先获取它们的地址。

具体处理过程

（1）获取我们刚刚创建的 Vulkan 实例的句柄，将其存储在 VkInstance 类型的变量 instance 中。
（2）选择想要加载的实例级函数的名称（表示为<函数名>）。
（3）创建一个 PFN_<函数名>类型的变量，使用<函数名>命名它。
（4）调用 vkGetInstanceProcAddr(instance, "<函数名>")函数。将第一个参数设置为我们刚刚创建的 Vulkan 实例的句柄，将第二个参数设置为<函数名>。将该函数调用操作获得的结果，转换为 PFN_<函数名>类型，并将其存储到<函数名>变量中。
（5）通过查明<函数名>变量的值不是 nullptr，确认该函数调用操作已成功完成。

具体运行情况

实例级函数主要用于在物理设备上执行操作，Vulkan 中的实例级函数有很多：vkEnumeratePhysicalDevices()、vkGetPhysicalDeviceProperties()、vkGetPhysicalDeviceFeatures()、vkGetPhysicalDeviceQueueFamilyProperties()、vkCreateDevice()、vkGetDeviceProcAddr()、vkDestroyInstance()和 vkEnumerateDeviceExtensionProperties()等。

怎样分辨一个函数是实例级的还是设备级的呢？所有设备级函数第一个参数的类型都是 VkDevice、VkQueue 或 VkCommandBuffer。因此，如果一个函数没有这种类型的参数，并且不是全局级的，那么该函数就是实例级的。如前所述，实例级函数用于操作物理设备、检查物理设备的属性和功能，以及创建逻辑设备。

注意，扩展也会引入新的函数。要在应用程序中使用扩展，就需要将扩展的函数添加到用于加载函数的代码中。然而，如果在创建实例的过程中没有启用某个扩展，就不应该加载该扩展引入的函数。如果具体的硬件平台不支持某些函数，那么加载这些函数的操作会失败（加载操作会返回空指针）。

因此，为了加载实例级函数，应使用下面的代码更新 ListOfVulkanFunctions.inl 文件。

```
#ifndef INSTANCE_LEVEL_VULKAN_FUNCTION
#define INSTANCE_LEVEL_VULKAN_FUNCTION( function )
#endif

INSTANCE_LEVEL_VULKAN_FUNCTION( vkEnumeratePhysicalDevices )
```

```
INSTANCE_LEVEL_VULKAN_FUNCTION( vkGetPhysicalDeviceProperties )
INSTANCE_LEVEL_VULKAN_FUNCTION( vkGetPhysicalDeviceFeatures )
INSTANCE_LEVEL_VULKAN_FUNCTION( vkCreateDevice )
INSTANCE_LEVEL_VULKAN_FUNCTION( vkGetDeviceProcAddr )
//...

#undef INSTANCE_LEVEL_VULKAN_FUNCTION

//

#ifndef INSTANCE_LEVEL_VULKAN_FUNCTION_FROM_EXTENSION
#define INSTANCE_LEVEL_VULKAN_FUNCTION_FROM_EXTENSION( function, extension )
#endif

INSTANCE_LEVEL_VULKAN_FUNCTION_FROM_EXTENSION(
vkGetPhysicalDeviceSurfaceSupportKHR, VK_KHR_SURFACE_EXTENSION_NAME )
INSTANCE_LEVEL_VULKAN_FUNCTION_FROM_EXTENSION(
vkGetPhysicalDeviceSurfaceCapabilitiesKHR, VK_KHR_SURFACE_EXTENSION_NAME )
INSTANCE_LEVEL_VULKAN_FUNCTION_FROM_EXTENSION(
vkGetPhysicalDeviceSurfaceFormatsKHR, VK_KHR_SURFACE_EXTENSION_NAME )

#ifdef VK_USE_PLATFORM_WIN32_KHR
INSTANCE_LEVEL_VULKAN_FUNCTION_FROM_EXTENSION( vkCreateWin32SurfaceKHR,
VK_KHR_WIN32_SURFACE_EXTENSION_NAME )
#elif defined VK_USE_PLATFORM_XCB_KHR
INSTANCE_LEVEL_VULKAN_FUNCTION_FROM_EXTENSION( vkCreateXcbSurfaceKHR,
VK_KHR_XLIB_SURFACE_EXTENSION_NAME )
#elif defined VK_USE_PLATFORM_XLIB_KHR
INSTANCE_LEVEL_VULKAN_FUNCTION_FROM_EXTENSION( vkCreateXlibSurfaceKHR,
VK_KHR_XCB_SURFACE_EXTENSION_NAME )
#endif

#undef INSTANCE_LEVEL_VULKAN_FUNCTION_FROM_EXTENSION
```

在这段代码中，我们添加了多个（但并非所有）实例级函数的名称。这些函数都被封装到INSTANCE_LEVEL_VULKAN_FUNCTION宏中，并且被放在#ifndef和#undef预处理指令定义中。

要使用前面定义的宏加载实例级函数,还应该添加下列代码。

```
#define INSTANCE_LEVEL_VULKAN_FUNCTION( name ) \
name = (PFN_##name)vkGetInstanceProcAddr( instance, #name ); \
if( name == nullptr ) { \
  std::cout << "Could not load instance-level Vulkan function named: "\
    #name << std::endl; \
  return false; \
}

#include "ListOfVulkanFunctions.inl"

return true;
```

这个宏会调用 vkGetInstanceProcAddr()函数。前面我们使用 vkGetInstanceProcAddr()函数加载过全局级函数,但这次我们将该函数的第一个参数设置为一个 Vulkan 实例的句柄。这样我们就可以加载只有在 Vulkan 实例被创建后才能正常运行的函数。

vkGetInstanceProcAddr()函数会返回一个指向我们想要加载的函数的指针,可将 vkGetInstanceProcAddr() 函数的第二个参数设置为我们想要加载的函数的名称。vkGetInstanceProcAddr()函数返回值的类型为 void*,因此需要转换该返回值的类型,使之与我们想要加载的函数的类型相匹配。

函数的类型是根据函数名定义的(在函数名前加 PFN_)。例如,函数 vkEnumeratePhysicalDevices()的类型就是 PFN_vkEnumeratePhysicalDevices。

如果 vkGetInstanceProcAddr()函数无法找到我们想要加载的函数,它就会返回 nullptr。因此,为了防止出现问题,应该执行检查操作并将合适的信息记录下来。

我们编写的函数加载代码,会获取在 ListOfVulkanFunctions.inl 文件定义的宏中设置的所有函数的指针,但是无法使用相同的方式获取某个扩展专有的函数,因为只有在相应的扩展被启用后,才能加载该扩展专有的函数。在没有启用任何扩展的情况下,只有 Vulkan 核心的函数才能被加载,这就是需要将 Vulkan 核心的函数与扩展专有函数区分开的原因。我们还需要知道哪些扩展被启用了,以及哪个函数是由哪个扩展引入的,这就是使用独立宏处理由扩展引入函数的原因。这种宏不仅会设置函数的名称,而且会设置相应扩展的名称。要加载这种函数，可使用下面的代码。

```
#define INSTANCE_LEVEL_VULKAN_FUNCTION_FROM_EXTENSION( name, extension ) \
for( auto & enabled_extension : enabled_extensions ) { \
  if( std::string( enabled_extension ) == std::string( extension ) ) { \
    name = (PFN_##name)vkGetInstanceProcAddr( instance, #name ); \
    if( name == nullptr ) { \
      std::cout << "Could not load instance-level Vulkan function named: " \
        #name << std::endl; \
      return false; \
    } \
  } \
}

#include "ListOfVulkanFunctions.inl"

return true;
```

enabled_extensions 是一个 std::vector<char const *>类型的变量，其中存储了所有已启用的实例级扩展的名称。遍历 enabled_extensions 变量含有的所有元素，查明指定扩展的名称与引入加载函数扩展的名称是否相同。如果两个扩展名称相同，就可以使用加载 Vulkan 核心函数的方式加载该函数。如果两个扩展名称不相同，就跳过执行加载函数指针操作的代码。如果没有启用指定的扩展，就无法加载由该扩展引入的函数。

参考内容

请参阅本章的下列内容：
- 加载 Vulkan 函数的准备工作。
- 加载从 Vulkan Loader 库导出的函数。
- 加载全局级函数。
- 加载设备级函数。

确认哪些物理设备可用

Vulkan 的所有工作都是在逻辑设备上进行的,根据逻辑设备创建资源、管理逻辑设备的内存、记录通过逻辑设备创建的命令缓冲区,以及向逻辑设备队列提交需要处理的命令。在我们编写的应用程序中,逻辑设备代表为之启用了一系列功能和扩展的物理设备。要创建逻辑设备,需要在指定硬件平台上选择一个可用的物理设备。怎样才能知道一台指定的计算机上有哪些物理设备和哪些物理设备是可用的呢?这就需要确认它们。

具体处理过程

(1)获取已创建的 Vulkan 实例的句柄,将其赋予 VkInstance 类型的变量 instance 中。
(2)创建一个 uint32_t 类型的变量,将其命名为 devices_count。
(3)调用 vkEnumeratePhysicalDevices(instance, &devices_count, nullptr)函数。将第一个参数设置为 Vulkan 实例的句柄;将第二个参数设置为指向 devices_count 变量的指针(devices_count 变量的地址);将第三个参数设置为 nullptr。
(4)如果这个函数调用操作成功完成了,devices_count 变量就会被赋予所有可用物理设备的数量。
(5)为存储物理设备名单准备存储空间,最佳解决方案是使用元素类型为 VkPhysicalDevice 的 std::vector 容器。将存储 std::vector 容器的这个变量命名为 available_devices。
(6)调整 std::vector 容器的大小,使之至少能够容纳不小于 devices_count 变量值数量的物理设备数据。
(7)调用 vkEnumeratePhysicalDevices(instance, &devices_count, &available_devices[0]) 函数,仍将第一个参数设置为 Vulkan 实例的句柄;将第二个参数设置为指向 devices_count 变量的指针;但应将第三个参数设置为元素类型为 VkPhysicalDevice 的数组,且该数组中元素(每个元素代表一个可用的物理设备)的个数应不小于 devices_count 变量的值。本例将第三个参数设置为 std::vector 容器 available_devices 中第一个元素的地址。
(8)如果该函数调用操作成功完成,std::vector 容器 available_devices 中就会含有指定硬件平台上支持 Vulkan 的所有物理设备的名单。

具体运行情况

确认可用物理设备的操作可分为两个阶段,第一个阶段是查明指定硬件平台上有多少个可用的物理设备。通过将最后一个参数设置为 nullptr,调用 vkEnumeratePhysicalDevices() 函数可以做到这一点。

```
uint32_t devices_count = 0;
VkResult result = VK_SUCCESS;

result = vkEnumeratePhysicalDevices( instance, &devices_count, nullptr );
if( (result != VK_SUCCESS) ||
    (devices_count == 0) ) {
 std::cout << "Could not get the number of available physical devices." << std::endl;
  return false;
}
```

这样我们就能够知道有多少个物理设备支持 Vulkan,从而知道为了存储这些设备的句柄需要准备多少存储空间。做好准备工作后,我们就可以执行第二个阶段,并获取物理设备的句柄。第二个阶段还是调用 vkEnumeratePhysicalDevices()函数,但是必须将它的第三个参数设置为指向 VkPhysicalDevice 类型数组的指针。

```
available_devices.resize( devices_count );
result = vkEnumeratePhysicalDevices( instance, &devices_count,
&available_devices[0] );
if( (result != VK_SUCCESS) ||
    (devices_count == 0) ) {
  std::cout << "Could not enumerate physical devices." << std::endl;
  return false;
}

return true;
```

vkEnumeratePhysicalDevices()函数调用操作成功完成后,我们先前准备的存储空间就会装满物理设备的句柄,而这些物理设备就是安装在运行我们编写的应用程序的计算机上的物理设备。

现在我们已经获取了可用物理设备的名单,通过浏览这份名单,可检查每个设备的属性,查明可在这些物理设备上执行哪些操作并查明这些物理设备支持哪些扩展。

参考内容

请参阅本章的下列内容：
- 加载实例级函数。
- 检查可用的设备扩展。
- 检查可用队列家族和它们的属性。
- 创建逻辑设备。

检查可用的设备扩展

在使用某些 Vulkan 功能时，需要以显式方式启用特定的扩展（这与 OpenGL 相反，OpenGL 会通过自动/隐式方式启用扩展）。扩展可分为两个等级：实例级和设备级。与实例级扩展类似，设备级扩展是在创建逻辑设备的过程中启用的。如果指定的物理设备不支持某个设备级扩展或者我们无法为该设备级扩展创建逻辑设备，就不能启用该设备级扩展。因此，在创建逻辑设备前，需要先确保指定的物理设备支持所有必要的扩展；否则，就需要寻找支持所有这些必要扩展的其他设备。

具体处理过程

（1）在 vkEnumeratePhysicalDevices() 函数的返回结果中，选择一个物理设备句柄，将其存储在一个 VkPhysicalDevice 类型的变量中，将该变量命名为 physical_device。

（2）创建一个 uint32_t 类型的变量，将其命名为 extensions_count。

（3）调用 vkEnumerateDeviceExtensionProperties(physical_device, nullptr, &extensions_count, nullptr)函数。将第一个参数设置为指定硬件平台上可用物理设备的句柄：physical_device 变量；将第二个和第四个参数设置为 nullptr，将第三个参数设置为指向 extensions_count 变量的指针。

（4）如果这个函数调用操作成功完成了，extensions_count 变量就会含有所有可用设备级扩展的数量。

（5）为扩展的属性列表准备存储空间，最佳解决方案是使用元素类型为 VkExtensionProperties 的 std::vector 容器。将存储 std::vector 容器的这个变量命名为 available_extensions。

（6）调整 std::vector 容器的大小，使它含有的元素数量不小于 extensions_count 变量的值。

（7）调用 vkEnumerateDeviceExtensionProperties(physical_device, nullptr, &extensions_

count, &available_extensions[0])函数。但这次应将该函数的最后一个参数设置为 VkExtensionProperties 类型数组的第一个元素的指针,该数组必须拥有足够的空间,即拥有不小于 extensions_count 变量值数量的数组元素。本例将 available_extensions 变量存储的 std::vector 容器中第一个元素的指针,设置为该函数的最后一个参数。

(8)如果这个函数调用操作成功完成了,std::vector 容器的 available_extensions 变量就会含有指定物理设备支持的所有扩展的属性(如名称和版本号等)。

具体运行情况

可以将获取物理设备支持的设备级扩展名单的处理过程划分为两个阶段,第一个阶段是查明指定的物理设备支持多少个扩展。通过将最后一个参数设置为 nullptr 调用 vkEnumerateDeviceExtensionProperties()函数,可以做到这一点。

```
uint32_t extensions_count = 0;
VkResult result = VK_SUCCESS;

result = vkEnumerateDeviceExtensionProperties( physical_device, nullptr,
&extensions_count, nullptr );
if( (result != VK_SUCCESS) ||
    (extensions_count == 0) ) {
  std::cout << "Could not get the number of device extensions." << std::endl;
  return false;
}
```

第二个阶段需要准备一个数组,使该数组含有足够数量的 VkExtensionProperties 类型数组元素。本例创建了一个 vector 容器变量并调整它的大小,使该容器能够容纳不小于 extensions_count 变量值数量的元素。在第二次调用 vkEnumerateDeviceExtensionProperties() 函数时,将该函数的最后一个参数设置为 available_extensions 变量存储的 vector 容器中第一个元素的地址。该函数调用操作成功完成后,available_extensions 变量会被赋予指定物理设备支持的所有扩展的属性(如名称和版本号等)。

```
available_extensions.resize( extensions_count );
result = vkEnumerateDeviceExtensionProperties( physical_device, nullptr,
&extensions_count, &available_extensions[0] );
```

```
if( (result != VK_SUCCESS) ||
    (extensions_count == 0) ) {
  std::cout << "Could not enumerate device extensions." << std::endl;
  return false;
}

return true;
```

如前所述，我们又使用了两次调用同一个函数的处理模式：第一次调用该函数（将最后一个参数设置为 nullptr），可以查明第二次调用该函数返回值中含有的元素数量；第二次调用该函数（将最后一个参数设置为指向 VkExtensionProperties 类型数组元素的指针），获取了必要数据（本例为物理设备支持扩展的属性）。通过检查这些数据，可以查明指定的物理设备是否支持我们感兴趣的扩展。

参考内容

请参阅本章的下列内容：
- 检查可用的实例扩展。
- 确认哪些物理设备可用。

请参阅第 2 章的下列内容：
- 通过已启用的 WSI 扩展创建逻辑设备。

获取物理设备的功能和属性信息

我们编写的使用 Vulkan 的应用程序，可能会在许多种类的硬件平台上运行。这些硬件平台包括：台式计算机、笔记本和智能手机。这些硬件平台都拥有不同的配置，并且含有性能各不相同的图形硬件（显卡），更为重要的是，这些显卡的功能各不相同。一台计算机可能会安装一块以上的显卡。因此，为了找到满足我们需要的设备，实现我们编写到代码中的操作，不仅需要查明硬件平台上安装了多少设备，还需要在这些设备中选出合适的设备。因而，我们需要查明每个设备的功能。

具体处理过程

（1）通过调用 vkEnumeratePhysicalDevices() 函数获取物理设备的句柄，将该句柄存储到 VkPhysicalDevice 类型的变量 physical_device 中。
（2）创建一个 VkPhysicalDeviceFeatures 类型的变量，将其命名为 device_features。
（3）创建一个 VkPhysicalDeviceProperties 类型的变量，将其命名为 device_properties。
（4）要获取指定物理设备拥有功能的清单，可调用 vkGetPhysicalDeviceFeatures(physical_device, &device_features)函数。将第一个参数设置为通过调用 vkEnumeratePhysicalDevices()函数获得的物理设备句柄；将第二个参数设置为指向 device_features 变量的指针。
（5）要获取指定物理设备的属性，可调用 vkGetPhysicalDeviceProperties(physical_device, &device_properties)函数。将第一个参数设置为物理设备的句柄，该句柄必须是之前通过调用 vkEnumeratePhysicalDevices()函数获得的；将第二个参数设置为指向 device_properties 变量的指针。

具体运行情况

下面是本例的实现代码。

```
vkGetPhysicalDeviceFeatures( physical_device, &device_features );

vkGetPhysicalDeviceProperties( physical_device, &device_properties );
```

这段代码虽然短小且简单，但可以获得许多图形硬件信息。只有依据这些信息，我们才能使用 Vulkan 执行操作。

VkPhysicalDeviceProperties 类型的结构可以存储物理设备的常规信息，通过该结构我们可以检查设备的名称、驱动程序的版本和该设备支持的 Vulkan 版本，可以查明设备的类型，比如，它是集成显卡（集成到主板中的显示芯片）的，还是独立显卡的，或者由 CPU 来处理图形显示任务。通过该结构我们还可以了解指定硬件平台的限定条件，如创建图像（纹理）的最大尺寸、在着色器中使用多大的缓冲区，以及在执行绘图操作的过程中创建顶点数量的上限。

VkPhysicalDeviceFeatures 结构可以存储具体硬件平台支持但不在 Vulkan 核心规范要求中的附加功能。这些功能包括几何和曲面细分着色器、深度固定和偏移（depth clamp and bias）、多视口（multiple viewports）和宽线（wide line）。图形硬件已经支持了这些功能许多年。然而，Vulkan 是便携式的，且能够在多种硬件平台上获得支持。Vulkan 不仅要在高端的台式计算机上运行，还要在高功效、低能耗的智能手机和专用便携电子设备上运行。这就是这些对性能有极高要求的功能没有入选 Vulkan 核心规范的原因。这样可以使驱动程序更具有灵活性，更为重要的是，可以提高用电效率和节省内存。

在使用物理设备功能时，还需要注意一点：与扩展类似，在默认情况下附加功能不是自动启用的，不能像使用核心功能那样使用附加功能。要使用物理设备的附加功能，必须在创建逻辑设备时以显式方式启用它们。在创建逻辑设备时，不应强求启用的物理设备支持全部功能，因为一旦物理设备没有支持某个功能，创建逻辑设备的操作就会执行失败。如果用户对某个功能感兴趣，就需要查明该功能是否可用，确认该功能可用后，应在创建逻辑设备的过程中以显式方式启用它。如果物理设备不支持该功能，就不能在该物理设备上使用该功能，因而需要寻找支持该功能的其他物理设备。

如果用户想要启用某个物理设备支持的全部功能，则只需要查明该物理设备上的可用功能，并在创建逻辑设备的过程中提供通过该检查操作获取的数据。

参考内容

请参阅本章的下列内容：
- 创建逻辑设备。
- 使用几何着色器（geometry shader）、图形和计算队列创建逻辑设备。

检查可用队列家族和它们的属性

在 Vulkan 中，当我们想要在硬件上执行操作时，会将这些操作提交到队列中。一个队列中的操作会一个接一个地被处理（按照这些操作被提交的次序），这也是这些操作被称为队列的原因。然而，提交给不同队列的操作会以分隔的方式进行处理（必要时，可以通过同步方式处理这些操作）。

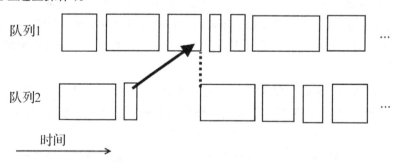

不同的队列会代表不同的硬件部分，因而会支持不同种类的操作，并非所有操作都能够在队列中被执行。

我们将含有类似功能的队列分为家族。一个设备会含有许多队列家族，一个队列家族也会含有一个或多个队列。要查明具体硬件平台上能够执行哪些操作，就需要查明所有队列家族的属性。

具体处理过程

（1）通过调用 vkEnumeratePhysicalDevices()函数获取物理设备的句柄，将该句柄存储在一个 VkPhysicalDevice 类型的变量中，将该变量命名为 physical_device。

（2）创建一个 uint32_t 类型的变量，将其命名为 queue_families_count。

（3）调用 vkGetPhysicalDeviceQueueFamilyProperties(physical_device, &queue_families_count, nullptr)函数。将第一个参数设置为通过调用 vkEnumeratePhysicalDevices()函数获得的物理设备句柄（该句柄存储在 physical_device 变量中）；将第二个参数设置为指向 queue_families_count 变量的指针；将第三个参数设置为 nullptr。

（4）这个函数调用操作成功完成后，queue_families_count 变量会存储指定物理设备含有的所有队列家族的数量。

（5）为队列家族名单和属性准备存储空间，一种非常便捷的解决方案是使用 std::vector 容器中的变量。必须将 std::vector 容器中元素的类型设置为 VkQueueFamilyProperties，将存储该容器的变量命名为 queue_families。

（6）调整 std::vector 容器的大小，使它含有的元素数量不小于 queue_families_count 变量的值。

（7）调用 vkGetPhysicalDeviceQueueFamilyProperties(physical_device, &queue_families_count, &queue_families[0])函数，应像上一次调用该函数一样，设置前两个参数；应将最后一个参数设置为指向 std::vector 容器 queue_families 中第一个元素的指针。

（8）通过查明 queue_families_count 变量的值大于 0，确认该函数调用操作已成功完成。该函数调用操作成功完成后，指定物理设备含有的所有队列家族的属性，并存储到 std::vector 容器 queue_families 中。

具体运行情况

与前面介绍过的查询操作类似，可以将本例的查询过程分为两个阶段，第一个阶段，获取指定物理设备上可用队列家族的总数。通过将最后一个参数设置为 nullptr，调用 vkGetPhysicalDeviceQueueFamilyProperties()函数可以做到这一点。

```
uint32_t queue_families_count = 0;

vkGetPhysicalDeviceQueueFamilyProperties( physical_device,
&queue_families_count, nullptr );
if( queue_families_count == 0 ) {
 std::cout << "Could not get the number of queue families." << std::endl;
  return false;
}
```

第二个阶段，在获取指定物理设备含有的所有队列家族的数量后，就可以为队列家族的属性准备存储空间。本例创建了一个含有 VkQueueFamilyProperties 类型元素的 std::vector 容器变量，并调整了该 vector 容器的大小，使之能够容纳不小于第一次查询操作所获得队列家族数量的数据。再次调用 vkGetPhysicalDeviceQueueFamilyProperties() 函数，但这次将最后一个参数设置为指向刚创建的 vector 容器中第一个元素的指针。这个 vector 容器会存储所有可用队列家族的属性。

```
queue_families.resize( queue_families_count );
vkGetPhysicalDeviceQueueFamilyProperties( physical_device,
&queue_families_count, &queue_families[0] );
if( queue_families_count == 0 ) {
 std::cout << "Could not acquire properties of queue families." << std::endl;
  return false;
}

return true;
```

队列家族属性中最重要的信息，是在具体队列家族中可以执行哪些类型的操作。队列家族支持的操作可分为下列种类。

- 图形：用于创建图形管线（graphics pipeline）和绘图。
- 计算：用于创建计算管线（compute pipeline）和分派计算着色器（compute shader）。
- 传输：用于执行非常快速的内存复制操作。
- 稀疏：用于实现额外的内存管理功能。

一个家族中的多个队列可能会支持一种以上的操作，也可能出现多个队列支持同一种操作的情况。

队列家族的属性信息还包括：具体队列家族中可用队列的数量、对时间戳的支持（用于时间测定）和图像传输操作的颗粒度（在执行复制/位块传输操作时，图像分割尺寸的下限）。

了解了队列家族的数量、队列家族的属性和每个家族中可用队列的数量后，就可以创建逻辑设备。所有这些信息都是必须了解的，因为我们自己无法创建队列。我们只能通过创建逻辑设备来使用队列，也可能在逻辑设备中设置使用哪些家族中的哪些队列。创建逻辑设备后，队列会随逻辑设备自动创建，我们只需要获取所有必要队列的句柄。

参考内容

请参阅本章的下列内容：
- 根据功能选择队列家族的索引。
- 创建逻辑设备。
- 获取设备队列。
- 使用几何着色器（geometry shader）、图形和计算队列创建逻辑设备。

请参阅第 2 章的下列内容：
- 选择支持显示指定曲面功能的队列家族。

根据功能选择队列家族的索引

在创建逻辑设备前，应先考虑需要使用该逻辑设备执行哪些操作，因为这会影响我们对队列家族和队列的选择。

在简单的情况下，从一个支持图形操作的家族中选出一个队列就足够了。在更高级的使用情况下，需要选择能够支持图形和计算操作的队列，甚至还需要选用支持高速内存复制操作的传输队列。

本节介绍查找队列家族的方式，以便获取想要使用的操作类型的队列家族。

具体处理过程

（1）通过调用 vkEnumeratePhysicalDevices()函数获取物理设备的句柄，将该句柄存储在一个 VkPhysicalDevice 类型的变量中，将该变量命名为 physical_device。

（2）创建一个 uint32_t 类型的变量，将该变量命名为 queue_family_index，该变量用于存储支持我们选用操作的队列家族的索引。

（3）创建一个 VkQueueFlags 类型的位域变量，将其命名为 desired_capabilities。将用

户想要使用的操作类型存储在 desired_capabilities 变量中，该操作可以是对 VK_QUEUE_GRAPHICS_BIT、VK_QUEUE_COMPUTE_BIT、VK_QUEUE_TRANSFER_BIT 和 VK_QUEUE_SPARSE_BINDING_BIT 常量执行的逻辑或操作。

（4）创建一个元素类型为 VkQueueFamilyProperties 的 std::vector 容器变量，将该变量命名为 queue_families。

（5）使用"检查可用队列家族和它们的属性"小节介绍的方式，查明可用队列家族的数量并获取这些队列家族的属性，将获得的数据存储在 queue_families 变量中。

（6）创建一个 uint32_t 类型的变量，将其命名为 index。使用 index 变量遍历 std::vector 容器 queue_families 变量中的所有元素。

（7）在访问 queue_families 变量中存储的每个元素时：

① 检查当前元素中的队列编号（由 queueCount 成员代表）是否大于 0。

② 检查对 desired_capabilities 变量和当前元素的 queueFlags 成员执行逻辑与操作的结果，是否等于 0。

③ 如果上述两个检查操作的结果都为真，就将 index 变量的值（当前迭代循环中的）存储到 queue_family_index 变量中，并结束遍历操作。

（8）重复执行步骤 7，直到将 std::vector 容器 queue_families 变量中的所有元素都查看一遍为止。

具体运行情况

先获取指定物理设备上可用队列家族的属性，将通过执行检查操作获得的数据存储在 queue_families 变量中，queue_families 变量中存储的是元素类型为 VkQueueFamilyProperties 的 std::vector 容器。

```
std::vector<VkQueueFamilyProperties> queue_families;
if( !CheckAvailableQueueFamiliesAndTheirProperties( physical_device,
queue_families ) ) {
  return false;
}
```

然后检查 vector 容器 queue_families 变量中的所有元素。

```
for( uint32_t index = 0; index <
static_cast<uint32_t>(queue_families.size()); ++index ) {
  if( (queue_families[index].queueCount > 0) &&
```

```
          ( queue_families[index].queueFlags & desired_capabilities ) ) {
        queue_family_index = index;
        return true;
      }
    }
    return false;
```

vector 容器 queue_families 变量中的每个元素，都代表一个独立的队列家族。每个元素中的 queueCount 成员都含有该元素代表的队列家族中可用队列的数量。queueFlags 成员使用位域数据结构，在该数据结构中每个二进制位代表一种操作类型。对指定的位进行设置，则代表其对应类型的操作由指定的队列家族来支持。我们可以尝试组合使用队列家族支持的任何操作，但是需要为每种类型的操作寻找独立的队列，这完全取决于硬件支持和 Vulkan 驱动程序。

为了确保我们获得了正确的数据，还应该检查每个家族是否至少含有一个队列。

在更高级的现实处理情况下，需要存储每个家族含有队列的总数。这是因为我们可以使用一个以上的队列，但无法使用超过指定家族中可用队列数量的队列。在简单的情况下，使用指定家族中的一个队列就足够了。

参考内容

请参阅本章的下列内容：
- 检查可用队列家族和它们的属性。
- 创建逻辑设备。
- 获取设备队列。
- 使用几何着色器（geometry shader）、图形和计算队列创建逻辑设备。

请参阅第 2 章的下列内容：
- 选择支持显示指定曲面功能的队列家族。

创建逻辑设备

在我们编写的应用程序中，逻辑设备是最重要的对象之一。逻辑设备代表真实的硬件，还代表为逻辑设备启用的所有扩展和功能，以及通过逻辑设备执行的所有操作队列。

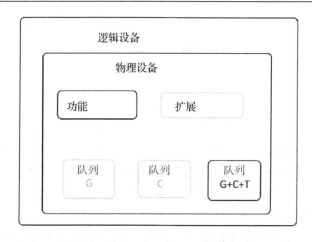

使用逻辑设备可以执行典型的渲染程序工作,如创建图像和缓冲区、设置管线状态和加载着色器。逻辑设备的最重要功能是记录命令(如提交绘制调用和分配计算工作)和将命令提交给队列,命令会按照它在队列中的次序由具体硬件处理。完成上述处理过程后,我们就得到了通过提交操作计算的结果。这些结果可以是由计算着色器算出的一组值,也可以是通过绘制调用命令生成的其他数据(不一定是图像)。所有这些工作都是在逻辑设备上执行的,下面让我们来了解创建逻辑设备的方式。

准备工作

本节将使用一个自定义结构类型的变量,该自定义结构类型名为 QueueInfo,下面是它的定义。

```
struct QueueInfo {
  uint32_t FamilyIndex;
  std::vector<float> Priorities;
};
```

在这种类型的变量中,我们将会存储通过指定逻辑设备执行的队列的信息。这些数据(信息)中含有我们想要使用的队列所属家族的索引、我们想要使用的队列所属家族中含有队列的总数和与每个队列对应的家族属性。因为家族属性的数量必须与该家族中队列的数量相等,所以指定家族中含有的队列总数,就会与 std::vector 容器 Priorities 变量中元素的个数相等。

具体处理过程

（1）根据功能、限定条件、可用扩展和得到支持的操作类型，通过调用 vkEnumeratePhysical Devices() 函数获取可用物理设备名单，并从该名单中选择一个物理设备（请参阅"确认哪些物理设备可用"小节）。将获得的物理设备句柄，存储到一个 VkPhysical Device 类型的变量中，将该变量命名为 physical_device。

（2）归纳想要启用的设备扩展。将想要使用的扩展的名称，存储到一个 std::vector<char const *> 类型的变量中，将该变量命名为 desired_extensions。

（3）创建一个 std::vector<VkExtensionProperties> 类型的变量，将该变量命名为 available_extensions。获取所有可用扩展的名单，并将该名单存储到 available_extensions 变量中（请参阅"检查可用的设备扩展"小节）。

（4）确保 desired_extensions 变量中存储的扩展名称也出现在 available_extensions 变量中。

（5）创建一个 VkPhysicalDeviceFeatures 类型的变量，将其命名为 desired_features。

（6）获取得到物理设备支持的一系列功能，这些功能由 physical_device 变量中存储的句柄代表（请参阅"获取物理设备的功能和属性信息"小节）。

（7）确保由 physical_device 变量代表的物理设备支持想要使用的功能。通过检查 desired_features 变量存储的结构中相应成员是否被设置为 1，可以查明指定物理设备是否支持想要使用的功能。清除 desired_features 变量存储的结构中的其他成员（将这些成员设置为 0）。

（8）根据队列家族的属性（支持的操作类型），归纳想要使用的队列家族名单，这些家族用于提供队列。为每个选中的队列家族设置提供队列的数量。在队列家族中为每个队列设置优先权：由浮点型值 0.0~1.0 为代表（多个队列可能会拥有相同的优先权值）。创建一个 std::vector 容器的变量，将 vector 容器中元素类型设置为 QueueInfo 自定义类型，将该变量命名为 queue_infos。

（9）创建一个 std::vector<VkDeviceQueueCreateInfo> 类型的变量，将其命名为 queue_create_infos。为存储在 queue_infos 变量中的每个队列家族 std::vector 容器 queue_create_infos，添加一个新元素。将下列值赋予这个新元素中的成员。

① 将 sType 成员的值设置为 VK_STRUCTURE_TYPE_DEVICE_QUEUE_CREATE_INFO。
② 将 pNext 成员的值设置为 nullptr。
③ 将 flags 成员的值设置为 0。
④ 将 queueFamilyIndex 成员的值设置为该队列家族的索引。
⑤ 将 queueCount 成员的值设置为该队列家族能够提供队列的数量。

⑥ 将 pQueuePriorities 成员的值设置为指向该队列家族中队列属性列表中第一个元素的指针。

（10）创建一个 VkDeviceCreateInfo 类型的变量，将其命名为 device_create_info。将下列值赋予 device_create_info 变量中的各个成员。

① 将 sType 成员的值设置为 VK_STRUCTURE_TYPE_DEVICE_CREATE_INFO。
② 将 pNext 成员的值设置为 nullptr。
③ 将 flags 成员的值设置为 0。
④ 将 queueCreateInfoCount 成员的值设置为 vector 容器 queue_create_infos 含有元素的数量。
⑤ 将 pQueueCreateInfos 成员的值设置为指向 vector 容器 queue_create_infos 中第一个元素的指针。
⑥ 将 enabledLayerCount 成员的值设置为 0。
⑦ 将 ppEnabledLayerNames 成员的值设置为 nullptr。
⑧ 将 enabledExtensionCount 成员的值设置为 vector 容器 desired_extensions 含有元素的数量。
⑨ 将 ppEnabledExtensionNames 成员的值设置为指向 vector 容器 desired_extensions 中第一个元素的指针。
⑩ 将 pEnabledFeatures 成员的值设置为指向 desired_features 变量的指针。

（11）创建一个 VkDevice 类型的变量，将其命名为 logical_device。

（12）调用 vkCreateDevice(physical_device, &device_create_info, nullptr, &logical_device) 函数。将第一个参数设置为物理设备的句柄，将第二个参数设置为指向 device_create_info 变量的指针，将第三个参数设置为 nullptr，将第四个参数设置为指向 logical_device 变量的指针。

（13）通过查明调用 vkCreateDevice() 函数返回的值等于 VK_SUCCESS，确认该函数调用操作已成功完成。

具体运行情况

要创建逻辑设备，需要先准备大量的数据。首先，应获取物理设备支持扩展的名单，并查明我们想要使用的扩展是否包含在物理设备支持扩展的名单中。与创建实例类似，我们无法使用物理设备不支持的扩展创建逻辑设备，这类操作会失败。

```
std::vector<VkExtensionProperties> available_extensions;
```

```
if( !CheckAvailableDeviceExtensions( physical_device, available_extensions
) ) {
  return false;
}
for( auto & extension : desired_extensions ) {
  if( !IsExtensionSupported( available_extensions, extension ) ) {
    std::cout << "Extension named '" << extension << "' is not supported by
a physical device." << std::endl;
    return false;
  }
}
```

其次，应创建一个 vector 容器类型的变量，可将其命名为 queue_create_infos，使用该变量存储我们想要添加到逻辑设备中的队列和队列家族的信息。该 vector 容器中的每个元素都应设置为 VkDeviceQueueCreateInfo 类型；该 vector 容器含有的最重要的信息，是队列家族的索引和该家族含有队列的数量；该 vector 容器中的每个元素都代表一个队列家族，且每个元素都应具有唯一性。

vector 容器变量 queue_create_infos 还应含有队列的属性信息。一个家族中的每个队列都拥有不同的优先权：由浮点型值 0.0~1.0 为代表，较大的数值代表较高的优先权。这意味着硬件会根据队列的优先权，安排处理多个队列的次序，而且会为拥有较高优先权的队列分配更多处理时间。然而，这仅是一种意向，而不是万无一失的保证。这也不会影响其他设备中的队列。

```
std::vector<VkDeviceQueueCreateInfo> queue_create_infos;

for( auto & info : queue_infos ) {
  queue_create_infos.push_back( {
    VK_STRUCTURE_TYPE_DEVICE_QUEUE_CREATE_INFO,
    nullptr,
    0,
    info.FamilyIndex,
    static_cast<uint32_t>(info.Priorities.size()),
    info.Priorities.size() > 0 ? &info.Priorities[0] : nullptr
  } );
};
```

vector 容器变量 queue_create_infos，用于为 VkDeviceCreateInfo 类型的变量提供信息。VkDeviceCreateInfo 类型的变量用于存储为逻辑设备提供队列的家族含有队列的数量、已启用逻辑层的数量和名称、我们想要为设备启用的扩展和我们想要使用的功能。

逻辑层和扩展不是用于使设备正常运行的必要信息，但是有些扩展非常有用，如果我们想要显示通过 Vulkan 生成的图像，就必须启用这些扩展。

功能也不是必要信息，因为 Vulkan 的核心已经提供了大量的功能，使用这些功能可以生成图像和执行复杂的计算。如果我们不想启用任何功能，则可以将 pEnabledFeatures 成员的值设置为 nullptr，或者使用被设置为 0 的变量为该成员赋值。然而，如果我们想要使用更高级的功能（如几何和曲面细分着色器），就需要先获取设备支持的功能名单并确认我们想要使用的功能可用，然后通过变量提供合适的指针。应禁用不必要的功能，因为某些功能会影响性能。在使用 Vulkan 时，我们应该只做必要的事情和使用必须使用的功能。

```
VkDeviceCreateInfo device_create_info = {
  VK_STRUCTURE_TYPE_DEVICE_CREATE_INFO,
  nullptr,
  0,
  static_cast<uint32_t>(queue_create_infos.size()),
  queue_create_infos.size() > 0 ? &queue_create_infos[0] : nullptr,
  0,
  nullptr,
  static_cast<uint32_t>(desired_extensions.size()),
  desired_extensions.size() > 0 ? &desired_extensions[0] : nullptr,
  desired_features
};
```

device_create_info 变量用于为 vkCreateDevice() 函数提供数据，vkCreateDevice() 函数用于创建逻辑设备。要确认调用 vkCreateDevice() 函数的操作成功执行，需要查明 vkCreateDevice() 函数的返回值是否等于 VK_SUCCESS。如果该值等于 VK_SUCCESS，那么创建好的逻辑设备的句柄会存储在调用 vkCreateDevice() 函数时，所用的最后一个参数指向的变量中。

```
VkResult result = vkCreateDevice( physical_device, &device_create_info,
  nullptr, &logical_device );
if( (result != VK_SUCCESS) ||
    (logical_device == VK_NULL_HANDLE) ) {
  std::cout << "Could not create logical device." << std::endl;
```

```
    return false;
}

return true;
```

参考内容

请参阅本章的下列内容：
- 确认哪些物理设备可用。
- 检查可用设备的扩展。
- 获取物理设备的功能和属性信息。
- 检查可用队列家族和它们的属性。
- 根据功能选择队列家族的索引。
- 销毁逻辑设备。

加载设备级函数

我们已经创建了一个逻辑设备，可以在该逻辑设备上执行任何想要执行的操作，如渲染 3D 场景、计算游戏中的物体碰撞效果和处理视频帧。这些操作都是通过设备级函数执行的，但在获取设备级函数前我们无法使用这些函数。

具体处理过程

（1）获取逻辑设备的句柄，将其存储在一个 VkDevice 类型的变量中，将该变量命名为 logical_device。
（2）选择想要加载的设备级函数的名称（使用<函数名>的形式表示）。
（3）为了加载所有选中的设备级函数，可创建一个 PFN_<函数名>类型的变量，将该变量命名为<函数名>。
（4）调用 vkGetDeviceProcAddr(logical_device, "<函数名>")函数，将第一个参数设置为逻辑设备的句柄，将第二个参数设置为想要加载的设备级函数的名称。将该函数调用操作的结果，存储在类型为 PFN_<函数名>、名为<函数名>的变量中。
（5）通过查明<函数名>变量的值不等于 nullptr，确认该函数调用操作成功完成。

具体运行情况

几乎所有 3D 渲染程序进行的典型工作,都是使用设备级函数完成的。设备级函数用于创建缓冲区、图像、采样器和着色器。使用设备级函数可以创建管线对象、同步基准(synchronization primitive)、帧缓冲区等许多资源。最为重要的是,这些资源用于记录已提交给队列的操作(还是通过调用设备级函数),硬件会处理队列中的操作。所有这些工作都是通过设备级函数完成的。

与其他类型的 Vulkan 函数一样,可以使用 vkGetInstanceProcAddr() 函数加载设备级函数,但这种方式不是最优解决方案。灵活性是 Vulkan 与生俱来的特点。使用 Vulkan 可以通过一个应用程序,在多个设备上执行多个操作,但在调用 vkGetInstanceProcAddr() 函数时,无法使用与逻辑设备有关的参数。因此,该函数返回的函数指针,无法与我们想要用来执行具体操作的设备关联起来。在调用 vkGetInstanceProcAddr() 函数时,该设备甚至尚不存在。这就是 vkGetInstanceProcAddr() 函数会根据其参数返回一个调度函数,并由这个调度函数为指定的逻辑设备调用、执行具体操作函数的原因。然而,这种多层次的跳转迂回调用操作是要付出性能代价的,尽管该代价非常小,但实际上会占用用于调用正确函数的处理器时间。

如果想要避免跳转调用操作,直接获取与指定设备关联的函数指针,就应该使用 vkGetDeviceProcAddr() 函数。这样就可以避免执行中间函数调用操作,并提高应用程序的性能。但这种方式也有缺点,我们需要为在应用程序中创建的每个设备获取函数指针。如果想要在多个设备上执行操作,就需要为每个逻辑设备创建独立的函数指针列表。不能使用通过一个设备获取的函数在另一个设备上执行操作。但在使用 C++ 的预处理指令时,可以非常轻松地获取与指定设备对应的函数指针。

获取设备级函数的方式

第 1 章　Vulkan 的基础知识

怎样才能辨别出一个函数是设备级、全局级或实例级的呢？设备级函数的第一个参数的数据类型，如 VkDevice、VkQueue 或 VkCommandBuffer。从现在开始，下面内容介绍的函数大多数是设备级的。

要加载设备级函数，应更新 ListOfVulkanFunctions.inl 文件。

```
#ifndef DEVICE_LEVEL_VULKAN_FUNCTION
#define DEVICE_LEVEL_VULKAN_FUNCTION( function )
#endif

DEVICE_LEVEL_VULKAN_FUNCTION( vkGetDeviceQueue )
DEVICE_LEVEL_VULKAN_FUNCTION( vkDeviceWaitIdle )
DEVICE_LEVEL_VULKAN_FUNCTION( vkDestroyDevice )

DEVICE_LEVEL_VULKAN_FUNCTION( vkCreateBuffer )
DEVICE_LEVEL_VULKAN_FUNCTION( vkGetBufferMemoryRequirements )
// ...

#undef DEVICE_LEVEL_VULKAN_FUNCTION

//

#ifndef DEVICE_LEVEL_VULKAN_FUNCTION_FROM_EXTENSION
#define DEVICE_LEVEL_VULKAN_FUNCTION_FROM_EXTENSION( function, extension )
#endif

DEVICE_LEVEL_VULKAN_FUNCTION_FROM_EXTENSION( vkCreateSwapchainKHR,
VK_KHR_SWAPCHAIN_EXTENSION_NAME )
DEVICE_LEVEL_VULKAN_FUNCTION_FROM_EXTENSION( vkGetSwapchainImagesKHR,
VK_KHR_SWAPCHAIN_EXTENSION_NAME )
DEVICE_LEVEL_VULKAN_FUNCTION_FROM_EXTENSION( vkAcquireNextImageKHR,
VK_KHR_SWAPCHAIN_EXTENSION_NAME )
DEVICE_LEVEL_VULKAN_FUNCTION_FROM_EXTENSION( vkQueuePresentKHR,
VK_KHR_SWAPCHAIN_EXTENSION_NAME )
DEVICE_LEVEL_VULKAN_FUNCTION_FROM_EXTENSION( vkDestroySwapchainKHR,
VK_KHR_SWAPCHAIN_EXTENSION_NAME )

#undef DEVICE_LEVEL_VULKAN_FUNCTION_FROM_EXTENSION
```

在上面的代码中，我们添加了多个设备级函数的名称。所有这些名称都被封装在 DEVICE_LEVEL_VULKAN_FUNCTION（该宏封装的是 Vulkan API 核心中定义的函数），或 DEVICE_LEVEL_VULKAN_FUNCTION_FROM_EXTENSION 宏（该宏封装的是通过扩展引入的函数）中，这两种宏都是使用预处理指令#ifndef 和#undef 定义的。当然，此处没有列出所有设备级函数，因为设备级函数的数量非常多。

注意，在创建逻辑设备的过程中，应该先启用指定的扩展，然后才能加载通过该扩展引入的函数。如果物理设备不支持某个扩展，那么该扩展中的函数就不可用，而且加载这些函数的操作会失败。这就是需要将加载函数的代码划分为两段的原因，这与加载实例级函数的方式类似。

首先，在使用前面介绍的宏加载 Vulkan API 核心函数时，应编写下列代码。

```
#define DEVICE_LEVEL_VULKAN_FUNCTION( name ) \
name = (PFN_##name)vkGetDeviceProcAddr( device, #name ); \
if( name == nullptr ) { \
  std::cout << "Could not load device-level Vulkan function named: " #name << std::endl; \
    return false; \
}

#include "ListOfVulkanFunctions.inl"

return true;
```

上面的代码用于在 ListOfVulkanFunctions.inl 文件中定义 DEVICE_LEVEL_VULKAN_FUNCTION()宏，通过这个宏调用 vkGetDeviceProcAddr()函数，并获取想要加载函数的名称。该操作的结果会被设置为合适的数据类型，并会存储在与已获得的函数的名称同名的变量中。如果该操作执行失败，这段代码则会在屏幕上显示补充说明信息。

其次，我们需要加载通过扩展引入的函数。这些扩展必须在创建逻辑设备的过程中被启用。

```
#define DEVICE_LEVEL_VULKAN_FUNCTION_FROM_EXTENSION( name, extension ) \
for( auto & enabled_extension : enabled_extensions ) { \
  if( std::string( enabled_extension ) == std::string( extension ) ) { \
  ) { \
```

```
      name = (PFN_##name)vkGetDeviceProcAddr( logical_device, #name );\
      if( name == nullptr ) { \
        std::cout << "Could not load device-level Vulkan function named: " \
          #name << std::endl; \
        return false; \
      } \
    } \
  }

  #include "ListOfVulkanFunctions.inl"

  return true;
```

上面代码定义的宏循环遍历了所有已经启用的扩展。这些扩展的定义存储在类型为 std::vector<char const *>、名为 enabled_extensions 的变量中。在每次迭代过程中，该 vector 容器中已启用扩展的名称，会与指定函数所属扩展的名称进行比较。如果二者相同，就加载指定函数的指针；如果两者不相同，指定函数就会被跳过，因为无法加载未启用扩展中的函数。

参考内容

请参阅本章的下列内容：
- 加载 Vulkan API 函数的准备工作。
- 加载从 Vulkan Loader 库导出的函数。
- 加载全局级函数。
- 加载实例级函数。

获取设备队列

在使用 Vulkan 时，为了管理和利用具体物理设备的处理能力，需要将操作提交给设备的队列。队列不是由应用程序通过显式方式创建的，它们是在创建逻辑设备的过程中被设置的。应查明有哪些可用的队列家族，以及每个家族中含有多少个队列。我们可以仅从现存队列家族中选取可用队列的子集，不能获取指定家族中没有的队列。

被选中的队列会随逻辑设备自动创建，我们不需要通过显式方式管理和创建它们。同样，我们也无法销毁它们，它们会随逻辑设备一起被销毁。要使用队列或将操作提交给设备的队列，只需要获取队列的句柄。

具体处理过程

（1）获取逻辑设备的句柄，将该句柄存储在类型为 VkDevice、名为 logical_device 的变量中。

（2）获取一个队列家族的索引，这些队列家族是在创建逻辑设备时被创建的，队列家族的索引存储在 VkDeviceQueueCreateInfo 结构的 queueFamilyIndex 成员中。将该索引存储在类型为 uint32_t、名为 queue_family_index 的变量中。

（3）获取指定家族中一个队列的索引：该索引必须小于指定家族含有队列的总数，该总数存储在 VkDeviceQueueCreateInfo 结构的 queueCount 成员中。将这个队列索引存储在类型为 uint32_t、名为 queue_index 的变量中。

（4）创建一个 VkQueue 类型的变量，将其命名为 queue。

（5）调用 vkGetDeviceQueue(logical_device, queue_family_index, queue_index, &queue) 函数。将第一个参数设置为逻辑设备的句柄；将第二个参数设置为我们选中的队列家族的索引；将第三个参数设置为指定队列家族中某个队列的索引；将第四个参数设置为指向变量 queue 的指针。queue 变量用于存储设备队列的句柄。

（6）重复步骤（2）至步骤（5）的操作，处理所有队列家族中的所有队列。

具体运行情况

获取指定队列句柄的代码非常简单：

```
vkGetDeviceQueue( logical_device, queue_family_index, queue_index, &queue );
```

在执行这个调用操作时，我们将逻辑设备的句柄、队列家族的索引和指定队列家族中某个队列的索引作为前三个参数，必须将第二个参数设置为在创建逻辑设备时获取的队列家族索引其中之一。这意味着如果某个队列不属于在创建逻辑设备时设置的家族，就无法获取该队列的句柄。同理，获取的队列索引必定小于该队列所属家族含有队列的总数。

请思考下面的情况：一个物理设备支持 3 号队列家族中的 5 个队列。在创建逻辑设备的过程中，我们仅从 3 号队列家族中获取了 2 个队列。因此，当调用 vkGetDeviceQueue() 函数时，应该将 3 号队列家族的索引设置为 3。在设置队列的索引时，只能使用 0 和 1。

在调用 vkGetDeviceQueue() 函数时，应将最后一个参数设置为指向某个变量的指针，该变量用于存储我们选用的队列的句柄，我们可以多次获取同一队列的句柄。这个函数调用操作不会创建队列（这些队列是在创建逻辑设备的过程中通过隐式方式创建的），我们仅是通过这个操作获取现有队列的句柄，因此我们可以多次执行这个操作。

参考内容

请参阅本章的下列内容：
- 检查可用队列家族和它们的属性。
- 根据功能选择队列家族的索引。
- 创建逻辑设备。
- 使用几何着色器（geometry shader）、图形和计算队列创建逻辑设备。

使用几何着色器、图形和计算队列创建逻辑设备

使用 Vulkan 创建各种对象时，需要使用许多不同类型的结构描述创建过程，而且在创建结构时可能还需要创建其他对象。

我们需要确认物理设备、检查物理设备的属性和它们支持哪些队列家族，并创建 VkDeviceCreateInfo 结构，创建该结构时需要更多的信息。

为了展示组织这些操作的方式，我们会使用一个支持几何着色器、图形和计算队列的物理设备，创建一个逻辑设备。

具体处理过程

（1）创建一个 VkDevice 类型的变量，将其命名为 logical_device。
（2）创建两个 VkQueue 类型的变量，将它们分别命名为 graphics_queue 和 compute_queue。
（3）创建一个 std::vector<VkPhysicalDevice>类型的变量，将其命名为 physical_devices。
（4）获取指定硬件平台上所有可用物理设备的名单，将该名单存储在 vector 容器变量 physical_devices 中（请参阅"确认哪些物理设备可用"小节）。
（5）为每个 physical_devices 变量中存储的物理设备执行下列操作。
① 创建一个 VkPhysicalDeviceFeatures 类型的变量，将其命名为 device_features。
② 获取指定物理设备支持功能的名单，将该名单存储在 device_features 变量中。
③ 查明 device_features 变量中 geometryShader 成员的值是否等于 VK_TRUE（该值是否不等于 0）。如果该值等于 VK_TRUE，就重置 device_features 变量中的其他成员（将

这些成员的值设置为 0）；如果该值不等于 VK_TRUE，就处理另一个物理设备。

（6）创建两个 uint32_t 类型的变量，将它们分别命名为 graphics_queue_family_index 和 compute_queue_family_index。

（7）获取支持图形和计算操作的队列家族的索引，将它们分别存储在 graphics_queue_family_index 和 compute_queue_family_index 变量中（请参阅"根据功能选择队列家族的索引"小节）。如果这些图形和计算操作中的任意一个没有得到队列家族的支持，就应查找另一个物理设备。

（8）创建 std::vector 容器类型的变量，将该容器中元素的类型设置为 QueueInfo（请参阅"创建逻辑设备"小节），将该容器变量命名为 requested_queues。

（9）使用 requested_queues 变量存储 graphics_queue_family_index 变量的值和值为浮点型 1.0 的单元素 vector 容器 floats。如果 compute_queue_family_index 变量的值不等于 graphics_queue_family_index 变量的值，就使用 compute_queue_family_index 变量和值为浮点型 1.0 的单元素 vector 容器 floats，在 vector 容器 requested_queues 变量中添加另一个元素。

（10）使用 physical_device、requested_queues、device_features 和 logical_device 变量，创建一个逻辑设备（请参阅"创建逻辑设备"小节）。如果函数调用操作失败了，就选择另一个物理设备重复执行上述处理步骤。

（11）如果成功创建逻辑设备，就加载设备级函数（请参阅"加载设备级函数"小节）。获取与 graphics_queue_family_index 变量所存储的索引对应的家族中队列的句柄，将该句柄存储在 graphics_queue 变量中。从与 compute_queue_family_index 变量所存储的索引对应的家族中获取队列，将该队列存储在 compute_queue 变量中。

具体运行情况

在创建逻辑设备前，需要获取指定计算机中所有可用物理设备的句柄。

```
std::vector<VkPhysicalDevice> physical_devices;
EnumerateAvailablePhysicalDevices( instance, physical_devices );
```

还需要循环遍历所有可用的物理设备，获取每个可用物理设备的功能。通过这些信息我们可以了解到，可用物理设备是否支持几何着色器。

```
for( auto & physical_device : physical_devices ) {
  VkPhysicalDeviceFeatures device_features;
```

```
VkPhysicalDeviceProperties device_properties;
GetTheFeaturesAndPropertiesOfAPhysicalDevice( physical_device,
device_features, device_properties );

if( !device_features.geometryShader ) {
  continue;
} else {
  device_features = {};
  device_features.geometryShader = VK_TRUE;
}
```

如果该物理设备支持几何着色器，就可以重置该物理设备拥有功能名单中的其他成员。在创建逻辑设备时会用到这份名单，但是我们不想启用该物理设备的其他功能。在本例中，几何着色器是我们唯一想要使用的附加功能。

应查明指定的物理设备提供了哪些支持图形和计算操作的队列家族。一个物理设备可能仅会提供一两个家族，我们获取了这些队列家族的索引。

```
uint32_t graphics_queue_family_index;
if( !SelectIndexOfQueueFamilyWithDesiredCapabilities( physical_device,
VK_QUEUE_GRAPHICS_BIT, graphics_queue_family_index ) ) {
   continue;
}

uint32_t compute_queue_family_index;
if( !SelectIndexOfQueueFamilyWithDesiredCapabilities( physical_device,
VK_QUEUE_COMPUTE_BIT, compute_queue_family_index ) ) {
   continue;
}
```

创建一个队列家族列表，我们将通过该列表获取队列。为来自不同家族的每个队列赋予属性。

```
std::vector<QueueInfo> requested_queues = { {
graphics_queue_family_index, { 1.0f } } };
if( graphics_queue_family_index != compute_queue_family_index ) {
  requested_queues.push_back( { compute_queue_family_index, { 1.0f } } );
}
```

如果图形和计算队列家族含有相同的索引，就只需要从这两个队列家族其中之一获取一个队列。如果图形和计算队列家族的索引不同，就需要获取两个队列，一个队列来自图形队列家族，另一个队列来自计算队列家族。

必要的数据都准备好后，就可以创建逻辑设备了。成功创建了逻辑设备后，就可以加载设备级函数并获取必要队列的句柄。

```
    if( !CreateLogicalDevice( physical_device, requested_queues, {},
  &device_features, logical_device ) ) {
      continue;
    } else {
      if( !LoadDeviceLevelFunctions( logical_device, {} ) ) {
        return false;
      }
      GetDeviceQueue( logical_device, graphics_queue_family_index, 0, graphics_queue );
      GetDeviceQueue( logical_device, compute_queue_family_index, 0, compute_queue );
      return true;
    }
  }
  return false;
```

参考内容

请参阅本章的下列内容：
- 确认哪些物理设备可用。
- 获取物理设备的功能和属性信息。
- 根据功能选择队列家族的索引。
- 创建逻辑设备。
- 加载设备级函数。
- 获取设备队列。
- 销毁逻辑设备。

销毁逻辑设备

我们编写的应用程序在完成工作后，应将现场恢复原样。尽管当 Vulkan 实例被销毁时驱动程序会自动释放所有资源，但我们仍然应该遵守良好的编程指导原则，在应用程序中以显式方式释放这些资源。应按照与占用资源相反的次序释放资源。

 释放资源的次序应与占用资源的次序相反。

在本章中，逻辑设备是最后一个被创建的对象，因此应该最先销毁（释放）它。

具体处理过程

（1）逻辑设备的句柄存储在一个类型为 VkDevice、名为 logical_device 的变量中，应获取该逻辑设备的句柄。

（2）调用 vkDestroyDevice(logical_device, nullptr)函数，将第一个参数设置为 logical_device，将第二个参数设置为 nullptr。

（3）为安全起见，应将 VK_NULL_HANDLE（代表空句柄的常量）赋予 logical_device 变量。

具体运行情况

销毁逻辑设备的实现代码非常简单：

```
if( logical_device ) {
  vkDestroyDevice( logical_device, nullptr );
  logical_device = VK_NULL_HANDLE;
}
```

首先，应查明逻辑设备的句柄是否合法，因为不应该销毁不是由我们创建的逻辑对象。然后，通过调用 vkDestroyDevice()函数销毁逻辑设备，并将 VK_NULL_HANDLE 赋予用于存储逻辑设备句柄的变量。这样做的目的是预防意外出错，防止销毁同一个逻辑对象两次。

注意，销毁逻辑对象后，就不能再使用通过该逻辑设备获取的设备级函数。

参考内容

请参阅本章的下列内容：
- 创建逻辑设备。

销毁 Vulkan 实例

释放所有已占用的资源后，就可以销毁 Vulkan 实例。

具体处理过程

（1）获取 Vulkan 实例的句柄，该句柄存储在类型为 VkInstance、名为 instance 的变量中。
（2）调用 vkDestroyInstance(instance, nullptr)函数，将第一个参数设置为 instance 变量，将第二个参数设置为 nullptr。
（3）为安全起见，将 VK_NULL_HANDLE 赋予 instance 变量。

具体运行过程

在关闭应用程序前，我们应确保将之前占用的所有资源都释放。可使用下面的代码销毁 Vulkan 实例：

```
if( instance ) {
  vkDestroyInstance( instance, nullptr );
  instance = VK_NULL_HANDLE;
}
```

参考内容

请参阅本章的系列内容：
- 创建 Vulkan 实例。

释放 Vulkan Loader 库

必须通过显式方式关闭（释放）自动加载的函数库。为了在我们编写的应用程序中使

第 1 章　Vulkan 的基础知识

用 Vulkan，可以打开 Vulkan Loader 库（在 Windows 中其库文件为 vulkan-1.dll，在 Linux 中其库文件为 libvulkan.so.1）。因此，在关闭我们编写的应用程序前，应释放该动态链接库。

具体处理过程

在 Windows 操作系统中：
（1）获取类型为 HMODULE、名为 vulkan_library 的变量，该变量用于存储 Vulkan Loader 库的句柄（请参阅"连接 Vulkan Loader 库"小节）。
（2）调用 FreeLibrary(vulkan_library)函数，将唯一的参数设置为 vulkan_library 变量。
（3）为安全起见，将 nullptr 赋予 vulkan_library 变量。

在 Linux 操作系统中：
（1）获取名为 vulkan_library、类型为 void*的变量，该变量用于存储 Vulkan Loader 库的句柄（请参阅"连接 Vulkan Loader 库"小节）。
（2）调用 dlclose(vulkan_library)函数，将唯一的参数设置为 vulkan_library 变量。
（3）为安全起见，将 nullptr 赋予 vulkan_library 变量。

具体运行情况

在 Windows 操作系统中，使用 LoadLibrary()函数打开动态链接库。必须使用 FreeLibrary()函数和已打开动态链接库的句柄，才能关闭（释放）这类动态链接库。

在 Linux 操作系统中，使用 dlopen()函数打开动态链接库。必须使用 dlclose()函数和已打开动态链接库的句柄，才能关闭（释放）这类动态链接库。

```
#if defined _WIN32
FreeLibrary( vulkan_library );
#elif defined __linux
dlclose( vulkan_library );
#endif
vulkan_library = nullptr;
```

参考内容

请参阅本章的下列内容：
- 连接 Vulkan Loader 库。

第 2 章

Vulkan 图像显示

本章要点：
- 通过已启用的 WSI 扩展创建 Vulkan 实例。
- 创建显示曲面。
- 选择支持显示指定曲面功能的队列家族。
- 通过已启用的 WSI 扩展创建逻辑设备。
- 选择显示模式。
- 获取显示曲面的功能。
- 选择交换链图像。
- 选择交换链图像的尺寸。
- 选择使用交换链图像的场景。
- 选择转换交换链图像的方式。
- 选择交换链图像的格式。
- 创建交换链。
- 获取交换链图像的句柄。
- 通过 R8G8B8A8 格式和邮箱显示模式（mailbox present mode）创建交换链。
- 获取交换链图像。
- 显示图像。
- 销毁交换链。
- 销毁显示曲面。

本章主要内容

Vulkan 有许多种用途，如数学和物理计算、图像和视频流处理，以及数据可视化。但是，设计 Vulkan 的主要目的是高效地渲染 2D 和 3D 图形。当编写的应用程序生成一幅图像时，我们通常会想要将其显示在屏幕上。

可能出乎大多数人的预料，Vulkan 的核心功能不允许在应用程序的窗口中显示已生成的图像。这是因为 Vulkan 是一种便携式的、跨平台的 API，而令人遗憾的是，各种操作系统之间没有显示图像的通用标准（不同种类操作系统的架构和标准存在巨大差异）。

这就是 Vulkan 引入一系列扩展的原因，这些扩展用于在应用程序窗口中显示已生成的图像，这些扩展通常被称为整合窗口系统（Windowing System Integration，WSI）。每种可以使用 Vulkan 的操作系统都含有一套专用的扩展，这些扩展用于将 Vulkan 与该操作系统独有的窗口系统地整合到一起。

这类扩展中最重要的是用于创建交换链的扩展，交换链是指能够显示给用户看的一系列图像。本章首先介绍在屏幕上绘制图像的准备工作——设置绘图参数（如格式、尺寸等）；其次介绍各种显示模式，这些模式用于设定显示图像的方式，定义是否启用垂直同步；最后介绍显示图像的方式，即在应用程序的窗口中显示图像的方式。

通过已启用的 WSI 扩展创建 Vulkan 实例

要通过合适的方式在屏幕上显示图像，需要启用一系列 WSI 扩展。根据这些扩展实现的功能，可将这些扩展划分为实例级和设备级。第一个步骤是通过一系列已启用的扩展创建 Vulkan 实例，这些扩展用于创建显示曲面（Vulkan 显示应用程序窗口的方式）。

具体处理过程

在 Windows 操作系统中执行下列步骤。

（1）创建一个 VkInstance 类型的变量，将其命名为 instance。

（2）创建一个 std::vector<char const *>类型的变量，将其命名为 desired_extensions。将想要启用的所有扩展的名称，存储在 desired_extensions 变量中。

（3）使用 VK_KHR_SURFACE_EXTENSION_NAME 常量，为 vector 容器中 desired_extensions 变量添加一个元素。

（4）使用 VK_KHR_WIN32_SURFACE_EXTENSION_NAME 常量，为 vector 容器中

desired_extensions 变量添加一个元素。

（5）创建 Vulkan 实例，并为该实例启用 desired_extensions 变量中存储的所有扩展（请参阅第 1 章）。

在通过 XLIB 接口使用 X11 窗口系统的 Linux 操作系统中，执行下列步骤。

（1）创建一个 VkInstance 类型的变量，将其命名为 instance。

（2）创建一个 std::vector<char const *>类型的变量，将其命名为 desired_extensions。将想要启用的所有扩展的名称，存储在 desired_extensions 变量中。

（3）使用 VK_KHR_SURFACE_EXTENSION_NAME 常量，为 vector 容器中 desired_extensions 变量添加一个元素。

（4）使用 VK_KHR_XLIB_SURFACE_EXTENSION_NAME 常量，为 vector 容器中 desired_extensions 变量添加一个元素。

（5）创建 Vulkan 实例，并为该实例启用 desired_extensions 变量中存储的所有扩展（请参阅第 1 章）。

在通过 XCB 接口使用 X11 窗口系统的 Linux 操作系统中，执行下列步骤。

（1）创建一个 VkInstance 类型的变量，将其命名为 instance。

（2）创建一个 std::vector<char const *>类型的变量，将其命名为 desired_extensions。将想要启用的所有扩展的名称，存储在 desired_extensions 变量中。

（3）使用 VK_KHR_SURFACE_EXTENSION_NAME 常量，为 vector 容器中 desired_extensions 变量添加一个元素。

（4）使用 VK_KHR_XCB_SURFACE_EXTENSION_NAME 常量，为 vector 容器中 desired_extensions 变量添加一个元素。

（5）创建 Vulkan 实例，并为该实例启用 desired_extensions 变量中存储的所有扩展（请参阅第 1 章）。

具体运行情况

实例级扩展用于创建、管理和销毁显示曲面（presentation surface）。实例级扩展是一种（跨平台）显示应用程序窗口的方式，通过实例级扩展可以查明我们是否能够绘制窗口［显示图像（一种显示方式）是队列家族的附加功能］、有哪些实例级扩展的参数，以及该实例级扩展支持哪些显示模式（在想要启用或禁用垂直同步的情况下）。

显示曲面直接与我们编写的应用程序窗口关联，因此只能通过与指定操作系统对应的方式创建显示曲面。这就是通过扩展引入该功能，以及每种操作系统都拥有其本身用于创建显示曲面扩展的原因。Windows 操作系统中使用的扩展为 VK_KHR_win32_surface，通过 XLIB 接口使用 X11 窗口系统的 Linux 操作系统，使用的扩展为 VK_KHR_xlib_surface；通过 XCB 接口使用 X11 窗口系统的 Linux 操作系统，使用的扩展为 VK_KHR_xcb_surface。

销毁已启用的显示曲面时，需要使用 VK_KHR_surface 扩展。所有种类的操作系统都使用该扩展。因此，为了通过适当的方式管理显示曲面、查明显示曲面的参数，以及验证显示曲面的功能，需要在创建 Vulkan 实例的过程中启用两个扩展。

VK_KHR_win32_surface 和 VK_KHR_surface 扩展提供了在 Windows 操作系统中，创建和销毁显示曲面的功能。

VK_KHR_xlib_surface 和 VK_KHR_surface 扩展提供了在通过 XLIB 接口使用 X11 窗口系统的 Linux 操作系统中，创建和销毁了显示曲面的功能。
VK_KHR_xcb_surface 和 VK_KHR_surface 扩展提供了在通过 XCB 接口使用 X11 窗口系统的 Linux 操作系统中，创建和销毁了显示曲面的功能。

要创建用于支持创建和销毁显示曲面处理过程的 Vulkan 实例，需要编写下列代码。

```
desired_extensions.emplace_back( VK_KHR_SURFACE_EXTENSION_NAME );
desired_extensions.emplace_back(
#ifdef VK_USE_PLATFORM_WIN32_KHR
  VK_KHR_WIN32_SURFACE_EXTENSION_NAME

#elif defined VK_USE_PLATFORM_XCB_KHR
  VK_KHR_XCB_SURFACE_EXTENSION_NAME

#elif defined VK_USE_PLATFORM_XLIB_KHR
  VK_KHR_XLIB_SURFACE_EXTENSION_NAME
#endif
);

return CreateVulkanInstance( desired_extensions, application_name, instance
);
```

上面代码在开头使用了一个 vector 容器变量，使用该变量存储想要启用的扩展的名称，这段代码将必要的 WSI 扩展添加到了这个 vector 容器中，这些扩展的名称是通过便捷的预处理指令提供的。它们的定义存储在 vulkan.h 文件中。有了这些定义，我们就不需要记住这些扩展的确切名称，如果记错了，编译器也会帮助我们更正。

创建好必要扩展的名单后，就可以创建 Vulkan 实例（请参阅第 1 章）。

参考内容

请参阅第 1 章的下列内容：
- 检查可用的实例扩展。
- 创建 Vulkan 实例。

请参阅本章的下列内容：
- 通过已启用的 WSI 扩展创建逻辑设备。

创建显示曲面

当需要在屏幕上显示图像时，应先创建显示曲面。显示曲面代表应用程序的窗口，使用显示曲面可以获取应用程序窗口的参数，如尺寸、支持的颜色格式、必要的图像数量和显示模式。使用显示曲面还可以查明指定的物理设备是否能够在指定的窗口中显示图像。

显示曲面能够帮助我们选出符合需求的物理设备。

准备工作

要创建显示曲面，需要先获取应用程序窗口的参数。要做到这一点，该应用程序窗口必须已经创建好。本例将使用 WindowParameters 类型的结构存储应用程序窗口的参数。下面是该结构的定义。

```
struct WindowParameters {
#ifdef VK_USE_PLATFORM_WIN32_KHR
  HINSTANCE              HInstance;
  HWND                   HWnd;
#elif defined VK_USE_PLATFORM_XLIB_KHR
  Display              * Dpy;
  Window                 Window;
#elif defined VK_USE_PLATFORM_XCB_KHR
  xcb_connection_t     * Connection;
  xcb_window_t           Window;
#endif
};
```

在 Windows 中 WindowParameters 类型的结构含有下列参数：
- 类型为 HINSTANCE、名为 HInstance 的变量，存储了通过调用 GetModuleHandle() 函数获得的值。
- 类型为 HWND、名为 HWnd 的变量，存储了通过调用 CreateWindow() 函数获得的值。

在通过 XLIB 接口使用 X11 窗口系统的 Linux 操作系统中，该结构含有下列参数：
- 类型为 Display*、名为 Dpy 的变量，存储了通过调用 XOpenDisplay() 函数获得的值。
- 类型为 Window、名为 Window 的变量，存储了通过调用 XCreateWindow() 或 XCreateSimpleWindow() 函数获得的值。

在通过 XCB 接口使用 X11 窗口系统的 Linux 操作系统中，WindowParameters 结构含有下列参数：
- 类型为 xcb_connection_t*、名为 Connection 的变量，存储了通过调用 xcb_connect() 函数获得的值。
- 类型为 xcb_window_t、名为 Window 的变量，存储了通过调用 xcb_generate_id() 函数获得的值。

具体处理过程

在 Windows 操作系统中执行下列操作。

（1）获取类型为 VkInstance、名为 instance 的变量，该变量存储了 Vulkan 实例的句柄。

（2）创建一个 WindowParameters 类型的变量，将其命名为 window_parameters。将下列值赋予该结构中的成员：
- 将通过调用 CreateWindow() 函数获得的值赋予 HWnd。
- 将通过调用 GetModuleHandle(nullptr) 函数获得的值赋予 HInstance。

（3）创建一个 VkWin32SurfaceCreateInfoKHR 类型的变量，将其命名为 surface_create_info，并使用下列值初始化该结构中的各个成员：
- 将 VK_STRUCTURE_TYPE_WIN32_SURFACE_CREATE_INFO_KHR 常量赋予 sType 成员。
- 将 nullptr 赋予 pNext 成员。
- 将 0 赋予 flags 成员。
- 将 window_parameters.HInstance 成员的值赋予 hinstance 成员。
- 将 window_parameters.HWnd 成员的值赋予 hwnd 成员。

（4）创建一个 VkSurfaceKHR 类型的变量，将其命名为 presentation_surface，并将 VK_

NULL_HANDLE 常量赋予该变量。

（5）调用 vkCreateWin32SurfaceKHR(instance, &surface_create_info, nullptr, &presentation_surface)函数。将第一个参数设置为已创建的 Vulkan 实例的句柄；将第二个参数设置为指向 surface_create_info 变量的指针；将第三个参数设置为 nullptr；将第四个参数设置为指向 presentation_surface 变量的指针。

（6）通过查明调用 vkCreateWin32SurfaceKHR()函数返回的值等于 VK_SUCCESS，且 presentation_surface 变量的值不等于 VK_NULL_HANDLE，确认该函数调用操作已成功完成。

在通过 XLIB 接口使用 X11 窗口系统的 Linux 操作系统中，执行下列步骤。

（1）获取类型为 VkInstance、名为 instance 的变量，该变量存储了 Vulkan 实例的句柄。

（2）创建一个 WindowParameters 类型的变量，将其命名为 window_parameters。将下列值赋予该结构中的成员：

- 将通过调用 XOpenDisplay()函数获得的值赋予 Dpy 成员。
- 将通过调用 XCreateSimpleWindow()或 XCreateWindow()函数获得的值赋予 Window 成员。

（3）创建一个 VkXlibSurfaceCreateInfoKHR 类型的变量，将其命名为 surface_create_info，并使用下列值初始化该结构中的成员：

- 将 VK_STRUCTURE_TYPE_XLIB_SURFACE_CREATE_INFO_KHR 常量赋予 sType 成员。
- 将 nullptr 赋予 pNext 成员。
- 将 0 赋予 flags 成员。
- 将 window_parameters.Dpy 成员的值赋予 dpy 成员。
- 将 window_parameters.Window 成员的值赋予 window 成员。

（4）创建一个 VkSurfaceKHR 类型的变量，将其命名为 presentation_surface，并将 VK_NULL_HANDLE 常量赋予该变量。

（5）调用 vkCreateXlibSurfaceKHR(instance, &surface_create_info, nullptr, &presentation_surface)函数。将第一个参数设置为已创建的 Vulkan 实例的句柄；将第二个参数设置为指向 surface_create_info 变量的指针；将第三个参数设置为 nullptr；将第四个参数设置为指向 presentation_surface 变量的指针。

（6）通过查明调用 vkCreateXlibSurfaceKHR()函数返回的值等于 VK_SUCCESS，且 presentation_surface 变量的值不等于 VK_NULL_HANDLE，确认该函数调用操作

已成功完成。

在通过 XCB 接口使用 X11 窗口系统的 Linux 操作系统中，执行下列步骤。

（1）获取类型为 VkInstance、名为 instance 的变量，该变量存储了 Vulkan 实例的句柄。

（2）创建一个 WindowParameters 类型的变量，将其命名为 window_parameters。将下列值赋予该结构中的成员：

- 将通过调用 xcb_connect() 函数获得的值赋予 Connection 成员。
- 将通过调用 xcb_generate_id() 函数获得的值赋予 Window 成员。

（3）创建一个 VkXcbSurfaceCreateInfoKHR 类型的变量，将其命名为 surface_create_info，并使用下列值初始化该结构中的成员：

- 将 VK_STRUCTURE_TYPE_XCB_SURFACE_CREATE_INFO_KHR 常量赋予 sType 成员。
- 将 nullptr 赋予 pNext 成员。
- 将 0 赋予 flags 成员。
- 将 window_parameters.Connection 成员的值赋予 connection 成员。
- 将 window_parameters.Window 成员的值赋予 window 成员。

（4）创建一个 VkSurfaceKHR 类型的变量，将其命名为 presentation_surface，并将 VK_NULL_HANDLE 常量赋予该变量。

（5）调用 vkCreateXcbSurfaceKHR(instance, &surface_create_info, nullptr, &presentation_surface)函数。将第一个参数设置为已创建的 Vulkan 实例的句柄；将第二个参数设置为指向 surface_create_info 变量的指针；将第三个参数设置为 nullptr；将第四个参数设置为指向 presentation_surface 变量的指针。

（6）通过查明调用 vkCreateXcbSurfaceKHR() 函数返回的值等于 VK_SUCCESS，且 presentation_surface 变量的值不等于 VK_NULL_HANDLE，确认该函数调用操作已成功完成。

具体运行情况

创建显示曲面的过程会在很大程度上受到具体操作系统的专用参数影响。在不同种类的操作系统中，我们需要创建不同类型的变量和调用不同的函数。下面是在 Windows 中创建显示曲面的代码。

```
#ifdef VK_USE_PLATFORM_WIN32_KHR
```

```cpp
VkWin32SurfaceCreateInfoKHR surface_create_info = {
  VK_STRUCTURE_TYPE_WIN32_SURFACE_CREATE_INFO_KHR,
  nullptr,
  0,
  window_parameters.HInstance,
  window_parameters.HWnd
};

VkResult result = vkCreateWin32SurfaceKHR( instance, &surface_create_info,
nullptr, &presentation_surface );
```

下面是在通过 XLIB 接口使用 X11 窗口系统的 Linux 操作系统中，创建显示曲面的代码。

```cpp
#elif defined VK_USE_PLATFORM_XLIB_KHR

VkXlibSurfaceCreateInfoKHR surface_create_info = {
  VK_STRUCTURE_TYPE_XLIB_SURFACE_CREATE_INFO_KHR,
  nullptr,
  0,
  window_parameters.Dpy,
  window_parameters.Window
};

VkResult result = vkCreateXlibSurfaceKHR( instance, &surface_create_info,
nullptr, &presentation_surface );
```

下面是在通过 XCB 接口使用 X11 窗口系统的 Linux 操作系统中，创建显示曲面的代码。

```cpp
#elif defined VK_USE_PLATFORM_XCB_KHR
VkXcbSurfaceCreateInfoKHR surface_create_info = {
  VK_STRUCTURE_TYPE_XCB_SURFACE_CREATE_INFO_KHR,
  nullptr,
  0,
  window_parameters.Connection,
  window_parameters.Window
};

VkResult result = vkCreateXcbSurfaceKHR( instance, &surface_create_info,
```

```
    nullptr, &presentation_surface );

#endif
```

上面的 3 段代码非常相似。每段代码都创建了一个结构类型的变量，该结构中的成员存储了用于创建窗口的参数。每段代码都调用了 vkCreate???SurfaceKHR()函数，该函数用于创建显示曲面并将创建好的显示曲面的句柄存储在 presentation_surface 变量中。执行了上述操作后，我们应该检查所有操作是否都按预想的方式运行。

```
if( (VK_SUCCESS != result) ||
    (VK_NULL_HANDLE == presentation_surface) ) {
  std::cout << "Could not create presentation surface." << std::endl;
  return false;
}
return true;
```

参考内容

请参阅本章的下列内容：
- 获取显示曲面的功能。
- 创建交换链。
- 销毁显示曲面。

选择支持显示指定曲面功能的队列家族

在屏幕上显示图像的操作是通过向设备的队列提交专用命令执行的。我们不能随心所欲地使用队列显示图像，换言之，我们必须将该操作提交给用于显示图像的队列。因为如果不这样做，该操作可能无法得到设备的支持。图像显示、图形、计算、传输、稀疏操作都是队列家族的属性。与其他类型的操作类似，并不是所有队列都支持图像显示操作。更为重要的是，并非所有物理设备都支持图像显示操作。这就是需要查明哪些物理设备的哪些队列家族，能够在屏幕上显示图像的原因。

具体处理过程

（1）通过调用 vkEnumeratePhysicalDevices()函数获取物理设备的句柄，将该句柄存储到一个 VkPhysicalDevice 类型的变量中,将该变量命名为 physical_device。

(2)获取已创建的显示曲面,将它的句柄存储在一个 VkSurfaceKHR 类型的变量中,将该变量命名为 presentation_surface。

(3)创建一个元素类型为 VkQueueFamilyProperties 的 std::vector 容器变量,将该变量命名为 queue_families。

(4)通过 physical_device 变量,确认该物理设备中所有可用的队列家族(请参阅第 1 章中"检查可用队列家族和它们的属性"小节)。将该操作的结果存储在 queue_families 变量中。

(5)创建一个 uint32_t 类型的变量,将其命名为 queue_family_index。

(6)创建一个 uint32_t 类型的变量,将其命名为 index。使用该变量循环遍历 vector 容器 queue_families 变量中的所有元素,对 queue_families 变量中的每个元素执行下列处理步骤。

① 创建一个 VkBool32 类型的变量,将其命名为 presentation_supported。将 VK_FALSE 常量赋予 presentation_supported 变量。

② 调用 vkGetPhysicalDeviceSurfaceSupportKHR(physical_device, index, presentation_surface, &presentation_supported)函数。将第一个参数设置为物理设备的句柄;将第二个参数设置为当前循环的轮次;将第三个参数设置为显示曲面的句柄;将第四个参数设置为指向 presentation_supported 变量的指针。

③ 检查通过调用 vkGetPhysicalDeviceSurfaceSupportKHR()函数获得的值是否等于 VK_SUCCESS,以及 presentation_supported 变量的值是否等于 VK_TRUE。如果该条件判断的结果为真,就将当前循环轮次(存储在 index 变量中)赋予 queue_family_index 变量并结束循环操作。

具体运行情况

先查明指定物理设备提供了哪些队列家族(请参阅第 1 章中"检查可用队列家族和它们的属性"小节)。

```
std::vector<VkQueueFamilyProperties> queue_families;
if( !CheckAvailableQueueFamiliesAndTheirProperties( physical_device,
queue_families ) ) {
  return false;
}
```

再循环遍历所有可用的队列家族，并找出支持图像显示操作的家族。通过调用 vkGetPhysicalDeviceSurfaceSupportKHR()函数可以做到这一点，该函数会将信息存储在我们指定的变量中。如果图像显示操作得到了支持，就将提供支持的队列家族的索引记录下来。该队列家族中的所有队列都会支持图像显示操作。

```
for( uint32_t index = 0; index <
static_cast<uint32_t>(queue_families.size()); ++index ) {
  VkBool32 presentation_supported = VK_FALSE;
  VkResult result =
vkGetPhysicalDeviceSurfaceSupportKHR( physical_device,
    index, presentation_surface, &presentation_supported );
  if( (VK_SUCCESS == result) &&
    (VK_TRUE == presentation_supported) ) {
    queue_family_index = index;
    return true;
  }
}
return false;
```

如果某个物理设备提供的队列家族都不支持图像显示操作，就必须寻找其他支持图像显示操作的物理设备。

参考内容

请参阅第 1 章的下列内容：
- 检查可用队列家族和它们的属性。
- 根据功能选择队列家族的索引。
- 创建逻辑设备。

通过已启用的 WSI 扩展创建逻辑设备

使用已启用的 WSI 扩展创建 Vulkan 实例，并找到支持图像显示操作的队列家族后，就可以通过另一个已启用的 WSI 扩展创建逻辑设备。使用设备级 WSI 扩展可以创建交换链，交换链是由显示引擎管理的图像集合。为了使用该集合中任意一幅图像并渲染该幅图像，我们需要先获取这些图像。处理完一幅图像后，应将这幅图像交还给显示引擎。这个操作称为显示,该操作会通知驱动程序——我们想要为用户显示一幅图像(在屏幕上显示该图像)。显示引擎会根据在创建交换链过程中定义的参数显示这幅图像,而且我们只能通过已启用的交换链进行扩展,在逻辑设备上创建这幅图像。

具体处理过程

(1) 获取物理设备的句柄,该物理设备应含有支持图像显示操作的队列家族,将该句柄存储在一个 VkPhysicalDevice 类型的变量中,并将这个变量命名为 physical_device。

(2) 获取队列家族名单并从每个队列家族中获取一组队列,为来自每个家族的每个队列分配优先权(由 0.0~1.0 的浮点型值为代表)。将这些参数存储到元素类型为自定义类型 QueueInfo、名为 queue_infos 的 std::vector 容器变量中(请参阅第 1 章)。注意,至少要包含一个来自支持图像显示操作家族的队列。

(3) 获取应启用扩展的名单,将该名单存储在一个 std::vector<char const *>类型的变量中,将该变量命名为 desired_extensions。

(4) 使用 VK_KHR_SWAPCHAIN_EXTENSION_NAME 预处理指令(用于定义交换链扩展的名称,以避免键入错误),为 desired_extensions 变量增加一个元素。

(5) 使用存储在 physical_device 和 queue_infos 变量中的参数,与所有通过 vector 容器 desired_extensions 变量启用的扩展,创建逻辑设备(请参阅第 1 章)。

具体运行情况

当想要在屏幕上显示图像时,需要在创建逻辑设备的过程中启用一个设备级扩展。该扩展名为 VK_KHR_swapchain,使用它可以创建交换链。

交换链定义的参数与 OpenGL API 中默认的绘图缓冲区参数非常相似。这些参数用于设置渲染图像的格式、图像的数量(双缓冲区或三缓冲区模式)和显示模式(启用或禁用垂直同步)等功能。随交换链创建的图像归属于显示引擎,并由显示引擎管理,我们无法自行创建或销毁它们。不通过显示引擎,我们甚至无法使用这些图像。当想要在屏幕上显示图像时,需要先从交换链中获取这幅图像,渲染该图像,然后将这幅图像交还显示引擎(以便显示它)。

VK_KHR_swapchain 扩展定义了设置一组可显示图像的功能,即获取图像然后在屏幕上显示图像。

VK_KHR_swapchain 扩展定义了上述功能。要在创建逻辑设备的过程中启用该扩展，可使用下列代码。

```
desired_extensions.emplace_back( VK_KHR_SWAPCHAIN_EXTENSION_NAME );

return CreateLogicalDevice( physical_device, queue_infos,
    desired_extensions, desired_features, logical_device );
```

要了解创建逻辑设备的代码，请参阅第 1 章。此处我们只需要牢记：必须查明具体的物理设备是否支持 VK_KHR_swapchain 扩展，确认该信息后，应将 VK_KHR_swapchain 扩展添加到应启用扩展的名单中。

扩展的名单是通过预处理指令 VK_KHR_SWAPCHAIN_EXTENSION_NAME 设置的，该指令的定义存储在 vulkan.h 头文件中，它可以帮助我们避免在键入扩展名单时出错。

参考内容

请参阅第 1 章的下列内容：
- 检查可用的设备扩展。
- 创建逻辑设备。

请参阅本章的下列内容：
- 通过已启用的 WSI 扩展创建 Vulkan 实例。

选择显示模式

在屏幕上显示图像功能是 Vulkan 交换链最重要的功能之一，实际上，这也是设计交换链的目的。在 OpenGL 中，当完成对缓冲区的渲染后，需要使用前缓冲区切换图像，可以将渲染好的图像显示在计算机屏幕上。我们只能决定是否在空白间隔显示图像（在启用了垂直同步的情况下）。

在 Vulkan 中，我们不会受限于只能渲染一幅图像（存储在后备缓冲区中的），而且也不会受限于只能在两种显示模式（启用或禁用垂直同步）中进行选择。我们可以在多种显示模式中进行选择，但我们需要在创建交换链的过程中设定该显示模式。

具体处理过程

（1）通过调用 vkEnumeratePhysicalDevices()函数获取物理设备的句柄，将该句柄存储在一个 VkPhysicalDevice 类型的变量中，将该变量命名为 physical_device。

（2）获取已创建的显示曲面，将该显示曲面的句柄存储在一个 VkSurfaceKHR 类型的变量中，将该变量命名为 presentation_surface。

（3）创建一个 VkPresentModeKHR 类型的变量，将其命名为 desired_present_mode。将想要使用的显示模式存储在这个变量中。

（4）创建一个 uint32_t 类型的变量，将其命名为 present_modes_count。

（5）调用 vkGetPhysicalDeviceSurfacePresentModesKHR(physical_device, presentation_surface, &present_modes_count, nullptr)函数。将第一个参数设置为物理设备的句柄；将第二个参数设置为已创建显示曲面的句柄；将第三个参数设置为指向 present_modes_count 变量的指针；将第四个参数设置为 nullptr。

（6）如果该函数调用操作成功完成，present_modes_count 变量中就会含有物理设备支持显示模式的数量。

（7）创建一个 std::vector<VkPresentModeKHR>类型的变量，将其命名为 present_modes。调整该 vector 容器的尺寸，使它含有的元素数量不小于 present_modes_count 变量的值。

（8）再次调用 vkGetPhysicalDeviceSurfacePresentModesKHR(physical_device, presentation_surface, &present_modes_count, &present_modes[0])函数。前三个参数与上次调用该函数时的前三个参数设置的值相同，但将最后一个参数设置为指向 vector 容器变量 present_modes 中第一个元素的指针。

（9）如果该函数调用操作返回的值为 VK_SUCCESS，那么 present_modes 变量中就会含有具体硬件平台支持的显示模式。

（10）循环遍历 vector 容器变量 present_modes 中的所有元素，查明是否有与 desired_present_mode 变量中存储的想要使用的显示模式相同的元素。

（11）如果当前物理设备不支持想要使用的显示模式（vector 容器变量 present_modes 中的元素，没有一个与 desired_present_mode 变量中存储的显示模式相等），则可选择 FIFO 显示模式。FIFO 代表 VK_PRESENT_MODE_FIFO_KHR 显示模式，该模式永远都会得到支持。

具体运行情况

显示模式定义了在屏幕上显示图像的方式，当前，Vulkan 中定义了 4 种显示模式。最简单的模式是 IMMEDIATE。在使用这种模式的情况下，当显示图像时，该图像会立刻替换之前正在被显示的图像。这个模式中没有等待时间、没有队列，也没有来自应用程序的其他参数，因此可能（概率较高）会出现画面撕裂。

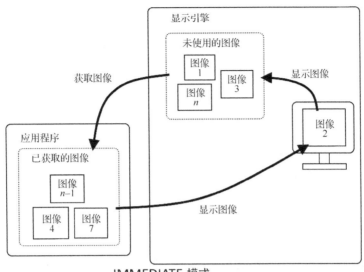

IMMEDIATE 模式

显示模式 FIFO 是被强制规定为所有 Vulkan 实现都必须支持的显示模式。在使用这种模式的情况下，当显示图像时，该图像会被添加到先进先出（First In First Out，FIFO）的队列，该队列的长度等于交换链中图像的总数减一。通过使用这种队列，图像能够以与空白时间同步的方式（垂直同步）在计算机屏幕上显示，其被显示的次序永远会与其被添加到队列中的次序相同。这种显示模式中不会出现画面撕裂，因为启用了垂直同步功能。这种模式与 OpenGL 中将交换间隔设置为 1 的缓冲区交换模式类似。

 FIFO 模式永远都会得到支持。

FIFO 模式还有一个差异很小的修改版本：FIFO RELAXED。两者的差异是，在 FIFO RELAXED 中，只有当图像显示得足够快（比刷新频率更快）时，图像才会以与空白间隔同步的方式在计算机屏幕上显示。如果某幅图像是由应用程序显示的，而且应用程序出现延迟（显示队列中最后一幅图像的时间大于两个空白间隔之间的刷新时间，从而导致 FIFO 队列空了），那么这幅图像就会被立刻显示。如果显示速度足够快，就不会出现画面撕裂，但如果我们编写的应用程序的绘图速度低于显示器的刷新频率，就会出现画面撕裂。该行为与 OpenGL 中 EXT_swap_control_tear 扩展设置的行为类似。

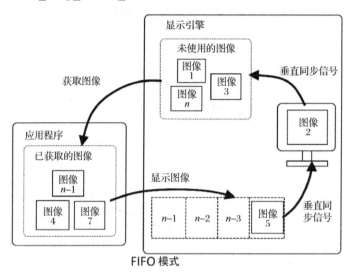

FIFO 模式

最后一种显示模式是 MAILBOX 模式，可以将其视为三缓冲区显示模式。这种显示模式会使用一个队列，但该队列仅会含有一个元素。该队列中的图像会通过与空白间隔同步的方式在屏幕上显示（在启用了垂直同步的情况下）。但是当应用程序显示图像时，新图像会替换队列中的图像。因此，显示引擎总是会显示最后一个、最新的可用图像，而这种显示模式不会出现画面撕裂。

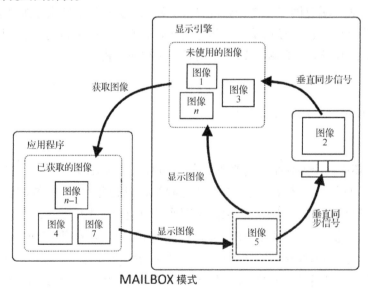

MAILBOX 模式

要选择显示模式，首先需要查明当前硬件平台上有哪些可用的显示模式，需要获取硬件平台支持的所有显示模式的数量。通过调用 vkGetPhysicalDeviceSurfacePresentModesKHR()函数，并将最后一个参数设置为 nullptr，可以做到这一点。

```
uint32_t present_modes_count = 0;
VkResult result = VK_SUCCESS;

result = vkGetPhysicalDeviceSurfacePresentModesKHR( physical_device,
presentation_surface, &present_modes_count, nullptr );
if( (VK_SUCCESS != result) ||
    (0 == present_modes_count) ) {
  std::cout << "Could not get the number of supported present modes." <<
std::endl;
  return false;
}
```

然后，应为得到支持的显示模式准备存储空间，并再次调用 vkGetPhysicalDeviceSurfacePresentModesKHR()函数，但这次应将最后一个参数设置为指向预留存储空间的指针。

```
std::vector<VkPresentModeKHR> present_modes( present_modes_count );
result = vkGetPhysicalDeviceSurfacePresentModesKHR( physical_device,
presentation_surface, &present_modes_count, &present_modes[0] );
if ( (VK_SUCCESS != result) ||
   (0 == present_modes_count) ) {
  std::cout << "Could not enumerate present modes." << std::endl;
  return false;
}
```

现在我们已经知道指定硬件平台上有哪些显示模式可用，因而能够查明我们想要使用的显示模式是否可用。如果该硬件平台不支持我们想要使用的显示模式，则可以从可用显示名单中选择另一种显示模式，也可以选择默认的 FIFO 模式，因为这是一种强制实现的显示模式，所以永远都可用。

```
for( auto & current_present_mode : present_modes ) {
  if( current_present_mode == desired_present_mode ) {
    present_mode = desired_present_mode;
    return true;
  }
```

```
    }
    std::cout << "Desired present mode is not supported. Selecting default FIFO
    mode." << std::endl;
    for( auto & current_present_mode : present_modes ) {
      if( current_present_mode == VK_PRESENT_MODE_FIFO_KHR ) {
        present_mode = VK_PRESENT_MODE_FIFO_KHR;
        return true;
      }
    }
```

参考内容

请参阅本章的下列内容：
- 选择交换链图像。
- 创建交换链。
- 通过 R8G8B8A8 格式和邮箱显示模式（mailbox present mode）创建交换链。
- 获取交换链图像。
- 显示图像。

获取显示曲面的功能

创建交换链时，需要设置创建参数，但我们不能随心所欲地设置这些值。我们必须在硬件支持限定的范围内设置这些值，通过显示曲面可以获取这些限定范围。因此为了以合适的方式创建交换链，需要获取显示曲面的功能。

具体处理过程

（1）通过调用 vkEnumeratePhysicalDevices() 函数，获取我们选中的物理设备的句柄，将该句柄存储在一个 VkPhysicalDevice 类型的变量中，将该变量命名为 physical_device。

（2）获取已创建的显示曲面的句柄，将该句柄存储在一个 VkSurfaceKHR 类型的变量中，将该变量命名为 presentation_surface。

（3）创建一个 VkSurfaceCapabilitiesKHR 类型的变量，将其命名为 surface_capabilities。

（4）调用 vkGetPhysicalDeviceSurfaceCapabilitiesKHR(physical_device, presentation_surface, &surface_capabilities) 函数。将第一个参数设置为物理设备的句柄；将第二个参数设

置为显示曲面的句柄；将第三个参数设置为指向 surface_capabilities 变量的指针。
（5）如果该函数调用操作成功完成了，surface_capabilities 变量就会含有显示曲面的参数、限定条件和用于创建交换链的功能。

具体运行情况

获取显示曲面支持的功能和在创建交换链过程中使用的参数值限定范围非常简单。

```
VkResult result = vkGetPhysicalDeviceSurfaceCapabilitiesKHR(
physical_device, presentation_surface, &surface_capabilities );

if( VK_SUCCESS != result ) {
  std::cout << "Could not get the capabilities of a presentation surface."
<< std::endl;
  return false;
}
return true;
```

只需调用 vkGetPhysicalDeviceSurfaceCapabilitiesKHR()函数，就可以将显示曲面支持功能的参数存储到 VkSurfaceCapabilitiesKHR 类型的变量中。VkSurfaceCapabilitiesKHR 结构含有定义了下列参数的成员。

- 交换链图像数量的最高上限和最低下限。
- 显示曲面的最小面积、最大面积和当前面积。
- 支持的图像转换格式（能够在显示前应用）和当前使用的图像转换格式。
- 支持的最大图层数量。
- 支持的用法。
- 支持的显示曲面 alpha 值（图像的 alpha 成分会影响应用程序窗口透明度）。

参考内容

请参阅本章的下列内容：
- 创建显示曲面。
- 选择交换链图像。
- 选择交换链图像的尺寸。
- 选择使用交换链图像的场景。

- 选择转换交换链图像的方式。
- 选择交换链图像的格式。
- 创建交换链。

选择交换链图像

当应用程序想要渲染交换链图像时，必须从显示引擎获取交换链图像。一个应用程序可以获取多幅图像，没有同一时刻只能获取一幅图像的限制。但是应用程序能够获取图像（某一时刻显示引擎还未使用的图像）的数量，由具体的显示模式、应用程序的当前状态（渲染/显示历史记录）及在创建交换链时设定的交换链图像（最小）数量决定。

具体处理过程

（1）获取显示曲面的功能（请参阅"获取显示曲面的功能"小节）。将这些数据存储在一个 VkSurfaceCapabilitiesKHR 类型的变量中，将该变量命名为 surface_capabilities。
（2）创建一个 uint32_t 类型的变量，将其命名为 number_of_images。
（3）将 surface_capabilities.minImageCount + 1 赋予 number_of_images 变量。
（4）查明 surface_capabilities 变量中 maxImageCount 成员的值是否大于 0。如果该值大于 0，则意味着显示曲面的功能中存在创建图像数量的上限。在这种情况下，应查明 number_of_images 变量的值是否大于 surface_capabilities.maxImageCount 成员的值。如果 number_of_images 变量的值大于 surface_capabilities.maxImageCount 成员的值，应调整 number_of_images 变量的值，使之处于 surface_capabilities 变量中 maxImageCount 成员的值所限定的范围内。

具体运行情况

随交换链一起创建的图像（以自动方式）主要用于显示，而且这些图像还能使显示引擎正常运行。屏幕上（总是）会显示一幅图像，在这幅图像被另一幅图像替换前，应用程序无法使用这幅图像。被显示的图像会立刻替换先前显示的图像，也可能会在图像队列中等待适当的时机再替换先前显示的图像（在垂直同步模式中），这都取决于已设定的显示模式。应用程序可以获取已经被替换下来的在屏幕上显示过的图像。

应用程序只能获取当前处于未使用状态的图像（请参阅"选择显示模式"小节），且可以获取所有处于未使用状态的图像。但是当获取的未使用的图像数量达到上限后，就需要先将这些未使用图像中的一幅或多幅（至少一幅）显示在屏幕上，才能继续获取未使用的图像；否则，获取图像的操作就会一直被阻塞。

未使用图像的数量主要取决于设定的显示模式和随交换链创建图像的总数。因此，应根据我们想要实现的渲染方案（同一时刻应用程序能够获取的图像数量上限）和选定的显示模式，决定创建多少图像。

可使用下面的代码设置图像数量下限。

```
number_of_images = surface_capabilities.minImageCount + 1;
if( (surface_capabilities.maxImageCount > 0) &&
    (number_of_images > surface_capabilities.maxImageCount) ) {
  number_of_images = surface_capabilities.maxImageCount;
}
return true;
```

通常，在最典型的渲染场景中，应用程序需要在指定的时间渲染单个图像。因此，创建图像的数量达到显示曲面支持的图像数量下限就足够了。创建更多图像能够使应用程序在同一时刻获取更多图像，但更为重要的是，在实现了合适渲染算法的情况下，这还会提高应用程序的性能。然而，图像会占用大量内存。因此，应综合考虑我们的需求、内存使用情况和应用程序的性能等因素，来设置交换链图像的数量。

通过这种综合性考虑，本例将应用程序能够获取的图像数量设置为，比能够使显示引擎正常运行的图像数量的下限大 1。此后，还需要查明显示曲面支持的图像数量上限是否存在，以及我们设置的应用程序能够获取的图像数量是否大于该值。如果我们设置的应用程序能够获取的图像数量大于该值，就应减少应用程序能够获取的图像数量，使之处于显示曲面支持的图像数量范围内。

参考内容

请参阅本章的下列内容：
- 选择显示模式。
- 获取显示曲面的功能。
- 选择交换链图像。
- 获取交换链图像。
- 显示图像。

选择交换链图像的尺寸

通常，为交换链创建的图像应该刚好能够放入应用程序的窗口。显示曲面提供了设置图像尺寸的功能，但是某些操作系统使用图像的尺寸定义窗口的尺寸。我们应该牢记这一点，并查明适合应用于交换链图像的尺寸。

具体处理过程

(1) 获取显示曲面的功能（请参阅"获取显示曲面的功能"小节）。将这些数据存储在一个 VkSurfaceCapabilitiesKHR 类型的变量中，将该变量命名为 surface_capabilities。

(2) 创建一个 VkExtent2D 类型的变量，将其命名为 size_of_images，该变量用于存储我们想要的交换链图像尺寸。

(3) 查明 surface_capabilities 变量中 currentExtent.width 成员的值是否等于 0xFFFFFFFF（通过将-1 转换成无符号 uint32_t 类型的值）。如果 currentExtent.width 成员的值等于 0xFFFFFFFF，就意味着图像的尺寸决定窗口的尺寸。在这种情况下：

- 将想要使用的图像宽度和高度，赋予 size_of_images 变量中的 width 和 height 成员。
- 调整 size_of_images 变量中 width 成员的值，使其小于 surface_capabilities.maxImageExtent.width，并且大于 surface_capabilities.minImageExtent.width。
- 调整 size_of_images 变量中 height 成员的值，使其小于 surface_capabilities.maxImageExtent.height，并且大于 surface_capabilities.minImageExtent.height。

(4) 如果 surface_capabilities 变量中 currentExtent.width 成员的值不等于 0xFFFFFFFF，就应将 surface_capabilities.currentExtent 成员的值赋予 size_of_images 变量。

具体运行情况

交换链图像的尺寸必须位于显示曲面支持的限定范围内，这些尺寸是通过显示曲面的功能定义的。在最典型的场景中，需要渲染与应用程序窗口工作区尺寸相同的图像。使用曲面功能中的 currentExtent 成员可以设置交换链图像的尺寸。

在某些操作系统中，窗口的尺寸是由交换链图像的尺寸决定的。这种情况由显示曲面功能中 currentExtent.width 或 currentExtent.height 成员的 0xFFFFFFFF 值标识。在这种情况下，我们可以定义图像的尺寸，但必须使之不超出指定的范围。

```
if( 0xFFFFFFFF == surface_capabilities.currentExtent.width ) {
  size_of_images = { 640, 480 };
```

```
    if( size_of_images.width < surface_capabilities.minImageExtent.width ) {
       size_of_images.width = surface_capabilities.minImageExtent.width;
    } else if( size_of_images.width >
surface_capabilities.maxImageExtent.width ) {
       size_of_images.width = surface_capabilities.maxImageExtent.width;
    }
    if( size_of_images.height < surface_capabilities.minImageExtent.height )
{
       size_of_images.height = surface_capabilities.minImageExtent.height;
    } else if( size_of_images.height >
surface_capabilities.maxImageExtent.height ) {
       size_of_images.height = surface_capabilities.maxImageExtent.height;
    }
} else {
    size_of_images = surface_capabilities.currentExtent;
}
return true;
```

参考内容

请参阅本章的下列内容：
- 获取显示曲面的功能。
- 创建交换链。

选择使用交换链图像的场景

随交换链创建的图像通常作为着色材料，这意味着会将这些图像作为渲染目标，但这些图像的用途并不仅限于此。我们可以通过其他方式使用交换链图像，可以从交换链图像中提取颜色样本，在复制操作中将交换链图像作为数据源，还可以向交换链图像中复制数据。可在创建交换链的过程中，设置这些使用交换链图像的方式。但是，在这样做之前还需要查明这些使用方式是否得到了支持。

具体处理过程

（1）获取显示曲面的功能（请参阅"获取显示曲面的功能"小节）。将这些数据存储在一个 VkSurfaceCapabilitiesKHR 类型的变量中，将该变量命名为 surface_capabilities。
（2）选择想要的图像使用方式，将这些数据存储到一个 VkImageUsageFlags 位域类型的变量中，将该变量命名为 desired_usages。
（3）创建一个 VkImageUsageFlags 类型的变量，将其命名为 image_usage，该变量用于存储指定硬件平台支持的图像使用方式，将 0 赋予 image_usage 变量。
（4）循环遍历位域变量 desired_usages 中的每个位，对该变量中的每个位都执行下列操作：
- 检查当前位是否已经被设置了（值等于 1）。
- 检查 surface_capabilities 变量中的 supportedUsageFlags 成员是否已经被设置。
- 如果前面两项检查操作的结果都为真，就设置 image_usage 变量中相同的位。

（5）通过查明变量 desired_usages 和 image_usage 的值相等，确认我们想要的图像使用方式得到了指定硬件平台的支持。

具体运行情况

通过存储显示曲面功能的结构中的 supportedUsageFlags 成员，可以获取可供选择的（得到显示曲面支持的）交换链图像使用方式。supportedUsageFlags 成员的数据类型为位域，其中的每个位都对应一种特定的使用方式。如果某个位被设置了，就意味着对应的使用方式得到了支持。

 颜色附着用法（VK_IMAGE_USAGE_COLOR_ATTACHMENT_BIT）会一直得到支持。

VK_IMAGE_USAGE_COLOR_ATTACHMENT_BIT 是强制所有 Vulkan 实例都必须支持的用法，其他用法都是可选的。这就是需要根据具体情况使用这些用法的原因。而且，不应在程序的源代码中添加不必要的用法，因为这会影响应用程序的性能。

使用下面的代码可以选择用法。

```
image_usage = desired_usages & surface_capabilities.supportedUsageFlags;

return desired_usages == image_usage;
```

只需获取通用用法和得到支持的用法，然后查明所有选中的用法是否都得到了支持，通过将想要使用的用法列表与指定硬件平台支持的图像使用方式列表进行比较即可。如果指定硬件平台支持的图像使用方式列表没有全部包含我们想要的图像使用方式，就说明我们想要的图像使用方式没有全部得到支持。

参考内容

请参阅本章的下列内容：
- 获取显示曲面的功能。
- 创建交换链。

选择转换交换链图像的方式

在某些设备（尤其是移动设备）中，图像可以向不同方向显示。当图像在屏幕上显示时，有时可以设定显示图像的方向，在使用 Vulkan 时我们可能会获得这项权力。在创建交换链时，需要设定转换方式，该转换方式会在图像被显示前应用于图像。

具体处理过程

（1）获取显示曲面的功能（请参阅"获取显示曲面的功能"小节）。将这些数据存储在一个 VkSurfaceCapabilitiesKHR 类型的变量中，将该变量命名为 surface_capabilities。

（2）将选定的转换方式存储在 VkSurfaceTransformFlagBitsKHR 类型的位域变量中，将该变量命名为 desired_transform。

（3）创建一个 VkSurfaceTransformFlagBitsKHR 类型的变量，将其命名为 surface_transform，该变量用于存储指定显示曲面支持的转换方式。

（4）查明 desired_transform 变量中已被设置的所有位，是否在显示曲面功能（由 surface_capabilities 变量代表）的 supportedTransforms 成员中也被设置了。如果所有这些位都被设置了，就将 desired_transform 变量的值赋予 surface_transform 变量。

（5）如果选定的转换方式没有全部得到支持，可通过将 surface_capabilities.currentTransform 成员的值赋予 surface_transform 变量，且仅使用指定显示曲面支持的转换方式。

具体运行情况

显示曲面功能的 supportedTransforms 成员，含有指定硬件平台支持的所有图像转换方式。转换方式定义了在屏幕上显示图像前，应该以何种方式旋转或反射图像。在创建交换链的过程中，我们可以设置转换方式和显示引擎，将它们作为显示处理过程的组成部分应用于图像。

我们可以选用得到支持的任何值。使用下面的代码可以选用我们想要的转换方式，或者仅使用指定硬件平台支持的转换方式。

```
if( surface_capabilities.supportedTransforms & desired_transform ) {
  surface_transform = desired_transform;
} else {
  surface_transform = surface_capabilities.currentTransform;
}
```

参考内容

请参阅本章的下列内容：
- 获取显示曲面的功能。
- 创建交换链。

选择交换链图像的格式

交换图像的格式定义了颜色组件的数量、每个颜色组件位的数量和使用的数据类型。在创建交换链的过程中，必须设定是否使用带或不带 alpha 组件的红色、绿色和蓝色通道、是否使用无符号整型或浮点型数据类型值为颜色值编码，以及这些数值的精度，还必须设定是否使用线性或非线性颜色空间为颜色值编码。但就像使用其他交换链参数一样，我们只能使用得到显示曲面支持的值。

准备工作

本节将使用几个含义非常相似的术语，但实际上它们定义了不同的参数。
- 图像格式用于描述组件数量、精度和图像像素的数据类型，它由 VkFormat 类型的变量代表。
- 颜色空间定义了硬件解析颜色组件值的方式，以及是否使用线性或非线性函数对颜色组件值进行编码和解码。颜色空间由 VkColorSpaceKHR 类型的变量代表。
- 曲面格式是一个图像格式-颜色空间对，由 VkSurfaceFormatKHR 类型的变量代表。

具体处理过程

（1）使用 vkEnumeratePhysicalDevices()函数获取物理设备的句柄，将该句柄存储在一个类型为 VkPhysicalDevice、名为 physical_device 的变量中。

（2）获取已创建显示曲面的句柄，将该句柄存储在一个类型为 VkSurfaceKHR、名为 presentation_surface 的变量中。

（3）选择想要使用的图像格式和颜色空间，将这些数据存储到类型为 VkSurfaceFormatKHR、名为 desired_surface_format 的变量中。

（4）创建一个 uint32_t 类型的变量，将其命名为 formats_count。

（5）调用 vkGetPhysicalDeviceSurfaceFormatsKHR(physical_device, presentation_surface, &formats_count, nullptr)函数。将第一个参数设置为物理设备的句柄；将第二个参数设置为显示曲面的句柄；将第三个参数设置为指向 formats_count 变量的指针；将第四个参数设置为 nullptr。

（6）如果该函数调用操作成功完成，formats_count 变量就会含有指定硬件设备支持的所有图像格式-颜色空间对的总数。

（7）创建一个 std::vector<VkSurfaceFormatKHR>类型的变量，将其命名为 surface_formats。调整这个 vector 容器的尺寸，使之能够存储的元素数量不小于 formats_count 变量的值。

（8）调用 vkGetPhysicalDeviceSurfaceFormatsKHR(physical_device, presentation_surface, &formats_count, &surface_formats[0])函数。将前三个参数设置为与上次调用操作的前三个参数相同，将最后一个参数设置为指向 vector 容器 surface_formats 中第一个元素的指针。

（9）如果该函数调用操作成功完成，所有可用的图像格式-颜色空间对就都会存储到 surface_formats 变量中。

（10）创建一个 VkFormat 类型的变量，将其命名为 image_format；创建一个 VkColorSpaceKHR 类型的变量，将其命名为 image_color_space。这两个变量分别用于存储在创建交换链过程中使用的格式和颜色空间值。

（11）查明 vector 容器 surface_formats 中元素的数量。如果该 vector 容器仅含有值为 VK_FORMAT_UNDEFINED 的唯一一个元素，就意味着我们可以任意选择曲面格式。将 desired_surface_format 变量中各个成员的值，赋予 image_format 和 image_color_space 变量。

（12）如果 vector 容器 surface_formats 中含有更多元素，那么应循环该 vector 容器中变量的每个元素，并将其中的 format 和 colorSpace 成员值与 desired_surface_format 变量中的 format 和 colorSpace 成员值进行比较。如果某个元素中的 format 和 colorSpace 成员值与 desired_surface_format 变量中的 format 和 colorSpace 成员值相同，就意味着我们想要使用的曲面格式得到了支持，可以在创建交换链时使用该格式。将 desired_surface_format 变量中的各个成员的值，赋予 image_format 和 image_color_space 变量。

（13）如果没有找到 format 和 colorSpace 成员值与 desired_surface_format 变量中的 format 和 colorSpace 成员值相同的元素，就应该循环遍历 vector 容器 surface_formats 中的所有元素。查明该 vector 容器中是否含有 format 成员值与已经选中的 surface_format.format 成员值相等的元素。如果找到了这样的元素，就将 desired_surface_format.format 成员的值赋予 image_format 变量，但应获取 vector 容器 surface_formats 当前元素中 colorSpace 成员的值，并将该值赋予 image_color_space 变量。

（14）如果 surface_formats 变量中没有带选中图像格式的元素，则应获取该 vector 容器中的第一个元素，并将该元素中 format 和 colorSpace 成员的值，分别赋予 image_format 和 image_color_space 变量。

具体运行情况

要获取指定硬件设备支持曲面格式的名单，需要两次调用 vkGetPhysicalDeviceSurfaceFormatsKHR()函数，第一次调用操作用于获取得到支持图像格式-颜色空间对的总数。

```
uint32_t formats_count = 0;
VkResult result = VK_SUCCESS;

result = vkGetPhysicalDeviceSurfaceFormatsKHR( physical_device,
presentation_surface, &formats_count, nullptr );
if( (VK_SUCCESS != result) ||
    (0 == formats_count) ) {
  std::cout << "Could not get the number of supported surface formats." << std::endl;
  return false;
}
```

根据该数量准备存储空间，并通过执行第二次调用操作获取这个名单。

```
std::vector<VkSurfaceFormatKHR> surface_formats( formats_count );
result = vkGetPhysicalDeviceSurfaceFormatsKHR( physical_device,
presentation_surface, &formats_count, &surface_formats[0] );
if( (VK_SUCCESS != result) ||
    (0 == formats_count) ) {
  std::cout << "Could not enumerate supported surface formats." <<
std::endl;
  return false;
}
```

现在，可以在所有得到支持的曲面格式中选择最符合我们需求的一个。如果函数调用操作仅返回了一个曲面格式，并且该曲面格式的值为 VK_FORMAT_UNDEFINED，就意味着在图像格式-颜色空间对上没有限制。在这种情况下，我们可以选择任何曲面格式并在创建交换链的过程中使用该曲面格式。

```
if( (1 == surface_formats.size()) &&
    (VK_FORMAT_UNDEFINED == surface_formats[0].format) ) {
  image_format = desired_surface_format.format;
  image_color_space = desired_surface_format.colorSpace;
  return true;
}
```

如果调用 vkGetPhysicalDeviceSurfaceFormatsKHR()函数的操作返回了多个元素，就需要在这些元素中选择一个。首先应查明选中的曲面格式是否得到全面支持，即选中的图像格式-颜色空间对都可用。

```
for( auto & surface_format : surface_formats ) {
  if( (desired_surface_format.format == surface_format.format) &&
      (desired_surface_format.colorSpace == surface_format.colorSpace) ) {
    image_format = desired_surface_format.format;
    image_color_space = desired_surface_format.colorSpace;
    return true;
  }
}
```

如果没有图像格式和颜色空间都可用的元素，则可寻找图像格式得到支持但使用了其他颜色空间的元素。不能在选定得到支持的图像格式后，随意选择得到支持的颜色空间，必须选用与指定图像格式对应的颜色空间。

```
for( auto & surface_format : surface_formats ) {
  if( (desired_surface_format.format == surface_format.format) ) {
    image_format = desired_surface_format.format;
    image_color_space = surface_format.colorSpace;
    std::cout << "Desired combination of format and colorspace is not supported. Selecting other colorspace." << std::endl;
    return true;
  }
}
```

最后，如果我们想要使用的图像格式没有得到支持，则只需要使用第一个可用的图像格式和颜色空间对。

```
image_format = surface_formats[0].format;
image_color_space = surface_formats[0].colorSpace;
std::cout << "Desired format is not supported. Selecting available format - colorspace combination." << std::endl;
return true;
```

参考内容

请参阅本章的下列内容：
- 创建交换链。
- 通过 R8G8B8A8 格式和邮箱显示模式（mailbox present mode）创建交换链。

创建交换链

交换链用于在屏幕上显示一组图像，这些图像能够被应用程序获取并在应用程序窗口中显示。每幅图像都拥有一组已定义的相同属性，将这些属性都设置好后，就意味着为交换链图像设定了数量、尺寸、格式和使用场景，还意味着已经获取了可用显示模式名单，并从中选用了一种显示模式，因而可以创建交换链。

具体处理过程

（1）获取已创建逻辑设备的句柄，将该句柄存储在一个类型为 VkDevice、名为 logical_device 的变量中。

（2）将已创建显示曲面的句柄，赋予一个类型为 VkSurfaceKHR、名为 presentation_surface 的变量。

（3）将想要使用的交换链图像数量，赋予一个类型为 uint32_t、名为 image_count 的变量。

（4）将选定的图像格式-颜色空间对，存储在一个类型为 VkSurfaceFormatKHR、名为 surface_format 的变量中。

（5）将选定的图像尺寸，赋予一个类型为 VkExtent2D、名为 image_size 的变量。

（6）选定想要使用交换链图像的场景，将这些数据存储在一个 VkImageUsageFlags 类型的位域变量中，将该变量命名为 image_usage。

（7）将选用的显示曲面转换方式，存储在一个 VkSurfaceTransformFlagBitsKHR 类型的变量中，将该变量命名为 surface_transform。

（8）创建一个 VkPresentModeKHR 类型的变量，将其命名为 present_mode，将想要使用的显示模式赋予该变量。

（9）创建一个 VkSwapchainKHR 类型的变量，将其命名为 old_swapchain。如果之前已经创建了一个交换链，则可将这个旧交换链的句柄存储在 old_swapchain 变量中。如果没有旧的交换链，则应将 VK_NULL_HANDLE 赋予该变量。

（10）创建一个 VkSwapchainCreateInfoKHR 类型的变量，将其命名为 swapchain_create_info，将下列值赋予该变量中的各个成员。

- 将成员 sType 的值设置为 VK_STRUCTURE_TYPE_SWAPCHAIN_CREATE_INFO_KHR。
- 将 pNext 成员的值设置为 nullptr。
- 将 0 赋予 flags 成员。
- 将 presentation_surface 变量的值赋予 surface 成员。
- 将 image_count 变量的值赋予 minImageCount 成员。
- 使用 surface_format.format 成员的值设置 imageFormat 成员。
- 使用 surface_format.colorSpace 成员的值设置 imageColorSpace 成员。
- 将 image_size 变量的值赋予 imageExtent 成员。
- 将 1 赋予 imageArrayLayers 成员（如果想要执行分层/立体化渲染，则可为 imageArrayLayers 成员赋予更大的值）。

- 将 image_usage 变量的值赋予 imageUsage 成员。
- 将 imageSharingMode 成员的值设置为 VK_SHARING_MODE_EXCLUSIVE。
- 将 0 赋予 queueFamilyIndexCount 成员。
- 将 nullptr 赋予 pQueueFamilyIndices 成员。
- 将 surface_transform 变量的值赋予 preTransform 成员。
- 将 compositeAlpha 成员的值设置为 VK_COMPOSITE_ALPHA_OPAQUE_BIT_KHR。
- 将 present_mode 变量的值赋予 presentMode 成员。
- 将 clipped 成员的值设置为 VK_TRUE。
- 将 old_swapchain 变量的值赋予 oldSwapchain 成员。

（11）创建一个 VkSwapchainKHR 类型的变量，将其命名为 swapchain。

（12）调用 vkCreateSwapchainKHR(logical_device, &swapchain_create_info, nullptr, &swapchain)函数。将第一个参数设置为已创建逻辑设备的句柄；将第二个参数设置为指向 swapchain_create_info 变量的指针；将第三个参数设置为 nullptr；将第四个参数设置为指向 swapchain 变量的指针。

（13）通过将该函数调用操作的返回值与 VK_SUCCESS 进行比较，确认该函数调用操作成功完成。

（14）调用 vkDestroySwapchainKHR(logical_device, old_swapchain, nullptr)函数，以便销毁旧的交换链。将第一个参数设置为已创建逻辑设备的句柄；将第二个参数设置为旧交换链的句柄；将第三个参数设置为 nullptr。

具体运行情况

如前所述，交换链是一个图像集合。交换链图像是在创建交换链的过程中自动创建的，它也会随交换链一起被销毁。尽管应用程序可以获得这些图像的句柄，但是没有创建和销毁这些图像的权利。

创建交换链的过程不是很复杂，但是在创建交换链前需要准备大量数据。

```
VkSwapchainCreateInfoKHR swapchain_create_info = {
  VK_STRUCTURE_TYPE_SWAPCHAIN_CREATE_INFO_KHR,
  nullptr,
  0,
  presentation_surface,
  image_count,
  surface_format.format,
```

```
    surface_format.colorSpace,
    image_size,
    1,
    image_usage,
    VK_SHARING_MODE_EXCLUSIVE,
    0,
    nullptr,
    surface_transform,
    VK_COMPOSITE_ALPHA_OPAQUE_BIT_KHR,
    present_mode,
    VK_TRUE,
    old_swapchain
};
VkResult result = vkCreateSwapchainKHR( logical_device,
&swapchain_create_info, nullptr, &swapchain );
if( (VK_SUCCESS != result) ||
    (VK_NULL_HANDLE == swapchain) ) {
  std::cout << "Could not create a swapchain." << std::endl;
  return false;
}
```

一个应用程序窗口只能关联一个交换链。在创建新交换链时，需要销毁应用程序窗口之前关联的交换链。

```
if( VK_NULL_HANDLE != old_swapchain ) {
  vkDestroySwapchainKHR( logical_device, old_swapchain, nullptr );
  old_swapchain = VK_NULL_HANDLE;
}
```

创建好交换链后，就可以获取它的图像并执行与已设定使用场景匹配的任务。与 OpenGL（只有一个后备缓冲区，因而只能获取一幅图像）不同，我们可以获取多幅交换链图像。我们获取的交换链图像数量，取决于随交换链创建图像的已设定最少数量、选定的显示模式，以及当前渲染历史记录（新获得图像的数量和最近显示过图像的数量）。

获得一幅图像后，就可以在我们编写的应用程序中使用这幅图像了。最常见的用法是将图像作为着色材料，但用法不是只有这一个，使用交换链图像还可以执行其他任务。然而，我们必须确认指定的硬件平台的这些图像使用方式，并在创建交换链的过程中设定这些用法。并非所有硬件平台都能够支持所有图像使用方式，只有用于着色材料才是强制所有硬件平台提供支持的。

当将图像作为着色材料或其他用途时，就可以显示图像。显示图像的操作会将图像发送回显示引擎，显示引擎会根据已设定的显示模式使用新收到的图像替换当前显示的图像。

参考内容

请参阅本章的下列内容：
- 创建显示曲面。
- 选择支持显示指定曲面功能的队列家族。
- 通过已启用的 WSI 扩展创建逻辑设备。
- 选择显示模式。
- 获取显示曲面的功能。
- 选择交换链图像。
- 选择交换链图像的尺寸。
- 选择使用交换链图像的场景。
- 选择转换交换链图像的方式。
- 选择交换链图像的格式。

获取交换链图像的句柄

创建好交换链后，所有随交换链一起创建的图像的句柄和数量都是非常有用的信息。

具体处理过程

（1）获取已创建逻辑设备的句柄，将该句柄存储在一个 VkDevice 类型的变量中，将该变量命名为 logical_device。

（2）将已创建交换链的句柄赋予一个 VkSwapchainKHR 类型的变量，将该变量命名为 swapchain。

（3）创建一个 uint32_t 类型的变量，将其命名为 images_count。

（4）调用 vkGetSwapchainImagesKHR(logical_device, swapchain, &images_count, nullptr) 函数。将第一个参数设置为已创建逻辑设备的句柄；将第二个参数设置为已创建交换链的句柄；将第三个参数设置为指向 images_count 变量的指针；将第四个参数设置为 nullptr。

(5)如果该函数调用参数成功完成,就意味着该操作的返回值等于 VK_SUCCESS,images_count 变量会存储指定交换链中图像的总数。

(6)创建一个元素类型为 VkImage 的 std::vector 容器变量。将该 vector 容器变量命名为 swapchain_images,并调整它的大小,使它含有的元素数量不小于 images_count 变量的值。

(7)调用 vkGetSwapchainImagesKHR(logical_device, swapchain, &images_count, &swapchain_images[0])函数。前三个参数与上次调用该函数时前三个参数的值相同,将最后一个参数设置为指向 vector 容器 swapchain_images 变量中的第一个元素。

(8)该调用操作成功完成后,vector 容器 swapchain_images 变量会含有所有交换链图像的句柄。

具体运行情况

驱动程序创建的图像数量,可能会比交换链创建参数中设定的图像数量更大。因此,我们只需要定义图像数量的下限,允许 Vulkan 实例创建更多的图像。

我们需要先知道已创建图像的总数,才能获取这些图像的句柄。在使用 Vulkan 的情况下,在渲染图像前,我们需要先获取图像的句柄,还必须创建用于封装图像和创建帧缓冲区的图像视图。像在 OpenGL 中一样,帧缓冲区设定了一组在渲染处理过程中使用的图像(这些图像多半会作为着色材料)。

但这不是需要获取随交换链创建的图像的唯一原因。当应用程序需要使用可显示的图像时,就必须从显示引擎获取该图像。在获取图像的过程中可以得到一个数字,而不是图像的句柄。显示引擎提供的这个数字是图像在图像队列(交换链)中的索引(可通过调用 vkGetSwapchainImagesKHR()函数获取这组图像,将它们存储在 swapchain_images 变量中)。因此,要通过合适的方式使用交换链和其中的图像,就必须获取图像的总数、排列次序和句柄。

首先,可使用下列代码获得图像的总数。

```
uint32_t images_count = 0;
VkResult result = VK_SUCCESS;

result = vkGetSwapchainImagesKHR( logical_device, swapchain, &images_count,
nullptr );
if( (VK_SUCCESS != result) ||
    (0 == images_count) ) {
  std::cout << "Could not get the number of swapchain images." <<
```

```
    std::endl;
      return false;
    }
```

然后，就可以为所有图像准备存储空间并获取这些图像的句柄。

```
swapchain_images.resize( images_count );
result = vkGetSwapchainImagesKHR( logical_device, swapchain, &images_count,
  &swapchain_images[0] );
if( (VK_SUCCESS != result) ||
    (0 == images_count) ) {
  std::cout << "Could not enumerate swapchain images." << std::endl;
  return false;
}

return true;
```

参考内容

请参阅本章的下列内容：
- 选择交换链图像。
- 创建交换链。
- 获取交换链图像。
- 显示图像。

通过 R8G8B8A8 格式和邮箱显示模式（mailbox present mode）创建交换链

创建交换链需要获取大量额外信息并准备大量参数。为了了解准备工作阶段的所有步骤和次序，以及使用已得到信息的方式，我们将使用任意选择的参数创建一个交换链。我们将设置一种邮箱显示模式、最常见的 R8G8B8A8 颜色格式（与 OpenGL 的 RGBA8 格式类似，基于无符号标准化值）、无图像转换方式，以及一种标准的着色图像用法。

具体处理过程

（1）获取物理设备的句柄，将该句柄存储在一个 VkPhysicalDevice 类型的变量中，将该变量命名为 physical_device。

（2）获取已创建显示曲面的句柄，将该句柄存储在一个 VkSurfaceKHR 类型的变量中，将该变量命名为 presentation_surface。

（3）获取通过 physical_device 变量中句柄创建的逻辑设备的句柄，将该逻辑设备句柄存储在一个类型为 VkDevice，名为 logical_device 的变量中。

（4）创建一个 VkSwapchainKHR 类型的变量，将其命名为 old_swapchain。如果之前创建了交换链，就将这个旧交换链的句柄存储在 old_swapchain 变量中；否则，就将 VK_NULL_HANDLE 赋予 old_swapchain 变量。

（5）创建一个 VkPresentModeKHR 类型的变量，将其命名为 desired_present_mode。

（6）查明 VK_PRESENT_MODE_MAILBOX_KHR 显示模式是否得到了该物理设备的支持，并将该显示模式赋予 desired_present_mode 变量。如果该显示模式没有得到支持，则可使用 VK_PRESENT_MODE_FIFO_KHR 模式（请参阅"选择显示模式"小节）。

（7）创建一个 VkSurfaceCapabilitiesKHR 类型的变量，将其命名为 surface_capabilities。

（8）获取显示曲面的功能，并将这些数据存储在 surface_capabilities 变量中。

（9）创建一个 uint32_t 类型的变量，将其命名为 number_of_images。根据已获得的显示曲面功能，将图像数量下限赋予 number_of_images 变量（请参阅"选择交换链图像"小节）。

（10）创建一个 VkExtent2D 类型的变量，将其命名为 image_size。根据已获得的显示曲面功能，将交换链图像的尺寸赋予 image_size 变量（请参阅"选择交换链图像的尺寸"小节）。

（11）确保 image_size 变量中 width 和 height 成员的值大于 0。如果二者中有一个成员没有大于 0，就不要尝试创建交换链，但是不需要关闭应用程序，因为窗口最小化时可能会出现这种情况。

（12）创建一个 VkImageUsageFlags 类型的变量，将其命名为 image_usage。将 VK_IMAGE_USAGE_COLOR_ATTACHMENT_BIT 图像使用方式赋予该变量（请参阅"选择使用交换链图像的场景"小节）。

（13）创建一个 VkSurfaceTransformFlagBitsKHR 类型的变量，将其命名为 surface_transform。将恒等转换（VK_SURFACE_TRANSFORM_IDENTITY_BIT_KHR）方式赋予该变量。根据已获取的显示曲面功能，查明该转换方式是否得到了支持。

如果该转换方式没有得到支持，就将 surface_capabilities 变量中 currentTransform 成员的值赋予 surface_transform 变量（请参阅"选择转换交换链图像的方式"小节）。

（14）创建一个 VkFormat 类型的变量，将其命名为 image_format。创建一个 VkColorSpaceKHR 类型的变量，将其命名为 image_color_space。

（15）使用已获得的显示曲面功能，尝试通过 VK_COLOR_SPACE_SRGB_NONLINEAR_KHR 颜色空间使用 VK_FORMAT_R8G8B8A8_UNORM 图像格式。如果该图像格式和颜色空间对中的任何一个没有得到支持，则可从显示曲面功能中选择其他值（请参阅"选择交换链图像的格式"小节）。

（16）创建一个 VkSwapchainKHR 类型的变量，将其命名为 swapchain。

（17）使用 logical_device、presentation_surface、number_of_images、image_format、image_color_space、size_of_images、image_usage、surface_transform、desired_present_mode 和 old_swapchain 变量，创建一个交换链并将该交换链的句柄存储在 swapchain 变量中。不要忘记查明该交换链创建操作是否成功完成（请参阅"创建交换链"小节）。

（18）创建一个 std::vector<VkImage> 类型的变量，将其命名为 swapchain_images。将已创建交换链图像的句柄存储在该变量中（请参阅"获取交换链图像的句柄"小节）。

具体运行情况

在创建交换链时，首先确定需要使用哪种显示模式。因为邮箱显示模式可以在避免画面撕裂的情况下显示最新图像，其效果与三重缓冲类似，所以是个不错的选择。

```
VkPresentModeKHR desired_present_mode;
if( !SelectDesiredPresentationMode( physical_device, presentation_surface,
VK_PRESENT_MODE_MAILBOX_KHR, desired_present_mode ) ) {
  return false;
}
```

然后，需要获取显示曲面的功能并使用它们设置图像数量、图像尺寸、图像使用场景、在显示图像时应用的转换方式，以及图像的格式和颜色空间。

```
VkSurfaceCapabilitiesKHR surface_capabilities;
if( !GetCapabilitiesOfPresentationSurface( physical_device,
presentation_surface, surface_capabilities ) ) {
  return false;
```

```
  }

  uint32_t number_of_images;
  if( !SelectNumberOfSwapchainImages( surface_capabilities, number_of_images
  ) ) {
    return false;
  }

  VkExtent2D image_size;
  if( !ChooseSizeOfSwapchainImages( surface_capabilities, image_size ) ) {
    return false;
  }
  if( (0 == image_size.width) ||
      (0 == image_size.height) ) {
    return true;
  }

  VkImageUsageFlags image_usage;
  if( !SelectDesiredUsageScenariosOfSwapchainImages( surface_capabilities,
  VK_IMAGE_USAGE_COLOR_ATTACHMENT_BIT, image_usage ) ) {
    return false;
  }

  VkSurfaceTransformFlagBitsKHR surface_transform;
  SelectTransformationOfSwapchainImages( surface_capabilities,
  VK_SURFACE_TRANSFORM_IDENTITY_BIT_KHR, surface_transform );

  VkFormat image_format;
  VkColorSpaceKHR image_color_space;
  if( !SelectFormatOfSwapchainImages( physical_device, presentation_surface,
  { VK_FORMAT_R8G8B8A8_UNORM, VK_COLOR_SPACE_SRGB_NONLINEAR_KHR },
  image_format, image_color_space ) ) {
    return false;
  }
```

最后，完成这些准备工作后，就可以创建交换链了。销毁旧的交换链（在需要使用新交换链替换先前创建的旧交换链的情况下），获取随交换链一起创建图像的句柄。

```
if( !CreateSwapchain( logical_device, presentation_surface,
number_of_images, { image_format, image_color_space }, image_size,
image_usage, surface_transform, desired_present_mode, old_swapchain,
swapchain ) ) {
  return false;
}
if( !GetHandlesOfSwapchainImages( logical_device, swapchain,
swapchain_images ) ) {
  return false;
}
return true;
```

参考内容

请参阅本章的下列内容:
- 创建显示曲面。
- 通过已启用的 WSI 扩展创建逻辑设备。
- 选择显示模式。
- 获取显示曲面的功能。
- 选择交换链图像。
- 选择交换链图像的尺寸。
- 选择使用交换链图像的场景。
- 选择转换交换链图像的方式。
- 选择交换链图像的格式。
- 创建交换链。
- 获取交换链图像的句柄。

获取交换链图像

在使用交换链图像前,我们需要从显示引擎获取该图像,该处理过程称为图像采集。通过该处理过程可以将图像的索引转换为交换链图像的句柄(通过调用 vkGetSwapchainImagesKHR()函数可以获取交换链图像的句柄,请参阅"获取交换链图像的句柄"小节)。

准备工作

要获取 Vulkan 中的图像，需要设置两种前面没有介绍过的对象，它们是信号和栅栏（fence）。

信号用于使设备的队列同步。这意味着我们提交命令时，这些命令需要等其他操作完成后才能被处理。在这类情况中，我们可以设定这些命令必须等待另一些命令被执行后才被处理，这就是信号的作用。它们用于实现内部队列同步，但是不能使用它们通过已提交的命令使应用程序的操作同步（请参阅第 3 章）。

要使应用程序的操作同步，需要使用栅栏。栅栏用于通知应用程序某项工作已经完成，应用程序可以根据得到的信息，获取栅栏的状态，查明某些命令是否仍旧正在被处理或者这些命令已经完成了它们的任务（请参阅第 3 章）。

具体处理过程

（1）获取已创建逻辑设备的句柄，将该句柄存储在一个 VkDevice 类型的变量中，将该变量命名为 logical_device。

（2）获取交换链的句柄，将该句柄赋予一个 VkSwapchainKHR 类型的变量，将该变量命名为 swapchain。

（3）创建一个信号，将该信号存储在一个 VkSemaphore 类型的变量中，将该变量命名为 semaphore。或者创建一个栅栏，将该栅栏的句柄存储在一个 VkFence 类型的变量中，将该变量命名为 fence。这两个同步化对象必须至少创建一个（无论哪个都可以），也可以两个都创建。

（4）创建一个 uint32_t 类型的变量，将其命名为 image_index。

（5）调用 vkAcquireNextImageKHR(logical_device, swapchain, <超时时间>, semaphore, fence, &image_index)函数。将第一个参数设置为逻辑设备的句柄；将第二个参数设置为交换链的句柄；将第三个参数设置为超时时间的限定值，超过该时间值函数调用操作就会返回超时错误提示信息；将第四和第五个参数设置为一个或两个同步基元：信号和/或栅栏；将第六个参数设置为指向 image_index 变量的指针。

（6）检查 vkAcquireNextImageKHR()函数调用操作的返回值。如果该值等于 VK_SUCCESS 或 VK_SUBOPTIMAL_KHR，就说明该函数调用操作成功完成，并且 image_index 变量会含有交换链图像的索引（该索引为通过调用 vkGetSwapchainImagesKHR()函数获得的交换链图像组中交换链图像的编号，请参阅"获取交换链图像的句柄"小节）。如果 vkAcquireNextImageKHR()函数调用操作的返回值等于 VK_ERROR_

OUT_OF_DATE_KHR,就无法使用该交换链中的任何图像。这样就必须销毁该交换链,并重新创建该交换链以便获取图像。

具体运行情况

调用 vkAcquireNextImageKHR()函数会获得交换链图像的索引,该索引为通过调用 vkGetSwapchainImagesKHR() 函数获得的交换链图像组中交换链图像的编号。调用 vkAcquireNextImageKHR()函数的操作不会返回交换链图像句柄,如下列代码所示。

```
VkResult result;
result = vkAcquireNextImageKHR( logical_device, swapchain, 2000000000,
semaphore, fence, &image_index );
switch( result ) {
  case VK_SUCCESS:
  case VK_SUBOPTIMAL_KHR:
    return true;
  default:
    return false;
}
```

这段代码调用了 vkAcquireNextImageKHR()函数。由于显示引擎的内部机制,有时可能无法立刻获得图像,甚至可能使我们编写的应用程序无限期等待下去。当我们想要获取的图像数量大于显示引擎能够提供的图像数量时,这种情况就会出现。这就是在上面调用 vkAcquireNextImageKHR()函数的操作中,通过第三个参数来设置超时时间限定值(该值的单位为纳秒)的原因。该限定值通知硬件编写的应用程序能够等待的最长时间。超过该限定值后,vkAcquireNextImageKHR()函数就会因超时而无法获得图像并显示错误提示信息。在上面的代码中,我们设置的超时时间为 2 秒。

还有一些参数是设置信号和栅栏的参数。我们获得了图像后,可能仍旧无法立刻使用该图像,需要等待先前提交的引用了该图像的所有操作都执行完。因此,应用程序可使用栅栏查明何时能够安全地修改图像,但我们也可以命令驱动程序在处理应用于指定图像的新命令前,处于等待状态。在这种情况中可使用信号,通常信号的效果更好。

 使应用程序等待的性能降低的性能比单独使 GPU 等待降低的性能多得多。

在获取交换链图像的过程中，函数调用操作的返回值也非常重要。当函数调用操作的返回值为 VK_SUBOPTIMAL_KHR 时，就意味着我们仍可以使用这幅图像，但对于显示引擎来说该图像不再是最合适的图像了。获取了一幅图像后，就应该重新创建交换链，但不需要立刻就这样做。当 vkAcquireNextImageKHR() 函数调用操作的返回值等于 VK_ERROR_OUT_OF_DATE_KHR 时，我们就无法再通过指定的交换链使用图像，因而需要尽快重新创建交换链。

在获取交换链图像时需要注意的最后一点，是在能够使用图像前，需要更改（转变）图像的布局，布局是图像内部内存组织形式，它会随图像的当前用途而变化。如果我们想要通过不同的方式使用图像，就需要更改它的布局。

例如，显示引擎使用的图像必须拥有 VK_IMAGE_LAYOUT_PRESENT_SRC_KHR 布局。但是如果我们想要将图像作为渲染材料，该图像就必须拥有 VK_IMAGE_LAYOUT_COLOR_ATTACHMENT_OPTIMAL 布局。更改布局的操作称为转变（请参阅第 4 章中"设置图像内存屏障"小节）。

参考内容

请参阅本章的下列内容：
- 选择显示模式。
- 创建交换链。
- 获取交换链图像的句柄。
- 显示图像。

请参阅第 3 章的下列内容：
- 创建信号。
- 创建栅栏。

请参阅第 4 章的下列内容：
- 设置图像的内存屏障。

显示图像

渲染交换链图像或通过其他方式使用交换链图像后，需要将该图像还给显示引擎，该操作称为显示，它会将图像显示在屏幕上。

准备工作

本节将使用一个自定义结构：

```
struct PresentInfo {
  VkSwapchainKHR   Swapchain;
  uint32_t         ImageIndex;
};
```

该结构用于定义提供图像的交换链和用于显示的图像（该图像的索引）。在处理每个交换链时，我们都可以一次仅显示一幅图像。

具体处理过程

(1) 获取支持显示操作队列的句柄，将该句柄存储在一个 VkQueue 类型的变量中，将该变量命名为 queue。

(2) 创建一个 std::vector<VkSemaphore> 类型的变量，将其命名为 rendering_semaphores。在这个 vector 容器变量中存储与指定渲染命令关联的信号，这些渲染命令引用了我们想要显示的图像。

(3) 创建一个 std::vector<VkSwapchainKHR> 类型的变量，将其命名为 swapchains，该 vector 容器变量用于存储提供图像的所有交换链的句柄。

(4) 创建一个 std::vector<uint32_t> 类型的变量，将其命名为 image_indices。调整该 vector 容器变量的尺寸，使它含有的元素数量与 vector 容器 swapchains 变量含有的元素数量相同。为 image_indices 变量中的每个元素，赋予与 swapchains 变量中对应交换链中图像的索引。

(5) 创建一个 VkPresentInfoKHR 类型的变量，将其命名为 present_info。将下列值赋予该变量中的各个成员。

- 将 VK_STRUCTURE_TYPE_PRESENT_INFO_KHR 赋予 sType 成员。
- 将 nullptr 赋予 pNext 成员。
- 将 waitSemaphoreCount 成员的值设置为 vector 容器 rendering_semaphores 变量含有元素的数量。
- 将 pWaitSemaphores 成员的值设置为指向 vector 容器 rendering_semaphores 变量中第一个元素的指针。
- 将 vector 容器 swapchains 变量含有元素的数量赋予 swapchainCount 成员。

- 将指向 vector 容器 swapchains 变量中第一个元素的指针赋予 pSwapchains 成员。
- 将 pImageIndices 成员的值设置为指向 vector 容器 image_indices 变量中第一元素的指针。
- 将 pResults 成员的值设置为 nullptr。

(6) 调用 vkQueuePresentKHR(queue, &present_info)函数,将第一个参数设置为用于提交操作的队列的句柄,将第二个参数设置为指向 present_info 变量的指针。

(7) 通过查明该函数调用操作的返回值等于 VK_SUCCESS,确认该函数调用操作成功完成。

具体运行情况

显示图像操作会将图像发送给显示引擎,显示引擎会根据显示模式显示图像。我们可以在同一时刻显示多幅图像,但是同一时刻只能从指定交换链获取一幅图像。要显示一幅图像,必须获取该图像的索引,该索引是这幅图像在通过调用 vkGetSwapchainImagesKHR() 函数获取的交换链图像组中的编号(请参阅"获取交换链图像的句柄"小节)。

```
VkPresentInfoKHR present_info = {
  VK_STRUCTURE_TYPE_PRESENT_INFO_KHR,
  nullptr,
  static_cast<uint32_t>(rendering_semaphores.size()),
  rendering_semaphores.size() > 0 ? &rendering_semaphores[0] : nullptr,
  static_cast<uint32_t>(swapchains.size()),
  swapchains.size() > 0 ? &swapchains[0] : nullptr,
  swapchains.size() > 0 ? &image_indices[0] : nullptr,
  nullptr
};
result = vkQueuePresentKHR( queue, &present_info );
switch( result ) {
case VK_SUCCESS:
  return true;
default:
  return false;
}
```

这段代码将提供用于显示的图像的交换链的句柄和交换链图像的索引,分别存储在 vector 容器 swapchains 变量和 image_indices 变量中。

在将图像提交给显示引擎前,需要将图像的布局更改为 VK_IMAGE_LAYOUT_PRESENT_SRC_KHR,否则显示引擎可能无法正确显示这幅图像。

信号用于通知硬件何时能够安全地显示图像。当我们提交渲染命令时,可以将一个信号与这个提交操作关联起来。当这些命令被执行完后,该信号会将本身的状态更改为已通知。我们应该创建信号,并将信号与引用了可显示图像的命令关联起来。这样当编写的应用程序显示图像并提供信号时,硬件就能够知道何时某幅图像已经不再被使用了,为显示这幅图像不会中断先前提交的操作。

参考内容

请参阅本章的下列内容:
- 选择显示模式。
- 创建交换链。
- 获取交换链图像的句柄。
- 获取交换链图像。

请参阅第 3 章的下列内容:
- 创建信号。
- 创建栅栏。

请参阅第 4 章的下列内容:
- 设置图像的内存屏障。

销毁交换链

使用交换链完成任务后,如果不需要再显示图像或者想要关闭应用程序,就应该销毁交换链。应该在销毁创建交换链过程中使用的显示曲面前,销毁交换链。

具体处理过程

(1) 获取逻辑设备的句柄,将该句柄存储在一个 VkDevice 类型的变量中,将该变量命名为 logical_device。

(2) 获取需要销毁的交换链的句柄,将该句柄存储在一个 VkSwapchainKHR 类型的变量中，将该变量命名为 swapchain。
(3) 调用 vkDestroySwapchainKHR(logical_device, swapchain, nullptr)函数，将第一个参数设置为 logical_device 变量的值，将第二个参数设置为 swapchain 变量的值，将第三个参数设置为 nullptr。
(4) 为安全起见，将 VK_NULL_HANDLE 赋予 swapchain 变量。

具体运行情况

要销毁交换链，可使用下面的代码。

```
if( swapchain ) {
  vkDestroySwapchainKHR( logical_device, swapchain, nullptr );
  swapchain = VK_NULL_HANDLE;
}
```

首先应查明指定交换链是否已经被创建（该交换链的句柄不是空值），然后调用 vkDestroySwapchainKHR()函数，最后将 VK_NULL_HANDLE 赋予 swapchain 变量，确保不会尝试销毁同一交换链两次。

参考内容

请参阅本章的下列内容：
- 创建交换链。

销毁显示曲面

显示曲面代表应用程序的窗口，除其他用途外，在创建交换链时也会用到它。这就是在销毁交换链后，也应该销毁作为该交换链基础的显示曲面的原因。

具体处理过程

(1) 获取 Vulkan 实例的句柄，将该句柄存储在一个 VkInstance 类型的变量中，将该变量命名为 instance。
(2) 获取显示曲面的句柄，将该句柄存储在一个 VkSurfaceKHR 类型的变量中，将该变量命名为 presentation_surface[①]。

（3）调用 vkDestroySurfaceKHR(instance, presentation_surface, nullptr)函数，将第一个参数设置为 instance 变量的值，将第二个参数设置为 presentation_surface 变量的值，将第三个参数设置为 nullptr。

（4）为安全起见，将 VK_NULL_HANDLE 赋予 presentation_surface 变量。

具体运行情况

销毁显示曲面的处理过程与前面介绍过的销毁其他 Vulkan 资源的处理过程非常相似。当查明要销毁的显示曲面的句柄不是 VK_NULL_HANDLE 后，调用 vkDestroySurfaceKHR() 函数，将 VK_NULL_HANDLE 赋予 presentation_surface 变量。

```
if( presentation_surface ) {
  vkDestroySurfaceKHR( instance, presentation_surface, nullptr );
  presentation_surface = VK_NULL_HANDLE;
}
```

参考内容

请参阅本章的下列内容：
- 创建显示曲面。

[①] 译者注

将 presentation-surface 译为显示曲面的原因是绘图和 3D 动画软件都将 surface 译为曲面，该词组原意为用于显示图像的窗口区域。

第3章

命令缓冲区和同步化

本章要点：
- 创建命令池。
- 分配命令缓冲区。
- 启动命令缓冲区记录操作。
- 停止命令缓冲区记录操作。
- 重置命令缓冲区。
- 重置命令池。
- 创建信号。
- 创建栅栏。
- 等待栅栏。
- 重置栅栏。
- 将命令缓冲区提交给队列。
- 使两个命令缓冲区同步。
- 查明已提交命令缓冲区的处理过程是否已经结束。
- 在提交给队列的所有命令都被处理完之前等待。
- 等待已提交的所有命令都被处理完。
- 销毁栅栏。
- 销毁信号。
- 释放命令缓冲区。
- 销毁命令池。

本章主要内容

与高层级 API（如 OpenGL）相比，低层级 API（如 Vulkan）可以为我们提供更多的硬件控制权限。这些控制权限并非仅来自我们创建、管理和操作的资源，还来自与硬件进行的通信和交互（这方面尤为重要）。Vulkan 为我们提供的控制权限是细粒度的，因而我们能够明确地设定在何时以何种方式，将哪些命令发给硬件。为了做到这一点，Vulkan 引入了命令缓冲区，它是 Vulkan 为开发者提供的重要对象。命令缓冲区使我们能够将操作记录下来并将这些记录下来的操作提交给硬件，而硬件会处理或执行这些操作。更为重要的是，我们可以将这些命令记录到多个线程中，不像使用高层级 API（如 OpenGL）那样，不但只能将命令记录到单个线程中，而且只能由驱动程序通过隐式方式记录并发给硬件，开发者对此没有任何控制能力。Vulkan 还允许我们重用已存在的命令缓冲区，从而能够节省更多处理时间。这为我们提供了更多的灵活性，但也需要我们承担更多责任。

因此，我们不仅需要决定提交哪些操作，还需要决定提交操作的时机。尤其是在分清操作执行次序的情况中，需要格外小心地以适当方式同步化已提交的命令。为了做到这一点，Vulkan 引入了信号和栅栏。

本章介绍分配、记录和提交命令缓冲区、创建同步化基元并使用同步化基元控制已提交操作、直接在 GPU 中从命令缓冲区内部实现同步，以及通过硬件处理的作业同步应用程序的方式。

创建命令池

命令池是一种对象，命令缓冲区通过这种对象获取内存。内存本身是通过隐式和动态方式分配的，没有内存命令缓冲区就无法记录命令。这就是在分配命令缓冲区前需要先为命令缓冲区创建内存池的原因。

具体处理过程

（1）创建一个 VkDevice 类型的变量，将其命名为 logical_device，将一个已创建逻辑设备的句柄赋予该变量。

（2）获取由该逻辑设备提供的队列家族其中之一的索引，将该索引存储在一个类型为 uint32_t 的变量中，将该变量命名为 queue_family。

（3）创建一个类型为 VkCommandPoolCreateInfo 的变量，将其命名为 command_pool_

create_info，将下列值赋予该变量中的各个成员。
- 将 sType 成员的值设置为 VK_STRUCTURE_TYPE_COMMAND_POOL_CREATE_INFO。
- 将 pNext 成员的值设置为 nullptr。
- 将指明 VkCommandPoolCreateFlags 类型选定参数的位域值赋予 flags 成员。
- 将 queue_family 变量的值赋予 queueFamilyIndex 成员。

（4）创建一个 VkCommandPool 类型的变量，将其命名为 command_pool，该变量用于存储命令池的句柄。

（5）调用 vkCreateCommandPool(logical_device, &command_pool_create_info, nullptr, &command_pool)函数。将第一个参数设置为 logical_device 变量；将第二个参数设置为指向 command_pool_create_info 变量的指针；将第三个参数设置为 nullptr；将第四个参数设置为指向 command_pool 变量的指针。

（6）确认该函数调用操作返回的值为 VK_SUCCESS。

具体运行情况

命令池主要作为命令缓冲区的内存资源，但这不是创建它的唯一原因。命令池会通知驱动程序通过它分配的命令缓冲区的具体用途、是否必须由开发者重置和释放命令缓冲区，以及是否能够重置或释放单个命名缓冲区。通过 VkCommandPoolCreateInfo 类型变量（本例将该变量命名为 command_pool_create_info）中的 flags 成员（由 parameters 变量代表）可以设置这些参数。

```
VkCommandPoolCreateInfo command_pool_create_info = {
  VK_STRUCTURE_TYPE_COMMAND_POOL_CREATE_INFO,
  nullptr,
  parameters,
  queue_family
};
```

当我们使用 VK_COMMAND_POOL_CREATE_TRANSIENT_BIT 设置 flags 成员时，就意味着通过指定命令池分配的命令缓冲区只会存在非常短的时间，这些命令缓冲区被提交的次数会极少，而且这些命令缓冲区会立刻被重置或释放。当我们使用 VK_COMMAND_POOL_CREATE_RESET_COMMAND_BUFFER_BIT 设置 flags 成员时，就意味着我们可以重置单个命令缓冲区。如果不使用这个标志值，就只能以群组方式重置命令缓冲区，即重置操作会应用于通过指定命令池分配的所有命令缓冲区。记录命令缓冲区的操作会自动重置命令缓冲区，因此在不使用 VK_COMMAND_POOL_CREATE_RESET_COMMAND_BUFFER_BIT 标志值的情况下，就只能记录命令缓冲区一次。如果想要再次记录这个命令缓冲区，就需要重置已在其中完成该命令缓冲区分配的整个命令池。

命令池还能够控制用于提交命令缓冲区的队列。这是通过队列家族索引实现的，我们必须在创建命令池的过程中提交该索引（只能提交在创建逻辑设备过程中使用的队列家族的索引）。通过指定命令池分配的命令缓冲区，只能提交给来自指定家族的队列。

使用下列代码可以创建命令池。

```
VkResult result = vkCreateCommandPool( logical_device,
  &command_pool_create_info, nullptr, &command_pool );
if( VK_SUCCESS != result ) {
  std::cout << "Could not create command pool." << std::endl;
  return false;
}
return true;
```

多个线程无法同时访问一个命令池（同一个命令池中的命令缓冲区无法同时由多个线程记录）。这就是记录命令缓冲区的每个应用程序线程，都需要使用独立命令池的原因。

创建好命令池后，就可以分配命令缓冲区了。

参考内容

请参阅本章的下列内容：
- 分配命令缓冲区。
- 重置命令缓冲区。
- 重置命令池。
- 销毁命令池。

分配命令缓冲区

命令缓冲区用于存储（记录）稍后提交给队列的命令，硬件会执行和处理队列中的这些命令并生成结果。创建好命令池后，就可以使用命令池分配命令缓冲区了。

具体处理过程

（1）获取已创建逻辑设备的句柄，将该句柄存储到一个 VkDevice 类型的变量中，将该变量命名为 logical_device。

（2）获取命令池的句柄，将该句柄赋予一个 VkCommandPool 类型的变量，将该变量命名为 command_pool。

（3）创建一个 VkCommandBufferAllocateInfo 类型的变量，将其命名为 command_buffer_allocate_info，然后将下列值赋予该变量中的各个成员。

- 将 VK_STRUCTURE_TYPE_COMMAND_BUFFER_ALLOCATE_INFO 赋予 sType 成员。
- 将 nullptr 赋予 pNext 成员。
- 将 command_pool 变量的值赋予 commandPool 成员。
- 将 level 成员的值设置为 VK_COMMAND_BUFFER_LEVEL_PRIMARY 或 VK_COMMAND_BUFFER_LEVEL_SECONDARY。
- 将 commandBufferCount 成员的值设置为我们想要分配的命令缓冲区数量。

（4）创建一个 std::vector<VkCommandBuffer>类型的变量，将其命名为 command_buffers。调整该 vector 容器变量的尺寸，使其含有的元素数量不小于我们想要创建命令缓冲区的数量。

（5）调用 vkAllocateCommandBuffers(logical_device, &command_buffer_allocate_info, &command_buffers[0])函数。将第一个参数设置为逻辑设备的句柄；将第二个参数设置为指向 command_buffer_allocate_info 变量的指针；将第三个参数设置为指向 vector 容器 command_buffers 变量中第一个元素的指针。

（6）如果该函数调用操作成功了，该操作的返回值就会等于 VK_SUCCESS，而且所有创建好的命令缓冲区的句柄都会存储在 vector 容器 command_buffers 变量中。

具体运行情况

命令缓冲区是通过命令池分配的，这使我们能够控制整个命令缓冲区分组的一些属性。首先，我们可以仅向在创建命令池过程中选定的家族队列提交命令缓冲区。其次，由于无法通过并发方式使用命令池，所以应该为应用程序中的每个线程创建独立的命令池，以便将同步化工作量降至最低，并提高应用程序的性能。

单个命令缓冲区拥有其自身的属性,这些属性中的一部分是在启动记录操作时设定的,但在分配命令缓冲区的过程中我们需要选择一个非常重要的参数——分配主要命令缓冲区,还是分配次要命令缓冲区。

- 主要命令缓冲区可以被直接提交给队列,还可以执行(调用)次要命令缓冲区。
- 次要命令缓冲区只能通过主要命令缓冲区被执行,而且不允许提交次要命令缓冲区。

这些参数是通过 VkCommandBufferAllocateInfo 类型的参数设定的。

```
VkCommandBufferAllocateInfo command_buffer_allocate_info = {
  VK_STRUCTURE_TYPE_COMMAND_BUFFER_ALLOCATE_INFO,
  nullptr,
  command_pool,
  level,
  count
};
```

要分配命令缓冲区,可使用下列代码。

```
command_buffers.resize( count );

VkResult result = vkAllocateCommandBuffers( logical_device,
  &command_buffer_allocate_info, &command_buffers[0] );
if( VK_SUCCESS != result ) {
  std::cout << "Could not allocate command buffers." << std::endl;
  return false;
}
return true;
```

分配好命令缓冲区后,就可以在我们编写的应用程序中使用它们了。要做到这一点,需要将操作记录到一个或多个命令缓冲区中,然后将它们提交给队列。

参考内容

请参阅本章的下列内容:

- 创建命令池。
- 启动命令缓冲区记录操作。
- 停止命令缓冲区记录操作。
- 将命令缓冲区提交给队列。

- 释放命令缓冲区。

启动命令缓冲区记录操作

当想要使用硬件执行操作时，需要记录它们并将它们提交给队列。命令会被记录到命令缓冲区中。当想要记录命令时，需要对选定的命令缓冲区启动记录操作，实际上就是将该命令缓冲区设置为记录状态。

具体处理过程

（1）获取已记录命令的命令缓冲区的句柄，将该句柄存储在一个 VkCommandBuffer 类型的变量中，将该变量命名为 command_buffer。确保是在使用 VK_COMMAND_POOL_CREATE_RESET_COMMAND_BUFFER_BIT 标志值的情况下，通过命令池分配了命令缓冲区，否则命令缓冲区就会处于初始状态（被重置）。

（2）创建一个 VkCommandBufferUsageFlags 类型的位域变量，将其命名为 usage，并根据符合的条件设置下列位。

- 如果该命令缓冲区仅被提交一次，就会被重置或被重新记录，则应设置 VK_COMMAND_BUFFER_USAGE_ONE_TIME_SUBMIT_BIT 位（将该位设置为 1）。
- 如果该命令缓冲区为次要命令缓冲区，并且被视为全部处于渲染通道内部，则应设置 VK_COMMAND_BUFFER_USAGE_RENDER_PASS_CONTINUE_BIT 位。
- 如果需要将该命令缓冲区多次提交给队列，而且在前一次提交这个命令缓冲区的操作完成之前，该命令缓冲区仍会在设备上被执行，则应设置 VK_COMMAND_BUFFER_USAGE_SIMULTANEOUS_USE_BIT 位。

（3）创建一个 VkCommandBufferInheritanceInfo *类型的变量，将其命名为 secondary_command_buffer_info。如果该命令缓冲区为主要命令缓冲区，就将 nullptr 赋予该变量。如果该命令缓冲区为次要命令缓冲区，就将一个通过下列值初始化各个成员的 VkCommandBufferInheritanceInfo 类型变量的地址赋予 secondary_command_buffer_info 变量。

- 将 VK_STRUCTURE_TYPE_COMMAND_BUFFER_INHERITANCE_INFO 赋予 sType 成员。
- 将 nullptr 赋予 pNext 成员。
- 如果该命令缓冲区会在可兼容渲染通道中被执行，则应将 renderPass 成员的值设置为该渲染通道的句柄；如果该命令缓冲区不会在渲染通道中被执行，则该值会被忽略（请参阅第 6 章）。
- 如果该命令缓冲区会在子渲染通道中被执行，则应将 subpass 成员的值设置为该子渲染通道的索引。如果该命令缓冲区不会在渲染通道中被执行，则该值会被忽略。
- 如果该命令缓冲区会在帧缓冲区中执行渲染操作，则应将 framebuffer 成员的值设置为该帧缓冲区的可选句柄。如果无法获取帧缓冲区的信息，或者该命令缓冲区不会在渲染通道中被执行，则应将 framebuffer 成员的值设置为 VK_NULL_HANDLE。
- 如果该命令缓冲区为次要命令缓冲区且会被执行，而且执行它的主要命令缓冲区中激活了遮面查询功能，则应将 occlusionQueryEnable 成员的值设置为 VK_TRUE；否则，应将 occlusionQueryEnable 成员的值设置为 VK_FALSE，以表明该命令缓冲区无法在启用遮挡查询功能的情况下被执行。
- 将一组可用于激活遮挡查询功能的标志值赋予 queryFlags 成员。
- 将能够通过活动查询操作获得的一组统计数据赋予 pipelineStatistics 成员。

（4）创建一个 VkCommandBufferBeginInfo 类型的变量，将其命名为 command_buffer_begin_info。使用下列值初始化该变量中的各个成员。
- 将 VK_STRUCTURE_TYPE_COMMAND_BUFFER_BEGIN_INFO 赋予 sType 成员。
- 将 nullptr 赋予 pNext 成员。
- 将 usage 变量的值赋予 flags 成员。
- 将 secondary_command_buffer_info 变量的值赋予 pInheritanceInfo 成员。

（5）调用 vkBeginCommandBuffer(command_buffer, &command_buffer_begin_info)函数。将第一个参数设置为该命令缓冲区的句柄，将第二个参数设置为指向 command_buffer_begin_info 变量的指针。

（6）通过查明该函数调用操作的返回值等于 VK_SUCCESS，确认该函数调用操作成功完成。

具体运行情况

记录命令缓冲区是我们在 Vulkan 中能够执行的最重要的操作，这是告诉硬件应该做什么和怎样做的唯一方式。当启动记录命令缓冲区的操作时，命令缓冲区的状态是不确定的。通常，命令缓冲区不会继承任何状态（OpenGL 与此相反，当前状态会保持下去）。因此当记录操作时，还需要设置与这些操作关联的状态。绘制命令的状态就是一个典型例子，该命令使用的是顶点属性和索引。在记录绘制操作前，需要将合适的顶点数据缓冲区与顶点索引缓冲区绑定在一起。

主要命令缓冲区可以调用（执行）记录在次要命令缓冲区中的命令，被执行的次要命令缓冲区不会继承执行它们的主要命令缓冲区的状态。更为重要的是，执行次要命令缓冲区的操作被记录后，主要命令缓冲区的状态也是不确定的（当我们记录主要命令缓冲区，并执行其中的次要缓冲区时，如果想要继续记录主要命令缓冲区，就需要再次设置主要命令缓冲区的状态）。状态继承规则中仅有一个例外：当主要命令缓冲区位于渲染通道中，而且主要命令缓冲区中的次要命令缓冲区被执行时，该主要命令缓冲区所在的渲染通道和子渲染通道的状态会被保留下来。

在启动记录操作前，需要创建一个 VkCommandBufferBeginInfo 类型的变量，该变量用于提供记录参数。

```
VkCommandBufferBeginInfo command_buffer_begin_info = {
  VK_STRUCTURE_TYPE_COMMAND_BUFFER_BEGIN_INFO,
  nullptr,
  usage,
  secondary_command_buffer_info
};
```

 为了不影响性能，应避免记录带有 VK_COMMAND_BUFFER_USAGE_SIMULTANEOUS_USE_BIT 标志的命令缓冲区。

启动记录操作：

```
VkResult result = vkBeginCommandBuffer( command_buffer,
&command_buffer_begin_info );
if( VK_SUCCESS != result ) {
  std::cout << "Could not begin command buffer recording operation." << std::endl;
  return false;
}
return true;
```

这样我们就可以将选用的操作记录到命令缓冲区中了，但是怎样才能知道哪些命令可以被记录到命令缓冲区中呢？实现这类命令的函数的名称都带有 vkCmd 前缀，而且这些函数的第一个参数都是命令缓冲区（由 VkCommandBuffer 类型的变量代表）。但是应注意，并非所有命令都能够记录到主要命令缓冲区和次要命令缓冲区中。

参考内容

请参阅本章的下列内容：
- 分配命令缓冲区。
- 停止命令缓冲区记录操作。
- 重置命令缓冲区。
- 重置命令池。
- 将命令缓冲区提交给队列。

停止命令缓冲区记录操作

当不需要再将命令记录到命令缓冲区时，应停止记录操作。

具体处理过程

（1）获取处于记录状态（已经启动了记录操作）的命令缓冲区的句柄，将该句柄存储在一个 VkCommandBuffer 类型的变量中，将该变量命名为 command_buffer。

（2）调用 vkEndCommandBuffer(command_buffer)函数，将参数设置为 command_buffer 变量。

（3）通过查明该函数调用操作的返回值等于 VK_SUCCESS，确认成功停止了记录操作。

具体运行情况

在 vkBeginCommandBuffer()和 vkEndCommandBuffer()函数调用语句之间的命令，会被记录到命令缓冲区中。在停止记录操作前，无法提交命令缓冲区。换言之，停止命令缓冲区的记录操作后，就使命令缓冲区切换到了可执行状态，并使之变得能够被提交。

因为需要使记录操作的速度非常快而且对性能的影响非常小，所以记录下来的命令不会报告任何错误。如果其中出现了错误，那么这些错误就是由 vkEndCommandBuffer()函数报告的。

因此，当停止命令缓冲区的记录操作时，应确保记录操作成功完成。使用下列代码可以做到这一点。

```
VkResult result = vkEndCommandBuffer( command_buffer );
if( VK_SUCCESS != result ) {
  std::cout << "Error occurred during command buffer recording." << std::endl;
  return false;
}
return true;
```

如果在记录命令的过程中出现了错误（vkEndCommandBuffer()函数调用操作的返回值不等于 VK_SUCCESS），就无法提交这种命令缓冲区并且需要重置它。

参考内容

请参阅本章的下列内容：
- 启动命令缓冲区记录操作。
- 将命令缓冲区提交给队列。
- 重置命令缓冲区。

重置命令缓冲区

如果命令缓冲区是先前记录的或者在记录命令的过程中出现了错误，那么再次使用命令缓冲区记录命令前必须重置它。可以通过隐式方式做到这一点：启动另一个记录操作。但也可以通过显式方式做到这一点。

具体处理过程

（1）获取通过 VK_COMMAND_POOL_CREATE_RESET_COMMAND_BUFFER_BIT 标志创建的命令池分配的命令缓冲区的句柄，将该句柄存储在一个 VkCommandBuffer 类型的变量中，将该变量命名为 command_buffer。

（2）创建一个 VkCommandBufferResetFlags 类型的变量，将其命名为 release_resources。如果想要释放该命令缓冲区占用的内存，则将这些内存还给命令池，在 release_resources 变量中存储 VK_COMMAND_BUFFER_RESET_RELEASE_RESOURCES_BIT；否则，就在该变量中存储 0。

（3）调用 vkResetCommandBuffer(command_buffer, release_resources)函数。将第一个

参数设置为命令缓冲区的句柄，将第二个参数设置为 release_resources 变量。
（4）通过查明该函数调用操作的返回值等于 VK_SUCCESS，确认该函数调用操作成功完成。

具体运行情况

可以通过重置整个命令池，批量重置命令缓冲区。如果命令池是通过 VK_COMMAND_POOL_CREATE_RESET_COMMAND_BUFFER_BIT 标志创建的，则也可以重置该命令池分配的单个命令缓冲区。

通过启动记录操作，可以使用隐式方式重置命令缓冲区。通过调用 vkResetCommandBuffer()函数，可以使用显式方式重置命令缓冲区。使用显式方式重置让我们能够通过命令池控制命令缓冲区占用的内存。在执行显式重置操作的过程中，我们可以决定是否将内存还给命令池，是否允许命令缓冲区保留这些内存并在执行下次记录操作时使用这部分内存。

使用下面的代码可以通过显式方式重置单个命令缓冲区。

```
VkResult result = vkResetCommandBuffer( command_buffer, release_resources ?
 VK_COMMAND_BUFFER_RESET_RELEASE_RESOURCES_BIT : 0 );
if( VK_SUCCESS != result ) {
  std::cout << "Error occurred during command buffer reset." << std::endl;
  return false;
}
return true;
```

参考内容

请参阅本章的下列内容：
- 创建命令池。
- 启动命令缓冲区记录操作。
- 重置命令池。

重置命令池

当不想以单个方式重置命令缓冲区，或者在创建命令池时没有使用 VK_COMMAND_POOL_CREATE_RESET_COMMAND_BUFFER_BIT 标志，则可以一次重置一个命令池分配的所有命令缓冲区。

具体处理过程

（1）获取逻辑设备的句柄，将该句柄存储在一个 VkDevice 类型的变量中，将该变量命名为 logical_device。

（2）获取已创建命令池的句柄，将该句柄存储到一个 VkCommandPool 类型的变量中，将该变量命名为 command_pool。

（3）创建一个 VkCommandPoolResetFlags 类型的变量，将其命名为 release_resources。如果需要将该命令池分配的所有命令缓冲区占用的内存都释放并还给该命令池，就将 VK_COMMAND_POOL_RESET_RELEASE_RESOURCES_BIT 赋予 release_resources 变量；否则，应将 release_resources 变量的值设置为 0。

（4）调用 vkResetCommandPool(logical_device, command_pool, release_resources)函数。将第一个参数设置为 logical_device 变量；将第二个参数设置为 command_pool 变量；将第三个参数设置为 release_resources 变量。

（5）通过查明该函数调用操作的返回值等于 VK_SUCCESS，确认该函数调用操作成功完成。

具体运行情况

重置命令池会使通过该命令池分配的所有命令缓冲区都切换回初始状态，就像它们从来没有执行过记录操作一样。这与通过单个方式重置所有命令缓冲区的效果类似，但是这种处理方式的速度更快，而且在创建命令池时不需要使用 VK_COMMAND_POOL_CREATE_RESET_COMMAND_BUFFER_BIT 标志。

当命令缓冲区执行了记录操作后，就会从命令池获取内存，这是通过自动方式完成的，我们无法控制该操作。当我们重置命令池时，可以使命令缓冲区保留内存以便将来继续使用这部分内存，也可以使命令缓冲区将内存还给命令池。

要一次重置一个命令池分配的所有命令缓冲区，可使用下列代码。

```
VkResult result = vkResetCommandPool( logical_device, command_pool,
  release_resources ? VK_COMMAND_POOL_RESET_RELEASE_RESOURCES_BIT : 0 );
if( VK_SUCCESS != result ) {
  std::cout << "Error occurred during command pool reset." << std::endl;
  return false;
```

```
    }
    return true;
```

参考内容

请参阅本章的下列内容：
- 创建命令池。
- 分配命令缓冲区。
- 重置命令缓冲区。

创建信号

在提交命令并利用设备的处理能力前，需要了解使操作同步的方式。信号是实现同步的基元之一，它使我们能够调整提交给队列的操作，这些调整不仅可以应用于一个队列中的操作，还可以应用于逻辑设备中的各个队列。

在将命令提交给队列时可使用信号。因此，在提交命令缓冲区的过程中使用信号前，需要先创建信号。

具体处理过程

（1）获取逻辑设备的句柄，将该句柄存储在一个 VkDevice 类型的变量中，将该变量命名为 logical_device。

（2）创建一个 VkSemaphoreCreateInfo 类型的变量，将其命名为 semaphore_create_info。使用下列值初始化该变量中的各个成员。
- 将 VK_STRUCTURE_TYPE_SEMAPHORE_CREATE_INFO 赋予 sType 成员。
- 将 nullptr 赋予 pNext 成员。
- 将 0 赋予 flags 成员。

（3）创建一个 VkSemaphore 类型的变量，将其命名为 semaphore，该变量用于存储已创建信号的句柄。

（4）调用 vkCreateSemaphore(logical_device, &semaphore_create_info, nullptr, &semaphore) 函数。将第一个参数设置为 logical_device 变量；将第二个参数设置为指向 semaphore_create_info 变量的指针；将第三个参数设置为 nullptr；将第四个参数设置为 semaphore 变量。

（5）通过查明该函数调用操作的返回值等于 VK_SUCCESS，确认创建信号的操作成功完成。

具体运行情况

作为同步化基元，信号仅拥有两种状态：信号已发出和信号未发出。信号用于提交命令缓冲区的过程中。当将信号添加到已发出信号列表中后，一旦批处理命令中的所有已提交作业全部完成，信号就会将自身的状态转换为已发出。与此类似，当将命令提交给队列时，可以设定当指定信号列表中所有信号的状态都变为已发出之前，已提交的命令应该等待。这样我们就可以调整已提交给队列的作业，根据其他命令的结果延时处理命令。

 当信号已经发出并且等待这些信号的所有命令重新开始被执行时，这些信号就会自动重置（将自身的状态切换为未发出），而且可以重用。

当从交换链获取图像时，也可以使用信号。在这种情况中，当提交引用了已获得图像的命令时，就必须使用这样的信号。当显示引擎正在使用这些交换链图像时，这些命令必须等待，当显示引擎不再使用这些交换链图像时（通过发出信号的操作表明），这些命令才能被执行。

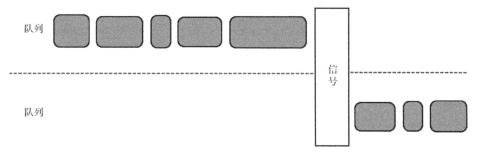

通过调用 vkCreateSemaphore() 函数可以创建信号。创建过程中所需的参数由 VkSemaphoreCreateInfo 类型的变量提供。

```
VkSemaphoreCreateInfo semaphore_create_info = {
  VK_STRUCTURE_TYPE_SEMAPHORE_CREATE_INFO,
  nullptr,
  0
};
```

要创建信号，可使用下面的代码。

```
VkResult result = vkCreateSemaphore( logical_device,
&semaphore_create_info, nullptr, &semaphore );
if( VK_SUCCESS != result ) {
  std::cout << "Could not create a semaphore." << std::endl;
  return false;
}
return true;
```

信号只能用于同步化已提交给队列的作业，因为它们是从内部调整图形硬件的，应用程序无法访问信号的状态。如果需要使应用程序与已提交的命令同步，就需要使用栅栏。

参考内容

请参阅第 2 章的下列内容：
- 获取交换链图像。
- 显示图像。

请参阅本章的下列内容：
- 创建栅栏。
- 将命令缓冲区提交给队列。
- 使两个命令缓冲区同步。
- 销毁信号。

创建栅栏

与信号不同，栅栏用于使应用程序与已提交给图形硬件的命令同步。当已提交的作业被处理完后，栅栏会通知应用程序。在使用栅栏前需要先创建栅栏。

具体处理过程

（1）获取已创建逻辑设备的句柄，将该句柄赋予一个 VkDevice 类型的变量，将该变量命名为 logical_device。

（2）创建一个 VkFenceCreateInfo 类型的变量，将其命名为 fence_create_info。使用下列值初始化该变量中的各个成员。

- 将 sType 成员的值设置为 VK_STRUCTURE_TYPE_FENCE_CREATE_INFO。
- 将 pNext 成员的值设置为 nullptr。
- 如果需要创建未发出的栅栏，则应将 0 赋予 flags 成员。如果需要创建已发出的栅栏，则应将 VK_FENCE_CREATE_SIGNALED_BIT 赋予 flags 成员。

（3）创建一个 VkFence 类型的变量，将其命名为 fence，该变量用于存储已创建栅栏的句柄。

（4）调用 vkCreateFence(logical_device, &fence_create_info, nullptr, &fence)函数。将第一个参数设置为 logical_device 变量；将第二个参数设置为指向 fence_create_info 变量的句柄；将第三个参数设置为 nullptr；将第四个参数设置为指向 fence 变量的指针。

（5）通过查明该函数调用操作的返回值等于枚举型值 VK_SUCCESS，确认该函数调用操作成功完成。

具体运行情况

与其他同步化基元类似，栅栏仅拥有两种状态：已发出和未发出。可以直接创建已发出状态的栅栏，也可以直接创建未发出状态的栅栏，但应用程序可以重置栅栏。重置操作会使栅栏的状态从已发出切换为未发出。

要发出栅栏，需要在提交命令缓冲区的过程中提供栅栏。与信号类似，一旦随栅栏提交的所有作业都被完成后，栅栏的状态会变为已发出，但是栅栏不能用于同步化命令缓冲区。应用程序可以查询栅栏的状态，而且应用程序可以等待栅栏，直到栅栏的状态变为已发出为止。

信号用于使多个已提交的命令缓冲区同步。栅栏用于使应用程序与已提交的命令同步。

要创建栅栏，需要创建一个 VkFenceCreateInfo 类型的变量，使用该变量可以决定是创建已发出状态的栅栏，还是创建未发出状态的栅栏。

```
VkFenceCreateInfo fence_create_info = {
  VK_STRUCTURE_TYPE_FENCE_CREATE_INFO,
  nullptr,
  signaled ? VK_FENCE_CREATE_SIGNALED_BIT : 0
};
```

将上述结构提供给 vkCreateFence()函数，该函数会根据设定的参数创建栅栏。

```
VkResult result = vkCreateFence( logical_device, &fence_create_info,
nullptr, &fence );
if( VK_SUCCESS != result ) {
  std::cout << "Could not create a fence." << std::endl;
  return false;
}
return true;
```

参考内容

请参阅本章的下列内容：
- 创建信号。
- 等待栅栏。
- 重置栅栏。
- 将命令缓冲区提交给队列。
- 查明已提交命令缓冲区的处理过程是否已经结束。
- 销毁栅栏。

等待栅栏

当想要了解何时已提交的命令会被执行完时，就需要在提交命令缓冲区的过程中提供栅栏。这样应用程序就可以检查栅栏的状态并等待，直到栅栏的状态变为已发出为止。

具体处理过程

（1）获取已创建逻辑设备的句柄，将该句柄存储在一个 VkDevice 类型的变量中，将该变量命名为 logical_device。

（2）创建一个栅栏列表，在该列表中添加应用程序需要等待的栅栏，将该列表中所有栅栏的句柄存储在一个 std::vector<VkFence>类型的变量中，将该变量命名为 fences。

（3）创建一个 VkBool32 类型的变量，将其命名为 wait_for_all。如果应用程序需要等待该列表中的所有栅栏的状态都变为已发出，就将 VK_TRUE 赋予 wait_for_all 变量。如果应用程序需要等待该列表中的部分栅栏（至少一个）的状态变为已发出，就将 VK_FALSE 赋予 wait_for_all 变量。
（4）创建一个 uint64_t 类型的变量，将其命名为 timeout。将超时时间值（以纳秒为单位）赋予该变量，指明应用程序应该等待的最长时间。
（5）调用 vkWaitForFences(logical_device, static_cast<uint32_t>(fences.size()), &fences[0], wait_for_all, timeout)函数。将第一个参数设置为逻辑设备的句柄；将第二个参数设置为 vector 容器 fences 变量中含有元素的数量；将第三个参数设置为指向 vector 容器 fences 变量中第一个元素的指针；将第四个参数设置为 wait_for_all 变量；将第五个参数设置为 timeout 变量。
（6）检查该函数调用操作的返回值。如果该值等于 VK_SUCCESS，就意味着满足条件，即一个或所有栅栏（由 wait_for_all 变量的值决定）会在指定时限内转换为已发出状态。如果没有满足条件，该函数调用操作的返回值就会等于 VK_TIMEOUT。

具体运行情况

vkWaitForFences()函数会在一段时间内阻塞应用程序，直到指定栅栏的状态变为已发出为止。这样就可以使应用程序与提交给设备中队列的作业同步，这也是我们了解已提交的命令何时会被执行完的途径。

在调用 vkWaitForFences()函数时，我们可以使用多个栅栏，并非只能使用一个栅栏。我们还可以使应用程序等待直到所有或某个（些）栅栏的状态变为已发出为止。如果在指定时限内，没有满足条件[所有或某个(些)栅栏的状态没有变为已发出]，vkWaitForFences()函数就会返回 VK_TIMEOUT；否则，vkWaitForFences()函数就会返回 VK_SUCCESS。

通过将超时时间值设置为 0，使用栅栏的句柄调用 vkWaitForFences()函数，还可以检查栅栏的状态。这样，vkWaitForFences()函数就不会阻塞应用程序，而且会立刻返回指明栅栏当前状态的值，即 VK_TIMEOUT 代表栅栏还未发出（因为应用程序没有真正等待过），VK_SUCCESS 代表栅栏已经发出。

通过下列代码可以使应用程序等待。

```
if( fences.size() > 0 ) {
  VkResult result = vkWaitForFences( logical_device,
  static_cast<uint32_t>(fences.size()), &fences[0], wait_for_all, timeout );
  if( VK_SUCCESS != result ) {
    std::cout << "Waiting on fence failed." << std::endl;
    return false;
  }
```

```
    return true;
}
return false;
```

参考内容

请参阅本章的下列内容：
- 创建栅栏。
- 重置栅栏。
- 将命令缓冲区提交给队列。
- 查明已提交命令缓冲区的处理过程是否已经结束。

重置栅栏

信号是通过自动方式重置的，但是当栅栏的状态变为已发出后，就会由应用程序负责将栅栏重置回未发出状态。

具体处理过程

（1）将已创建逻辑设备的句柄存储到一个 VkDevice 类型的变量中，将该变量命名为 logical_device。
（2）创建一个 vector 容器变量，将该变量中的元素类型设置为 VkFence，将其命名为 fences，该变量用于存储所有应该重置的栅栏的句柄。
（3）调用 vkResetFences(logical_device, static_cast<uint32_t>(fences.size()), &fences[0]) 函数。将第一个参数设置为 logical_device 变量；将第二个参数设置为 vector 容器变量 fences 中含有元素的数量；将第三个参数设置为指向 vector 容器变量 fences 中第一个元素的指针。
通过查明该函数调用操作的返回值等于 VK_SUCCESS，确认该函数调用操作成功完成。

具体运行情况

当想要了解已提交的命令是否已经被执行完时，可以使用栅栏，但是不能使用已经切换到已发出状态的栅栏。要使用这种栅栏必须先重置它们，这意味着将栅栏的状态从已发出状态切换为未发出状态。与自动重置的信号不同，可以通过应用程序以显式方式重置栅栏，使用下列代码可以重置栅栏。

```
if( fences.size() > 0 ) {
  VkResult result = vkResetFences( logical_device,
static_cast<uint32_t>(fences.size()), &fences[0] );
  if( VK_SUCCESS != result ) {
    std::cout << "Error occurred when tried to reset fences." << std::endl;
    return false;
  }
  return VK_SUCCESS == result;
}
return false;
```

参考内容

请参阅本章的下列内容：
- 创建栅栏。
- 等待栅栏。
- 将命令缓冲区提交给队列。
- 查明已提交命令缓冲区的处理过程是否已经结束。

将命令缓冲区提交给队列

前面介绍了将命令记录到命令缓冲区的方式，目的是利用图形硬件的能力处理这些准备好的操作。接下来，我们需要将已经准备好的作业提交给选定的队列。

准备工作

本例将使用自定义数据 WaitSemaphoreInfo 类型，下面是该类型的定义。

```
struct WaitSemaphoreInfo {
  VkSemaphore           Semaphore;
  VkPipelineStageFlags  WaitingStage;
};
```

我们通过该类型的变量存储信号的句柄，使硬件在指定命令缓冲区被执行完之前等待，我们还通过该类型的变量设定应进行等待的管线阶段。

具体处理过程

（1）获取用于提交作业的队列的句柄，将该句柄存储到一个 VkQueue 类型的变量中，将该变量命名为 queue。

（2）创建一个 std::vector<VkSemaphore>类型的变量，将其命名为 wait_semaphore_handles。如果已提交的命令应该等待其他命令被执行完，在该变量中存储信号的句柄，那么这些信号用于指明在执行完已提交的命令缓冲区前，指定队列应等待。

（3）创建一个 std::vector<VkPipelineStageFlags>类型的变量，将其命名为 wait_semaphore_stages。如果已提交的命令应该等待其他命令被执行完，就将队列应等待 wait_semaphore_handles 变量中相应信号的状态变为已发出，并将所处的管线阶段赋予 wait_semaphore_stages 变量。

（4）创建一个 std::vector<VkCommandBuffer>类型的变量，将其命名为 command_buffers。将应提交给选定队列的所有已记录命令缓冲区的句柄存储在该变量中，确保这些命令缓冲区中没有一个正在被设备处理，以及是通过 VK_COMMAND_BUFFER_USAGE_SIMULTANEOUS_USE_BIT 标志记录的。

（5）创建一个 std::vector<VkSemaphore>类型的变量，将其命名为 signal_semaphores。该 vector 容器变量用于存储信号句柄，这些信号用于指明存储在 command_buffers 变量中的所有命令缓冲区是否已经被执行完，如果所有命令缓冲区都被执行完了，这些信号的状态就会变为已发出。

（6）创建一个 VkFence 类型的变量，将其命名为 fence。如果当 command_buffers 变量中存储的所有命令缓冲区都被执行完时，栅栏的状态切换为已发出，就将该栅栏的句柄存储到 fence 变量中；否则，就将 VK_NULL_HANDLE 赋予该变量。

（7）创建一个 VkSubmitInfo 类型的变量，将其命名为 submit_info。使用下列值初始化该变量中的各个成员。

- 将 VK_STRUCTURE_TYPE_SUBMIT_INFO 赋予 sType 成员。
- 将 nullptr 赋予 pNext 成员。
- 将 vector 容器 wait_semaphore_handles 变量中含有元素的数量赋予 waitSemaphoreCount 成员。
- 如果 vector 容器 wait_semaphore_handles 变量是空的，就将 nullptr 赋予 pWaitSemaphores

成员；否则，就将指向 vector 容器 wait_semaphore_handles 变量中第一个元素的指针赋予 pWaitSemaphores 成员。
- 如果 vector 容器 wait_semaphore_stages 变量是空的，就将 nullptr 赋予 pWaitDstStageMask 成员；否则，就将指向 vector 容器 wait_semaphore_stages 变量中第一个元素的指针赋予 pWaitDstStageMask 成员。
- 将 commandBufferCount 成员的值设置为已提交命令缓冲区的数量（vector 容器 command_buffers 变量含有元素的数量）。
- 如果 vector 容器 command_buffers 变量是空的，就将 nullptr 赋予 pCommandBuffers 成员；否则，就将指向 vector 容器 command_buffers 变量中第一个元素的指针赋予 pCommandBuffers 成员。
- 将 signalSemaphoreCount 成员的值设置为 vector 容器 signal_semaphores 变量中含有元素的数量。
- 如果 vector 容器 signal_semaphores 变量是空的，就将 nullptr 赋予 pSignalSemaphores 成员；否则，就将指向 vector 容器 signal_semaphores 变量中第一个元素的指针赋予 pSignalSemaphores 成员。

（8）调用 vkQueueSubmit(queue, 1, &submit_info, fence) 函数。将第一个参数设置为用于提交作业的句柄；将第二个参数设置为 1；将第三个参数设置为指向 submit_info 变量的指针；将第四个参数设置为 fence 变量。

（9）通过查明该函数调用操作返回值等于 VK_SUCCESS，确认该函数调用操作成功完成。

具体运行情况

当将命令缓冲区提交到设备的队列中时，一旦队列中之前提交的命令被处理完，这些命令缓冲区就会立刻被执行。从应用程序的观点看，它不知道这些命令缓冲区被执行的确切时间。这些命令缓冲区可能会立刻被执行，也可能会等待一段时间后再被处理。

当想要延缓执行已提交的命令时，需要使用信号列表，指明在已提交的命令缓冲区被执行完之前，指定队列应该等待，从而实现同步化。

当提交了命令并创建信号列表后，每个信号会与一个管线阶段关联起来。当到达指定的管线阶段时，相应信号的状态就会切换为已发出，原来处于暂停和等待状态的对应命令就会被执行。

在提交命令的过程中，信号和管线都存储在独立的数组中。因此，我们需要将元素类型为 WaitSemaphoreInfo 的 vector 容器，拆分为两个独立的 vector 容器。

```
std::vector<VkSemaphore>            wait_semaphore_handles;
std::vector<VkPipelineStageFlags> wait_semaphore_stages;
for( auto & wait_semaphore_info : wait_semaphore_infos ) {
  wait_semaphore_handles.emplace_back( wait_semaphore_info.Semaphore );
  wait_semaphore_stages.emplace_back( wait_semaphore_info.WaitingStage );
}
```

这样就可以执行常规的提交操作了。为了执行提交操作，命令缓冲区等待的信号、执行处于等待状态的命令的管线阶段、命令缓冲区和应该切换为已发出状态的信号列表，都通过一个 VkSubmitInfo 类型的变量设定。

```
VkSubmitInfo submit_info = {
  VK_STRUCTURE_TYPE_SUBMIT_INFO,
  nullptr,
  static_cast<uint32_t>(wait_semaphore_infos.size()),
  wait_semaphore_handles.size() > 0 ? &wait_semaphore_handles[0] : nullptr,
  wait_semaphore_stages.size() > 0 ? &wait_semaphore_stages[0] : nullptr,
  static_cast<uint32_t>(command_buffers.size()),
  command_buffers.size() > 0 ? &command_buffers[0] : nullptr,
  static_cast<uint32_t>(signal_semaphores.size()),
  signal_semaphores.size() > 0 ? &signal_semaphores[0] : nullptr
};
```

使用下列代码可以提交这批命令缓存区。

```
VkResult result = vkQueueSubmit( queue, 1, &submit_info, fence );
if( VK_SUCCESS != result ) {
  std::cout << "Error occurred during command buffer submission." << std::endl;
  return false;
}
return true;
```

当提交命令缓冲区时，设备会执行已记录的命令并生成我们想要的结果，如在屏幕上绘制 3D 场景。

本例仅提交了一批命令缓冲区，实际上可以提交多批命令缓冲区。

为了提高性能，应通过尽可能少的函数调用操作，提供尽可能多的命令缓冲区。

不应提交那些已经被提交且还未被处理完的命令缓冲区。只有当命令缓冲区是通过 VK_COMMAND_BUFFER_USAGE_SIMULTANEOUS_USE_BIT 标志分配的时，才能这样做。然而，为了提高性能，应避免使用 VK_COMMAND_BUFFER_USAGE_SIMULTANEOUS_USE_BIT 标志。

参考内容

请参阅本章的下列内容：
- 启动命令缓冲区记录操作。
- 停止命令缓冲区记录操作。
- 创建信号。
- 创建栅栏。

使两个命令缓冲区同步

前面介绍了将命令记录到命令缓冲区中，并将命令缓冲区提交给队列的方式，还介绍了创建信号的方式。本节介绍通过信号使两个命令缓冲区同步的方法，而且会详细介绍在一个命令缓冲区被处理完之前，延期处理另一个命令缓冲区的技巧。

准备工作

本节会继续使用"将命令缓冲区提交给队列"小节介绍过的自定义结构 WaitSemaphoreInfo，下面是该数据类型的定义。

```
struct WaitSemaphoreInfo {
  VkSemaphore Semaphore;
  VkPipelineStageFlags WaitingStage;
};
```

具体处理过程

（1）获取用于提交第一批命令缓冲区队列的句柄，将该句柄存储在一个 VkQueue 类型的变量中，将该变量命名为 first_queue。

（2）创建当第一批命令缓冲区被执行完后切换为已发出状态的信号（请参阅"创建信号"小节），将该信号存储在一个 std::vector<WaitSemaphoreInfo>类型的变量中，将该变量命名为 synchronizing_semaphores。创建一个管线阶段列表，第二批命令缓冲区应在这些管线阶段中等待信号，并将这些管线阶段存储在 vector 容器 synchronizing_semaphores 变量中。

（3）创建第一批命令缓冲区，并将它们提交给由 first_queue 变量代表的队列。将 vector 容器 synchronizing_semaphores 变量中的信号包含到将要发出信号的列表中（请参阅"将命令缓冲区提交给队列"小节）。

（4）获取用于提交第二批命令缓冲区队列的句柄，将该句柄存储在一个 VkQueue 类型的变量中，将该变量命名为 second_queue。

（5）创建第二批命令缓冲区并将它们提交给由 second_queue 变量代表的队列。将 vector 容器 synchronizing_semaphores 变量中的信号和管线阶段，包含到需要等待的信号和管线阶段列表中（请参阅"将命令缓冲区提交给队列"小节）。

具体运行情况

本例会提交两批命令缓冲区。当第一批命令缓冲区被硬件处理完后，会把将要发出信号的列表中的所有信号都发出，我们只需要获取信号的句柄，因为在发出信号的过程中不需要使用管线阶段。

```
std::vector<VkSemaphore> first_signal_semaphores;
for( auto & semaphore_info : synchronizing_semaphores ) {
  first_signal_semaphores.emplace_back( semaphore_info.Semaphore );
}
if( !SubmitCommandBuffersToQueue( first_queue, first_wait_semaphore_infos,
first_command_buffers, first_signal_semaphores, VK_NULL_HANDLE ) ) {
  return false;
}
```

获取相同的信号，并在提交第二批命令缓冲区时使用这些信号，但这次我们既使用信号也使用管线阶段。第二批命令缓冲区会在指定的管线阶段等待信号，这意味着已提交命令缓冲区中的某些部分可能已经开始被处理，但是当它们到达指定的管线处理阶段时，处理过程会被暂停（如下图所示）。

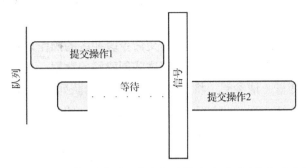

本例展示了使提交给同一逻辑设备中不同队列的多个命令缓冲区中的作业同步的技巧。第二批命令缓冲区会被延期处理，直到第一批命令缓冲区中的所有命令都被处理完为止。

```
if( !SubmitCommandBuffersToQueue( second_queue, synchronizing_semaphores,
second_command_buffers, second_signal_semaphores, second_fence ) ) {
  return false;
}
return true;
```

参考内容

请参阅本章的下列内容：
- 创建信号。
- 将命令缓冲区提交给队列。

查明已提交命令缓冲区的处理过程是否已经结束

在使用信号时，应用程序不参与命令缓冲区的同步化处理过程。应用程序不知道何时已提交的命令会被执行完，何时未提交的命令会开始被执行。这些操作都发生在管线阶段中，对于应用程序来说这些信息都是不透明的。

但是，当想要知道指定命令缓冲区的处理过程何时结束时，就需要使用栅栏，这样就可以查明已提交的命令缓冲区是否会全部被设备处理完。

具体处理过程

（1）创建一个未发出状态的栅栏,将其存储在一个 VkFence 类型的变量中,将该变量命名为 fence。

（2）创建一批命令缓冲区和用于指明提交命令缓冲区的操作是否完成的信号。当将命令缓冲区提交给指定队列时,使用这些创建好的数据。在执行提交操作的过程中使用 fence 变量（请参阅"将命令缓冲区提交给队列"小节）。

（3）通过调用 WaitForFences(logical_device, { fence }, VK_FALSE, timeout)函数,使应用程序等待创建好的栅栏。将第一个参数设置为逻辑设备（所有可用资源都会通过逻辑设备被创建好）的句柄;将第二个参数设置为 fence 变量;将第三个参数设置为 VK_FALSE（该值用于指明应用程序是否需要等待在函数调用中使用的所有栅栏的状态都变为已发出）;将第四个参数设置为超时时间值。

（4）当应用程序结束等待并且该函数调用操作的返回值等于 VK_SUCCESS 时,意味着通过 fence 变量提交给队列的一批命令缓冲区中的所有命令缓冲区都被成功处理完毕。

具体运行情况

应用程序与已提交命令缓冲区的同步化是通过两个步骤实现的。首先,创建一个栅栏,创建命令缓冲区并将命令缓冲区提交给队列。注意,在提交命令缓冲区的过程中不要忘记使用创建好的栅栏。

```
if( !SubmitCommandBuffersToQueue( queue, wait_semaphore_infos,
command_buffers, signal_semaphores, fence ) ) {
  return false;
}
```

然后,只需要使应用程序等待,直到栅栏的状态变为已发出为止。

```
return WaitForFences( logical_device, { fence }, VK_FALSE, timeout );
```

这样,我们就能够确认已提交的命令缓冲区被设备成功处理了。

但是,典型的渲染场景不会使我们编写的应用程序彻底暂停,因此这纯粹是浪费时间。我们应该查明栅栏的状态是否变为已发出。如果栅栏的状态没有变为已发出,就应该使应用程序利用剩余的时间处理其他任务（如提高人工智能和更精确地计算物理效果）,并定期检查栅栏的状态。如果栅栏的状态变为已发出,就应该使应用程序根据已提交的命令执行任务。

当想要重用命令缓冲区时也可以使用栅栏，在重新记录命令缓冲区前，必须确保它们不再被设备执行。我们应该拥有大量的命令缓冲区并且一个接一个地提交它们，只有这样才能使用所有这些命令缓冲区，使应用程序等待栅栏（每一批被提交的命令缓冲区都应该拥有与之相关的栅栏）。命令缓冲区的批次越多，应用程序等待栅栏的时间就会越短（请参阅第9章）。

参考内容

请参阅本章的下列内容：
- 创建栅栏。
- 等待栅栏。
- 重置栅栏。
- 将命令缓冲区提交给队列。

在提交给队列的所有命令都被处理完之前等待

当想要使应用程序与已提交给指定队列的作业同步时，不必总使用栅栏。可以使应用程序在提交给指定队列的所有任务都被处理完之前等待。

具体处理过程

（1）获取用于提交任务的队列的句柄，将该句柄存储在一个 VkQueue 类型的变量中，将该变量命名为 queue。

（2）调用 vkQueueWaitIdle(queue) 函数，将参数设置为 queue 变量。

（3）通过查明该函数调用操作的返回值等于 VK_SUCCESS，确认该函数调用操作成功完成。

具体运行情况

在提交给指定队列的作业（对所有命令缓冲区进行处理）被完成前，vkQueueWaitIdle() 函数会使应用程序暂停运行。

但这种同步方式的应用场合极少。图形硬件（GPU）的速度通常比中央处理器（CPU）的速度快得多，而且需要持续不断地向图形硬件（GPU）提交作业，以便使应用程序能够充分发挥它的性能。

应用程序的等待可能会使图形硬件的通道中添加关卡,进而导致设备利用率下降。

使用下列代码可以使应用程序等待,直到已提交的作业被处理完为止。

```
VkResult result = vkQueueWaitIdle( queue );
if( VK_SUCCESS != result ) {
  std::cout << "Waiting for all operations submitted to queue failed." << std::endl;
  return false;
}
return true;
```

参考内容

请参阅本章的下列内容:
- 等待栅栏。
- 将命令缓冲区提交给队列。
- 等待已提交的所有命令都被处理完。

等待已提交的所有命令都被处理完

有时需要使应用程序等待,直到提交给逻辑设备中所有队列的所有作业都被处理完后为止。这种等待操作的目的,通常是在关闭应用程序前销毁所有已创建和分配的资源。

具体处理过程

(1)获取已创建逻辑设备的句柄,将该句柄存储在一个 VkDevice 类型的变量中,将该变量命名为 logical_device。

(2)调用 vkDeviceWaitIdle(logical_device)函数,将参数设置为已创建逻辑设备的句柄(logical_device 变量)。

(3)通过查明该函数调用操作的返回值为 VK_SUCCESS,确认该函数调用操作成功完成。

具体运行情况

vkDeviceWaitIdle()函数会使应用程序暂停运行，直到逻辑设备不再被占用为止。这与使应用程序等待，直到已提交给指定设备中所有队列的所有命令都被执行完为止的情况类似。

vkDeviceWaitIdle()函数通常会在关闭应用程序前被调用。当销毁资源时，必须确保这些资源不再被逻辑设备使用。vkDeviceWaitIdle()函数可以确保我们能够安全地执行这类销毁操作。

下面的代码可以使应用程序在已提交给设备的所有命令被执行完之前等待。

```
VkResult result = vkDeviceWaitIdle( logical_device );
if( VK_SUCCESS != result ) {
  std::cout << "Waiting on a device failed." << std::endl;
  return false;
}
return true;
```

参考内容

请参阅本章的下列内容：
- 等待栅栏。
- 在提交给队列的所有命令都被处理完之前等待。

销毁栅栏

栅栏可以反复多次使用，但当我们不再需要使用栅栏时（通常是在关闭应用程序前），应该销毁它们。

具体处理过程

（1）获取逻辑设备的句柄，将该句柄存储在一个 VkDevice 类型的变量中，将该变量命名为 logical_device。

（2）获取需要销毁的栅栏的句柄，将该句柄存储在一个 VkFence 类型的变量中，将该变量命名为 fence。

（3）调用 vkDestroyFence(logical_device, fence, nullptr)函数。将第一个参数设置为逻辑

设备的句柄；将第二个参数设置为 fence 变量；将第三个参数设置为 nullptr。
（4）为安全起见，将 VK_NULL_HANDLE 赋予 fence 变量。

具体运行情况

使用 vkDestroyFence() 函数可以销毁栅栏。

```
if( VK_NULL_HANDLE != fence ) {
  vkDestroyFence( logical_device, fence, nullptr );
  fence = VK_NULL_HANDLE;
}
```

不需要检查 fence 变量的值是否等于 VK_NULL_HANDLE，因为销毁空句柄的操作会被驱动程序忽略，但这样做可以避免执行一个不必要的函数调用操作。

我们无法销毁非法对象（如不是在指定逻辑设备上创建的对象，或已经被销毁的对象），这就是将存储栅栏句柄的变量的值设置为 VK_NULL_HANDLE 的原因。

参考内容

请参阅本章的下列内容：
- 创建栅栏。

销毁信号

信号可以反复多次被使用，因此在应用程序运行时通常不需要删除它们。但是当不再需要使用某个信号，而且可以确定该信号没有正在被设备使用时（包括没有暂停等待操作和暂停发出操作），可以销毁该信号。

具体处理过程

（1）获取逻辑设备的句柄，将该句柄存储到一个 VkDevice 类型的变量中，将该变量命名为 logical_device。
（2）创建一个 VkSemaphore 类型的变量，将其命名为 semaphore，将需要销毁的信号的句柄存储到该变量中，确保该信号没有被任何提交操作引用。
（3）调用 vkDestroySemaphore(logical_device, semaphore, nullptr) 函数。将第一个参数设置

为逻辑设备的句柄；将第二个参数设置为信号的句柄；将第三个参数设置为 nullptr。

（4）为安全起见，将 VK_NULL_HANDLE 赋予 semaphore 变量。

具体运行情况

销毁信号的代码非常简单。

```
if( VK_NULL_HANDLE != semaphore ) {
  vkDestroySemaphore( logical_device, semaphore, nullptr );
  semaphore = VK_NULL_HANDLE;
}
```

 在销毁信号前，必须确保该信号当前没有被任何向队列提交命令的操作引用。

如果在提交操作中引用过需要发出信号的列表或指定提交操作需要等待的信号列表中的某个信号，就必须确保已提交的命令已经被执行完。要做到这一点，可使用应用程序等待的栅栏、等待将所有操作提交给指定队列的函数或将要被销毁的整个逻辑设备。

参考内容

请参阅本章的下列内容：
- 创建信号。
- 等待栅栏。
- 在提交给队列的所有命令都被处理完之前等待。
- 等待已提交的所有命令都被处理完。

释放命令缓冲区

如果不再需要使用某些命令缓冲区，而且这些命令缓冲区也没有正在等待被设备执行，就可以释放它们。

具体处理过程

（1）获取逻辑设备的句柄，将该句柄赋予一个 VkDevice 类型的变量，将该变量命名为

logical_device。

（2）获取通过该逻辑设备创建的命令池的句柄，将该句柄存储到一个 VkCommandPool 类型的变量中，将该变量命名为 command_pool。

（3）创建一个元素类型为 VkCommandBuffer 的 vector 容器变量，将该变量命名为 command_buffers。调整该 vector 容器的尺寸，使之能够容纳所有需要释放的命令缓冲区，并将需要释放的所有命令缓冲区的句柄赋予该 vector 容器中的各个元素。

（4）调用 vkFreeCommandBuffers(logical_device, command_pool, static_cast<uint32_t>(command_buffers.size()), &command_buffers[0])函数。将第一个参数设置为逻辑设备的句柄；将第二个参数设置为命令池的句柄；将第三个参数设置为 vector 容器 command_buffers 变量中含有元素的数量（需要释放的命令缓冲区的数量）；将第四个参数设置为指向 vector 容器 command_buffers 变量中第一个元素的指针。

（5）为安全起见，清空 vector 容器 command_buffers 变量。

具体运行情况

可以批量释放命令缓冲区，但使用单个调用 vkFreeCommandBuffers()函数的语句时，只能从同一个命令池释放命令缓冲区。我们可以一次释放任意数量的命令缓冲区。

```
if( command_buffers.size() > 0 ) {
  vkFreeCommandBuffers( logical_device, command_pool,
  static_cast<uint32_t>(command_buffers.size()), &command_buffers[0] );
  command_buffers.clear();
}
```

在释放命令缓冲区前，必须确保它们没有被逻辑设备引用，而且提交它们的所有操作都已经完成。

通过命令池分配的命令缓冲区，在我们销毁该命令池时会随之自动释放。因此当销毁命令池时，不需要专门释放通过该命令池分配的命令缓冲区。

参考内容

请参阅本章的下列内容：
- 创建命令池。

- 分配命令缓冲区。
- 等待栅栏。
- 等待已提交的所有命令都被处理完。
- 销毁命令池。

销毁命令池

当不需要使用通过指定命令池分配的所有命令缓冲区，而且也不需要使用该命令池时，可以通过安全方式销毁该命令池。

具体处理过程

（1）获取逻辑设备的句柄，将该句柄存储在一个 VkDevice 类型的变量中，将该变量命名为 logical_device。

（2）将需要销毁的命令池的句柄赋予一个 VkCommandPool 类型的变量，将该变量命名为 command_pool。

（3）调用 vkDestroyCommandPool(logical_device, command_pool, nullptr)函数。将第一个参数设置为逻辑设备的句柄；将第二个参数设置为命令池的句柄；将第三个参数设置为 nullptr。

（4）为安全起见，将 VK_NULL_HANDLE 赋予 command_pool 变量。

具体运行情况

使用下面的代码可以销毁命令池。

```
if( VK_NULL_HANDLE != command_pool ) {
  vkDestroyCommandPool( logical_device, command_pool, nullptr );
  command_pool = VK_NULL_HANDLE;
}
```

在通过该命令池分配的所有命令缓冲区都处于等待被设备执行的状态时，无法销毁该命令池。要销毁命令池，可以等待栅栏；也可以使用在选定的队列正在处理命令时使应用程序等待的函数，销毁命令池；还可以在已提交给设备中所有队列的作业都正在处于被处理状态（整个设备正在处理命令）时，销毁命令池。只有这样才能安全地销毁命令池。

参考内容

请参阅本章的下列内容:
- 创建命令池。
- 等待已提交的所有命令都被处理完。

第 4 章

资源和内存

本章要点：
- 创建缓冲区。
- 为缓冲区分配内存对象并将它们绑定到一起。
- 设置缓冲区内存屏障。
- 创建缓冲区视图。
- 创建图像。
- 将内存对象分配给图像并将它们绑定到一起。
- 设置图像内存屏障。
- 创建图像视图。
- 创建 2D 图像和视图。
- 通过 CUBEMAP 视图创建分层的 2D 图像。
- 映射、更新主机可见内存及移除主机可见内存的映射关系。
- 在缓冲区之间复制数据。
- 将数据从缓冲区复制到图像。
- 将数据从图像复制到缓冲区。
- 使用暂存缓冲区更新与设备本地内存绑定的缓冲区。
- 使用暂存缓冲区更新与设备本地内存绑定的图像。
- 销毁图像视图。
- 销毁图像。
- 销毁缓冲区视图。

- 释放内存对象。
- 销毁缓冲区。

本章主要内容

Vulkan 有两种用于存储数据的非常重要的资源：缓冲区和图像。缓冲区代表存储数据的线性数组；与 OpenGL 中的纹理相似，图像代表针对指定硬件组织的一、二、三维数据。缓冲区和图像有各种用途，在着色器中可以从中读取数据和进行采样，也可以使用它们存储数据。图像可以作为色彩、深度、刻板（stencil）附着材料（渲染目标），这意味着图像可以被渲染。缓冲区可以存储顶点属性、索引和在间接绘制过程中使用的参数。

重点是上述用途必须在创建资源的过程中设定（一次可以设置多种用途）。当在我们编写的应用程序中改变指定资源的使用方式时，还需要通知驱动程序。

与 OpenGL 相反，Vulkan 中的缓冲区和图像没有本身的存储空间。我们需要专门为它们创建合适的内存对象，并将这些对象与它们绑定到一起。

本章介绍使用这些资源、为这些资源分配内存并将内存与这些资源绑定到一起的方式。本章还介绍将来自 CPU 的数据传送给 GPU，以及在不同资源之间复制数据的方式。

创建缓冲区

缓冲区是最简单的资源，因为它们代表仅通过线性形式存储在内存中的数据，就像 C/C++ 中的数组。

缓冲区																			
0	1	2	3	4	5	6	7	8	9	10	11	12	13	14	15	16	17	18	…

缓冲区有各式各样的用途，在通道中通过描述符可以将后备数据存储空间设置为统一缓冲区（uniform buffer）、存储空间缓冲区或纹素缓冲区等。缓冲区可以作为顶点索引和属性的源数据，也可以作为将数据从 CPU 传输给 GPU 的暂存资源（暂存存储空间）。要使用这些用法，需要创建缓冲区并设置它的用途。

具体处理过程

（1）获取已创建逻辑设备的句柄，将该句柄存储在一个 VkDevice 类型的变量中，将该变量命名为 logical_device。

（2）创建一个 VkDeviceSize 类型的变量，将其命名为 size，该变量用于代表缓冲区的尺寸（单位为字节）。

（3）本例使用理想的缓冲区存储条件，创建一个 VkBufferUsageFlags 类型的位域变量，将其命名为 usage。将想要使用的所有缓冲区用法的逻辑或运算结果存储到该变量中。

（4）创建一个 VkBufferCreateInfo 类型的变量，将其命名为 buffer_create_info。将下列值赋予该变量中的各个成员。

- 将 VK_STRUCTURE_TYPE_BUFFER_CREATE_INFO 赋予 sType 成员。
- 将 nullptr 赋予 pNext 成员。
- 将 flags 成员的值设置为 0。
- 将 size 变量的值赋予 size 成员。
- 将 usage 变量的值赋予 usage 成员。
- 将 sharingMode 成员的值设置为 VK_SHARING_MODE_EXCLUSIVE。
- 将 queueFamilyIndexCount 成员的值设置为 0。
- 将 nullptr 赋予 pQueueFamilyIndices 成员。

（5）创建一个 VkBuffer 类型的变量，将其命名为 buffer，该变量用于存储缓冲区的句柄。

（6）调用 vkCreateBuffer(logical_device, &buffer_create_info, nullptr, &buffer)函数。将第一个参数设置为逻辑设备的句柄；将第二个参数设置为指向 buffer_create_info 变量的指针；将第三个参数设置为 nullptr；将第四个参数设置为指向 buffer 变量的指针。

（7）通过查明该函数调用操作的返回值等于 VK_SUCCESS，确认该函数调用操作成功完成。

具体运行情况

在创建缓冲区前，需要知道应创建多大的缓冲区和该缓冲区的用途。缓冲区的尺寸是由其中存储数据的数量决定的。我们编写的应用程序使用缓冲区的所有方式，都是通过缓冲区的用法设定的。我们无法通过没有在创建缓冲区过程中定义的用法使用缓冲区。

只能通过在创建缓冲区过程中定义的用法（用途）使用缓冲区。

下面是缓冲区的各种用法：
- 使用 VK_BUFFER_USAGE_TRANSFER_SRC_BIT 标志值可以设定将缓冲区作为复制操作的源数据。
- 使用 VK_BUFFER_USAGE_TRANSFER_DST_BIT 标志值可以设定将数据复制到缓冲区中。
- 使用 VK_BUFFER_USAGE_UNIFORM_TEXEL_BUFFER_BIT 标志值可以设定在着色器中将缓冲区作为统一纹素缓冲区。
- 使用 VK_BUFFER_USAGE_STORAGE_TEXEL_BUFFER_BIT 标志值可以设定在着色器中将缓冲区作为纹素存储缓冲区。
- 使用 VK_BUFFER_USAGE_UNIFORM_BUFFER_BIT 标志值可以设定在着色器中将缓冲区作为统一变量（uniform variable）赋值数据源。
- 使用 VK_BUFFER_USAGE_STORAGE_BUFFER_BIT 标志值可以设定将数据存储到着色器的缓冲区中。
- 使用 VK_BUFFER_USAGE_INDEX_BUFFER_BIT 标志值可以设定在绘制过程中将缓冲区作为顶点索引的数据源。
- 使用 VK_BUFFER_USAGE_VERTEX_BUFFER_BIT 标志值可以设定将缓冲区作为在绘制过程中设置的顶点属性的数据源。
- 使用 VK_BUFFER_USAGE_INDIRECT_BUFFER_BIT 标志值可以设定缓冲区能够存储在间接绘制过程中使用的数据。

要创建缓冲区，需要先创建一个 VkBufferCreateInfo 类型的变量，通过该变量提供下列数据。

```
VkBufferCreateInfo buffer_create_info = {
  VK_STRUCTURE_TYPE_BUFFER_CREATE_INFO,
  nullptr,
  0,
  size,
  usage,
  VK_SHARING_MODE_EXCLUSIVE,
  0,
  nullptr
};
```

size 和 usage 变量分别定义了缓冲区的容量和在编写的应用程序中的用途。

赋予 sharingMode 成员的 VK_SHARING_MODE_EXCLUSIVE 是非常重要的参数，通过该参数可以设定来自多个家族的队列是否可以同时访问该缓冲区。独占共享模式（Exclusive sharing mode）会告诉驱动程序，同一时刻缓冲区只能由来自一个家族的队列引用。如果想要在已提交给另一个家族中队列的命令中使用该缓冲区，就必须通过显式方式设置告诉驱动程序缓冲区所有权更改的时间（将缓冲区的所有权从一个家族转送给另一个家族）。这种灵活选项可以提高性能，但会增加编程工作量。

我们可以设置 VK_SHARING_MODE_CONCURRENT 共享模式，当使用该模式时，来自多个家族的多个队列可以同时访问一个缓冲区，而且我们不需要安排缓冲区所有权的转接。但这样做的代价是这种并发访问方式可能会降低性能。

准备好用于创建缓冲区的数据后，就可以使用下列代码创建缓冲区。

```
VkResult result = vkCreateBuffer( logical_device, &buffer_create_info,
nullptr, &buffer );
if( VK_SUCCESS != result ) {
  std::cout << "Could not create a buffer." << std::endl;
  return false;
}
return true;
```

参考内容

请参阅本章的下列内容：
- 为缓冲区分配内存对象并将它们绑定到一起。
- 设置缓冲区内存屏障。
- 创建缓冲区视图。
- 使用暂存缓冲区更新与设备本地内存绑定的缓冲区。
- 销毁缓冲区。

为缓冲区分配内存对象并将它们绑定到一起

在 Vulkan 中的缓冲区本身没有内存，要在我们编写的应用程序中使用缓冲区并在其中存储数据，就需要为缓冲区分配内存对象并将它们绑定到一起。

具体处理过程

（1）获取用于创建逻辑设备的物理设备的句柄，将该句柄存储在一个 VkPhysicalDevice 类型的变量中，将该变量命名为 physical_device。

（2）创建一个 VkPhysicalDeviceMemoryProperties 类型的变量，将其命名为 physical_device_memory_properties。

（3）调用 vkGetPhysicalDeviceMemoryProperties(physical_device, &physical_device_memory_properties)函数。将第一个参数设置为物理设备的句柄，将第二个参数设置为指向 physical_device_memory_properties 变量的指针。该函数调用操作会获取物理设备用于处理操作的内存的参数（堆内存的数量、尺寸和类型）。

（4）获取通过该物理设备（由 physical_device 变量代表）创建的逻辑设备的句柄，将该句柄存储到一个 VkDevice 类型的变量中，将该变量命名为 logical_device。

（5）获取由类型为 VkBuffer、名为 buffer 的变量代表的缓冲区句柄。

（6）创建一个 VkMemoryRequirements 类型的变量，将其命名为 memory_requirements。

（7）获取用于设置缓冲区的内存参数。通过调用 vkGetBufferMemoryRequirements(logical_device, buffer, &memory_requirements)函数可以做到这一点。将第一个参数设置为逻辑设备的句柄；将第二个参数设置为缓冲区的句柄；将第三个参数设置为指向 memory_requirements 变量的指针。

（8）创建一个 VkDeviceMemory 类型的变量，将其命名为 memory_object，该变量用于代表分配给缓冲区的内存对象，将 VK_NULL_HANDLE 赋予该变量。

（9）创建一个 VkMemoryPropertyFlagBits 类型的变量，将其命名为 memory_properties，该变量用于存储附加（已选定）的内存属性。

（10）循环遍历由 physical_device_memory_properties 变量中 memoryTypeCount 成员，代表的物理设备的可用内存类型。使用一个类型为 uint32_t、名为 type 的变量可以做到这一点。在每个循环轮次中，执行下列处理步骤。

① 确认由 type 变量代表的 memory_requirements 变量，当前的 memoryTypeBits 成员位被设置了。

② 确认 memory_properties 变量中设置的位，与 physical_device_memory_properties 变量中 memoryTypes 数组索引为 type 变量值的代表内存类型的 propertyFlags 成员设置的位相同。

③ 如果上述两点都没有做到，就继续执行循环操作。

④ 创建一个 VkMemoryAllocateInfo 类型的变量，将其命名为 buffer_memory_allocate_

info，将下列值赋予该变量中的各个成员。
- 将 VK_STRUCTURE_TYPE_MEMORY_ALLOCATE_INFO 赋予 sType 成员。
- 将 nullptr 赋予 pNext 成员。
- 将 memory_requirements.size 变量的值赋予 allocationSize 成员。
- 将 type 变量的值赋予 memoryTypeIndex 成员。

⑤ 调用 vkAllocateMemory(logical_device, &buffer_memory_allocate_info, nullptr, &memory_object)函数。将第一个参数设置为逻辑设备的句柄；将第二个参数设置为指向 buffer_memory_allocate_info 变量的指针；将第三个参数设置为 nullptr；将第四个参数设置为指向 memory_object 变量的指针。

⑥ 通过查明该函数调用操作的返回值等于 VK_SUCCESS，确认该函数调用操作成功完成并停止该循环遍历操作。

（11）通过查明 memory_object 变量的值不等于 VK_NULL_HANDLE，确认通过该循环遍历操作成功分配了内存对象。

（12）通过调用 vkBindBufferMemory(logical_device, buffer, memory_object, 0)函数，将内存对象与缓冲区绑定到一起。将第一个参数设置为 logical_device 变量；将第二个参数设置为 buffer 变量；将第三个参数设置为 memory_object 变量；将第四个参数设置为 0。

（13）通过查明该函数调用操作的返回值等于 VK_SUCCESS，确认该函数调用操作成功完成。

具体运行情况

要为缓冲区分配内存对象，首先需要了解指定物理设备中有哪些可用的内存类型，以及这些内存的数量。通过调用 vkGetPhysicalDeviceMemoryProperties()函数可以做到这一点。

```
VkPhysicalDeviceMemoryProperties physical_device_memory_properties;
vkGetPhysicalDeviceMemoryProperties( physical_device,
  &physical_device_memory_properties );
```

然后，需要了解指定缓冲区需要拥有多大容量（缓冲区内存的尺寸需要比缓冲区的尺寸大），以及该缓冲区能够兼容哪些内存类型。所有这些信息都存储在一个 VkMemoryRequirements 类型的变量中。

```
VkMemoryRequirements memory_requirements;
```

```cpp
vkGetBufferMemoryRequirements( logical_device, buffer, &memory_requirements
);
```

最后，需要查明符合缓冲区内存要求的内存类型。

```cpp
memory_object = VK_NULL_HANDLE;
for( uint32_t type = 0; type <
physical_device_memory_properties.memoryTypeCount; ++type ) {
  if( (memory_requirements.memoryTypeBits & (1 << type)) &&
     ((physical_device_memory_properties.memoryTypes[type].propertyFlags &
memory_properties) == memory_properties) ) {
    VkMemoryAllocateInfo buffer_memory_allocate_info = {
      VK_STRUCTURE_TYPE_MEMORY_ALLOCATE_INFO,
      nullptr,
      memory_requirements.size,
      type
    };

    VkResult result = vkAllocateMemory( logical_device,
&buffer_memory_allocate_info, nullptr, &memory_object );
    if( VK_SUCCESS == result ) {
      break;
    }
  }
}
```

应循环遍历所有可用的内存类型，并查明指定类型是否能够用于我们创建的缓冲区。我们可以添加额外的内存属性要求。例如，如果想要使应用程序能够直接上传数据（通过CPU），就必须使缓冲区支持内存映射功能。这类情况需要使用的内存类型为主机可见（host-visible）。

当找到合适的内存类型时，可以使用这种内存分配内存对象并停止该循环遍历操作。确认成功分配了该内存后（而不是在没有分配内存对象的情况下停止循环遍历操作），将分配好的内存对象与缓冲区绑定。

```cpp
if( VK_NULL_HANDLE == memory_object ) {
  std::cout << "Could not allocate memory for a buffer." << std::endl;
  return false;
```

```
}
VkResult result = vkBindBufferMemory( logical_device, buffer,
memory_object, 0 );
if( VK_SUCCESS != result ) {
  std::cout << "Could not bind memory object to a buffer." << std::endl;
  return false;
}
return true;
```

在绑定过程中，可在参数中设置内存偏移量，这使我们能够绑定不是位于内存对象开头的内存部分。我们可以使用 offset 参数（代表偏移量），将内存对象中的多个、独立的部分与多个缓冲区绑定。这样就可以在应用程序中使用该缓冲区了。

补充说明

本节介绍了为缓冲区分配内存，并将缓冲区和内存绑定到一起的方式。但是，通常我们不会为一个缓冲区分配独立的内存对象，而是分配较大的内存对象，并将这些内存对象中的各个部分分配给多个内存缓冲区。

本节还介绍了通过调用 vkGetPhysicalDeviceMemoryProperties() 函数，获取物理设备可用内存参数的方式。但是，为了提高应用程序的性能，不需要在分配内存对象时每次都调用该函数，可以在选择用于创建逻辑设备的物理设备（请参阅第 1 章）并使用存储了参数的变量时，仅调用该函数一次。

参考内容

请参阅本章的下列内容：
- 创建缓冲区。
- 设置缓冲区内存屏障。
- 映射、更新主机可见内存及移除主机可见内存的映射关系。
- 使用暂存缓冲区更新与设备本地内存绑定的缓冲区。
- 释放内存对象。
- 销毁缓冲区。

设置缓冲区内存屏障

缓冲区拥有各种用途：我们可以将数据写入缓冲区，也可以从缓冲区复制数据；通过描述符集合可以将缓冲区与通道绑定，并在着色器中将缓冲区作为数据源，还可以将数据存储到着色器中的缓冲区。

我们必须向驱动程序通报这些缓冲区用法，不仅要在创建缓冲区的过程中通报，而且在改变缓冲区使用方式时也要通报。如果想要换一种方式使用缓冲区，就必须将更换缓冲区用法的信息通报给驱动程序，通过缓冲区内存屏障可以做到这一点。在执行命令缓冲区记录操作的过程中，缓冲区内存屏障会作为通道屏障（pipeline barrier）的组成部分被设置（请参阅第 3 章）。

准备工作

为了完成本节的编程任务，我们将使用 BufferTransition 自定义结构类型，下面是该数据类型的定义。

```
struct BufferTransition {
    VkBuffer        Buffer;
    VkAccessFlags   CurrentAccess;
    VkAccessFlags   NewAccess;
    uint32_t        CurrentQueueFamily;
    uint32_t        NewQueueFamily;
};
```

使用该结构可以定义应用于缓冲区内存屏障的参数。在 CurrentAccess 和 NewAccess 成员中，可以分别存储缓冲区被使用过的方式和当前缓冲区正在被使用的方式（在这种情况中，缓冲区用法被定义为会包含到指定缓冲区中的内存操作类型）。CurrentQueueFamily 和 NewQueueFamily 成员用于将缓冲区的所有权，从一个队列家族转给另一个队列家族。如果在创建缓冲区的过程中设定了独占共享模式，就需要这样做。

具体处理过程

（1）为每个想要设置内存屏障的缓冲区准备参数。将这些参数存储在一个 std::vector<BufferTransition>类型的 vector 容器变量中，将该变量命名为 buffer_transitions。为每个缓冲区元素存储下列参数。

① 将缓冲区的句柄存储在 Buffer 成员中。
② 将包含在该缓冲区中的内存操作类型存储在 CurrentAccess 成员中。
③ 将当前缓冲区将要执行的内存操作类型（在内存屏障之后）存储在 NewAccess 成员中。
④ 如果不想在队列家族之间转接缓冲区的所有权，就将 VK_QUEUE_FAMILY_IGNORED 赋予 CurrentQueueFamily 成员；否则，就将引用过该缓冲区的队列家族的索引存储到 CurrentQueueFamily 成员中。
⑤ 如果不想在队列家族之间转接缓冲区的所有权，就将 VK_QUEUE_FAMILY_IGNORED 赋予 NewQueueFamily 成员；否则，就将当前引用该缓冲区的队列家族的索引存储到 NewQueueFamily 成员中。

（2）创建一个 std::vector<VkBufferMemoryBarrier>类型的 vector 容器变量，将其命名为 buffer_memory_barriers。

（3）与 buffer_transitions 变量中的每个元素对应，为 vector 容器 buffer_memory_barriers 变量添加元素。使用下列值为每个元素中的各个成员赋值。

- 将 VK_STRUCTURE_TYPE_BUFFER_MEMORY_BARRIER 赋予 sType 成员。
- 将 nullptr 赋予 pNext 成员。
- 将当前元素（当前的缓冲区）CurrentAccess 成员的值赋予 srcAccessMask 成员。
- 将当前元素 NewAccess 成员的值赋予 dstAccessMask 成员。
- 将当前元素 CurrentQueueFamily 成员的值赋予 srcQueueFamilyIndex 成员。
- 将当前元素 NewQueueFamily 成员的值赋予 dstQueueFamilyIndex 成员。
- 将当前缓冲区的句柄赋予 buffer 成员。
- 将 0 赋予 offset 成员。
- 将 VK_WHOLE_SIZE 赋予 size 成员。

（4）获取命令缓冲区的句柄，将该句柄存储在一个 VkCommandBuffer 类型的变量中，将该变量命名为 command_buffer。

（5）确保 command_buffer 变量代表的命令缓冲区处于记录状态（已经为该命令缓冲区启动了记录操作）。

（6）创建一个 VkPipelineStageFlags 类型的位域变量，将其命名为 generating_stages。将已经使用了该缓冲区的管线阶段的值存储到 generating_stages 变量中。

（7）创建一个 VkPipelineStageFlags 类型的位域变量，将其命名为 consuming_stages。将在内存屏障后面使用缓冲区的管线阶段的值赋予 consuming_stages 变量。

(8)调用 vkCmdPipelineBarrier(command_buffer, generating_stages, consuming_stages, 0, 0, nullptr, static_cast<uint32_t>(buffer_memory_barriers.size()), &buffer_memory_barriers[0], 0, nullptr)函数。将第一个参数设置为命令缓冲区的句柄;将第二个参数设置为 generating_stages 变量;将第三个参数设置为 consuming_stages 变量;将第四个和第五个参数设置为 0;将第六个参数设置为 nullptr;将第七个参数设置为 vector 容器 buffer_memory_barriers 变量中含有元素的数量;将第八个参数设置为指向 vector 容器 buffer_memory_barriers 变量中第一个元素的指针;将第九个参数设置为 0;将第十个参数设置为 nullptr。

具体运行情况

在 Vulkan 中,提交给队列的操作会按顺序执行,但它们是独立的。有时某些操作可以在它们前面的操作完成前就开始执行,这种并行执行方式是当前图形硬件最重要的性能要素之一。但有时候,一些操作必须等待较早前操作的结果,通过内存屏障可以轻松做到这一点。

> 内存屏障用于定义命令缓冲区执行过程中的转折点,在这些时刻较后面的命令必须等待较早前的命令完成任务。这也会使这些较早前操作的结果对其他操作可见。

在使用内存屏障处理缓冲区时,我们可以设置使用缓冲区的方式,并在管线阶段使用缓冲区时放置内存屏障。定义在内存屏障后面哪些管线阶段会使用缓冲区和使用该缓冲区的方式,驱动程序通过这些信息可以暂停需要等待较早前操作结果的操作,仅执行完全没有引用该缓冲区的操作。

只能通过在创建缓冲区的过程中定义的用途使用缓冲区,这些用法与用于访问缓冲区的内存操作的类型对应。下面是得到支持的内存访问类型。

- 当缓冲区的内容为用于间接绘制操作的数据源时,可使用 VK_ACCESS_INDIRECT_COMMAND_READ_BIT 标志值。
- VK_ACCESS_INDEX_READ_BIT 标志值可以指明缓冲区的内容为在绘制操作过程中使用的索引。
- VK_ACCESS_VERTEX_ATTRIBUTE_READ_BIT 标志值表明缓冲区的内容为在绘制过程中读取的顶点属性。

- 当能够通过着色器将缓冲区作为统一缓冲区访问时，可使用 VK_ACCESS_UNIFORM_READ_BIT 标志值。
- VK_ACCESS_SHADER_READ_BIT 标志值指明缓冲区可以在着色器内部被读取（但不作为统一缓冲区）。
- VK_ACCESS_SHADER_WRITE_BIT 标志值指明着色器会向缓冲区中写入数据。
- 当需要从缓冲区读取数据时，可使用 VK_ACCESS_TRANSFER_READ_BIT 标志值。
- 当需要向缓冲区中写入数据时，可使用 VK_ACCESS_TRANSFER_WRITE_BIT 标志值。
- VK_ACCESS_HOST_READ_BIT 标志值指明应用程序会读取缓冲区的内容（通过内存映射操作）。
- 如果需要使应用程序向缓冲区中写入数据（通过内存映射操作），那么可使用 VK_ACCESS_HOST_WRITE_BIT 标志值。
- 如果要通过除上述方式外的其他方式读取缓冲区的内容，那么可使用 VK_ACCESS_MEMORY_READ_BIT 标志值。
- 如果要通过除上述方式外的其他方式向缓冲区中写入数据，那么可使用 VK_ACCESS_MEMORY_WRITE_BIT 标志值。

要使内存操作变得对后续命令可见，就需要使用内存屏障。如果不使用内存屏障，那么读取缓冲区内容的命令，会在向缓冲区中写入这些内容的操作还没有被执行前就开始执行。但是这些命令缓冲区在执行过程中的暂停，会拖慢图形硬件处理管线的速度。但是，这会影响编写的应用程序的性能。

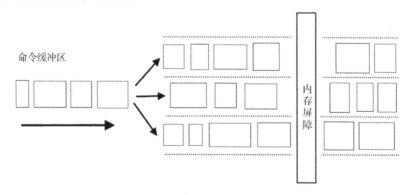

 应该通过尽可能少的内存屏障为尽可能多的缓冲区设置使用方式和所有权转接方式。

要为缓冲区设置内存屏障，需要创建一个 VkBufferMemoryBarrier 类型的变量。如果条件允许，那么应将多个缓冲区的数据集中在一个内存屏障后面，这就是元素类型为 VkBufferMemoryBarrier 的 vector 容器非常有用的原因，可使用下列代码为该 vector 容器赋值。

```
std::vector<VkBufferMemoryBarrier> buffer_memory_barriers;

for( auto & buffer_transition : buffer_transitions ) {
  buffer_memory_barriers.push_back( {
    VK_STRUCTURE_TYPE_BUFFER_MEMORY_BARRIER,
    nullptr,
    buffer_transition.CurrentAccess,
    buffer_transition.NewAccess,
    buffer_transition.CurrentQueueFamily,
    buffer_transition.NewQueueFamily,
    buffer_transition.Buffer,
    0,
    VK_WHOLE_SIZE
  } );
}
```

在命令缓冲区中设置内存屏障，这可以在命令缓冲区执行记录操作的过程中做到这一点。

```
if( buffer_memory_barriers.size() > 0 ) {
  vkCmdPipelineBarrier( command_buffer, generating_stages,
  consuming_stages, 0, 0, nullptr,
  static_cast<uint32_t>(buffer_memory_barriers.size()),
  &buffer_memory_barriers[0], 0, nullptr );
}
```

在内存屏障后面设定的管线阶段中的命令，应等待内存屏障前面的管线阶段中命令的执行结果。

注意，只有当缓冲区的使用方式发生改变时才需要设置内存屏障。如果通过同一种方式多次使用一个缓冲区，就不需要设置内存屏障。当需要从两个不同的数据源向缓冲区中复制两次数据时，首先需要设置一个内存屏障，以便通知驱动程序执行的操作中含有 VK_ACCESS_TRANSFER_WRITE_BIT 类型的内存访问操作；然后就可以执行任意次数的向缓冲区中复制数据的操作。如果想要将该缓冲区作为顶点缓冲区（在渲染过程中使用的顶点属性数据源），就需要设置另一个内存屏障，以便指明将要从该缓冲区读取顶点属性数据（这些操作由 VK_ACCESS_VERTEX_ATTRIBUTE_READ_BIT 类型的内存访问操作代表）。当完成绘制作业后需要将该缓冲区作为其他用途，甚至可能需要再次向该缓冲区中复制数据，并通过合适的参数设置内存屏障。

补充说明

不需要为整个缓冲区设置内存屏障，需要设置内存屏障的是缓冲区中的某个（些）部分。要为缓冲区设置内存屏障，只需要将合适的值赋予为指定缓冲区定义的 VkBufferMemoryBarrier 类型变量中 offset 和 size 成员。通过这些成员可以定义通过屏障划分的缓冲区各个部分的起始位置和尺寸，并且这些成员都是以机器单元（字节）的形式定义的。

参考内容

请参阅第 3 章的下列内容：
- 启动命令缓冲区记录操作。

请参阅本章的下列内容：
- 创建缓冲区。
- 为缓冲区分配内存对象并将它们绑定到一起。
- 设置图像内存屏障。
- 使用暂存缓冲区更新与设备本地内存绑定的缓冲区。
- 使用暂存缓冲区更新与设备本地内存绑定的图像。

创建缓冲区视图

当想要将一个缓冲区作为统一纹素缓冲区或纹素存储缓冲区时，需要创建缓冲区视图。

具体处理过程

（1）获取用于创建缓冲区的逻辑设备的句柄，将该句柄存储在一个 VkDevice 类型的变量中，将该变量命名为 logical_device。

（2）获取已创建缓冲区的句柄，将该句柄存储在一个 VkBuffer 类型的变量中，将该变量命名为 buffer。

（3）选择缓冲区视图的格式（解析缓冲区内容的方式），将该格式赋予一个 VkFormat 类型的变量，将该变量命名为 format。

（4）从缓冲区中选择一部分需要创建视图的内存。设置这部分内存的起点（与整个缓冲区起点的距离），将这个偏移量存储到一个 VkDeviceSize 类型的变量中，将该变量命名为 memory_offset。使用一个 VkDeviceSize 类型的变量定义这部分内存的尺寸，将该变量命名为 memory_range。

（5）创建一个 VkBufferViewCreateInfo 类型的变量，将其命名为 buffer_view_create_info。使用下列值初始化该变量中的各个成员。

- 将 VK_STRUCTURE_TYPE_BUFFER_VIEW_CREATE_INFO 赋予 sType 成员。
- 将 nullptr 赋予 pNext 成员。
- 将 0 赋予 flags 成员。
- 将 buffer 变量的值赋予 buffer 成员。
- 将 format 变量的值赋予 format 成员。
- 将 memory_offset 变量的值赋予 offset 成员。
- 将 memory_range 变量的值赋予 range 成员。

（6）创建一个 VkBufferView 类型的变量，将其命名为 buffer_view，该变量用于存储缓冲区视图的句柄。

（7）调用 vkCreateBufferView(logical_device, &buffer_view_create_info, nullptr, &buffer_view)函数。将第一个参数设置为逻辑设备的句柄；将第二个参数设置为指向 buffer_view_create_info 变量的指针；将第三个参数设置为 nullptr；将第四个参数设置为指向 buffer_view 变量的指针。

（8）通过查明该函数调用操作的返回值等于 VK_SUCCESS，确认该函数调用操作成功完成。

具体运行情况

在创建缓冲区视图时，最重要的事情是选择视图的格式和选择创建视图的缓冲区组成部分。这样就可以在着色器中，通过与图像（纹理）类似的方式解析缓冲区的内容。下面的代码定义了这些参数。

```
VkBufferViewCreateInfo buffer_view_create_info = {
  VK_STRUCTURE_TYPE_BUFFER_VIEW_CREATE_INFO,
  nullptr,
```

```
        0,
        buffer,
        format,
        memory_offset,
        memory_range
    };
```

使用设定好的参数创建缓冲区。

```
    VkResult result = vkCreateBufferView( logical_device,
    &buffer_view_create_info, nullptr, &buffer_view );
    if( VK_SUCCESS != result ) {
        std::cout << "Could not creat buffer view." << std::endl;
        return false;
    }
    return true;
```

参考内容

请参阅本章的下列内容：
- 创建缓冲区。
- 为缓冲区分配内存对象并将它们绑定到一起。
- 销毁图像视图。

请参阅第 5 章的下列内容：
- 创建描述符集合。
- 更新描述符集合。

创建图像

图像是含有一、二或三个维度的数据，这些数据还含有额外的 mipmap 纹理映射等级和层级。图像数据（纹素）的每个元素含有一个或多个样本。

图像含有很多用途，可以将图像作为复制操作的数据源；也可以通过描述符集合将图像与管线绑定，将它们作为纹理（与 OpenGL 类似）；还可以渲染图像，在这类情况中将图像作为色彩或深度附着材料（渲染目标）。

在图像的创建过程中，可以设置图像的参数，如尺寸、格式和使用方式。

具体处理过程

（1）获取用于创建图像的逻辑设备的句柄，将该句柄存储到一个 VkDevice 类型的变量中，将该变量命名为 logical_device。

（2）选择图像类型（决定图像含有一、二或三个维度），使用相应的值初始化类型为 VkImageType、名为 type 的变量。

（3）选择图像的格式：组件的数量和每个图像元素含有的位数。将图像格式存储在一个 VkFormat 类型的变量中，将该变量命名为 format。

（4）选择图像的尺寸（面积），使用该值初始化一个 VkExtent3D 类型的变量，将该变量命名为 size。

（5）选择为图像定义的 mipmap 纹理映射等级的编号，将该编号存储到一个 uint32_t 类型的变量中，将该变量命名为 num_mipmaps。

（6）选择为图像定义的图层数量，将该数量存储在一个 uint32_t 类型的变量中，将该变量命名为 num_layers。如果要将图像作为立方体贴图，那么图层的数量必须是 6 的倍数。

（7）创建一个 VkSampleCountFlagBits 类型的变量，将其命名为 samples，将样本的数量赋予该变量。

（8）选择使用图像的方式，将这些方式存储到一个 VkImageUsageFlags 类型的变量中，将该变量命名为 usage_scenarios。

（9）创建一个 VkImageCreateInfo 类型的变量，将其命名为 image_create_info。将下列值赋予该变量中的各个成员。

- 将 VK_STRUCTURE_TYPE_IMAGE_CREATE_INFO 赋予 sType 成员。
- 将 nullptr 赋予 pNext 成员。
- 如果要将图像作为立方体贴图，就将 VK_IMAGE_CREATE_CUBE_COMPATIBLE_BIT 赋予 flags 成员，否则，就将 0 赋予 flags 成员。
- 将 type 变量的值赋予 imageType 成员。
- 将 format 变量的值赋予 format 成员。
- 将 size 变量的值赋予 extent 成员。
- 将 num_mipmaps 变量的值赋予 mipLevels 成员。
- 将 num_layers 变量的值赋予 arrayLayers 成员。
- 将 samples 变量的值赋予 samples 成员。
- 将 VK_IMAGE_TILING_OPTIMAL 赋予 tiling 成员。

- 将 usage_scenarios 变量的值赋予 usage 成员。
- 将 VK_SHARING_MODE_EXCLUSIVE 赋予 sharingMode 成员。
- 将 0 赋予 queueFamilyIndexCount 成员。
- 将 nullptr 赋予 pQueueFamilyIndices 成员。
- 将 VK_IMAGE_LAYOUT_UNDEFINED 赋予 initialLayout 成员。

（10）创建一个 VkImage 类型的变量，将其命名为 image，该变量用于仓库图像的句柄。

（11）调用 vkCreateImage(logical_device, &image_create_info, nullptr, &image)函数，将第一个参数设置为逻辑设备的句柄；将第二个参数设置为指向 image_create_info 变量的指针；将第三个参数设置为 nullptr；将第四个参数设置为指向 image 变量的指针。

（12）通过查明该函数调用操作的返回值等于 VK_SUCCESS，确认该函数调用操作成功完成。

具体运行情况

在创建图像前需要准备多个参数：图像的类型、面积（尺寸）、组件的数量和每个组件（格式）的位数。了解图像是否会含有 mipmap 纹理映射，图像是否会拥有多个图层（常规图像必须含有至少一个图层，立方体贴图必须含有至少 6 个图层）。我们还需要考虑使用图像的方式，其中参数是在创建图像的过程中被定义的。如果在创建图像的过程中没有定义使用图像的方式，我们就不能通过这种方式使用图像。

 只能通过在创建图像时定义的方式使用图像。

下面列出了得到支持的图像使用方式：
- 使用 VK_IMAGE_USAGE_TRANSFER_SRC_BIT 标志值可以指明能够将图像作为复制操作的数据源。
- 使用 VK_IMAGE_USAGE_TRANSFER_DST_BIT 标志值可以指明能够将数据复制到图像中。
- 使用 VK_IMAGE_USAGE_SAMPLED_BIT 标志值可以设定能够从着色器中的图像采样。
- 使用 VK_IMAGE_USAGE_STORAGE_BIT 标志值可以设定能够将图像作为着色器中的仓库图像。

- 使用 VK_IMAGE_USAGE_COLOR_ATTACHMENT_BIT 标志值可以设定能够渲染图像（将图像作为帧缓冲区中的色彩渲染目标/附着材料）。
- 使用 VK_IMAGE_USAGE_DEPTH_STENCIL_ATTACHMENT_BIT 标志值可以设定能够将图像作为深度和/或刻板缓冲区（将图像作为帧缓冲区中的深度渲染目标/附着材料）。
- 使用 VK_IMAGE_USAGE_TRANSIENT_ATTACHMENT_BIT 标志值可以设定能够通过惰性方式（根据需要）分配与图像绑定的内存。
- 使用 VK_IMAGE_USAGE_INPUT_ATTACHMENT_BIT 标志值可以设定能够将图像作为着色器中的输入附着材料。

不同的使用场景需要使用不同的图像布局，使用图像内存屏障可以更改（切换）这些布局。但在创建图像的过程中，只能设置 VK_IMAGE_LAYOUT_UNDEFINED 布局（用于不考虑图像初始内容的情况）和 VK_IMAGE_LAYOUT_PREINITIALIZED 布局（用于通过映射主机可见内存上传数据的情况），而且在使用图像时总是需要切换到另一种布局。

所有图像参数都是通过 VkImageCreateInfo 类型的变量设置的。

```
VkImageCreateInfo image_create_info = {
  VK_STRUCTURE_TYPE_IMAGE_CREATE_INFO,
  nullptr,
  cubemap ? VK_IMAGE_CREATE_CUBE_COMPATIBLE_BIT : 0u,
  type,
  format,
  size,
  num_mipmaps,
  cubemap ? 6 * num_layers : num_layers,
  samples,
  VK_IMAGE_TILING_OPTIMAL,
  usage_scenarios,
  VK_SHARING_MODE_EXCLUSIVE,
  0,
  nullptr,
  VK_IMAGE_LAYOUT_UNDEFINED
};
```

在创建图像时，需要设置平铺（tiling）类型。平铺类型定义了图像的内存结构，其类型有两种：线性和最优。

在使用线性平铺时，图像的数据会以线性方式存储在内存中（与缓冲区和 C/C++ 数组相似）。这使我们能够映射图像的内存，并通过我们编写的应用程序直接初始化图像的内存和从图像的内存读取数据，这是因为我们知道该图像内存的组织方式。但是，这限制了许多图像的其他用途，如无法将图像作为深度纹理或立方体贴图（某些驱动程序可能支持该用法，但它不属于技术规范，通常情况下，我们不应该依赖它）。线性平铺还会降低应用程序的性能。

 为了获得最佳性能，我们推荐使用最优平铺方式创建图像。

通过最优平铺方式创建的图像可以用于所有用途，而且含有更好的性能，但这使我们无法知道图像内存的组织形式。下图展示了图像的数据和内部结构。

在使用最优平铺方式时，每种图形硬件都可能使用不同的方式仓库图像数据。因此，我们无法映射图像的内存，也无法通过我们编写的应用程序直接初始化图像的内存和从图像的内存读取数据。在这种情况下，就需要使用暂存资源（staging resources）。做好准备工作后，可以使用下列代码创建图像。

```
VkResult result = vkCreateImage( logical_device, &image_create_info,
nullptr, &image );
if( VK_SUCCESS != result ) {
  std::cout << "Could not create an image." << std::endl;
  return false;
}
return true;
```

参考内容

请参阅本章的下列内容：
- 将内存对象分配给图像并将它们绑定到一起。
- 设置图像内存屏障。
- 创建图像视图。
- 创建 2D 图像和视图。
- 使用暂存缓冲区更新与设备本地内存绑定的图像。
- 销毁图像。

将内存对象分配给图像并将它们绑定到一起

与缓冲区类似，图像不是通过已绑定的内存创建的。我们需要通过隐式方式创建内存对象，并将其与图像绑定，也可以将已创建的内存对象与图像绑定。

具体处理过程

（1）获取用于创建逻辑设备的物理设备的句柄，将其存储在一个 VkPhysicalDevice 类型的变量中，将该变量命名为 physical_device。

（2）创建一个 VkPhysicalDeviceMemoryProperties 类型的变量，将其命名为 physical_device_memory_properties。

（3）调用 vkGetPhysicalDeviceMemoryProperties(physical_device, &physical_device_memory_properties)函数，将第一个参数设置为物理设备的句柄，将第二个参数设置为指向 physical_device_memory_properties 变量的指针。该函数调用操作用于获取物理设备的内存参数（堆内存的数量、尺寸和类型），这些内存参数用于处理已提交的操作。

（4）获取通过该物理设备创建的逻辑设备（由 physical_device 变量代表）的句柄，将该句柄存储到一个 VkDevice 类型的变量中，将该变量命名为 logical_device。

（5）获取已创建图像的句柄，该句柄存储在一个类型为 VkImage、名为 image 的变量中。

（6）创建一个 VkMemoryRequirements 类型的变量，将其命名为 memory_requirements。

（7）获取供图像使用的内存参数，通过调用 vkGetImageMemoryRequirements(logical_device, image, &memory_requirements)函数可以做到这一点。将第一个参数设置为

逻辑设备的句柄；将第二个参数设置为已创建图像的句柄；将第三个参数设置为指向 memory_requirements 变量的指针。

（8）创建一个 VkDeviceMemory 类型的变量，将其命名为 memory_object，将 VK_NULL_HANDLE 赋予该变量。该变量将用于存储为图像创建的内存对象。

（9）创建一个 VkMemoryPropertyFlagBits 类型的变量，将其命名为 memory_properties。将额外的内存属性存储在该变量中，如果不需要使用额外的内存属性，就应将 0 赋予该变量。

（10）循环遍历物理设备可用的内存类型，这些类型由 physical_device_memory_properties 变量中的 memoryTypeCount 成员代表。创建一个 uint32_t 类型的变量，将其命名为 type，使用该变量执行这个循环遍历操作。在每个轮次中执行下列处理步骤。

① 确认代表 memory_requirements 变量中 memoryTypeBits 成员的 type 变量中的相应位被设置了（设置为 1）。

② 确认使 memory_properties 变量与 physical_device_memory_properties 变量中 type 索引指向的 memoryTypes 元素中的 propertyFlags 成员拥有相同的已设置位。

③ 如果第（1）点和第（2）点都没有达到，就继续执行该循环遍历操作。

④ 创建一个 VkMemoryAllocateInfo 类型的变量，将其命名为 image_memory_allocate_info，并将下列值赋予该变量中的各个成员。

- 将 VK_STRUCTURE_TYPE_MEMORY_ALLOCATE_INFO 赋予 sType 成员。
- 将 nullptr 赋予 pNext 成员。
- 将 memory_requirements.size 变量的值赋予 allocationSize 成员。
- 将 type 变量的值赋予 memoryTypeIndex 成员。

⑤ 调用 vkAllocateMemory(logical_device, &image_memory_allocate_info, nullptr, &memory_object)函数。将第一个参数设置为逻辑设备的句柄；将第二个参数设置为指向 image_memory_allocate_info 变量的指针；将第三个参数设置为 nullptr；将第四个参数设置为指向 memory_object 变量的指针。

⑥ 通过查明该函数调用操作的返回值等于 VK_SUCCESS，确认该函数调用操作成功完成，并停止本轮次的循环操作。

（11）通过查明 memory_object 变量的值不等于 VK_NULL_HANDLE，确认该循环遍历操作中的内存对象分配操作成功完成。

（12）通过调用 vkBindImageMemory(logical_device, image, memory_object, 0)函数，将该内存对象与图像绑定。将第一个参数设置为 logical_device 变量；将第二个参

数设置为 image 变量；将第三个参数设置为 memory_object 变量；将第四个参数设置为 0。

（13）通过查明该函数调用操作的返回值等于 VK_SUCCESS，确认该函数调用操作成功完成。

具体运行情况

与为缓冲区创建的内存对象类似，应先查明指定物理设备上有哪些可用的内存类型，以及这些内存类型的属性都是什么。当然，我们可以省略这些处理步骤，在应用程序的初始化阶段一次获取所有这些信息。

```
VkPhysicalDeviceMemoryProperties physical_device_memory_properties;
vkGetPhysicalDeviceMemoryProperties( physical_device,
  &physical_device_memory_properties );
```

我们应该获取指定图像的特有内存要求，每幅图像的内存要求（很）可能各不相同，因为内存要求由图像的格式、尺寸、图层和 mipmap 纹理映射的数量，以及图像的其他属性决定。

```
VkMemoryRequirements memory_requirements;
vkGetImageMemoryRequirements( logical_device, image, &memory_requirements
);
```

应找到拥有合适参数且与图像的内存要求兼容的内存类型。

```
memory_object = VK_NULL_HANDLE;
for( uint32_t type = 0; type <
physical_device_memory_properties.memoryTypeCount; ++type ) {
  if( (memory_requirements.memoryTypeBits & (1 << type)) &&
    ((physical_device_memory_properties.memoryTypes[type].propertyFlags &
memory_properties) == memory_properties) ) {

    VkMemoryAllocateInfo image_memory_allocate_info = {

      VK_STRUCTURE_TYPE_MEMORY_ALLOCATE_INFO,
      nullptr,
      memory_requirements.size,
      type
```

```cpp
    };

    VkResult result = vkAllocateMemory( logical_device,
  &image_memory_allocate_info, nullptr, &memory_object );
    if( VK_SUCCESS == result ) {
      break;
    }
  }
}
```

本例循环遍历了所有可用的内存类型。如果某幅图像内存属性中 memoryTypeBits 成员的指定位被设置了，就意味着设置了相同位的内存类型与这幅图像兼容，而且可以使用该内存类型创建内存对象，还可以检查内存类型的其他属性，找到与我们的需求最匹配的内存类型。例如，我们可能需要使用能够映射 CPU 的内存（主机可见内存）。

查明该循环遍历操作中的内存对象分配操作是否成功完成，如果该操作成功完成，就可以将创建好的内存对象与图像绑定。

```cpp
if( VK_NULL_HANDLE == memory_object ) {
  std::cout << "Could not allocate memory for an image." << std::endl;
  return false;
}
VkResult result = vkBindImageMemory( logical_device, image, memory_object,
0 );
if( VK_SUCCESS != result ) {
  std::cout << "Could not bind memory object to an image." << std::endl;
  return false;
}
return true;
```

这样，我们就可以通过在创建图像过程中定义的所有用法使用这幅图像了。

补充说明

与将内存对象和缓冲区绑定到一起类似，应该先创建较大的内存对象，再将该内存对象中的各个部分与多个图像绑定，这样需要执行的内存分配操作就会更少，驱动程序必须跟踪的内存对象也会更少。这可以提升我们编写的应用程序的性能，还可以节省内存空间，因为每次内存分配都会有额外的开销（分配的内存空间尺寸必须为内存页的倍数）。创建较大的内存对象，为多幅图像重用该内存对象中的各个部分可以避免浪费内存空间。

参考内容

请参阅本章的下列内容：
- 创建图像。
- 设置图像内存屏障。
- 映射、更新主机可见内存及移除主机可见内存的映射关系。
- 使用暂存缓冲区更新与设备本地内存绑定的图像。
- 销毁图像。
- 释放内存对象。

设置图像内存屏障

图像的用途有很多，可以将图像作为纹理，通过描述符集合将图像与通道绑定，将图像作为渲染目标，将图像作为交换链中的可显示图像，可以将数据写入图像也可以从图像中读取数据，这些用途都可以在创建图像的过程中被定义。

在使用图像前，每次需要更改图像的当前用法时，都需要将执行该操作的信息通知驱动程序。使用在记录命令缓冲区的过程中设置的图像内存屏障，可以做到这一点。

准备工作

本节将使用自定义结构 ImageTransition，下面是该结构的定义。

```
struct ImageTransition {
  VkImage            Image;
  VkAccessFlags      CurrentAccess;
  VkAccessFlags      NewAccess;
  VkImageLayout      CurrentLayout;
  VkImageLayout      NewLayout;
  uint32_t           CurrentQueueFamily;
  uint32_t           NewQueueFamily;
  VkImageAspectFlags Aspect;
};
```

CurrentAccess 和 NewAccess 成员定义了图像的内存操作类型，这两个内存操作类型分别位于图像内存屏障之前和图像内存屏障之后。

在 Vulkan 中，通过不同方式使用的图像会含有不同的内存组织形式。换言之，一幅图像的内存结构可能会与另一幅图像的内存结构不同。当想要更改使用图像的方式时，需要更改图像的内存布局。通过 CurrentLayout 和 NewLayout 成员可以做到这一点。

如果图像是通过独占共享模式创建的，那么通过内存屏障可以转接队列家族的所有权。CurrentQueueFamily 成员中定义了图像使用过的队列的所属家族的索引。NewQueueFamily 成员中定义了在内存屏障之后，图像将要使用队列的所属家族的索引。如果不想转换队列家族的所有权，则可以将这两个成员的值设置为 VK_QUEUE_FAMILY_IGNORED。

Aspect 成员定义了图像用法的上下文，通过该成员可以选择图像的颜色、深度和刻板。

具体处理过程

（1）为每幅需要设置内存屏障的图像设置参数，将这些参数存储到一个 std::vector<ImageTransition>类型的变量中，将该变量命名为 image_transitions。将下列值赋予代表图像的每个元素中的各个成员。

- 将图像的句柄赋予 Image 成员。
- 将图像使用过的内存操作类型存储在 CurrentAccess 成员中。
- 将在内存屏障之后将要应用于图像的内存操作类型赋予 NewAccess 成员。
- 将图像的当前内存布局赋予 CurrentLayout 成员。
- 将在内存屏障之后使用的图像内存布局存储在 NewLayout 成员中。
- 如果需要转换队列的所有权，就将所有引用过该图像的队列的所属家族的索引赋予 CurrentQueueFamily 成员。如果不需要转换队列的所有权，就将 VK_QUEUE_FAMILY_IGNORED 赋予 CurrentQueueFamily 成员。
- 如果需要转换队列的所有权，就把将要引用该图像的队列的所属家族的索引赋予 NewQueueFamily 成员。如果不需要转换队列的所有权，就将 VK_QUEUE_FAMILY_IGNORED 赋予 NewQueueFamily 成员。
- 将图像的外观（颜色、深度和刻板）存储在 Aspect 成员中。

（2）创建一个 std::vector<VkImageMemoryBarrier>类型的 vector 容器变量，将其命名为 image_memory_barriers。

（3）与 image_transitions 变量中的每个元素对应，向 vector 容器 image_memory_barriers 变量中添加一个新元素。将下列值赋予这个新元素中的各个成员。

- 将 VK_STRUCTURE_TYPE_IMAGE_MEMORY_BARRIER 赋予 sType 成员。
- 将 nullptr 赋予 pNext 成员。
- 将当前元素中 CurrentAccess 成员的值赋予 srcAccessMask 成员。
- 将当前元素中 NewAccess 成员的值赋予 dstAccessMask 成员。
- 将当前元素中 CurrentLayout 成员的值赋予 oldLayout 成员。
- 将当前元素中 NewLayout 成员的值赋予 newLayout 成员。
- 将当前元素中 CurrentQueueFamily 成员的值赋予 srcQueueFamilyIndex 成员。
- 将当前元素中 NewQueueFamily 成员的值赋予 dstQueueFamilyIndex 成员。
- 将图像的句柄赋予 image 成员。
- 将下列值赋予新元素的 subresourceRange 成员中的各个成员：
- 将当前元素的 Aspect 成员的值赋予 aspectMask 成员。
- 将 0 赋予 baseMipLevel 成员。
- 将 VK_REMAINING_MIP_LEVELS 赋予 levelCount 成员。
- 将 0 赋予 baseArrayLayer 成员。
- 将 VK_REMAINING_ARRAY_LAYERS 赋予 layerCount 成员。

（4）获取命令缓冲区的句柄，将该句柄存储在一个 VkCommandBuffer 类型的变量中，将该变量命名为 command_buffer。

（5）确保 command_buffer 变量代表的命令缓冲区处于正在记录状态（命令缓冲区已经开始记录操作）。

（6）创建一个 VkPipelineStageFlags 类型的位域变量，将其命名为 generating_stages，使用该变量存储使用过该图像的管线阶段。

（7）创建一个 VkPipelineStageFlags 类型的位域变量，将其命名为 consuming_stages，使用该变量存储在内存屏障之后将要使用该图像的管线阶段。

（8）调用 vkCmdPipelineBarrier(command_buffer, generating_stages, consuming_stages, 0, 0, nullptr, 0, nullptr, static_cast<uint32_t>(image_memory_barriers.size()), &image_memory_barriers[0])函数。将第一个参数设置为命令缓冲区的句柄；将第二个参数设置为 generating_stages 变量；将第三个参数设置为 consuming_stages 变量；将第四个、第五个参数都设置为 0；将第六个参数设置为 nullptr；将第七个参数设置为 0；将第八个参数设置为 nullptr；将第九个参数设置为 vector 容器变量含有元素的数量；将第十个参数设置为指向 vector 容器 image_memory_barriers 变量中第一个元素的指针。

具体运行情况

在 Vulkan 中，操作是在管线中进行处理的。尽管应按照操作被提交的次序处理操作，但部分管线仍旧会通过并发方式执行。但有时我们需要使这些操作同步，并通知驱动程序等待另一些操作的结果。

内存屏障用于命令缓冲区执行过程中的时间点，在这个时间点后续命令应等待较早前的命令完成工作，这也会使较早前这些操作的结果变得对其他操作可见（公开）。

要使内存操作变得对后续命令可见，就需要使用内存屏障。在一些操作向图像中写入数据，另一些操作将会从图像中读取数据的情况中，就需要使用图像内存屏障。相反的情况也需要使用内存屏障，覆盖图像数据的操作需要等待较早前的操作停止从图像读取数据。如果不使用内存屏障，那么上述两种情况都会使图像的内容变得非法。但是，应尽量减少这类情况出现的次数，否则会降低我们编写的应用程序的性能。这是因为在这类命令缓冲区执行过程中暂停，会导致图形硬件处理管线中的停顿，时间就会被浪费掉。

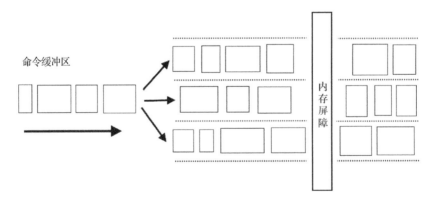

为了避免对应用程序产生负面影响，应该通过设置参数为尽可能多的图像设置尽可能少的内存屏障。

可以使用图像内存屏障定义对图像的使用方式更改操作。这类更改图像的使用方式的操作通常需要同步化已提交的操作，这也是会用到图像内存屏障的原因。要更改图像使用的方式，需要定义在内存屏障之前和之后执行的内存操作（内存访问操作）的类型，还需要定义内存屏障之前和之后图像的内存布局。这是因为通过不同方式使用的图像会含有不同的内存组织形式。例如，需要将从着色器中图像获得的采样数据存储在与它们相邻的纹素所在的内存空间相邻的内存空间中。但是，向图像写入数据时，以线性方式存储图像的数据会使写入数据操作获得更快的速度，这也是 Vulkan 引入图像布局的原因。每种图像使用方式都拥有本身专用的内存布局，通用布局可以应用于所有图像使用方式，但我们不推荐使用通用布局，因为在某些硬件平台上这样做会影响性能。

为了获得最佳性能，尽管需要考虑图像使用方式切换频率过高的问题，但最好根据特定图像用法使用专用的图像内存布局。

定义图像用法切换操作的参数，是通过一个 VkImageMemoryBarrier 类型的变量设定的。

```
std::vector<VkImageMemoryBarrier> image_memory_barriers;

for( auto & image_transition : image_transitions ) {
  image_memory_barriers.push_back( {
    VK_STRUCTURE_TYPE_IMAGE_MEMORY_BARRIER,
    nullptr,
    image_transition.CurrentAccess,
    image_transition.NewAccess,
    image_transition.CurrentLayout,
    image_transition.NewLayout,
    image_transition.CurrentQueueFamily,
    image_transition.NewQueueFamily,
    image_transition.Image,
    {
      image_transition.Aspect,
      0,
      VK_REMAINING_MIP_LEVELS,
      0,
      VK_REMAINING_ARRAY_LAYERS
    }
  } );
}
```

为了使内存屏障能够正常运行，需要定义已使用和将要使用这些图像的管线阶段。

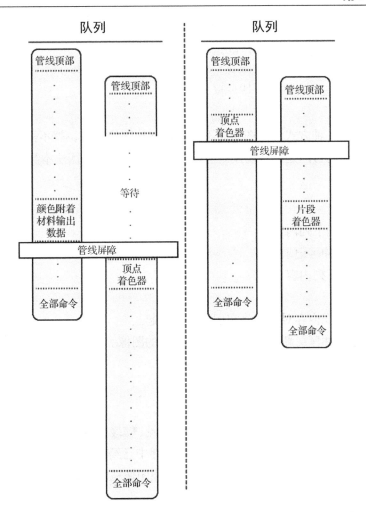

上图展示了两个管线屏障的例子。如图左侧所示，颜色是通过片段着色器生成的，经过所有片段测试（深度测试、混合）后，颜色数据被写入图像中，该图像就会在后续命令的顶点着色器中被使用。这种设置很可能会在管线中造成停顿。

上图右侧部分展示了图形命令中的一个依赖关系，数据被写入顶点着色器中的某个资源中，这类数据会由下一个命令的片段着色器使用。在这种情况中，下一个命令的片段着色器开始被执行前，顶点着色器的所有实例都会停止工作。这就是应尽量减少管线屏障数量的原因，如有必要可通过适当方式设置绘制命令并选择创建屏障的管线阶段。通过下面的函数调用操作，可以获取应用于屏障（生成和使用阶段）中所有图像的参数。

```
if( image_memory_barriers.size() > 0 ) {
```

```
vkCmdPipelineBarrier( command_buffer, generating_stages,
consuming_stages, 0, 0, nullptr, 0, nullptr,
static_cast<uint32_t>(image_memory_barriers.size()),
&image_memory_barriers[0] );
}
```

如果多次以同一种方式使用图像并不会切换其他图像用法，就不需要在使用图像前设置屏障。设置屏障的目的是标识切换用法的情况，而不是标识用法本身。

参考内容

请参阅第 3 章的下列内容：
- 启动命令缓冲区记录操作。

请参阅本章的下列内容：
- 创建图像。
- 为缓冲区分配内存对象并将它们绑定到一起。
- 使用暂存缓冲区更新与设备本地内存绑定的图像。

创建图像视图

直接通过 Vulkan 命令使用图像的情况极为少见，帧缓冲区和着色器（根据描述符集合）通过图像视图访问图像。图像视图定义了图像内存中已经被选中的部分，还定义了用于通过适当方式读取图像数据的额外信息，这就是创建图像视图的目的。

具体处理过程

（1）获取逻辑设备的句柄，将该句柄存储到一个 VkDevice 类型的变量中，将该变量命名为 logical_device。
（2）获取已创建图像的句柄，将该句柄赋予一个 VkImage 类型的变量，将该变量命名为 image。
（3）创建一个 VkImageViewCreateInfo 类型的变量，将其命名为 image_view_create_info。将下列值赋予该变量中的各个成员。
- 将 VK_STRUCTURE_TYPE_IMAGE_VIEW_CREATE_INFO 赋予 sType 成员。
- 将 nullptr 赋予 pNext 成员。

- 将 0 赋予 flags 成员。
- 将 image 变量的值赋予 image 成员。
- 将图像视图的类型赋予 viewType 成员。
- 将图像的格式赋予 format 成员，如果需要在视图中重新解析图像，就将其他兼容格式赋予 format 成员。
- 将 VK_COMPONENT_SWIZZLE_IDENTITY 赋予 components 成员中的所有成员。
- 将下列值赋予 subresourceRange 成员中的各个成员：
- 将图像的外观（颜色、深度和刻板）存储在 aspectMask 成员中。
- 将 0 赋予 baseMipLevel 成员。
- 将 VK_REMAINING_MIP_LEVELS 赋予 levelCount 成员。
- 将 0 赋予 baseArrayLayer 成员。
- 将 VK_REMAINING_ARRAY_LAYERS 赋予 layerCount 成员。

（4）创建一个 VkImageView 类型的变量，将其命名为 image_view，该变量用于仓库图像视图的句柄。

（5）调用 vkCreateImageView(logical_device, &image_view_create_info, nullptr, &image_view)函数。将第一个参数设置为逻辑设备的句柄；将第二个参数设置为指向 image_view_create_info 变量的指针；将第三个参数设置为 nullptr；将第四个参数设置为指向 image_view 变量的指针。

（6）通过查明该函数调用操作的返回值等于 VK_SUCCESS，确认该函数调用操作成功完成。

具体运行情况

图像视图定义了额外的用于访问图像的元数据。通过图像视图可以设定通过命令能够访问图像的哪些部分。本节介绍为图像的全部数据创建图像视图的方式，还介绍了缩小可访问资源范围的方式。例如，在渲染通道中渲染图像时，可以设定仅更新一个 mipmap 纹理映射等级。

图像视图还定义了解析图像内存的方式，含有多个图层的图像就是一个很好的例子，可以为这种图像定义图像视图，以便能够直接解析这种多层图像，也可以使用图像视图通过这种多层图像创建立方体贴图。

使用下面的代码可以设置这些参数。

```
VkImageViewCreateInfo image_view_create_info = {
```

```
    VK_STRUCTURE_TYPE_IMAGE_VIEW_CREATE_INFO,
    nullptr,
    0,
    image,
    view_type,
    format,
    {
      VK_COMPONENT_SWIZZLE_IDENTITY,
      VK_COMPONENT_SWIZZLE_IDENTITY,
      VK_COMPONENT_SWIZZLE_IDENTITY,
      VK_COMPONENT_SWIZZLE_IDENTITY
    },
    {
      aspect,
      0,
      VK_REMAINING_MIP_LEVELS,
      0,
      VK_REMAINING_ARRAY_LAYERS
    }
};
```

通过调用 vkCreateImageView() 函数可以创建图像视图，下面是该函数调用操作的示例。

```
VkResult result = vkCreateImageView( logical_device,
&image_view_create_info, nullptr, &image_view );
if( VK_SUCCESS != result ) {
  std::cout << "Could not create an image view." << std::endl;
  return false;
}
return true;
```

参考内容

请参阅本章的下列内容：
- 创建图像。
- 创建 2D 图像和视图。
- 销毁图像视图。

创建 2D 图像和视图

在许多广受欢迎的应用程序和游戏中，最常见的图像类型是带有 4 个 RGBA 组件且每个纹素占用 32 位存储空间的 2D 纹理。如果在 Vulkan 中创建这种资源，就需要创建 2D 图像和合适的图像视图。

具体处理过程

（1）获取逻辑设备的句柄，将该句柄存储在一个 VkDevice 类型的变量中，将该变量命名为 logical_device。

（2）选择在图像中使用的数据格式，将该数据格式存储在一个 VkFormat 类型的变量中，将该变量命名为 format。

（3）选择图像的尺寸，将该尺寸存储在一个 VkExtent2D 类型的变量中，将该变量命名为 size。

（4）选择用于合成图像的 mipmap 纹理映射等级的编号，将编号存储在一个 uint32_t 类型的变量中，将该变量命名为 num_mipmaps。

（5）设置图层的数量，将该数量存储在一个 uint32_t 类型的变量中，将该变量命名为 num_layers。

（6）选择每个纹素中的样本数量，将该数量存储在一个 VkSampleCountFlagBits 类型的变量中，将该变量命名为 samples。

（7）考虑好我们编写的应用程序会通过哪几种方式使用图像，将这些使用图像的方式（通过逻辑或运算合并为一个值）存储在一个 VkImageUsageFlags 类型的变量中，将该变量命名为 usage。

（8）使用 logical_device、format、size、num_mipmaps、num_layers、samples 和 usage 变量，创建一幅 VK_IMAGE_TYPE_2D 类型的图像。将创建好的图像的句柄存储在一个 VkImage 类型的变量中，将该变量命名为 image（请参阅"创建图像"小节）。

（9）获取用于创建逻辑设备的物理设备的句柄，将该句柄存储在一个 VkPhysicalDevice 类型的变量中，将该变量命名为 physical_device。

（10）获取物理设备的内存属性，使用这些属性分配将会与图像（由 image 变量代表）绑定的内存对象，确保使用了带有 VK_MEMORY_PROPERTY_DEVICE_LOCAL_BIT 属性的内存类型。将分配好的内存对象存储在一个 VkDeviceMemory 类型的变量中，将该变量命名为 memory_object（请参阅"为缓冲区分配内存对象并将它们绑定到一起"小节）。

（11）选择用于创建图像视图的图像外观（颜色、深度和刻板），将该数据存储在一个 VkImageAspectFlags 类型的变量中，将该变量命名为 aspect。

（12）使用 logical_device、image、format 和 aspect 变量，创建一个 VK_IMAGE_VIEW_TYPE_2D 类型的图像视图。将创建好的图像视图的句柄存储在一个 VkImageView 类型的变量中，将该变量命名为 image_view（请参阅"创建图像视图"小节）。

具体运行情况

创建图像的过程通常分为 3 个步骤：
（1）创建图像。
（2）创建内存对象（也可以使用以前创建好的），并将内存对象与图像绑定到一起。
（3）创建图像视图。

图像通常会作为纹理，这就需要创建类型为 VK_IMAGE_TYPE_2D、格式为 VK_FORMAT_R8G8B8A8_UNORM 的图像，但我们可以根据自己的需要设置参数。图像的其余属性由图像的尺寸（换言之，我们要通过已经存在的图像文件创建纹理，并且需要计算该图像的面积）、应用于图像的过滤类型（在需要使用 mipmap 纹理映射的情况中）、样本数量（在需要多次取样的情况中）和使用图像的环境决定。

可以将"创建图像"小节介绍的图像创建过程简化为下列代码。

```
if( !CreateImage( logical_device, VK_IMAGE_TYPE_2D, format, { size.width,
size.height, 1 }, num_mipmaps, num_layers, samples, usage, false, image ) )
{
  return false;
}
```

分配内存对象并将之与图像绑定到一起（请参阅"将内存对象分配给图像并将它们绑定到一起"小节）。为了获得最佳性能，应快速地在本地设备内存中分配内存对象。

```
if( !AllocateAndBindMemoryObjectToImage( physical_device, logical_device,
image, VK_MEMORY_PROPERTY_DEVICE_LOCAL_BIT, memory_object ) ) {
  return false;
}
```

我们可以使用以前创建好的内存对象，但它必须符合图像的内存要求并拥有足够的存储空间。

我们必须创建图像视图，通过图像视图可以设定硬件解析图像数据的方式。我们还可以用不同的格式（但必须具备兼容性）创建图像视图，但对于许多使用图像的方式来说，这不是必要的处理手段，我们会使用与图像相同的格式创建图像视图。对于作为标准2D纹理的图像，在为其创建图像视图时还可以使用彩色外观，但为带有深度数据的图像（作为深度附着材料的图像）创建图像视图时，就必须设置深度外观。要详细了解创建图像视图的方式，请参阅"创建图像视图"小节。

```
if( !CreateImageView( logical_device, image, VK_IMAGE_VIEW_TYPE_2D, format,
aspect, image_view ) ) {
  return false;
}
```

现在可以在我们编写的应用程序中使用这幅图像了，可以通过文件向图像中添加数据，也可以在着色器中将图像作为纹理（在本例中还需要使用采样器和描述符集合），还可以将图像视图与帧缓冲区绑定到一起，将图像作为颜色附着材料（渲染目标）。

参考内容

请参阅本章的下列内容：
- 创建图像。
- 将内存对象分配给图像并将它们绑定到一起。
- 创建图像视图。
- 销毁图像视图。
- 销毁图像。
- 释放内存对象。

通过 CUBEMAP 视图创建分层的 2D 图像

在 3D 应用程序和游戏中，CUBEMAP 是一种很常见的图像使用方式，该方式用于模拟物体反射环境光的效果。要通过这种方式使用图像，不需要创建 CUBEMAP 图像，只需要创建一幅分层图像。通过图像视图命令硬件将该图像的图层解析为 CUBEMAP 的 6 个表面。

具体处理过程

（1）获取逻辑设备的句柄，将该句柄存储在一个 VkDevice 类型的变量中，将该变量命名为 logical_device。

（2）设置图像的尺寸，注意该图像必须为正方形，将图像的尺寸存储到一个 uint32_t 类型的变量中，将该变量命名为 size。

（3）设置图像 mipmap 纹理映射等级的编号，将该编号存储到一个 uint32_t 类型的变量中，将该变量命名为 num_mipmaps。

（4）考虑好将通过哪些方式使用这幅图像，将这些使用图像的方式（通过逻辑或运算将这些使用方式合并为一个值）存储到一个 VkImageUsageFlags 类型的变量中，将该变量命名为 usage。

（5）创建一个类型为 VK_IMAGE_TYPE_2D、格式为 VK_FORMAT_R8G8B8A8_UNORM、拥有 6 个图层和每个纹素中含有一个样本的图像。将 logical_device、size、num_mipmaps 和 usage 变量作为创建图像的其余参数。将创建好的图像的句柄存储在一个 VkImage 类型的变量中，将该变量命名为 image（请参阅"创建图像"小节）。

（6）获取用于创建逻辑设备的物理设备的句柄，将该句柄存储在一个 VkPhysicalDevice 类型的变量中，将该变量命名为 physical_device。

（7）获取物理设备的内存属性，使用这些属性通过带有 VK_MEMORY_PROPERTY_DEVICE_LOCAL_BIT 属性的内存类型分配内存对象。将分配好的内存对象的句柄存储在一个 VkDeviceMemory 类型的变量中，将该变量命名为 memory_object，将该对象与图像绑定到一起（请参阅"将内存对象分配给图像并将它们绑定到一起"小节）。

（8）选择彩色外观并将该数据存储到一个 VkImageAspectFlags 类型的变量中，将该变量命名为 aspect。

（9）使用 logical_device、image 和 aspect 变量创建一个类型为 VK_IMAGE_VIEW_TYPE_CUBE、格式为 VK_FORMAT_R8G8B8A8_UNORM 的图像视图，将创建好的图像视图的句柄存储到一个 VkImageView 类型的变量中，将该变量命名为 image_view（请参阅"创建图像视图"小节）。

具体运行情况

创建 CUBEMAP 的处理过程与创建其他类型图像的处理过程非常相似。首先，创建图像本身，只需要注意这幅图像至少含有 6 个图层，因为这些图层将会被解析为 CUBEMAP 的 6 个表面。CUBEMAP 的纹素中不能含有的样本不能超过 1 个。

```
if( !CreateImage( logical_device, VK_IMAGE_TYPE_2D,
  VK_FORMAT_R8G8B8A8_UNORM, { size, size, 1 }, num_mipmaps, 6,
```

```
    VK_SAMPLE_COUNT_1_BIT, usage, true, image ) ) {
  return false;
}
```

然后，像处理其他资源一样，为这幅图像分配和绑定内存对象。

```
if( !AllocateAndBindMemoryObjectToImage( physical_device, logical_device,
  image, VK_MEMORY_PROPERTY_DEVICE_LOCAL_BIT, memory_object ) ) {
  return false;
}
```

最后，需要为这幅图像创建图像视图。通过该操作可以设定 CUBEMAP 图像视图的类型。

```
if( !CreateImageView( logical_device, image, VK_IMAGE_VIEW_TYPE_CUBE,
  VK_FORMAT_R8G8B8A8_UNORM, aspect, image_view ) ) {
  return false;
}
```

在使用 CUBEMAP 图像视图时，图层以+X、-X、+Y、-Y、+Z 和-Z 的次序与立方体的表面对应。

参考内容

请参阅本章的下列内容：
- 创建图像。
- 将内存对象分配给图像并将它们绑定到一起。
- 创建图像视图。
- 销毁图像视图。
- 销毁图像。
- 释放内存对象。

映射、更新主机可见内存及移除主机可见内存的映射关系

对于在渲染处理过程中使用的图像和缓冲区来说，最好与图形硬件中的内存（设备本

地内存）绑定，这可以获得最佳性能。但是我们无法直接访问这种内存，要访问这种内存需要使用在 GPU（设备）和 CPU（主机）转接数据的中间（暂存）资源。

暂存资源需要使用主机可见的内存，如果将数据存储到这种内存中或从这种内存中读取数据，就需要映射这种内存。

具体处理过程

（1）获取已创建逻辑设备的句柄，将该句柄存储在一个 VkDevice 类型的变量中，将该变量命名为 logical_device。

（2）选择通过带 VK_MEMORY_PROPERTY_HOST_VISIBLE_BIT 属性的内存类型分配的内存对象，将该内存对象的句柄存储在一个 VkDeviceMemory 类型的变量中，将该变量命名为 memory_object。

（3）选择用于映射和更新的内存区域。获取内存对象开始位置与该区域的距离（偏移量），将该偏移量（以字节为单位）存储在一个 VkDeviceSize 类型的变量中，将该变量命名为 offset。

（4）选择数据的尺寸，这些数据会存储到内存对象已选定的区域中。将该尺寸存储到一个 VkDeviceSize 类型的变量中，将该变量命名为 data_size。

（5）准备将要存储到内存对象中的数据，在这些数据的开头设置一个指针，将该指针存储到一个 void* 类型的变量中，将该变量命名为 data。

（6）创建一个 void* 类型的变量，将其命名为 pointer，该变量用于存储指向已映射内存部分的指针。

（7）通过调用 vkMapMemory(logical_device, memory_object, offset, data_size, 0, &pointer) 函数映射内存。将第一个参数设置为逻辑设备的句柄；将第二个参数设置为内存对象的句柄；将第三个参数设置为内存对象开头与将要被映射的内存区域的距离（偏移量）；将第四个参数设置为 0；将第五个参数设置为指向 pointer 变量的指针。

（8）通过查明该函数调用操作的返回值等于 VK_SUCCESS，确认该函数调用操作成功完成。

（9）将准备好的数据复制到 pointer 变量指向的内存区域中，通过调用 std::memcpy (pointer, data, data_size) 函数可以做到这一点。

（10）创建一个 std::vector<VkMappedMemoryRange> 类型的变量，将该变量命名为 memory_ranges。使用该 vector 容器变量中的元素代表被修改的内存区域，使用下列值初始化每个元素中的各个成员。

- 将 VK_STRUCTURE_TYPE_MAPPED_MEMORY_RANGE 赋予 sType 成员。
- 将 nullptr 赋予 pNext 成员。
- 将 memory_object 变量的值赋予 memory 成员。
- 将每个内存区域的偏移量赋予 offset 成员。
- 将每个内存区域的尺寸赋予 size 成员。

（11）将已更改的内存区域的情况通知给驱动程序，通过调用 vkFlushMappedMemoryRanges (logical_device, static_cast<uint32_t>(memory_ranges.size()), &memory_ranges[0])函数，可以做到这一点。将第一个参数设置为 logical_device 变量；将第二个参数设置为已修改内存区域的数量（vector 容器 memory_ranges 变量中含有元素的数量）；将第三个参数设置为指向 vector 容器 memory_ranges 变量中第一个元素的指针。

（12）通过查明该函数调用操作的返回值等于 VK_SUCCESS，确认该函数调用操作成功完成。

（13）要移除内存的映射关系，可以调用 vkUnmapMemory(logical_device, memory_object)函数。

具体运行情况

映射内存是将数据传输给 Vulkan 资源的最简单方式。在执行映射操作的过程中，可设定映射哪些内存区域［该区域由内存对象开头的地址至被映射内存区域的距离（偏移量）和被映射区域的尺寸划定］。

```
VkResult result;
void * local_pointer;
result = vkMapMemory( logical_device, memory_object, offset, data_size, 0,
  &local_pointer );
if( VK_SUCCESS != result ) {
  std::cout << "Could not map memory object." << std::endl;
  return false;
}
```

映射操作为我们提供指向被映射内存区域的指针，像在典型的 C++ 应用程序中使用其他指针一样使用这个指针。映射操作可以将数据写入这些被映射的内存区域，也可以从这些被映射的内存区域读取数据。本例将来自应用程序的数据复制到内存对象中。

```
std::memcpy( local_pointer, data, data_size );
```

更新已映射的内存区域时，需要通知驱动程序内存内容更改的情况，以及已存储到内存中的数据可能无法立刻公开给已提交给队列的操作。由 CPU（主机）执行的通知内存数据更改情况的操作称为刷新。因此，可创建已更新内存区域的列表，从而避免通报所有已映射的内存的情况。

```
std::vector<VkMappedMemoryRange> memory_ranges = {
  {
  VK_STRUCTURE_TYPE_MAPPED_MEMORY_RANGE,
  nullptr,
  memory_object,
  offset,
  data_size
  }
};
vkFlushMappedMemoryRanges( logical_device,
static_cast<uint32_t>(memory_ranges.size()), &memory_ranges[0] );
if( VK_SUCCESS != result ) {
  std::cout << "Could not flush mapped memory." << std::endl;
  return false;
}
```

处理好已映射的内存后，可移除内存的映射关系。不应使内存映射操作影响应用程序的性能，可以在应用程序的整个生命周期保留指向这些内存区域的指针。但是，在关闭应用程序并销毁所有资源前，需要移除内存的映射关系。

```
if( unmap ) {
  vkUnmapMemory( logical_device, memory_object );
} else if( nullptr != pointer ) {
  *pointer = local_pointer;
}
return true;
```

参考内容

请参阅本章的下列内容：

- 为缓冲区分配内存对象并将它们绑定到一起。

- 将内存对象分配给图像并将它们绑定到一起。
- 使用暂存缓冲区更新与设备本地内存绑定的缓冲区。
- 使用暂存缓冲区更新与设备本地内存绑定的图像。
- 释放内存对象。

在缓冲区之间复制数据

在 Vulkan 中，要将数据添加到缓冲区中，除使用内存映射技巧外，还可以使用其他手段。即使与缓冲区绑定到一起的内存对象的类型各不相同，也可以在缓冲区之间复制数据。

具体处理过程

（1）获取命令缓冲区的句柄，将该句柄存储在一个 VkCommandBuffer 类型的变量中，将这个变量命名为 command_buffer，确保该命令缓冲区处于记录状态（请参阅第 3 章）。

（2）获取提供数据的缓冲区的句柄，将该句柄存储在一个 VkBuffer 类型的变量中，将这个变量命名为 source_buffer。

（3）获取接收数据的缓冲区的句柄，将该句柄存储在一个 VkBuffer 类型的变量中，将这个变量命名为 destination_buffer。

（4）创建一个 std::vector<VkBufferCopy>类型的变量，将其命名为 regions。该 vector 容器变量用于存储为复制操作提供源数据的内存区域，其中的每个元素都代表一个内存区域。在每个元素中，设置复制操作源数据缓冲区的内存偏移量、复制操作目标缓冲区的内存偏移量和将被复制数据的尺寸。

（5）调用 vkCmdCopyBuffer(command_buffer, source_buffer, destination_buffer, static_cast<uint32_t>(regions.size()), &regions[0])函数。将第一个参数设置为 command_buffer 变量；将第二个参数设置为 source_buffer 变量；将第三个参数设置为 destination_buffer 变量；将第四个参数设置为 vector 容器 regions 变量中含有元素的数量；将第五个参数设置为指向 vector 容器 regions 变量中第一个元素的指针。

具体运行情况

在缓冲区之间复制数据是一种更新指定资源内存内容的方式，应将该操作记录到命令缓冲区中。

```
if( regions.size() > 0 ) {
  vkCmdCopyBuffer( command_buffer, source_buffer, destination_buffer,
  static_cast<uint32_t>(regions.size()), &regions[0] );
}
```

为了获得最优性能,在渲染过程中使用的资源应含有设备本地内存的绑定关系,但是我们无法映射这类内存。使用vkCmdCopyBuffer()函数,可以将与这类内存绑定的主机可见内存中的数据复制到这类内存中。我们编写的应用程序可以直接映射和更新主机可见内存。

要创建用于存储复制操作源数据的缓冲区,必须使用VK_BUFFER_USAGE_TRANSFER_SRC_BIT标志值。
要创建用于存储复制操作数据的目的缓冲区,必须使用VK_BUFFER_USAGE_TRANSFER_DST_BIT标志值。

当想要将某个缓冲区作为数据传输操作(复制数据到该缓冲区)的目的缓冲区时,应设置内存屏障,以便通知驱动程序此后对该缓冲区执行的操作,由VK_ACCESS_TRANSFER_WRITE_BIT内存访问方案代表。完成了向目的缓冲区复制数据的操作后,如果想要通过另一种方式使用该缓冲区,就应该设置另一个内存屏障。因此,应先设定向该缓冲区传输数据的操作(从而使这些操作由VK_ACCESS_TRANSFER_WRITE_BIT内存访问类型代表)的内存屏障,在该内存屏障之后应通过另一种方式使用该缓冲区,即对该缓冲区执行另一种内存访问类型的操作(请参阅"设置缓冲区内存屏障"小节)。

参考内容

请参阅本章的下列内容:
- 创建缓冲区。
- 设置缓冲区内存屏障。
- 映射、更新主机可见内存及移除主机可见内存的映射关系。
- 使用暂存缓冲区更新与设备本地内存绑定的缓冲区。

将数据从缓冲区复制到图像

可以为图像绑定各种内存类型的内存对象,但我们编写的应用程序只能直接映射和更新主机可见内存。当想要更新使用了设备本地内存的图像时,就需要从缓冲区复制数据。

具体处理过程

(1) 获取命令缓冲区的句柄,将该句柄存储在一个 VkCommandBuffer 类型的变量中,将该变量命名为 command_buffer。确保使该命令缓冲区处于记录状态(请参阅第 3 章中"启动命令缓冲区记录操作"小节)。

(2) 获取复制操作源数据缓冲区的句柄,将该句柄存储在一个 VkBuffer 类型的变量中,将该变量命名为 source_buffer。

(3) 获取接收数据图像的句柄,将该句柄存储在一个 VkImage 类型的变量中,将该变量命名为 destination_image。

(4) 创建一个 VkImageLayout 类型的变量,将该变量命名为 image_layout,该变量用于存储图像当前的内存布局。

(5) 创建一个 std::vector<VkBufferImageCopy>类型的变量,将其命名为 regions。使用 vector 容器 regions 变量中的每个元素代表一个内存区域。将下列值赋予每个元素中的各个成员。

① 将代表缓冲区的起始地址与被复制数据所在区域距离的偏移量赋予 bufferOffset 成员。

② 如果被复制数据是封装好的(由目的图像的尺寸决定),就将 0 赋予 bufferRowLength 成员;否则,就将被复制数据单行的长度(缓冲区的单行长度)赋予 bufferRowLength 成员。

③ 如果被复制数据是封装好的(由目的图像的尺寸决定),就将 0 赋予 bufferImageHeight 成员;否则,就将在缓冲区中存储的假想图像高度赋予 bufferRowLength 成员。

④ 使用下列值初始化 imageSubresource 成员中的各个成员:

- 将图像的外观(颜色、深度和刻板)赋予 aspectMask 成员。
- 把将要更新的 mipmap 纹理映射等级编号(索引)赋予 mipLevel 成员。
- 把将要更新的第一个数组图层的编号赋予 baseArrayLayer 成员。
- 把将要更新的数组图层的数量赋予 layerCount 成员。

⑤ 把将要更新的图像内存区域的初始偏移量(以纹素为单位)赋予 imageOffset 成员。

⑥ 将图像的尺寸(面积)赋予 imageExtent 成员。

(6) 调用 vkCmdCopyBufferToImage(command_buffer, source_buffer, destination_image, image_layout, static_cast<uint32_t>(regions.size()), &regions[0])函数。将第一个参数

设置为 command_buffer 变量；将第二个参数设置为 source_buffer 变量；将第三个参数设置为 destination_image 变量；将第四个参数设置为 image_layout 变量；将第五个参数设置为 vector 容器 regions 变量中含有元素的数量；将第六个参数设置为指向 vector 容器 regions 变量中第一个元素的指针。

具体运行情况

在缓冲区和图像之间复制数据的操作是通过命令缓冲区实现的，应在命令缓冲区中记录下列操作。

```
if( regions.size() > 0 ) {
  vkCmdCopyBufferToImage( command_buffer, source_buffer, destination_image,
  image_layout, static_cast<uint32_t>(regions.size()), &regions[0] );
}
```

我们需要了解图像的数据以何种方式存储在缓冲区中，以便能够通过适当方式向图像内存中写入数据，还需要获取内存偏移量（代表与缓冲区起始地址的距离）、缓冲区数据的单行长度和在缓冲区中存储假想图像的高度。通过这些信息驱动程序就能够正确地获取内存地址，并将缓冲区的内容复制到图像中。我们可以将数据单行长度和假想图像高度设置为 0，这意味着缓冲区中的数据是封装好的，与目的图像的尺寸相符。

还需要为数据传输操作提供目的地信息，这包括定义代表图像原点（图像的左上角，以纹素为单位）的距离的偏移量信息（x、y 和 z 尺寸）、要将数据复制到其中的 mipmap 纹理映射等级、基础数组图层和要更新的图层数量，以及目的图像的尺寸。

上述参数都是通过一组 VkBufferImageCopy 元素设置的，可以一次设置多个这样的内存区域，并且可以对不相邻的内存区域执行复制操作。

对于硬件架构中含有多种内存类型的物理设备来说，在渲染处理过程（应用程序的性能关键路径）中，最好使用为资源绑定设备本地专用内存，这类内存的速度通常比主机可见内存的速度快。主机可见内存只应用于暂存资源（由 CPU 读写的数据）。

对于硬件架构中仅有一种内存类型（既是设备本地内存也是主机可见内存）的物理设备来说，我们就不需要考虑在执行写入操作时选用哪种暂存资源。但是，前面介绍的方法仍然有用，它们可以在不同的执行环境中统一应用程序的行为，这会使应用程序的维护工作变得更容易。

在上述两种情况中，我们都能够轻松映射暂存资源的内存，并在我们编写的应用程序中访问它。使用暂存资源的内存可以将数据写入设备本地内存（在通常情况中是无法映射的），并从设备本地内存读取数据。通过本节介绍的复制操作可以做到这一点。

要创建用于存储复制操作源数据的缓冲区，必须使用 VK_BUFFER_USAGE_TRANSFER_SRC_BIT 标志值。

要创建用于存储写入操作数据的目的图像，必须使用 VK_BUFFER_USAGE_TRANSFER_DST_BIT 标志值。在执行写入操作前，还需要将图像的布局转换为 VK_IMAGE_LAYOUT_TRANSFER_DST_OPTIMAL。

在向图像写入数据前，必须先更改图像的内存布局，然而只能将数据复制到当前内存布局为 VK_IMAGE_LAYOUT_TRANSFER_DST_OPTIMAL 的图像中。但是也可以使用 VK_IMAGE_LAYOUT_GENERAL 布局，但最好不要这样做，因为这会降低性能。

在将数据复制到图像中前，应设置一个内存屏障，以便将图像的内存访问类型更改为 VK_ACCESS_TRANSFER_WRITE_BIT。该内存屏障还应该执行布局切换，将图像的内存布局切换为 VK_IMAGE_LAYOUT_TRANSFER_DST_OPTIMAL。完成向图像复制数据的操作后，如果还想通过其他方式使用这幅图像，就应该设置另一个内存屏障。这次应该将该图像的内存访问类型从 VK_ACCESS_TRANSFER_WRITE_BIT，切换为与下一个图像用法对应的内存访问操作类型，而且应该将图像的内存布局从 VK_IMAGE_LAYOUT_TRANSFER_DST_OPTIMAL，切换为与下一个图像用法兼容的布局（请参阅"设置图像内存屏障"小节）。不使用这些内存屏障，不仅无法执行数据传输操作，而且这些数据也无法对在该图像上执行的其他操作公开（可见）。

如果要通过其他方式使用存储源数据的缓冲区，则应该为其设置内存屏障，并在执行数据传输操作之前和之后，进行类似的内存访问操作类型切换。但是，因为缓冲区在此作为数据源，所以应在第一个内存屏障中设置 VK_ACCESS_TRANSFER_READ_BIT 内存访问操作类型，通过与更改图像参数相同的管线屏障可以做到这一点（请参阅"设置缓冲区内存屏障"小节）。

参考内容

请参阅本章的下列内容：
- 创建缓冲区。
- 为缓冲区分配内存对象并将它们绑定到一起。
- 设置缓冲区内存屏障。

- 创建图像。
- 将内存对象分配给图像并将它们绑定到一起。
- 设置图像内存屏障。
- 映射、更新主机可见内存及移除主机可见内存的映射关系。
- 将数据从图像复制到缓冲区。

将数据从图像复制到缓冲区

在 Vulkan 中,不仅可以将数据从缓冲区传输给图像,还可以将图像中的数据复制给缓冲区,这与缓冲区和图像绑定的内存对象的属性无关。但是,数据复制操作是本地内存中更新无法映射的设备的唯一途径。

具体处理过程

（1）获取命令缓冲区的句柄,将该句柄存储在一个 VkCommandBuffer 类型的变量中,将该变量命名为 command_buffer。确保这个命令缓冲区已经处于记录状态（请参阅第 3 章中"启动命令缓冲区记录操作"小节）。

（2）获取作为源数据的图像的句柄,将该句柄存储在一个 VkImage 类型的变量中,将这个变量命名为 source_image。

（3）获取源图像的当前内存布局,将该布局赋予一个 VkImageLayout 类型的变量,将这个变量命名为 image_layout。

（4）获取复制数据操作中目的缓冲区的句柄,将该句柄存储在一个 VkBuffer 类型的变量中,将这个变量命名为 destination_buffer。

（5）创建一个 std::vector<VkBufferImageCopy>类型的变量,将该变量命名为 regions。使用 vector 容器 regions 变量中的每个元素,代表一个源数据内存区域。将下列值赋予每个元素中的各个成员。

① 将代表缓冲区的起始地址与被复制数据所在区域距离的偏移量赋予 bufferOffset 成员。

② 如果被复制数据是封装好的（由源图像的尺寸决定）,就将 0 赋予 bufferRowLength 成员；否则,就将被复制数据单行的长度（构成缓冲区单行的长度）赋予 bufferRowLength 成员。

③ 如果被复制数据是封装好的（由源图像的尺寸决定）,就将 0 赋予 bufferImageHeight

成员；否则，就将存储在缓冲区中的图像的高度（行数）赋予 bufferRowLength 成员。
④ 使用下列值初始化 imageSubresource 成员中的各个成员：
- 将图像的外观（颜色、深度和刻板）赋予 aspectMask 成员。
- 将提供数据的 mipmap 纹理映射等级编号（索引）赋予 mipLevel 成员。
- 将提供数据的第一个数组图层的编号赋予 baseArrayLayer 成员。
- 将提供的数组图层的数量赋予 layerCount 成员。

⑤ 将提供数据的图像内存区域的初始偏移量（以纹素为单位）赋予 imageOffset 成员。
⑥ 将图像的尺寸（面积）赋予 imageExtent 成员。
（6）调用 vkCmdCopyImageToBuffer(command_buffer, source_image, image_layout, destination_buffer, static_cast<uint32_t>(regions.size()), &regions[0])函数。将第一个参数设置为 command_buffer 变量；将第二个参数设置为 source_image 变量；将第三个参数设置为 image_layout 变量；将第四个参数设置为 destination_buffer 变量；将第五个参数设置为 vector 容器 regions 变量中含有元素的数量；将第六个参数设置为指向 vector 容器 regions 变量中第一个元素的指针。

具体运行情况

使用下面的代码可以从图像将数据复制到缓冲区的操作，记录到命令缓冲区中。

```
if( regions.size() > 0 ) {
  vkCmdCopyImageToBuffer( command_buffer, source_image, image_layout,
  destination_buffer, static_cast<uint32_t>(regions.size()), &regions[0] );
}
```

这个命令缓冲区必须处于记录状态。

为了正确执行复制数据的操作，我们需要使用多个参数，以便定义源数据和复制数据的目的地。这些参数包括从图像的原点（图像的左上角，以纹素为单位）至偏移量之间的 x、y 和 z 尺寸、mipmap 纹理映射等级、开始复制数据的基础数组图层和作为源数据的图层的数量。图像的面积也是必要参数。

对于目的缓冲区，我们应设置内存偏移量（到缓冲区内存起始地址的距离）、缓冲区中数据行的长度及图像数据的高度。可以将行长度和图像高度设置为 0，这意味着复制到缓冲区的数据，会根据图像的尺寸封装起来。

上述参数是通过一组 VkBufferImageCopy 元素设定的，与"将数据从缓冲区复制到图像"小节介绍过的参数类似。在一个复制数据操作中，可以使用多个不相邻的内存区域。

要创建用于存储复制操作源数据的图像，必须使用 VK_BUFFER_USAGE_TRANSFER_SRC_BIT 标志值。在执行复制数据操作前，还需要将图像的布局切换为 VK_IMAGE_LAYOUT_TRANSFER_SRC_OPTIMAL。

要创建用于存储写入操作数据的目的缓冲区，必须使用 VK_BUFFER_USAGE_TRANSFER_DST_BIT 标志值。

在从图像复制数据前，应该设置内存屏障并将图像的布局切换为 VK_IMAGE_LAYOUT_TRANSFER_SRC_OPTIMAL，还应该将图像的内存访问操作类型切换为 VK_ACCESS_TRANSFER_READ_BIT。完成从图像复制数据的操作后，如果要通过另一种方式使用这幅图像，则应该再设置一个屏障。这次应该将图像的内存访问操作类型，从 VK_ACCESS_TRANSFER_READ_BIT 切换为与该图像的下一个用法相符的内存访问操作类型。同时，还应该将图像的内存布局，从 VK_IMAGE_LAYOUT_TRANSFER_SRC_OPTIMAL 切换为与这幅图像的下一个用法相符的内存布局（请参阅"设置图像内存屏障"小节）。如果不使用这些内存屏障，则不仅无法正确地执行数据传输操作，而且会导致在执行完这个数据传输操作前，后续命令会覆盖图像的内容。

我们需要为缓冲区设置类似的内存屏障（但可以在同一个管线屏障中设置这些内存屏障）。如果先前该缓冲区通过其他方式被使用过，那么在执行数据传输操作前，应该将它的内存访问操作类型切换为 VK_ACCESS_TRANSFER_WRITE_BIT（请参阅"设置缓冲区内存屏障"小节）。

参考内容

请参阅本章的下列内容：
- 创建缓冲区。
- 为缓冲区分配内存对象并将它们绑定到一起。
- 设置缓冲区内存屏障。
- 创建图像。
- 将内存对象分配给图像并将它们绑定到一起。
- 设置图像内存屏障。
- 映射、更新主机可见内存及移除主机可见内存的映射关系。
- 将数据从缓冲区复制到图像。

使用暂存缓冲区更新与设备本地内存绑定的缓冲区

暂存资源用于更新主机不可见内存的内容，这类内存无法映射，因此需要用到能够轻松被映射和更新的中间缓冲区，以便传输数据。

具体处理过程

（1）获取逻辑设备的句柄，将该句柄存储在一个 VkDevice 类型的变量中，将这个变量命名为 logical_device。

（2）准备用于传输给目标缓冲区的数据。设置指向该数据资源起始地址的指针，将该指针存储在一个 void*类型的变量中，将这个变量命名为 data。将这些数据的尺寸（以字节为单位）存储到一个 VkDeviceSize 类型的变量中，将这个变量命名为 data_size。

（3）创建一个 VkBuffer 类型的变量，将其命名为 staging_buffer，该变量用于存储暂存缓冲区的句柄。

（4）创建一个缓冲区，其尺寸不能小于 data_size 变量的值。在创建该缓冲区的过程中，设定 VK_BUFFER_USAGE_TRANSFER_SRC_BIT 的用法。在创建这个缓冲区的过程中使用 logical_device，并将创建好的缓冲区的句柄存储到 staging_buffer 变量中（请参阅"创建缓冲区"小节）。

（5）获取用于创建逻辑设备的物理设备的句柄，将该句柄存储到一个 VkPhysicalDevice 类型的变量中，将这个变量命名为 physical_device。

（6）创建一个 VkDeviceMemory 类型的变量，将其命名为 memory_object，该变量用于创建分配给暂存缓冲区的内存对象。

（7）使用 physical_device、logical_device 和 staging_buffer 变量分配内存对象。使用带 VK_MEMORY_PROPERTY_HOST_VISIBLE_BIT 属性的内存类型分配内存对象。将创建好的内存对象的句柄存储在 memory_object 变量中，并将该内存对象与暂存缓冲区绑定到一起（请参阅"为缓冲区分配内存对象并将它们绑定到一起"小节）。

（8）使用 logical_device、设置为 0 的偏移量和代表已映射内存尺寸的 data_size 变量，映射 memory_object 变量代表的内存。将 data 指针指向的数据复制到 memory_object 变量代表的内存中，移除该内存部分的映射关系（请参阅"映射、更新主机可见内存及移除主机可见内存的映射关系"小节）。

（9）获取已分配的主要命令缓冲区的句柄，将该句柄存储到一个 VkCommandBuffer 类型的变量中，将这个变量命名为 command_buffer。

(10)开启 command_buffer 变量代表的命令缓冲区的记录状态,设置 VK_COMMAND_BUFFER_USAGE_ONE_TIME_SUBMIT_BIT 标志位(请参阅第 3 章中"启动命令缓冲区记录操作"小节)。

(11)获取数据传输操作中目的缓冲区的句柄,确保该缓冲区是通过 VK_BUFFER_USAGE_TRANSFER_DST_BIT 标志值创建的。将该缓冲区的句柄存储在一个 VkBuffer 类型的变量中,将这个变量命名为 destination_buffer。

(12)在 command_buffer 变量代表的命令缓冲区中,为 destination_buffer 变量代表的缓冲区记录一个内存屏障。在调用函数时,将使用过 destination_buffer 变量代表的缓冲区的管线阶段作为参数,并使用 VK_PIPELINE_STAGE_TRANSFER_BIT 标志值设置将要使用该缓冲区的管线阶段。在调用函数时,将引用过该缓冲区的内存访问操作的类型作为参数,并使用 VK_ACCESS_TRANSFER_WRITE_BIT 标志值设置新的内存访问操作类型。在调用函数时,忽略队列家族的索引,将两个索引参数都设置为 VK_QUEUE_FAMILY_IGNORED(请参阅"设置缓冲区内存屏障"小节)。

(13)创建一个 VkDeviceSize 类型的变量,将其命名为 destination_offset,将传输数据操作的目的缓冲区的偏移量存储到该变量中。

(14)使用 command_buffer 变量,将数据从 staging_buffer 变量代表的缓冲区,复制到 destination_buffer 变量代表的缓冲区。在调用函数时,将 0 作为源数据偏移量,将 destination_offset 变量作为目的缓冲区偏移量,将 data_size 变量作为被传输数据的尺寸(请参阅"在缓冲区之间复制数据"小节)。

(15)在 command_buffer 变量代表的命令缓冲区中,为 destination_buffer 变量代表的缓冲区记录内存屏障。在调用函数时,使用 VK_PIPELINE_STAGE_TRANSFER_BIT 标志值设置管线的生成阶段(已使用过 destination_buffer 变量代表的缓冲区的管线阶段)和将要使用该缓冲区的管线阶段。在调用函数时,使用 VK_ACCESS_TRANSFER_WRITE_BIT 标志值设置该缓冲区当前的内存访问操作类型,并使用一个合适的值设置在执行完数据传输操作后应用于该缓冲区的内存访问操作类型。在调用函数时,使用 VK_QUEUE_FAMILY_IGNORED 设置队列家族的索引(请参阅"设置缓冲区内存屏障"小节)。

(16)停止 command_buffer 变量代表的命令缓冲区的记录操作(请参阅第 3 章中"停止命令缓冲区记录操作"小节)。

(17)获取数据传输操作将要被提交到的队列的句柄,将该句柄存储到一个 VkQueue 类型的变量中,将这个变量命名为 queue。

（18）创建一个信号列表，该列表中的信号应在数据传输操作完成后发出。将这些信号的句柄存储到一个 std::vector<VkSemaphore>类型的变量中，将该变量命名为 signal_semaphores。

（19）创建一个 VkFence 类型的变量，将其命名为 fence。

（20）使用 logical_device 变量创建一个未发出的栅栏，将创建好的栅栏的句柄存储到 fence 变量中（请参阅第 3 章中"创建栅栏"小节）。

（21）将 command_buffer 变量代表的命令缓冲区中的命令，提交到 queue 变量代表的队列中。使用 vector 容器 signal_semaphores 变量代表已发出的信号，使用 fence 变量代表未发出的栅栏（请参阅第 3 章中"将命令缓冲区提交给队列"小节）。

（22）使用 logical_device 和 fence 变量等待栅栏对象被发出，应设置一个超时时间值（请参阅第 3 章中"等待栅栏"小节）。

（23）销毁 staging_buffer 变量代表的缓冲区（请参阅"销毁缓冲区"小节）。

（24）释放 memory_object 变量代表的内存对象（请参阅"释放内存对象"小节）。

具体运行情况

要在数据传输操作中使用暂存资源，需要使用拥有可映射内存的缓冲区。可以使用以前创建好的缓冲区，也可以创建新的缓冲区。

```
VkBuffer staging_buffer;
if( !CreateBuffer( logical_device, data_size,
VK_BUFFER_USAGE_TRANSFER_SRC_BIT, staging_buffer ) ) {
  return false;
}
VkDeviceMemory memory_object;
if( !AllocateAndBindMemoryObjectToBuffer( physical_device, logical_device,
staging_buffer, VK_MEMORY_PROPERTY_HOST_VISIBLE_BIT, memory_object ) ) {
  return false;
}
```

应映射该缓冲区的内存并更新它的内容。

```
if( !MapUpdateAndUnmapHostVisibleMemory( logical_device, memory_object, 0,
data_size, data, true, nullptr ) ) {
  return false;
}
```

准备好暂存缓冲区后，就可以启动将数据复制到目标缓冲区的传输操作。首先，应启动命令缓冲区中的记录操作，并为目的缓冲区设置内存屏障，以便将该缓冲区的使用方式更改为复制数据操作的目标，不需要为暂存缓冲区设置内存屏障。当映射缓冲区的内存并更新它的内容时，它的内容会变得对其他命令可见（向其他命令公开内容），因为当我们启动命令缓冲区的记录操作时，会通过隐式方式自动为主机的写入程序设置内存屏障。

```
if( !BeginCommandBufferRecordingOperation( command_buffer,
VK_COMMAND_BUFFER_USAGE_ONE_TIME_SUBMIT_BIT, nullptr ) ) {
  return false;
}
SetBufferMemoryBarrier( command_buffer,
destination_buffer_generating_stages, VK_PIPELINE_STAGE_TRANSFER_BIT, { {
destination_buffer, destination_buffer_current_access,
VK_ACCESS_TRANSFER_WRITE_BIT, VK_QUEUE_FAMILY_IGNORED,
VK_QUEUE_FAMILY_IGNORED } } );
```

应将数据从暂存资源复制到目的缓冲区。

```
CopyDataBetweenBuffers( command_buffer, staging_buffer, destination_buffer,
 { { 0, destination_offset, data_size } } );
```

此后，需要为目标缓冲区设置内存屏障。这次应该将该缓冲区的用法，从复制操作的目标，更改为与执行完数据传输操作后要执行的操作对应的使用方式，还应该停止命令缓冲区的记录操作。

```
SetBufferMemoryBarrier( command_buffer, VK_PIPELINE_STAGE_TRANSFER_BIT,
destination_buffer_consuming_stages, { { destination_buffer,
VK_ACCESS_TRANSFER_WRITE_BIT, destination_buffer_new_access,
VK_QUEUE_FAMILY_IGNORED, VK_QUEUE_FAMILY_IGNORED } } );

if( !EndCommandBufferRecordingOperation( command_buffer ) ) {
  return false;
}
```

创建一个栅栏并将命令缓冲区提交给队列，命令缓冲区中的命令会在队列中被处理，数据传输操作实际上也是在队列中被执行的。

```
VkFence fence;
```

```
if( !CreateFence( logical_device, false, fence ) ) {
  return false;
}
if( !SubmitCommandBuffersToQueue( queue, {}, { command_buffer },
signal_semaphores, fence ) ) {
  return false;
}
```

如果不再需要使用某个暂存缓冲区了,就可以销毁它。但是,只有当被提交给队列的命令都不再使用该暂存缓冲区后,我们才能这样做,这就是需要用到栅栏的原因。在驱动程序通知已提交的命令缓冲区被处理完之前,我们应使应用程序一直等待。得到驱动程序的通知后,就可以安全地销毁暂存缓冲区并释放与之绑定的内存对象了。

```
if( !WaitForFences( logical_device, { fence }, VK_FALSE, 500000000 ) ) {
  return false;
}

DestroyBuffer( logical_device, staging_buffer );
FreeMemoryObject( logical_device, memory_object );
return true;
```

在现实情况中,我们应该使用以前创建的缓冲区,将其作为暂存缓冲区重用,重用的次数越多越好,以避免不必要的缓冲区创建和销毁操作。这样还可以避免执行等待栅栏的操作。

参考内容

请参阅第 3 章的下列内容:
- 启动命令缓冲区记录操作。
- 停止命令缓冲区记录操作。
- 创建栅栏。
- 等待栅栏。
- 将命令缓冲区提交给队列。

请参阅本章的下列内容:
- 创建缓冲区。
- 为缓冲区分配内存对象并将它们绑定到一起。

- 设置图像内存屏障。
- 映射、更新主机可见内存及移除主机可见内存的映射关系。
- 将数据从缓冲区复制到图像。
- 使用暂存缓冲区更新与设备本地内存绑定的图像。
- 释放内存对象。
- 销毁缓冲区。

使用暂存缓冲区更新与设备本地内存绑定的图像

暂存缓冲区不仅可以用于在缓冲区之间传输数据，还可以用于在缓冲区和图像之间传输数据。下面介绍映射缓冲区的内存并将它的内容复制到图像中的方式。

具体处理过程

（1）创建一个拥有足够空间的暂存缓冲区，以便能够容纳被传输的数据。使用 VK_BUFFER_USAGE_TRANSFER_SRC_BIT 标志值设置该缓冲区的使用方式，将这个缓冲区的句柄存储到一个 VkBuffer 类型的变量中，将该变量命名为 staging_buffer。分配一个支持 VK_MEMORY_PROPERTY_HOST_VISIBLE_BIT 属性的内存对象，将该对象与这个暂存缓冲区绑定到一起。将该内存对象句柄存储到一个 VkDeviceMemory 类型的变量中，将这个变量命名为 memory_object。映射该暂存缓冲区的内存，使用将要传输给图像的数据更新它的内容，并移除该暂存缓冲区的内存的映射关系（请参阅"使用暂存缓冲区更新与设备本地内存绑定的缓冲区"）。

（2）获取一个主要命令缓冲区的句柄，将该句柄存储到一个 VkCommandBuffer 类型的变量中，将这个变量命名为 command_buffer。

（3）启动 command_buffer 变量代表的命令缓冲区的记录操作，使用 VK_COMMAND_BUFFER_USAGE_ONE_TIME_SUBMIT_BIT 标志值设置该缓冲区的用法（请参阅第 3 章中"启动命令缓冲区记录操作"小节）。

（4）获取数据传输操作目标图像的句柄，并确保该图像是通过 VK_IMAGE_USAGE_TRANSFER_DST_BIT 标志值创建的。将这个句柄存储到一个 VkImage 类型的变量中，将该变量命名为 destination_image。

（5）在 command_buffer 代表的命令缓冲区中记录一个图像内存屏障。设置已使用过这幅图像的管线阶段，并使用 VK_PIPELINE_STAGE_TRANSFER_BIT 标志值设置将要使用该图像的管线阶段。使用 destination_image 变量提供这幅图像的当前访问操作类型，使用 VK_ACCESS_TRANSFER_WRITE_BIT 标志值为该图像设置新的访问操作类型。设置这幅图像的当前布局，并使用 VK_IMAGE_LAYOUT_TRANSFER_DST_OPTIMAL 标志值为该图像设置新布局。设置这幅图像的外观，但应使用 VK_QUEUE_FAMILY_IGNORED 标志值忽略两个队列家族的索引（请参阅"设置图像内存屏障"小节）。

（6）在 command_buffer 变量代表的命令缓冲区中，记录从 staging_buffer 变量代表的缓冲区至 destination_image 变量代表的图像之间的数据传输操作。使用 VK_IMAGE_LAYOUT_TRANSFER_DST_OPTIMAL 标志值设置图像的布局，使用 0 设置缓冲区的偏移量，使用 0 设置缓冲区的行长度，使用 0 设置缓冲区中存储的图像高度。通过设置 mipmap 纹理映射等级、基础数组图层索引和将要被更新的图层数量，设定将数据复制到的图像内存区域。还应设置图像的外观，以及图像的 x、y 和 z 坐标的偏移量（以纹素为单位）和图像的尺寸（请参阅"将数据从缓冲区复制到图像"小节）。

（7）在 command_buffer 代表的命令缓冲区中记录内存屏障。这次使用 VK_PIPELINE_STAGE_TRANSFER_BIT 标志值设置管线的生成阶段，并设置在执行完数据传输操作后，使用目标图像的合适管线阶段。在这个内存屏障中，将图像的布局从 VK_IMAGE_LAYOUT_TRANSFER_DST_OPTIMAL，更改为与图像的新用法对应的布局。使用 VK_QUEUE_FAMILY_IGNORED 设置两个队列家族，还应设置图像的外观（请参阅"设置图像内存屏障"小节）。

（8）停止命令缓冲区的记录操作，创建一个未发出的栅栏，在将命令缓冲区提交给队列的过程中，将该栅栏与应发出的信号一起使用。等待创建好的栅栏被发出，销毁暂存缓冲区，并释放与之绑定的内存对象（请参阅"使用暂存缓冲区更新与设备本地内存绑定的缓冲区"小节）。

具体运行情况

本例与"使用暂存缓冲区更新与设备本地内存绑定的缓冲区"小节介绍的示例非常相似，因此本节仅会详细介绍两者的不同之处。

首先，应创建一个暂存缓冲区，为其分配一个内存对象，将该内存对象与这个缓冲区绑定，映射该缓冲区，以便通过我们编写的应用程序将数据传输给 GPU。

```
VkBuffer staging_buffer;
if( !CreateBuffer( logical_device, data_size,
VK_BUFFER_USAGE_TRANSFER_SRC_BIT, staging_buffer ) ) {
  return false;
}
VkDeviceMemory memory_object;
if( !AllocateAndBindMemoryObjectToBuffer( physical_device, logical_device,
staging_buffer, VK_MEMORY_PROPERTY_HOST_VISIBLE_BIT, memory_object ) ) {
  return false;
}
if( !MapUpdateAndUnmapHostVisibleMemory( logical_device, memory_object, 0,
data_size, data, true, nullptr ) ) {
  return false;
}
```

然后，启动命令缓冲区的记录操作，为目的图像设置一个内存屏障，以便能够将其作为数据传输操作的目标，并将数据传输操作记录下来。

```
if( !BeginCommandBufferRecordingOperation( command_buffer,
VK_COMMAND_BUFFER_USAGE_ONE_TIME_SUBMIT_BIT, nullptr ) ) {
  return false;
}
SetImageMemoryBarrier( command_buffer, destination_image_generating_stages,
VK_PIPELINE_STAGE_TRANSFER_BIT,
{
  {
    destination_image,
    destination_image_current_access,
    VK_ACCESS_TRANSFER_WRITE_BIT,
    destination_image_current_layout,
    VK_IMAGE_LAYOUT_TRANSFER_DST_OPTIMAL,
    VK_QUEUE_FAMILY_IGNORED,
    VK_QUEUE_FAMILY_IGNORED,
    destination_image_aspect
  } } );
CopyDataFromBufferToImage( command_buffer, staging_buffer,
destination_image, VK_IMAGE_LAYOUT_TRANSFER_DST_OPTIMAL,
{
```

```
    {
      0,
      0,
      0,
      destination_image_subresource,
      destination_image_offset,
      destination_image_size,
    } } );
```

添加内存屏障，将这幅图像的使用方式从复制操作的目标，切换为与该图像的下一个操作对应的用法，应停止命令缓冲区的记录操作。

```
SetImageMemoryBarrier( command_buffer, VK_PIPELINE_STAGE_TRANSFER_BIT,
destination_image_consuming_stages,
{
  {
    destination_image,
    VK_ACCESS_TRANSFER_WRITE_BIT,
    destination_image_new_access,
    VK_IMAGE_LAYOUT_TRANSFER_DST_OPTIMAL,
    destination_image_new_layout,
    VK_QUEUE_FAMILY_IGNORED,
    VK_QUEUE_FAMILY_IGNORED,
    destination_image_aspect
  } } );
if( !EndCommandBufferRecordingOperation( command_buffer ) ) {
  return false;
}
```

创建一个栅栏并将命令缓冲区提交给队列。等待栅栏被发出，就可以安全地删除暂存缓冲区和与之绑定的内存对象了。

```
VkFence fence;
if( !CreateFence( logical_device, false, fence ) ) {
  return false;
}
if( !SubmitCommandBuffersToQueue( queue, {}, { command_buffer },
signal_semaphores, fence ) ) {
```

```
    return false;
  }
  if( !WaitForFences( logical_device, { fence }, VK_FALSE, 500000000 ) ) {
    return false;
  }
  DestroyBuffer( logical_device, staging_buffer );
  FreeMemoryObject( logical_device, memory_object );

  return true;
```

如果要将先前创建好的缓冲区作为暂存资源,就不需要使用栅栏,因为该缓冲区还要被使用很长时间,也许会一直存在到应用程序关闭。这就会避免频繁地执行不必要的创建和删除缓冲区操作,以及分配和释放内存对象的操作。

参考内容

请参阅第 3 章的下列内容:
- 启动命令缓冲区记录操作。
- 停止命令缓冲区记录操作。
- 创建栅栏。
- 等待栅栏。
- 将命令缓冲区提交给队列。

请参阅本章的下列内容:
- 创建缓冲区。
- 为缓冲区分配内存对象并将它们绑定到一起。
- 设置图像内存屏障。
- 映射、更新主机可见内存及移除主机可见内存的映射关系。
- 将数据从缓冲区复制到图像。
- 使用暂存缓冲区更新与设备本地内存绑定的缓冲区。
- 释放内存对象。
- 销毁缓冲区。

销毁图像视图

当不再需要某个图像视图时，应该销毁它。

具体处理过程

（1）获取逻辑设备的句柄，将该句柄存储在一个 VkDevice 类型的变量中，将这个变量命名为 logical_device。

（2）获取图像视图的句柄，将该句柄存储在一个 VkImageView 类型的变量中，将这个变量命名为 image_view。

（3）调用 vkDestroyImageView(logical_device, image_view, nullptr)函数，将第一个参数设置为逻辑设备的句柄；将第二个参数设置为图像视图的句柄；将第三个参数设置为 nullptr。

（4）为安全起见，将 VK_NULL_HANDLE 赋予 image_view 变量。

具体运行情况

要销毁图像视图，需要用到图像视图的句柄和用于创建该图像视图的逻辑设备的句柄。下面是具体代码。

```
if( VK_NULL_HANDLE != image_view ) {
  vkDestroyImageView( logical_device, image_view, nullptr );
  image_view = VK_NULL_HANDLE;
}
```

查明图像视图的句柄是否为空，如果该值为空，就代表该图像视图已经不存在，因此不需要执行销毁操作。如果能够避免不必要的函数调用操作，那么最好，否则，应销毁该图像视图，将空句柄赋予存储该图像视图句柄的变量。

参考内容

请参阅本章的下列内容：
- 创建图像视图。

销毁图像

应销毁不再被使用的图像,以便释放它们占用的资源。

具体处理过程

(1) 获取逻辑设备的句柄,将该句柄存储在一个 VkDevice 类型的变量中,将这个变量命名为 logical_device。
(2) 将图像的句柄存储在一个 VkImage 类型的变量中,将该变量命名为 image。
(3) 调用 vkDestroyImage(logical_device, image, nullptr)函数,将第一个参数设置为逻辑设备的句柄;将第二个参数设置为图像的句柄;将第三个参数设置为 nullptr。
(4) 为安全起见,将 VK_NULL_HANDLE 赋予 image 变量。

具体运行情况

通过调用 vkDestroyImage()函数可以销毁图像。在执行该函数调用操作时,应将逻辑设备的句柄、图像的句柄和 nullptr 作为参数。

```
if( VK_NULL_HANDLE != image ) {
  vkDestroyImage( logical_device, image, nullptr );
  image = VK_NULL_HANDLE;
}
```

还应查明图像的句柄是否为空值,以避免执行不必要的函数调用操作。

参考内容

请参阅本章的下列内容:
- 创建图像。

销毁缓冲区视图

当不再需要使用某个缓冲区视图时,应该销毁它。

具体处理过程

（1）获取逻辑设备的句柄，将该句柄存储在一个 VkDevice 类型的变量中，将这个变量命名为 logical_device。
（2）获取缓冲区视图的句柄，将该句柄存储在一个 VkBufferView 类型的变量中，将这个变量命名为 buffer_view。
（3）调用 vkDestroyBufferView(logical_device, buffer_view, nullptr)函数，将第一个参数设置为逻辑设备的句柄；将第二个参数设置为缓冲区视图的句柄；将第三个参数设置为 nullptr。
（4）为安全起见，将 VK_NULL_HANDLE 赋予 buffer_view 变量。

具体运行情况

通过调用 vkDestroyBufferView()函数可以销毁缓冲区视图。

```
if( VK_NULL_HANDLE != buffer_view ) {
  vkDestroyBufferView( logical_device, buffer_view, nullptr );
  buffer_view = VK_NULL_HANDLE;
}
```

为了避免执行不必要的函数调用操作，在调用销毁缓冲区视图的函数前，应查明缓冲区视图的句柄是否为空值。

参考内容

请参阅本章的下列内容：
- 创建缓冲区视图。

释放内存对象

在 Vulkan 中，创建和使用了资源后应销毁它们。代表各种内存对象和池的资源，在被分配和使用后，也应该被释放，与图像和缓冲区绑定到一起的内存对象也应该被释放。不再需要使用它们的时候，就应该释放它们。

具体处理过程

（1）获取逻辑设备的句柄，将该句柄存储在一个 VkDevice 类型的变量中，将这个变量命名为 logical_device。
（2）创建一个 VkDeviceMemory 类型的变量，将其命名为 memory_object，该变量用于存储内存对象的句柄。
（3）调用 vkFreeMemory(logical_device, memory_object, nullptr)函数，将第一个参数设置为逻辑设备的句柄；将第二个参数设置为内存对象的句柄；将第三个参数设置为 nullptr。
（4）为安全起见，将 VK_NULL_HANDLE 赋予 memory_object 变量。

具体运行情况

在与内存对象绑定的资源被销毁前，可以释放内存对象。但此后就不能再使用这些资源了，只能销毁它们。通常，释放了与资源绑定的内存对象后，就不能再将另一个内存对象与该资源绑定了。

使用下面的代码可以释放内存对象。

```
if( VK_NULL_HANDLE != memory_object ) {
  vkFreeMemory( logical_device, memory_object, nullptr );
  memory_object = VK_NULL_HANDLE;
}
```

被释放的内存对象必须是通过由 logical_device 变量代表的逻辑设备分配的。

参考内容

请参阅本章的下列内容：
- 为缓冲区分配内存对象并将它们绑定到一起。
- 将内存对象分配给图像并将它们绑定到一起。

销毁缓冲区

当不再需要使用某个缓冲区时，应销毁它。

具体处理过程

（1）获取逻辑设备的句柄，将该句柄存储在一个 VkDevice 类型的变量中，将这个变量命名为 logical_device。

（2）获取缓冲区的句柄，将该句柄存储在一个 VkBuffer 类型的变量中，将这个变量命名为 buffer。

（3）调用 vkDestroyBuffer(logical_device, buffer, nullptr)函数，将第一个参数设置为逻辑设备的句柄；将第二个参数设置为缓冲区的句柄；将第三个参数设置为 nullptr。

（4）为安全起见，将 VK_NULL_HANDLE 赋予 buffer 变量。

具体运行情况

使用 vkDestroyBuffer()函数可以销毁缓冲区。

```
if( VK_NULL_HANDLE != buffer ) {
  vkDestroyBuffer( logical_device, buffer, nullptr );
  buffer = VK_NULL_HANDLE;
}
```

logical_device 变量代表用于创建缓冲区的逻辑设备。销毁了该缓冲区后，应将空句柄赋予代表该缓冲区的变量，这样就不会销毁同一个缓冲区两次了。

参考内容

请参阅本章的下列内容：
- 创建缓冲区视图。

第 5 章

描述符集合

本章要点：
- 创建采样器。
- 创建已采样的图像。
- 创建合并的图像采样器。
- 创建仓库图像。
- 创建统一纹素缓冲区。
- 创建仓库纹素缓冲区。
- 创建统一缓冲区。
- 创建仓库缓冲区。
- 创建输入附着材料。
- 创建描述符集合布局。
- 创建描述符池。
- 分配描述符集合。
- 更新描述符集合。
- 绑定描述符集合。
- 通过纹素和统一缓冲区创建描述符。
- 释放描述符集合。
- 重置描述符池。
- 销毁描述符池。
- 销毁描述符集合布局。
- 销毁采样器。

本章主要内容

在现代计算机显卡中，图像数据（如顶点、像素和片段）的大多数渲染和处理工作都是通过可编程的管线和着色器完成的。要使着色器正常运行并生成正确的结果，就需要使着色器访问额外的数据资源，如纹理、采样器、缓冲区和统一变量（uniform variable）。在 Vulkan 中，这些数据资源是通过描述符集合提供的。

描述符是代表着色器资源的不透明数据结构，它们的组织形式是分组或集合，它们的内容是通过描述符集合布局设定的。要向着色器提供资源，需要将描述符集合与管线绑定到一起，可以一次绑定多个描述符集合。要访问着色器内部的资源，需要设定指定资源位于哪个集合中的哪个位置。

本章介绍各种各样的描述符；也介绍准备资源（采样器、缓冲区和图像）的方式，以便能够在着色器中使用这些资源；还介绍在应用程序和着色器之间设置接口，以及在着色器内部使用资源的方式。

创建采样器

采样器定义了一组参数，这些参数用于控制图像数据被加载到着色器（已采样的）中的方式。这些参数包括地址计算（封装或重复）、过滤（线性或最近点）和使用 mipmap 纹理映射等级。要在着色器内部使用采样器，需要先创建采样器。

具体处理过程

(1) 获取逻辑设备的句柄，将该句柄存储到一个 VkDevice 类型的变量中，将这个变量命名为 logical_device。
(2) 创建一个 VkSamplerCreateInfo 类型的变量，将其命名为 sampler_create_info，将下列值赋予该变量中的各个成员。

- 将 VK_STRUCTURE_TYPE_SAMPLER_CREATE_INFO 赋予 sType 成员。
- 将 nullptr 赋予 pNext 成员。
- 将 0 赋予 flags 成员。
- 通过将 VK_FILTER_NEAREST 赋予 magFilter 成员，将 VK_FILTER_LINEAR 赋予 minFilter 成员，设置放大和缩小过滤模式。
- 通过将 VK_SAMPLER_MIPMAP_MODE_NEAREST 或 VK_SAMPLER_MIPMAP_MODE_LINEAR 赋予 mipmapMode 成员，选择 mipmap 纹理映射等级过滤模式。

- 通过将 VK_SAMPLER_ADDRESS_MODE_REPEAT、VK_SAMPLER_ADDRESS_MODE_MIRRORED_REPEAT、VK_SAMPLER_ADDRESS_MODE_CLAMP_TO_EDGEVK_SAMPLER_ADDRESS_MODE_CLAMP_TO_BORDER 或 VK_SAMPLER_ADDRESS_MODE_MIRROR_CLAMP_TO_EDGE 赋予 addressModeU、addressModeV 和 addressModeW 成员，选择在 0.0~1.0 范围外以 U、V 和 W 坐标为依据的图像寻址模式。
- 通过为 mipLodBias 成员赋值，可以设置细节计算的 mipmap 纹理映射等级。
- 如果需要启用各向异性过滤，应将 true 赋予 anisotropyEnable 成员；否则，应将 false 赋予 anisotropyEnable 成员。
- 将各向异性过滤的最多取样点数量赋予 maxAnisotropy 成员。
- 如果在查找图像的过程中需要启用引用值对比功能，就应将 true 赋予 compareEnable 成员；否则，应将 false 赋予 compareEnable 成员。
- 通过将 VK_COMPARE_OP_NEVER、VK_COMPARE_OP_LESS、VK_COMPARE_OP_EQUAL、VK_COMPARE_OP_LESS_OR_EQUAL、VK_COMPARE_OP_GREATER、VK_COMPARE_OP_NOT_EQUAL、VK_COMPARE_OP_GREATER_OR_EQUAL 或 VK_COMPARE_OP_ALWAYS 赋予 compareOp 成员，可将选定的比较函数应用于已获得数据中。
- 将限定已计算图像 mipmap 纹理映射等级的最小值和最大值，分别赋予 minLod 和 maxLod 成员。
- 通过将 VK_BORDER_COLOR_FLOAT_TRANSPARENT_BLACK、VK_BORDER_COLOR_INT_TRANSPARENT_BLACK、VK_BORDER_COLOR_FLOAT_OPAQUE_BLACK、VK_BORDER_COLOR_INT_OPAQUE_BLACK、VK_BORDER_COLOR_FLOAT_OPAQUE_WHITE 或 VK_BORDER_COLOR_INT_OPAQUE_WHITE 赋予 borderColor 成员，可以设置边界颜色值。
- 如果需要通过图像的尺寸执行寻址操作，就应将 true 赋予 unnormalizedCoordinates 成员；否则（寻址操作使用 0.0~1.0 的标准化坐标），应将 false 赋予 unnormalizedCoordinates 成员。

（3）创建一个 VkSampler 类型的变量，将其命名为 sampler，该变量用于存储已创建的采样器。

（4）调用 vkCreateSampler(logical_device, &sampler_create_info, nullptr, &sampler)函数，将第一个参数设置为 logical_device 变量；将第二个参数设置为指向 sampler_create_info 变量的指针；将第三个参数设置为 nullptr；将第四个参数设置为指向 sampler

变量的指针。
(5) 通过查明该函数调用操作的返回值等于 VK_SUCCESS, 确认该函数调用操作成功完成。

具体运行情况

采样器用于控制在着色器内部读取图像的方式，可以单独使用采样器，也可以将采样器与已取样的图像组合使用。

 采样器用于 VK_DESCRIPTOR_TYPE_SAMPLER 类型的描述符。

采样参数是通过 VkSamplerCreateInfo 类型的变量设置的。

```
VkSamplerCreateInfo sampler_create_info = {
  VK_STRUCTURE_TYPE_SAMPLER_CREATE_INFO,
  nullptr,
  0,
  mag_filter,
  min_filter,
  mipmap_mode,
  u_address_mode,
  v_address_mode,
  w_address_mode,
  lod_bias,
  anisotropy_enable,
  max_anisotropy,
  compare_enable,
  compare_operator,
  min_lod,
  max_lod,
  border_color,
  unnormalized_coords
};
```

该变量会被作为创建采样器的函数的参数。

```
VkResult result = vkCreateSampler( logical_device, &sampler_create_info,
nullptr, &sampler );
if( VK_SUCCESS != result ) {
  std::cout << "Could not create sampler." << std::endl;
  return false;
}
return true;
```

 要在着色器内部设置采样器，需要通过 sampler 关键字创建统一变量（uniform variable）。

下面是使用了采样器的 GLSL 代码的示例，这段代码能够生成 SPIR-V 汇编码。

```
layout (set=m, binding=n) uniform sampler <变量名>;
```

参考内容

请参阅本章的下列内容：
- 销毁采样器。

创建已采样的图像

已采样的图像用于从着色器内部的图像（纹理）读取数据。通常，已采样的图像会与着色器一起被使用。要将图像作为已采样的图像，在创建这幅图像时必须使用 VK_IMAGE_USAGE_SAMPLED_BIT 标志值。

具体处理过程

（1）获取物理设备的句柄，将该句柄存储在一个 VkPhysicalDevice 类型的变量中，将这个变量命名为 physical_device。

（2）为图像选择格式，创建一个 VkFormat 类型的变量，将其命名为 format，使用该变量存储选用的图像格式。

（3）创建一个 VkFormatProperties 类型的变量，将其命名为 format_properties。

（4）调用 vkGetPhysicalDeviceFormatProperties(physical_device, format, &format_properties) 函数，将第一个参数设置为 physical_device 变量；将第二个参数设置为 format 变

量；将第三个参数设置为指向 format_properties 变量的指针。

（5）确保选用的图像格式与已采样图像相匹配。通过检查 format_properties 变量中 optimalTilingFeatures 成员的 VK_FORMAT_FEATURE_SAMPLED_IMAGE_BIT 位是否被设置，可以查明这一点。

（6）如果已采样图像会被线性过滤，或者它的 mipmap 纹理会被线性过滤，应确保选用的图像格式与经过线性过滤的已采样图像相匹配。通过检查 format_properties 变量中 optimalTilingFeatures 成员的 VK_FORMAT_FEATURE_SAMPLED_IMAGE_FILTER_LINEAR_BIT 位是否被设置，可以查明这一点。

（7）获取通过 physical_device 变量代表的物理设备创建的逻辑设备的句柄，将该句柄存储到一个 VkDevice 类型的变量中，将该变量命名为 logical_device。

（8）使用 logical_device 和 format 变量及相应的图像参数创建一幅图像。在创建该图像的过程中，不要忘记使用 VK_IMAGE_USAGE_SAMPLED_BIT 标志值设置使用图像的方式。将创建好的图像的句柄存储到一个 VkImage 类型的变量中，将该变量命名为 sampled_image（请参阅第 4 章）。

（9）通过 VK_MEMORY_PROPERTY_DEVICE_LOCAL_BIT 属性分配一个内存对象（或使用以前创建好的内存对象），将该内存对象与已创建的图像绑定到一起（请参阅第 4 章）。

（10）使用 logical_device、sampled_image 和 format 变量，以及相应的视图参数，创建一个图像视图，将该图像视图的句柄存储在一个 VkImageView 类型的变量中，将这个变量命名为 sampled_image_view（请参阅第 4 章）。

具体运行情况

已采样图像被作为着色器内部的图像数据（纹理）源。要从图像中获取数据，通常需要使用采样器对象，采样器对象定义了读取数据的方式（请参阅"创建采样器"小节）。

 已采样图像被用于 VK_DESCRIPTOR_TYPE_SAMPLED_IMAGE 类型的描述符。

在着色器中，我们可以使用多个采样器通过多种方式从同一幅图像中读取数据，还可以将同一个采样器与多幅图像一起使用。但在某些平台上，使用合成的图像采样器对象能够获得更为理想的效果。

并非所有图像格式都支持已采样图像，这取决于应用程序所运行的平台。但一些格式被强制规定为已采样图像和经过线性过滤的已采样图像提供支持，在任何情况下都可以使用这些格式。下面列出了这些格式（此处没有列出所有格式）：

- VK_FORMAT_B4G4R4A4_UNORM_PACK16
- VK_FORMAT_R5G6B5_UNORM_PACK16
- VK_FORMAT_A1R5G5B5_UNORM_PACK16
- VK_FORMAT_R8_UNORM 和 VK_FORMAT_R8_SNORM
- VK_FORMAT_R8G8_UNORM 和 VK_FORMAT_R8G8_SNORM
- VK_FORMAT_R8G8B8A8_UNORM、VK_FORMAT_R8G8B8A8_SNORM 和 VK_FORMAT_R8G8B8A8_SRGB
- VK_FORMAT_B8G8R8A8_UNORM 和 VK_FORMAT_B8G8R8A8_SRGB
- VK_FORMAT_A8B8G8R8_UNORM_PACK32、VK_FORMAT_A8B8G8R8_SNORM_PACK32 和 VK_FORMAT_A8B8G8R8_SRGB_PACK32
- VK_FORMAT_A2B10G10R10_UNORM_PACK32
- VK_FORMAT_R16_SFLOAT
- VK_FORMAT_R16G16_SFLOAT
- VK_FORMAT_R16G16B16A16_SFLOAT
- VK_FORMAT_B10G11R11_UFLOAT_PACK32
- VK_FORMAT_E5B9G9R9_UFLOAT_PACK32

如果想要使用不太典型的格式，就需要查明该格式是否支持已采样图像。使用下面的代码可以做到这一点。

```
VkFormatProperties format_properties;
vkGetPhysicalDeviceFormatProperties( physical_device, format,
&format_properties );
if( !(format_properties.optimalTilingFeatures &
VK_FORMAT_FEATURE_SAMPLED_IMAGE_BIT) ) {
  std::cout << "Provided format is not supported for a sampled image." << std::endl;
  return false;
}
if( linear_filtering &&
  !(format_properties.optimalTilingFeatures &
VK_FORMAT_FEATURE_SAMPLED_IMAGE_FILTER_LINEAR_BIT) ) {
```

```
    std::cout << "Provided format is not supported for a linear image
filtering." << std::endl;
    return false;
}
```

确认选用的格式符合需求后，就可以创建图像、为该图像分配内存对象，以及创建图像视图（在 Vulkan 中，大多数图像都是由图像视图代表的）。在创建图像的过程中，还需要使用 VK_IMAGE_USAGE_SAMPLED_BIT 标志值设置图像的使用方式。

```
if( !CreateImage( logical_device, type, format, size, num_mipmaps,
num_layers, VK_SAMPLE_COUNT_1_BIT, usage | VK_IMAGE_USAGE_SAMPLED_BIT,
false, sampled_image ) ) {
  return false;
}
if( !AllocateAndBindMemoryObjectToImage( physical_device, logical_device,
sampled_image, VK_MEMORY_PROPERTY_DEVICE_LOCAL_BIT, memory_object ) ) {
  return false;
}
if( !CreateImageView( logical_device, sampled_image, view_type, format,
aspect, sampled_image_view ) ) {
  return false;
}
return true;
```

当需要将图像作为已采样图像时，在加载来自着色器内部图像的数据前，需要将图像的布局切换为 VK_IMAGE_LAYOUT_SHADER_READ_ONLY_OPTIMAL。

 要创建代表着色器内部已采样图像的统一变量，需要使用带合适维度的 texture 关键字（可能会带前缀）。

下面是使用了已采样图像的 GLSL 代码示例，这段代码会生成 SPIR-V 汇编码。

```
layout (set=m, binding=n) uniform texture2D <变量名>;
```

参考内容

请参阅第 4 章的下列内容：

- 创建图像。
- 将内存对象分配给图像并将它们绑定到一起。
- 创建图像视图。
- 销毁图像视图。
- 销毁图像。
- 释放内存对象。

请参阅本章的下列内容：
- 创建采样器。

创建合并的图像采样器

从应用程序（API）的观点看，采样器和已采样图像永远都是独立的对象，但是在着色器内部，可以将它们合并为一个对象。在某些平台上，从着色器内部的合并图像采样器采样取得的效果，比使用独立的采样器和已采样图像取得的效果更理想。

具体处理过程

（1）创建采样器对象，将它的句柄存储到一个 VkSampler 类型的变量中，将该变量命名为 sampler（请参阅"创建采样器"小节）。

（2）创建一幅已采样图像，将创建好的图像的句柄存储到一个 VkImage 类型的变量中，将该变量命名为 sampled_image。为这幅已采样图像创建合适的视图，将该图像视图的句柄存储在一个 VkImageView 类型的变量中，将这个变量命名为 sampled_image_view（请参阅"创建已采样的图像"小节）。

具体运行情况

在我们编写的应用程序中，创建合并的图像采样器的方式与创建普通采样器和已采样图像的方式相同，而在着色器的内部，它们被使用的方式不同。

 合并的图像采样器可以与 VK_DESCRIPTOR_TYPE_COMBINED_IMAGE_SAMPLER 类型的描述符绑定到一起。

下面的代码使用了"创建采样器"小节和"创建已采样的图像"小节介绍的处理方式，

创建了必要对象。

```
if( !CreateSampler( logical_device, mag_filter, min_filter, mipmap_mode,
u_address_mode, v_address_mode, w_address_mode, lod_bias,
anisotropy_enable, max_anisotropy, compare_enable, compare_operator,
min_lod, max_lod, border_color, unnormalized_coords, sampler ) ) {
  return false;
}
bool linear_filtering = (mag_filter == VK_FILTER_LINEAR) || (min_filter ==
VK_FILTER_LINEAR) || (mipmap_mode == VK_SAMPLER_MIPMAP_MODE_LINEAR);
if( !CreateSampledImage( physical_device, logical_device, type, format,
size, num_mipmaps, num_layers, usage, view_type, aspect, linear_filtering,
sampled_image, sampled_image_view ) ) {
  return false;
}
return true;
```

这些着色器的内部代码是不相同的。

要创建代表 GLSL 着色器内部合并的图像采样器的变量，需要使用带有合适维度的 sampler 关键字（可能会带前缀）。

不要混淆采样器和合并的图像采样器（在着色器的内部，它们都使用 sampler 关键字），但合并的图像采样器会多带一个维度。

```
layout (set=m, binding=n) uniform sampler2D <变量名>;
```

应单独处理合并的图像采样器，因为这会令使用它们的应用程序在某些平台上获得更好的性能。如果没有特殊原因而必须单独使用采样器和已采样图像，就应该将它们合并为一个对象。

参考内容

请参阅第 4 章的下列内容：
- 创建图像。
- 将内存对象分配给图像并将它们绑定到一起。
- 创建图像视图。

- 销毁图像。
- 释放内存对象。

请参阅本章的下列内容：
- 创建采样器。
- 创建已采样的图像。
- 销毁采样器。

创建仓库图像

使用仓库图像可以加载与管线绑定的图像的数据（未过滤的），但更为重要的是，使用仓库图像还可以将来自着色器的数据存储到图像中。要创建仓库图像，必须在创建图像时使用 VK_IMAGE_USAGE_STORAGE_BIT 标志值设定使用图像的方式。

具体处理过程

（1）获取物理设备的句柄，将该句柄存储到一个 VkPhysicalDevice 类型的变量中，将这个变量命名为 physical_device。

（2）选择仓库图像的格式，将选用的格式存储到一个 VkFormat 类型的变量中，将该变量命名为 format。

（3）创建一个 VkFormatProperties 类型的变量，将其命名为 format_properties。

（4）调用 vkGetPhysicalDeviceFormatProperties(physical_device, format, &format_properties) 函数，将第一个参数设置为 physical_device 变量；将第二个参数设置为 format 变量；将第三个参数设置为指向 format_properties 变量的指针。

（5）查明选用的图像格式是否与仓库图像相匹配，通过检查 format_properties 变量中 optimalTilingFeatures 成员的 VK_FORMAT_FEATURE_STORAGE_IMAGE_BIT 位是否被设置了，可以做到这一点。

（6）如果需要对仓库图像执行原子操作，应确保选用的图像格式支持这些原子操作。通过检查 format_properties 变量中 optimalTilingFeatures 成员的 VK_FORMAT_FEATURE_STORAGE_IMAGE_ATOMIC_BIT 位是否被设置了，可以做到这一点。

（7）获取通过 physical_device 变量代表的物理设备创建的逻辑设备的句柄，将该句柄存储到一个 VkDevice 类型的变量中，将这个变量命名为 logical_device。

（8）使用 logical_device 和 format 变量，以及相应的图像参数，创建一幅图像。在创建图像的过程中，确保使用 VK_IMAGE_USAGE_STORAGE_BIT 标志值设定了图像的使用方式。将创建好的图像的句柄存储到一个 VkImage 类型的变量中，将该变量命名为 storage_image（请参阅第 4 章）。

（9）使用 VK_MEMORY_PROPERTY_DEVICE_LOCAL_BIT 属性分配一个内存对象（或使用以前创建的内存对象），将该内存对象与图像绑定（请参阅第 4 章）。

（10）使用 logical_device、storage_image 和 format 变量，以及相应的图像视图参数，创建一个图像视图。将该图像视图的句柄存储到一个 VkImageView 类型的变量中，将这个变量命名为 storage_image_view（请参阅第 4 章）。

具体运行情况

当需要将数据存储到着色器内部的图像中时，就需要使用仓库图像。可以从仓库图像获取数据，但获取的这些数据都是未经过滤的（无法对仓库图像使用采样器）。

仓库图像与 VK_DESCRIPTOR_TYPE_STORAGE_IMAGE 类型的描述符对应。

仓库图像是通过 VK_IMAGE_USAGE_STORAGE_BIT 图像的使用方式标志值创建的，需要为仓库图像设置合适的格式，并非所有图像格式都能够应用于仓库图像，这取决于我们编写的应用程序所运行的平台。但一些仓库图像格式被强制规定所有 Vulkan 驱动程序都必须为这些格式提供支持，在任何情况下都可以使用这些格式。下面列出了这些格式（此处没有列出所有格式）：

- VK_FORMAT_R8G8B8A8_UNORM、VK_FORMAT_R8G8B8A8_SNORM、VK_FORMAT_R8G8B8A8_UINT 和 VK_FORMAT_R8G8B8A8_SINT
- VK_FORMAT_R16G16B16A16_UINT、VK_FORMAT_R16G16B16A16_SINT 和 VK_FORMAT_R16G16B16A16_SFLOAT
- VK_FORMAT_R32_UINT、VK_FORMAT_R32_SINT 和 VK_FORMAT_R32_SFLOAT
- VK_FORMAT_R32G32_UINT、VK_FORMAT_R32G32_SINT 和 VK_FORMAT_R32G32_SFLOAT
- VK_FORMAT_R32G32B32A32_UINT、VK_FORMAT_R32G32B32A32_SINT 和 VK_FORMAT_R32G32B32A32_SFLOAT

如果需要对仓库图像执行原子操作，那么只能使用下面两种格式：

- VK_FORMAT_R32_UINT
- VK_FORMAT_R32_SINT

如果需要将仓库图像设置为另一种格式，或者需要通过另一种格式对仓库图像执行原子操作，那么必须查明我们编写的应用程序所运行的平台是否支持我们选用的格式。代码如下。

```
VkFormatProperties format_properties;
vkGetPhysicalDeviceFormatProperties( physical_device, format,
&format_properties );
if( !(format_properties.optimalTilingFeatures &
VK_FORMAT_FEATURE_STORAGE_IMAGE_BIT) ) {
  std::cout << "Provided format is not supported for a storage image." << std::endl;
  return false;
}
if( atomic_operations &&
  !(format_properties.optimalTilingFeatures &
VK_FORMAT_FEATURE_STORAGE_IMAGE_ATOMIC_BIT) ) {
  std::cout << "Provided format is not supported for atomic operations on storage images." << std::endl;
  return false;
}
```

如果该格式得到了支持，就可以通过正常的处理过程创建图像，但需要使用VK_IMAGE_USAGE_STORAGE_BIT标志值设置图像用法。创建好图像后，需要创建一个内存对象，将该内存对象与图像绑定，而且需要创建一个图像视图。代码如下。

```
if( !CreateImage( logical_device, type, format, size, num_mipmaps,
num_layers, VK_SAMPLE_COUNT_1_BIT, usage | VK_IMAGE_USAGE_STORAGE_BIT,
false, storage_image ) ) {
  return false;
}
if( !AllocateAndBindMemoryObjectToImage( physical_device, logical_device,
storage_image, VK_MEMORY_PROPERTY_DEVICE_LOCAL_BIT, memory_object ) ) {
  return false;
}
if( !CreateImageView( logical_device, storage_image, view_type, format,
```

```
      aspect, storage_image_view ) ) {
    return false;
  }
  return true;
```

在向着色器内部的仓库图像写入或读取数据前,必须将仓库图像的布局切换为 VK_IMAGE_LAYOUT_GENERAL,这是唯一支持这些操作的布局。

 在 GLSL 着色器中,仓库图像是通过 image 关键字(可能会带前缀)和合适的维度设置的,需要在 layout 修饰词中设置图像的格式。

下面是在 GLSL 着色器内部定义仓库图像的示例。

```
layout (set=m, binding=n, r32f) uniform image2D <变量名>;
```

参考内容

请参阅第 4 章的下列内容:
- 创建图像。
- 将内存对象分配给图像并将它们绑定到一起。
- 创建图像视图。
- 销毁图像。
- 释放内存对象。

创建统一纹素缓冲区

纹素缓冲区可以通过与从图像读取数据类似的方式读取数据:图像内容不会被解析为单一(标量)值,而会被格式化为带 1、2、3 或 4 个组件的像素(纹素)。通过纹素缓冲区访问的数据能够比通过普通图像访问的数据大得多。

要将缓冲区作为统一纹素缓冲区,需要使用 VK_BUFFER_USAGE_UNIFORM_TEXEL_BUFFER_BIT 标志值设置缓冲区的用法。

具体处理过程

（1）获取物理设备的句柄，将该句柄存储在一个 VkPhysicalDevice 类型的变量中，将这个变量命名为 physical_device。

（2）选择用于存储缓冲区数据的格式，将该格式存储到一个 VkFormat 类型的变量中，将这个变量命名为 format。

（3）创建一个 VkFormatProperties 类型的变量，将其命名为 format_properties。

（4）调用 vkGetPhysicalDeviceFormatProperties(physical_device, format, &format_properties) 函数，将第一个参数设置为物理设备的句柄；将第二个参数设置为 format 变量；将第三个参数设置为指向 format_properties 变量的指针。

（5）确保选用的格式与统一纹素缓冲区匹配。通过检查 format_properties 变量中 bufferFeatures 成员的 VK_FORMAT_FEATURE_UNIFORM_TEXEL_BUFFER_BIT 位是否被设置，可以查明这一点。

（6）获取通过物理设备创建的逻辑设备的句柄，将该句柄存储在一个 VkDevice 类型的变量中，将这个变量命名为 logical_device。

（7）创建一个 VkBuffer 类型的变量，将其命名为 uniform_texel_buffer。

（8）使用 logical_device 变量及合适的尺寸和使用方式，创建一个缓冲区。在创建该缓冲区的过程中，不要忘记使用 VK_BUFFER_USAGE_UNIFORM_TEXEL_BUFFER_BIT 标志值设置缓冲区的用法。将创建好的缓冲区的句柄存储在 uniform_texel_buffer 变量中（请参阅第 4 章）。

（9）通过 VK_MEMORY_PROPERTY_DEVICE_LOCAL_BIT 属性分配一个内存对象（或使用以前创建的内存对象），将该内存对象与缓冲区绑定到一起。分配好内存对象后，将它的句柄存储到一个 VkDeviceMemory 类型的变量中，将该变量命名为 memory_object（请参阅第 4 章）。

（10）使用 logical_device、uniform_texel_buffer 和 format 变量，以及偏移量和内存区域，创建缓冲区视图。将创建好的缓冲区视图的句柄存储到一个 VkBufferView 类型的变量中，将该变量命名为 uniform_texel_buffer_view（请参阅第 4 章）。

具体运行情况

使用统一纹素缓冲区可以获取被解析为一维图像的数据，但是这种数据比普通图像提供的数据大得多。Vulkan 规范要求所有驱动程序都必须支持至少含有 4096 个纹素的一维图像。对于纹素缓冲区来说，这个最低限定值上升到了 65536 个纹素。

统一纹素缓冲区可与 VK_DESCRIPTOR_TYPE_UNIFORM_TEXEL_BUFFER 类型的描述符绑定到一起。

统一纹素缓冲区是通过 VK_BUFFER_USAGE_UNIFORM_TEXEL_BUFFER_BIT 标志值创建的。除此之外，还应为缓冲区选择合适的格式，并非所有格式都兼容统一纹素缓冲区。下面是被强制规定为统一纹素缓冲区提供支持的格式（此处没有列出所有格式）：

- VK_FORMAT_R8_UNORM、VK_FORMAT_R8_SNORM、VK_FORMAT_R8_UINT 和 VK_FORMAT_R8_SINT
- VK_FORMAT_R8G8_UNORM、VK_FORMAT_R8G8_SNORM、VK_FORMAT_R8G8_UINT 和 VK_FORMAT_R8G8_SINT
- VK_FORMAT_R8G8B8A8_UNORM、VK_FORMAT_R8G8B8A8_SNORM、VK_FORMAT_R8G8B8A8_UINT 和 VK_FORMAT_R8G8B8A8_SINT
- VK_FORMAT_B8G8R8A8_UNORM
- VK_FORMAT_A8B8G8R8_UNORM_PACK32、VK_FORMAT_A8B8G8R8_SNORM_PACK32、VK_FORMAT_A8B8G8R8_UINT_PACK32 和 VK_FORMAT_A8B8G8R8_SINT_PACK32
- VK_FORMAT_A2B10G10R10_UNORM_PACK32 和 VK_FORMAT_A2B10G10R10_UINT_PACK32
- VK_FORMAT_R16_UINT、VK_FORMAT_R16_SINT 和 VK_FORMAT_R16_SFLOAT
- VK_FORMAT_R16G16_UINT、VK_FORMAT_R16G16_SINT 和 VK_FORMAT_R16G16_SFLOAT
- VK_FORMAT_R16G16B16A16_UINT、VK_FORMAT_R16G16B16A16_SINT 和 VK_FORMAT_R16G16B16A16_SFLOAT
- VK_FORMAT_R32_UINT、VK_FORMAT_R32_SINT 和 VK_FORMAT_R32_SFLOAT
- VK_FORMAT_R32G32_UINT、VK_FORMAT_R32G32_SINT 和 VK_FORMAT_R32G32_SFLOAT
- VK_FORMAT_R32G32B32A32_UINT、VK_FORMAT_R32G32B32A32_SINT 和 VK_FORMAT_R32G32B32A32_SFLOAT
- VK_FORMAT_B10G11R11_UFLOAT_PACK32

要查明其他格式是否能够应用于统一纹素缓冲区,可使用下面的代码。

```
VkFormatProperties format_properties;
vkGetPhysicalDeviceFormatProperties( physical_device, format,
&format_properties );
if( !(format_properties.bufferFeatures &
VK_FORMAT_FEATURE_UNIFORM_TEXEL_BUFFER_BIT) ) {
  std::cout << "Provided format is not supported for a uniform texel
buffer." << std::endl;
  return false;
}
```

如果被选定的格式符合我们的需求,就可以创建一个缓冲区,为它分配一个内存对象,将该内存对象与缓冲区绑定到一起。此处的要点是,还需要创建一个缓冲区视图。

```
if( !CreateBuffer( logical_device, size, usage |
VK_BUFFER_USAGE_UNIFORM_TEXEL_BUFFER_BIT, uniform_texel_buffer ) ) {
  return false;
}
if( !AllocateAndBindMemoryObjectToBuffer( physical_device, logical_device,
uniform_texel_buffer, VK_MEMORY_PROPERTY_DEVICE_LOCAL_BIT, memory_object )
) {
  return false;
}
if( !CreateBufferView( logical_device, uniform_texel_buffer, format, 0,
VK_WHOLE_SIZE, uniform_texel_buffer_view ) ) {
  return false;
}
return true;
```

从 API 的观点看,缓冲区内容的结构无关紧要,但在处理统一纹素缓冲区时,需要设定数据格式,以便着色器能够通过合适的方式解析缓冲区的内容。这就是创建缓冲区视图的原因。

在 GLSL 着色器中,统一纹素缓冲区是通过 samplerBuffer(可能会带前缀)类型的变量定义的。

下面是一个在 GLSL 着色器中定义的统一纹素缓冲区变量。

```
layout (set=m, binding=n) uniform samplerBuffer <变量名>;
```

参考内容

请参阅第 4 章的下列内容：
- 创建缓冲区。
- 为缓冲区分配内存对象并将它们绑定到一起。
- 创建缓冲区视图。
- 销毁缓冲区视图。
- 释放内存对象。
- 销毁缓冲区。

创建仓库纹素缓冲区

与统一纹素缓冲区类似，仓库纹素缓冲区是一种向着色器提供大量类图像类数据的方式。使用仓库纹素缓冲区可以存储数据和执行原子操作。要达到该目的，应使用 VK_BUFFER_USAGE_STORAGE_TEXEL_BUFFER_BIT 标志值创建缓冲区。

具体处理过程

（1）获取物理设备的句柄，将该句柄存储在一个 VkPhysicalDevice 类型的变量中，将这个变量命名为 physical_device。
（2）选择纹素缓冲区数据的格式，将该格式存储到一个 VkFormat 类型的变量中，将这个变量命名为 format。
（3）创建一个 VkFormatProperties 类型的变量，将其命名为 format_properties。
（4）调用 vkGetPhysicalDeviceFormatProperties(physical_device, format, &format_properties) 函数，将第一个参数设置为选用的物理设备的句柄；将第二个参数设置为 format 变量；将第三个参数设置为指向 format_properties 变量的指针。
（5）通过查明 format_properties 变量中 bufferFeatures 成员的 VK_FORMAT_FEATURE_STORAGE_TEXEL_BUFFER_BIT 位是否被设置了，确认选用的格式适用于仓库纹素缓冲区。

（6）如果需要对仓库纹素缓冲区执行原子操作，还应确保选用的格式适用于这些原子操作。通过查明 format_properties 变量中 bufferFeatures 成员的 VK_FORMAT_FEATURE_STORAGE_TEXEL_BUFFER_ATOMIC_BIT 位是否被设置了，可以确认这一点。

（7）获取通过选用的物理设备创建的逻辑设备的句柄，将该句柄存储在一个 VkDevice 类型的变量中，将这个变量命名为 logical_device。

（8）创建一个 VkBuffer 类型的变量，将其命名为 storage_texel_buffer。

（9）使用 logical_device 变量及合适的尺寸和使用方式，创建一个缓冲区。确保在创建该缓冲区的过程中使用了 VK_BUFFER_USAGE_STORAGE_TEXEL_BUFFER_BIT 标志值。将该缓冲区的句柄存储在 storage_texel_buffer 变量中（请参阅第 4 章）。

（10）通过 VK_MEMORY_PROPERTY_DEVICE_LOCAL_BIT 属性分配内存对象（或者使用以前创建的内存对象），将内存对象与缓冲区绑定到一起，将该内存对象的句柄存储到 memory_object 变量中（请参阅第 4 章）。

（11）使用 logical_device、storage_texel_buffer 和 format 变量，以及相应的偏移量和内存区域，创建一个缓冲区视图。将该缓冲区视图的句柄存储到一个 VkBufferView 类型的变量中，将这个变量命名为 storage_texel_buffer_view（请参阅第 4 章）。

具体运行情况

使用仓库纹素缓冲区可以读写非常大的数组中的数据，这样就可以像解析一维图像中的数据那样解析这些数据。此外，还可以对仓库纹素缓冲区执行原子操作。

仓库纹素缓冲区可应用于 VK_DESCRIPTOR_TYPE_STORAGE_TEXEL_BUFFER 类型的描述符。

要将缓冲区作为仓库纹素缓冲区，需要在创建缓冲区的过程中使用 VK_BUFFER_USAGE_STORAGE_TEXEL_BUFFER_BIT 用法标志值。还需要为缓冲区创建带有合适格式的缓冲区视图。为仓库纹素缓冲区创建视图时，可在下列强制规定硬件支持的格式中选取一种：

- VK_FORMAT_R8G8B8A8_UNORM、VK_FORMAT_R8G8B8A8_SNORM、VK_FORMAT_R8G8B8A8_UINT 和 VK_FORMAT_R8G8B8A8_SINT
- VK_FORMAT_A8B8G8R8_UNORM_PACK32、VK_FORMAT_A8B8G8R8_SNORM_PACK32、VK_FORMAT_A8B8G8R8_UINT_PACK32 和 VK_FORMAT_A8B8G8R8_

SINT_PACK32
- VK_FORMAT_R32_UINT、VK_FORMAT_R32_SINT 和 VK_FORMAT_R32_SFLOAT
- VK_FORMAT_R32G32_UINT、VK_FORMAT_R32G32_SINT 和 VK_FORMAT_R32G32_SFLOAT
- VK_FORMAT_R32G32B32A32_UINT 、VK_FORMAT_R32G32B32A32_SINT 和 VK_FORMAT_R32G32B32A32_SFLOAT

为了执行原子操作，只能选用下列格式：

- VK_FORMAT_R32_UINT 和 VK_FORMAT_R32_SINT

其他格式可能也会得到硬件支持，但无人为这些支持提供担保，而且我们编写的应用程序必须在硬件平台上使用下列代码进行确认：

```
VkFormatProperties format_properties;
vkGetPhysicalDeviceFormatProperties( physical_device, format,
  &format_properties );
if( !(format_properties.bufferFeatures &
VK_FORMAT_FEATURE_STORAGE_TEXEL_BUFFER_BIT) ) {
  std::cout << "Provided format is not supported for a uniform texel buffer." << std::endl;
  return false;
}
if( atomic_operations &&
  !(format_properties.bufferFeatures &
VK_FORMAT_FEATURE_STORAGE_TEXEL_BUFFER_ATOMIC_BIT) ) {
  std::cout << "Provided format is not supported for atomic operations on storage texel buffers." << std::endl;
  return false;
}
```

创建仓库纹素缓冲区，需要创建一个缓冲区，为该缓冲区分配一个内存对象并将它们绑定到一起，还需要创建一个缓冲区视图，以便定义缓冲区中数据的格式。

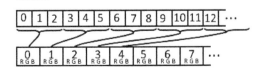

```
if( !CreateBuffer( logical_device, size, usage |
VK_BUFFER_USAGE_STORAGE_TEXEL_BUFFER_BIT, storage_texel_buffer ) ) {
  return false;
}
if( !AllocateAndBindMemoryObjectToBuffer( physical_device, logical_device,
storage_texel_buffer, VK_MEMORY_PROPERTY_DEVICE_LOCAL_BIT, memory_object )
) {
  return false;
}
if( !CreateBufferView( logical_device, storage_texel_buffer, format, 0,
VK_WHOLE_SIZE, storage_texel_buffer_view ) ) {
  return false;
}
return true;
```

也可以使用以前创建的内存对象,并将该对象中的某个区域与仓库纹素缓冲区绑定。

从 GLSL 的观点看,仓库纹素缓冲区变量是使用 imageBuffer 关键字(可能会带有前缀)定义的。

下面是在 GLSL 着色器中定义的仓库纹素缓冲区。

```
layout (set=m, binding=n, r32f) uniform imageBuffer <变量名>;
```

参考内容

请参阅第 4 章的下列内容:
- 创建缓冲区。
- 为缓冲区分配内存对象并将它们绑定到一起。
- 创建缓冲区视图。
- 销毁缓冲区视图。
- 释放内存对象。
- 销毁缓冲区。

创建统一缓冲区

在 Vulkan 中，在着色器内部使用的统一变量无法放在全局命名空间中，只能在统一缓冲区中定义统一变量。因此，需要使用 VK_BUFFER_USAGE_UNIFORM_BUFFER_BIT 标志值创建缓冲区。

具体处理过程

（1）获取已创建的逻辑设备的句柄，将该句柄存储到一个 VkDevice 类型的变量中，将这个变量命名为 logical_device。

（2）创建一个 VkBuffer 类型的变量，将其命名为 uniform_buffer，该变量用于存储创建好的缓冲区的句柄。

（3）使用 logical_device 变量，以及合适的尺寸和使用方式，创建一个缓冲区。该使用方式中必须包含 VK_BUFFER_USAGE_UNIFORM_BUFFER_BIT 标志值。将该缓冲区的句柄存储在 uniform_buffer 变量中（请参阅第 4 章）。

（4）分配一个带 VK_MEMORY_PROPERTY_DEVICE_LOCAL_BIT 属性的内存对象（也可以使用以前创建的内存对象），将该内存对象与缓冲区绑定（请参阅第 4 章）。

具体运行情况

使用统一缓冲区可以为着色器内部的只读统一变量赋值。

统一缓冲区可以应用于 VK_DESCRIPTOR_TYPE_UNIFORM_BUFFER 和 VK_DESCRIPTOR_TYPE_UNIFORM_BUFFER_DYNAMIC 类型的描述符。

通常，统一缓冲区用于存储更改频率不太高的参数数据（在处理数量较少的数据时，最好使用入栈常量（push constant），因为这通常能够更快速地更新这些数据，要详细了解入栈常量请参阅第 9 章）。

要创建用于存储统一变量数据的缓存，需要在创建过程中设置 VK_BUFFER_USAGE_UNIFORM_BUFFER_BIT 标志值。将该缓冲区创建好后，应为其分配内存对象，并将它们绑定到一起（也可以使用以前创建的内存对象，将该对象中的某个内存区域与缓冲区绑定到一起）。

```
if( !CreateBuffer( logical_device, size, usage |
```

```
    VK_BUFFER_USAGE_UNIFORM_BUFFER_BIT, uniform_buffer ) ) {
      return false;
    }
    if( !AllocateAndBindMemoryObjectToBuffer( physical_device, logical_device,
    uniform_buffer, VK_MEMORY_PROPERTY_DEVICE_LOCAL_BIT, memory_object ) ) {
      return false;
    }
    return true;
```

创建好这个缓冲区和内存对象后,就可以像处理其他类型的缓冲区一样向该缓冲区中写入数据。只需要注意,必须将统一变量放置在合适的偏移量位置,这些偏移量与 GLSL 语言中的 std140 布局相同,并且拥有下列定义:

- 尺寸为 N 的标量变量必须存储在偏移量为 N 的倍数的位置上。
- 如果一个 vector 容器变量中含有两个元素,且每个元素的尺寸都为 N,那么该 vector 容器变量就必须存储在偏移量为 $2N$ 的倍数的位置上。
- 如果一个 vector 容器变量中含有三或四个元素,且每个元素的尺寸都为 N,那么该 vector 容器变量就必须存储在偏移量为 $4N$ 的倍数的位置上。
- 如果一个数组中每个元素的尺寸都为 N,那么该数组就必须存储在偏移量为 $16N$ 的倍数的位置上。
- 结构必须存储在它含有的成员的最大偏移量(结构中所有成员的偏移量中的最大值)乘以 16 的位置上。
- 行主序矩阵存储位置的偏移量必须与所含元素的数量等于该矩阵中列的数量的 vector 容器变量的偏移量相等。
- 列主序矩阵存储位置的偏移量必须与它含有的列的偏移量相等。

在设置地址方面,动态统一缓冲区与普通统一缓冲区不同。在更新描述符集合的过程中,应设置供统一缓冲区使用的内存区域的尺寸和以该缓冲区的开头位置为原点的偏移量。对于普通统一缓冲区来说,这些参数不会变化。对于动态统一缓冲区来说,当将描述符集合与命令缓冲区绑定时,这个已设定的偏移量会变为基础偏移量,并且会被动态偏移量修改。

 在 GLSL 着色器中,普通统一缓冲区和动态统一缓冲区都是通过 uniform 修饰符和块语法定义的。

下面是在 GLSL 着色器中定义普通统一缓冲区的示例。

第 5 章 描述符集合

```
layout (set=m, binding=n) uniform <变量名>
{
  vec4 <成员 1 名称>;
  mat4 <成员 2 名称>;
  // ...
};
```

参考内容

请参阅第 4 章的下列内容：
- 创建缓冲区。
- 为缓冲区分配内存对象并将它们绑定到一起。
- 释放内存对象。
- 销毁缓冲区。

创建仓库缓冲区

如果不仅需要从着色器内部的缓冲区读取数据，而且需要向这些缓冲区中写入数据，就应该使用仓库缓冲区。这类缓冲区是使用 VK_BUFFER_USAGE_STORAGE_BUFFER_BIT 标志值创建的。

具体处理过程

（1）获取逻辑设备的句柄，将该句柄存储在一个 VkPhysicalDevice 类型的变量中，将这个变量命名为 physical_device。

（2）创建一个 VkBuffer 类型的变量，将其命名为 storage_buffer，该变量用于存储创建好的缓冲区的句柄。

（3）使用 logical_device 变量，以及合适的尺寸和使用方式，创建一个缓冲区，应在该缓冲区用法中包含 VK_BUFFER_USAGE_STORAGE_BUFFER_BIT 标志值。将创建好的缓冲区的句柄存储到 storage_buffer 变量中（请参阅第 4 章）。

（4）通过 VK_MEMORY_PROPERTY_DEVICE_LOCAL_BIT 属性分配内存对象（也可以使用以前创建的内存对象），将该内存对象与创建好的缓冲区绑定到一起（请参阅第 4 章）。

具体运行情况

仓库缓冲区既支持读取操作，也支持写入操作。可以对仓库缓冲区中含有无符号整型数据的成员执行原子操作。

 仓库缓冲区与 VK_DESCRIPTOR_TYPE_STORAGE_BUFFER 和 VK_DESCRIPTOR_TYPE_STORAGE_BUFFER_DYNAMIC 类型的描述符对应。

要将数据存储到仓库缓冲区的成员中，就必须将这些数据放置在合适的偏移量位置。满足该要求的最简单途径是遵循 GLSL 语言中的 std430 布局规则。

除数组和结构外（存储在仓库缓冲区中的数组和结构的偏移量不需要乘以 16），仓库缓冲区的基本校准规则与统一缓冲区的基本校准规则类似。为了便于理解，下面归纳了这些规则：

- 尺寸为 N 的标量、变量必须存储在偏移量为 N 的倍数的位置上。
- 如果一个 vector 容器变量中含有两个元素，且每个元素的尺寸都为 N，那么该 vector 容器变量就必须存储在偏移量为 $2N$ 的倍数的位置上。
- 如果一个 vector 容器变量中含有三或四个元素，且每个元素的尺寸都为 N，那么该 vector 容器变量就必须存储在偏移量为 $4N$ 的倍数的位置上。
- 如果一个数组中每个元素的尺寸都为 N，那么该数组就必须存储在偏移量为 N 的倍数的位置上。
- 结构必须存储在它含有的成员的最大偏移量（结构中所有成员的偏移量中的最大值）的倍数的位置上。
- 行主序矩阵存储位置的偏移量必须与所含元素的数量等于该矩阵中列的数量的 vector 容器变量的偏移量相等。
- 列主序矩阵存储位置的偏移量必须与它含有的列的偏移量相等。

动态仓库缓冲区的基础内存偏移量定义与此不同。对于普通仓库缓冲区来说，在执行下次描述符集合更新操作前，在上次描述符集合更新过程中设置的偏移量和内存区域会一直保持不变。而对于动态仓库缓冲区来说，当将描述符集合与命令缓冲区绑定时，这个已设定的偏移量会变为基础地址，并且会被动态偏移量修改。

 在 GLSL 着色器中，普通仓库缓冲区和动态仓库缓冲区都是通过 buffer 修饰符和块语法定义的。

下面是在 GLSL 着色器内部使用的普通仓库缓冲区的定义。

```
layout (set=m, binding=n) buffer <变量名>
{
  vec4 <成员 1 名称>;
  mat4 <成员 2 名称>;
  // ...
};
```

参考内容

请参阅第 4 章的下列内容：
- 创建缓冲区。
- 为缓冲区分配内存对象并将它们绑定到一起。
- 释放内存对象。
- 销毁缓冲区。

创建输入附着材料

附着材料是指在执行绘制命令的过程中，在渲染通道中用于进行渲染的图像。换言之，附着材料就是渲染目标。

输入附着材料是指能够在片段着色器内部中读取数据（未过滤的）的图像资源，我们只能访问与已处理片段对应的一个位置。

输入附着材料资源通常就是之前被用作颜色、深度或刻板的附着材料，但也可以使用其他图像（以及它们的图像视图）。只需要在创建这些图像的过程中，使用 VK_IMAGE_USAGE_INPUT_ATTACHMENT_BIT 标志值设置它们的用法。

具体处理过程

（1）获取用于执行操作的物理设备的句柄，将该句柄存储在一个 VkPhysicalDevice 类型的变量中，将这个变量命名为 physical_device。

（2）选择图像的格式，将该格式存储在一个 VkFormat 类型的变量中，将这个变量命名为 format。

（3）创建一个 VkFormatProperties 类型的变量，将其命名为 format_properties。

（4）调用vkGetPhysicalDeviceFormatProperties(physical_device, format, &format_properties)函数，将第一个参数设置为physical_device变量；将第二个参数设置为format变量；将第三个参数设置为指向format_properties变量的指针。

（5）如果该图像的颜色数据会被读取，应确保选用的图像格式支持这些读取操作。通过检查format_properties变量中optimalTilingFeatures成员的VK_FORMAT_FEATURE_COLOR_ATTACHMENT_BIT位是否被设置了，可以查明这一点。

（6）如果该图像的深度和模板数据会被读取，应确保选用的图像格式支持这些读取操作。通过检查format_properties变量中optimalTilingFeatures成员的VK_FORMAT_FEATURE_DEPTH_STENCIL_ATTACHMENT_BIT位是否被设置了，可以查明这一点。

（7）获取通过该物理设备创建的逻辑设备的句柄，将这个句柄存储在一个VkDevice类型的变量中，将该变量命名为logical_device。

（8）使用logical_device和format变量，以及合适的图像参数，创建一幅图像。确保在创建该图像的过程中，使用VK_IMAGE_USAGE_INPUT_ATTACHMENT_BIT标志值设置了图像用法。将创建好的图像的句柄存储在一个VkImage类型的变量中，将该变量命名为input_attachment（请参阅第4章）。

（9）分配一个带VK_MEMORY_PROPERTY_DEVICE_LOCAL_BIT属性的内存对象（也可以使用以前创建的内存对象），将该内存对象与创建好的图像绑定到一起（请参阅第4章）。

（10）使用logical_device、input_attachment和format变量，以及合适的图像视图参数，创建一个图像视图。将创建好的图像视图的句柄存储到一个VkImageView类型的变量中，将该变量命名为input_attachment_image_view（请参阅第4章）。

具体运行情况

使用输入附着材料可以通过在片段着色器内部被用作渲染通道附着材料的图像读取数据（输入附着材料通常就是先前被用作颜色、深度或刻板附着材料的图像）。

输入附着材料可应用于VK_DESCRIPTOR_TYPE_INPUT_ATTACHMENT类型的描述符。

在Vulkan中，渲染操作被集中到渲染通道中，每个渲染通道至少拥有一个子通道，且可以拥有多个子通道。如果在一个子通道中渲染附着材料，那么可以将该附着材料用作输出附着材料，并且可以在同一渲染通道中的其他后续子通道中，通过该附着材料读取数据。实际上，这是从渲染通道中的附着材料读取数据的唯一途径，在渲染通道中被用作附着材料的图像只能通过着色器内部的输入附着材料来访问（除被用作输入附着材料外，无法将这些图像与描述符集合绑定到一起）。

当通过输入材料读取数据时，只能使用与已处理片段的位置对应的位置。关闭渲染通道，将图像作为已采样图像（纹理）与描述符集合绑定到一起，与启动另一条没有将该图像用作附着材料的渲染通道的处理方式相比，使用输入材料读取数据的方式更好。

也可以将其他图像（之前没有被用作颜色、深度或刻板的图像）用作输入附着材料。只需要在创建这些图像时，使用 VK_IMAGE_USAGE_INPUT_ATTACHMENT_BIT 标志值设置图像的使用方式，并为图像设置合适的格式。下面是强制规定硬件必须支持的格式，使用这些格式可以执行从输入附着材料读取颜色数据的操作。

- VK_FORMAT_R5G6B5_UNORM_PACK16
- VK_FORMAT_A1R5G5B5_UNORM_PACK16
- VK_FORMAT_R8_UNORM、VK_FORMAT_R8_UINT 和 VK_FORMAT_R8_SINT
- VK_FORMAT_R8G8_UNORM、VK_FORMAT_R8G8_UINT 和 VK_FORMAT_R8G8_SINT
- VK_FORMAT_R8G8B8A8_UNORM、VK_FORMAT_R8G8B8A8_UINT、VK_FORMAT_R8G8B8A8_SINT 和 VK_FORMAT_R8G8B8A8_SRGB
- VK_FORMAT_B8G8R8A8_UNORM 和 VK_FORMAT_B8G8R8A8_SRGB
- VK_FORMAT_A8B8G8R8_UNORM_PACK32、VK_FORMAT_A8B8G8R8_UINT_PACK32、VK_FORMAT_A8B8G8R8_SINT_PACK32 和 VK_FORMAT_A8B8G8R8_SRGB_PACK32
- VK_FORMAT_A2B10G10R10_UNORM_PACK32 和 VK_FORMAT_A2B10G10R10_UINT_PACK32
- VK_FORMAT_R16_UINT、VK_FORMAT_R16_SINT 和 VK_FORMAT_R16_SFLOAT
- VK_FORMAT_R16G16_UINT、VK_FORMAT_R16G16_SINT 和 VK_FORMAT_R16G16_SFLOAT
- VK_FORMAT_R16G16B16A16_UINT、VK_FORMAT_R16G16B16A16_SINT 和 VK_FORMAT_R16G16B16A16_SFLOAT
- VK_FORMAT_R32_UINT、VK_FORMAT_R32_SINT 和 VK_FORMAT_R32_SFLOAT
- VK_FORMAT_R32G32_UINT、VK_FORMAT_R32G32_SINT 和 VK_FORMAT_

R32G32_SFLOAT
- VK_FORMAT_R32G32B32A32_UINT、VK_FORMAT_R32G32B32A32_SINT 和 VK_FORMAT_R32G32B32A32_SFLOAT

下面是强制规定硬件必须支持的格式，使用这些格式可以执行从输入附着材料读取深度和刻板数据的操作。

- VK_FORMAT_D16_UNORM
- VK_FORMAT_X8_D24_UNORM_PACK32 或 VK_FORMAT_D32_SFLOAT（这两种格式中必定有一种会提供支持）
- VK_FORMAT_D24_UNORM_S8_UINT 或 VK_FORMAT_D32_SFLOAT_S8_UINT（这两种格式中必定有一种会提供支持）

其他格式也可能会得到硬件支持，但无人为这些支持提供担保。我们编写的应用程序可以通过在硬件平台上使用下列代码，查明指定格式是否得到了硬件的支持。

```
VkFormatProperties format_properties;
vkGetPhysicalDeviceFormatProperties( physical_device, format,
&format_properties );
if( (aspect & VK_IMAGE_ASPECT_COLOR_BIT) &&
    !(format_properties.optimalTilingFeatures &
VK_FORMAT_FEATURE_COLOR_ATTACHMENT_BIT) ) {
  std::cout << "Provided format is not supported for an input attachment."
<< std::endl;
  return false;
}
if( (aspect & (VK_IMAGE_ASPECT_DEPTH_BIT | VK_IMAGE_ASPECT_DEPTH_BIT)) &&
    !(format_properties.optimalTilingFeatures &
VK_FORMAT_FEATURE_DEPTH_STENCIL_ATTACHMENT_BIT) ) {
  std::cout << "Provided format is not supported for an input attachment."
<< std::endl;
  return false;
}
```

创建一幅图像，为该图像分配一个内存对象（也可以使用以前创建的内存对象），将这个内存对象与该图像绑定到一起，并创建一个图像视图。

```
if( !CreateImage( logical_device, type, format, size, 1, 1,
VK_SAMPLE_COUNT_1_BIT, usage | VK_IMAGE_USAGE_INPUT_ATTACHMENT_BIT, false,
```

```
  input_attachment ) ) {
    return false;
  }
  if( !AllocateAndBindMemoryObjectToImage( physical_device, logical_device,
  input_attachment, VK_MEMORY_PROPERTY_DEVICE_LOCAL_BIT, memory_object ) ) {
    return false;
  }
  if( !CreateImageView( logical_device, input_attachment, view_type, format,
  aspect, input_attachment_image_view ) ) {
    return false;
  }
  return true;
```

通过这种方式创建的图像和图像视图，可以被用作输入附着材料。因此，我们需要准备合适的渲染通道进行描述，并在帧缓冲区中包含图像视图（请参阅第 6 章）。

 在 GLSL 着色器代码中，代表输入附着材料的变量是通过 subpassInput 关键字（可能会带前缀）定义的。

下面是在 GLSL 代码中定义输入附着材料的示例。

```
layout (input_attachment_index=i, set=m, binding=n) uniform subpassInput
  <变量名>;
```

参考内容

请参阅第 4 章的下列内容：
- 创建图像。
- 将内存对象分配给图像并将它们绑定到一起。
- 创建图像视图。
- 销毁图像视图。
- 销毁图像。
- 释放内存对象。

请参阅第 6 章的下列内容：
- 设置子通道描述。
- 创建帧缓冲区。

创建描述符集合布局

描述符集合能够在一个对象中聚集许多资源（描述符），可以将描述符与管线绑定到一起，以便在我们编写的应用程序和着色器之间创建接口。但为了让硬件知道描述符集合中含有哪些资源、这些资源属于哪些类型及处理它们的次序，就需要创建描述符集合布局。

具体处理过程

（1）获取逻辑设备的句柄，将该句柄存储到一个 VkDevice 类型的变量中，将这个变量命名为 logical_device。

（2）创建一个元素类型为 VkDescriptorSetLayoutBinding 的 vector 容器变量，将其命名为 bindings。

（3）使用 vector 容器 bindings 变量中的每个元素，代表需要创建的资源，然后这些资源会被赋予描述符集合。将下列值赋予每个元素中的各个成员。

- 将资源在描述符集合中的索引赋予 binding 成员。
- 将想要为该资源设置的类型赋予 descriptorType 成员。
- 将通过着色器内部数组访问的指定类型资源的数量赋予 descriptorCount 成员，如果指定类型的资源不是通过数组访问的，就将 1 赋予 descriptorCount 成员。
- 对所有执行访问资源操作的着色器阶段执行逻辑或运算，将该运算的结果赋予 stageFlags 成员。
- 将 nullptr 值赋予 pImmutableSamplers 成员。

（4）创建一个 VkDescriptorSetLayoutCreateInfo 类型的变量，将其命名为 descriptor_set_layout_create_info。使用下列值初始化该变量中的各个成员。

- 将 VK_STRUCTURE_TYPE_DESCRIPTOR_SET_LAYOUT_CREATE_INFO 赋予 sType 成员。
- 将 nullptr 赋予 pNext 成员。
- 将 0 赋予 flags 成员。
- 将 vector 容器 bindings 变量中含有元素的数量赋予 bindingCount 成员。
- 将指向 vector 容器 bindings 变量中第一个元素的指针赋予 pBindings 成员。

（5）创建一个 VkDescriptorSetLayout 类型的变量，将其命名为 descriptor_set_layout，该变量用于存储创建好的描述符集合布局。

（6）调用 vkCreateDescriptorSetLayout(logical_device, &descriptor_set_layout_create_info,

第5章 描述符集合

nullptr, &descriptor_set_layout)函数。将第一个参数设置为逻辑设备的句柄；将第二个参数设置为指向 descriptor_set_layout_create_info 变量的指针；将第三个参数设置为 nullptr；将第四个参数设置为指向 descriptor_set_layout 变量的指针。

（7）通过查明该函数调用操作的返回值为 VK_SUCCESS，确认该函数调用操作成功完成。

具体运行情况

描述符集合布局设定了描述符集合的内部结构，同时严格定义了哪些资源可以与描述符集合绑定到一起（我们无法使用没有在描述符集合布局中设置的资源）。

创建描述符集合布局前，需要知道将会用到哪些资源（描述符类型）和使用这些资源的次序。该次序是通过绑定关系设置的，这些绑定关系设置了资源在描述符集合中的索引（位置），在着色器内部（通过 layout 修饰符标识出描述符集合的编号）这些绑定关系还用于指定我们想要访问的资源。

```
layout (set=m, binding=n) // 变量的定义
```

可以将绑定关系的索引设置为任意值，但应注意未使用的索引也会占用内存，并且会影响应用程序的性能。

 为了避免不必要的内存额外开销和对性能的负面影响，应尽量减少描述符绑定关系的数量。

要创建描述符集合布局，需要先创建在指定描述符集合中使用的所有资源的列表。

```
VkDescriptorSetLayoutCreateInfo descriptor_set_layout_create_info = {
  VK_STRUCTURE_TYPE_DESCRIPTOR_SET_LAYOUT_CREATE_INFO,
  nullptr,
  0,
  static_cast<uint32_t>(bindings.size()),
  bindings.data()
};
```

再创建描述符集合的布局。

```
VkResult result = vkCreateDescriptorSetLayout( logical_device,
```

```
                    &descriptor_set_layout_create_info, nullptr, &descriptor_set_layout );
if( VK_SUCCESS != result ) {
  std::cout << "Could not create a layout for descriptor sets." << 
std::endl;
  return false;
}
return true;
```

描述符集合布局和入栈常量范围都来自管线布局,管线布局定义了通过指定管线能够访问哪些类型的资源。除在创建管线布局的过程中进行设置外,还需要在分配描述符集合的过程中对已创建的描述符集合布局进行设置。

参考内容

请参阅本章的下列内容:
- 分配描述符集合。

请参阅第 8 章的下列内容:
- 创建管线布局。

创建描述符池

汇集成集合的描述符是通过描述符池分配的。在创建描述符池时,必须定义哪些描述符(具体的数量)能够通过已创建的描述符池分配。

具体处理过程

(1)获取用于创建描述符池的逻辑设备的句柄,将该句柄存储在一个 VkDevice 类型的变量中,将这个变量命名为 logical_device。

(2)创建一个元素类型为 VkDescriptorPoolSize 的 vector 容器变量,将其命名为 descriptor_types。使用该 vector 容器变量中的每个元素,代表一种能够通过该描述符池分配的描述符类型。通过向该 vector 容器变量中添加新元素,定义指定的描述符类型和能够通过这个描述符池分配的该类型描述符的数量。

(3)创建一个 VkDescriptorPoolCreateInfo 类型的变量,将其命名为 descriptor_pool_create_info。将下列值赋予该变量中的各个成员:

第 5 章 描述符集合

- 将 VK_STRUCTURE_TYPE_DESCRIPTOR_POOL_CREATE_INFO 赋予 sType 成员。
- 将 nullptr 赋予 pNext 成员。
- 如果需要这个描述符池中单个的描述符集合，就将 VK_DESCRIPTOR_POOL_CREATE_FREE_DESCRIPTOR_SET_BIT 赋予 flags 成员。如果只运行一次释放该描述符池中的所有描述符集合，就将 0 赋予 flags 成员。
- 将能够通过该描述符分配的最多描述符数量赋予 maxSets 成员。
- 将 vector 容器 descriptor_types 变量中含有元素的数量赋予 poolSizeCount 成员。
- 将指向 vector 容器 descriptor_types 变量中第一个元素的指针赋予 pPoolSizes 成员。

（4）创建一个 VkDescriptorPool 类型的变量，将其命名为 descriptor_pool，该变量用于存储创建好的描述符池的句柄。

（5）调用 vkCreateDescriptorPool(logical_device, &descriptor_pool_create_info, nullptr, &descriptor_pool)函数。将第一个参数设置为 logical_device 变量；将第二个参数设置为指向 descriptor_pool_create_info 变量的指针；将第三个参数设置为 nullptr；将第四个参数设置为指向 descriptor_pool 变量的指针。

（6）通过查明该函数调用操作的返回值为 VK_SUCCESS，确认该函数调用操作成功完成。

具体运行情况

使用描述符池可以管理用于分配描述符集合的资源（这与使用命令池管理命令缓冲区内存的方式类似）。在创建描述符池的过程中，可设定通过指定描述符池能够分配的最多描述符集合数量和在所有描述符集合中指定类型描述符的最多数量。该信息是通过一个 VkDescriptorPoolCreateInfo 类型的变量提供的。

```
VkDescriptorPoolCreateInfo descriptor_pool_create_info = {
  VK_STRUCTURE_TYPE_DESCRIPTOR_POOL_CREATE_INFO,
  nullptr,
  free_individual_sets ?
    VK_DESCRIPTOR_POOL_CREATE_FREE_DESCRIPTOR_SET_BIT : 0,
  max_sets_count,
  static_cast<uint32_t>(descriptor_types.size()),
  descriptor_types.data()
};
```

在上面的示例中，描述符的类型和它的总数都是通过 vector 容器 descriptor_types 变量提供的。可以在 vector 容器 descriptor_types 变量中包含多个元素，而且必须使创建好的描述符池拥有足够的空间，以便能够容纳所有指定的描述符。

可使用下面的代码创建描述符池。

```
VkResult result = vkCreateDescriptorPool( logical_device,
  &descriptor_pool_create_info, nullptr, &descriptor_pool );
if( VK_SUCCESS != result ) {
  std::cout << "Could not create a descriptor pool." << std::endl;
  return false;
}
return true;
```

创建好描述符池后，就可以通过它分配描述符集合。但必须注意，不能在同一时刻通过多个线程执行该操作。

不能同时在多个线程中通过一个描述符池分配描述符集合。

参考内容

请参阅本章的下列内容：
- 分配描述符集合。
- 释放描述符集合。
- 重置描述符池。
- 销毁描述符池。

分配描述符集合

描述符集合将着色器资源（描述符）汇集到一个容器对象中。描述符集合的内容及所含资源的类型和数量都是通过描述符集合布局定义的。描述符集合存储在描述符池中，通过描述符池可以分配描述符集合。

具体运行情况

（1）获取逻辑设备的句柄，将该句柄存储在一个 VkDevice 类型的变量中，将这个变量命名为 logical_device。

（2）创建用于分配描述符集合的描述符池，将该描述符池的句柄存储到一个 VkDescriptorPool 类型的变量中，将这个变量命名为 descriptor_pool。

（3）创建一个 std::vector<VkDescriptorSetLayout>类型的变量，将其命名为 descriptor_set_layouts。使用 descriptor_set_layouts 变量中的每个元素，代表一个描述符集合布局的句柄，这些描述符集合布局定义了需要通过该描述符池分配的每个描述符集合的结构。

（4）创建一个 VkDescriptorSetAllocateInfo 类型的变量，将其命名为 descriptor_set_allocate_info，将下列值赋予该变量中的各个成员：

- 将 VK_STRUCTURE_TYPE_DESCRIPTOR_SET_ALLOCATE_INFO 赋予 sType 成员。
- 将 nullptr 赋予 pNext 成员。
- 将 descriptor_pool 变量的值赋予 descriptorPool 成员。
- 将 vector 容器 descriptor_set_layouts 变量中含有元素的数量赋予 descriptorSetCount 成员。
- 将指向 vector 容器 descriptor_set_layouts 变量中第一个元素的指针赋予 pSetLayouts 成员。

（5）创建一个 std::vector<VkDescriptorSet>类型的 vector 容器变量，将其命名为 descriptor_sets，并调整该变量的尺寸，使之能够容纳 vector 容器变量 descriptor_set_layouts 中描述符集合布局定义的内容。

（6）调用 vkAllocateDescriptorSets(logical_device, &descriptor_set_allocate_info, &descriptor_sets[0])函数。将第一个参数设置为 logical_device 变量；将第二个参数设置为指向 descriptor_set_allocate_info 变量的指针；将第三个参数设置为指向 vector 容器变量 descriptor_sets 中第一个元素的指针。

（7）通过查明该函数调用操作的返回值为 VK_SUCCESS，确认该函数调用操作成功完成。

具体运行情况

描述符集合用于为着色器提供资源，它们构成了应用程序和可编程管线阶段之间的接口。该接口的结构是通过描述符集合布局定义的。在通过图像或缓冲区资源更新了描述符集合，并在执行记录操作的过程中将这些描述符集合与命令缓冲区绑定到一起之后，真正的数据才会被提供给着色器。

描述符集合是通过描述符池分配的。在创建描述符池时，可以设置在该描述符池含有的所有描述符集合的范围内，通过该描述符池能够分配多少描述符（资源）和哪些类型的描述符，还可以设置通过该描述符池分配的描述符集合数量上限。

当需要分配描述符集合时，需要先设置定义描述符集合内部结构的布局：描述符布局与描述符集合——对应。使用下面的代码可以设置这些信息：

```
VkDescriptorSetAllocateInfo descriptor_set_allocate_info = {
  VK_STRUCTURE_TYPE_DESCRIPTOR_SET_ALLOCATE_INFO,
  nullptr,
  descriptor_pool,
  static_cast<uint32_t>(descriptor_set_layouts.size()),
  descriptor_set_layouts.data()
};
```

通过下面的方式可以分配描述符集合：

```
descriptor_sets.resize( descriptor_set_layouts.size() );
VkResult result = vkAllocateDescriptorSets( logical_device,
  &descriptor_set_allocate_info, descriptor_sets.data() );
if( VK_SUCCESS != result ) {
  std::cout << "Could not allocate descriptor sets." << std::endl;
  return false;
}
return true;
```

当分配和释放单个描述符集合时，描述符池的内存会变成不连续的碎片。在这类情况中，就无法通过该描述符池分配新的描述符集合（即使还未到达先前设定的内存空间上限）。下图展示了这类情况。

第 5 章 描述符集合

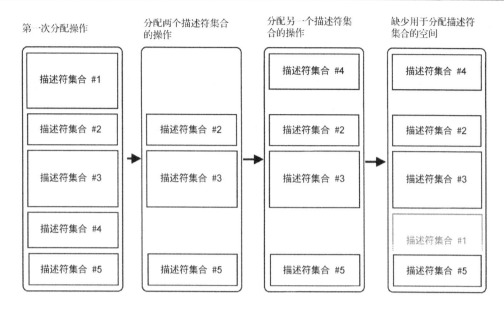

当第一次分配描述符集合时,碎片问题不会出现。此外,如果所有描述符集合都使用同一类型的相同数量的资源,那么这种碎片问题也绝对不会出现。

为了避免描述符池的内存碎片问题,可以一次释放所有描述符集合(通过重置描述符池);否则,如果无法分配新的描述符集合,而且想重置描述符池,就需要创建另一个描述符池。

参考内容

请参阅本章的下列内容:
- 创建描述符集合布局。
- 创建描述符池。
- 释放描述符集合。
- 重置描述符池。

更新描述符集合

前面介绍了创建描述符池和通过描述符池分配描述符集合的方式。通过创建描述符集合布局,可以了解描述符集合的内部结构。下面介绍提供具体资源(采样器、图像视图、缓冲区和缓冲区视图)的方式,这些资源稍后会通过描述符集合与管线绑定到一起。通过更新描述符集合,可以定义将会被使用的资源。

准备工作

更新描述符集合的处理过程,需要用到与每个描述符对应的大量数据。更重要的是,需要根据描述符的类型提供这些数据。为了简化该处理过程、减少需要设置的参数并提高错误检查的工作效率,本例引入了几个自定义结构。

ImageDescriptorInfo 自定义结构用于设置采样器和所有类型的图像描述符,下面是它的具体定义:

```
struct ImageDescriptorInfo {
  VkDescriptorSet TargetDescriptorSet;
  uint32_t TargetDescriptorBinding;
  uint32_t TargetArrayElement;
  VkDescriptorType TargetDescriptorType;
  std::vector<VkDescriptorImageInfo> ImageInfos;
};
```

BufferDescriptorInfo 自定义结构用于设置统一缓冲区和仓库缓冲区(动态统一缓冲区和仓库缓冲区),下面是它的具体定义:

```
struct BufferDescriptorInfo {
  VkDescriptorSet TargetDescriptorSet;
  uint32_t TargetDescriptorBinding;
  uint32_t TargetArrayElement;
  VkDescriptorType TargetDescriptorType;
  std::vector<VkDescriptorBufferInfo> BufferInfos;
};
```

TexelBufferDescriptorInfo 自定义结构用于设置统一缓冲区和仓库纹素缓冲区,下面是它的具体定义:

```
struct TexelBufferDescriptorInfo {
  VkDescriptorSet TargetDescriptorSet;
  uint32_t TargetDescriptorBinding;
  uint32_t TargetArrayElement;
  VkDescriptorType TargetDescriptorType;
  std::vector<VkBufferView> TexelBufferViews;
};
```

当需要通过新描述符（还未被绑定的）的句柄更新描述符集合时，就会用到上述自定义结构。也可以通过复制另一个已更新的描述符集合的数据更新描述符集合。要做到这一点，可使用 CopyDescriptorInfo 自定义结构：

```
struct CopyDescriptorInfo {
  VkDescriptorSet TargetDescriptorSet;
  uint32_t TargetDescriptorBinding;
  uint32_t TargetArrayElement;
  VkDescriptorSet SourceDescriptorSet;
  uint32_t SourceDescriptorBinding;
  uint32_t SourceArrayElement;
  uint32_t DescriptorCount;
};
```

前面介绍的所有自定义结构，都定义了需要更新的描述符集合的句柄、用于在描述符集合中标识描述符的索引，以及在通过数组更新描述符的情况下，在数组中标识描述符的索引。其余结构成分都拥有专有的类型。

具体处理过程

（1）获取逻辑设备的句柄，将该句柄存储到一个 VkDevice 类型的变量中，将这个变量命名为 logical_device。

（2）创建一个 std::vector<VkWriteDescriptorSet>类型的变量，将其命名为 write_descriptors。使用 write_descriptors 变量中的每个元素，代表一个需要更新的描述符，将下列值赋予每个元素中的各个成员。

- 将 VK_STRUCTURE_TYPE_WRITE_DESCRIPTOR_SET 赋予 sType 成员。
- 将 nullptr 赋予 pNext 成员。
- 将需要更新的描述符集合的句柄赋予 dstSet 成员。
- 将该描述符集合中描述符的索引（绑定关系）赋予 dstBinding 成员。
- 如果需要通过着色器内部的数组访问描述符，就将需要更新的描述符的起始数组索引赋予 dstArrayElement 成员，否则，就将 0 赋予 dstArrayElement 成员。
- 将需要更新的描述符的数量（pImageInfo、pBufferInfo 或 pTexelBufferView 数组中元素的数量）赋予 descriptorCount 成员。
- 将该描述符赋予 descriptorType 成员。
- 在处理采样器和图像描述符的情况中，应设置一个含有 descriptorCount 元素的数组，并将指向该数组中第一个元素的指针赋予 pImageInfo 成员（将 pBufferInfo 和 pTexelBufferView 成员都设置为 nullptr）。将下列值赋予该数组中的各个元素。

- ➢ 在处理采样器和合并图像采样器描述符的情况中，将采样器的句柄赋予 sampler 元素。
- ➢ 在处理已采样图像、仓库图像、合并图像采样器和输入附着材料描述符的情况中，将图像视图的句柄赋予 imageView 元素。
- ➢ 在通过着色器访问图像描述符的情况中，将指定图像的布局赋予 imageLayout 元素。

- 在处理统一缓冲区和仓库缓冲区（动态统一缓冲区和仓库缓冲区）的情况中，应设置一个含有 descriptorCount 元素的数组，并将指向该数组中第一个元素的指针赋予 pBufferInfo 成员（将 pImageInfo 和 pTexelBufferView 成员都设置为 nullptr）。将下列值赋予该数组中的各个元素。

  - ➢ 将缓冲区的句柄赋予 buffer 成员。
  - ➢ 将缓冲区的内存偏移量（或动态缓冲区的基础偏移量）赋予 offset 成员。
  - ➢ 将用于指定描述符的缓冲区内存尺寸赋予 range 成员。

- 在处理统一纹素缓冲区和仓库纹素缓冲区的情况中，应设置一个含有 descriptorCount 元素的数组（该数组中元素用于存储纹素视图句柄），并将指向该数组中第一个元素的指针赋予 pTexelBufferView 成员（将 pImageInfo 和 pBufferInfo 成员都设置为 nullptr）。

（3）创建一个 std::vector<VkCopyDescriptorSet>类型的变量，将其命名为 copy_descriptors。使用 copy_descriptors 变量中的每个元素，代表应从另一个已更新的描述符复制的描述符数据。将下列值赋予 copy_descriptors 变量的每个元素中的各个成员。

- 将 VK_STRUCTURE_TYPE_COPY_DESCRIPTOR_SET 赋予 sType 成员。
- 将 nullptr 赋予 pNext 成员。
- 将为复制操作提供源数据的描述符集合的句柄赋予 srcSet 成员。
- 将提供源数据的描述符集合中绑定关系的数量赋予 srcBinding 成员。
- 将提供源数据的描述符集合中的数组索引赋予 srcArrayElement 成员。
- 将复制操作中接收数据的目的描述符集合的句柄赋予 dstSet 成员。
- 将接收数据的目的描述符集合中绑定关系的数量赋予 dstBinding 成员。
- 将目的描述符集合中的数组索引赋予 dstArrayElement 成员。
- 将源描述符集合中被用作数据源的描述符的数量和在目的描述符集合中被用作目的的描述符的数量赋予 descriptorCount 成员。

（4）调用 vkUpdateDescriptorSets(logical_device, static_cast<uint32_t>(write_descriptors.size()), &write_descriptors[0], static_cast<uint32_t>(copy_descriptors.size()), &copy_descriptors[0]) 函数。将第一个参数设置为 logical_device 变量；将第二个参数设置为 vector 容器变量 write_descriptors 含有元素的数量；将第三个参数设置为指向 vector 容器 write_descriptors 变量中第一个元素的指针；将第四个参数设置为 vector 容器 copy_descriptors 变量中含有元素的数量；将第五个参数设置为指向 vector 容器 copy_descriptors 变量中第一个元素的指针。

具体运行情况

更新描述符集合的操作时，会更新描述符集合中指定的资源（采样器、图像视图、缓冲区和缓冲区视图）条目。当被更新的描述符集合与管线绑定后，就能够通过着色器访问这些资源了。

可以将新资源（还未被用过的）写入描述符集合。下面的示例将使用"准备工作"小节介绍过的自定义结构，做到这一点。

```
std::vector<VkWriteDescriptorSet> write_descriptors;
for( auto & image_descriptor : image_descriptor_infos ) {
  write_descriptors.push_back( {
    VK_STRUCTURE_TYPE_WRITE_DESCRIPTOR_SET,
    nullptr,
    image_descriptor.TargetDescriptorSet,
    image_descriptor.TargetDescriptorBinding,
    image_descriptor.TargetArrayElement,
    static_cast<uint32_t>(image_descriptor.ImageInfos.size()),
    image_descriptor.TargetDescriptorType,
    image_descriptor.ImageInfos.data(),
    nullptr,
    nullptr
  } );
}
for( auto & buffer_descriptor : buffer_descriptor_infos ) {
  write_descriptors.push_back( {
    VK_STRUCTURE_TYPE_WRITE_DESCRIPTOR_SET,
    nullptr,
    buffer_descriptor.TargetDescriptorSet,
```

```cpp
        buffer_descriptor.TargetDescriptorBinding,
        buffer_descriptor.TargetArrayElement,
        static_cast<uint32_t>(buffer_descriptor.BufferInfos.size()),
        buffer_descriptor.TargetDescriptorType,
        nullptr,
        buffer_descriptor.BufferInfos.data(),
        nullptr
    } );
}
for( auto & texel_buffer_descriptor : texel_buffer_descriptor_infos ) {
    write_descriptors.push_back( {
        VK_STRUCTURE_TYPE_WRITE_DESCRIPTOR_SET,
        nullptr,
        texel_buffer_descriptor.TargetDescriptorSet,
        texel_buffer_descriptor.TargetDescriptorBinding,
        texel_buffer_descriptor.TargetArrayElement,
        static_cast<uint32_t>(texel_buffer_descriptor.TexelBufferViews.size()),
        texel_buffer_descriptor.TargetDescriptorType,
        nullptr,
        nullptr,
        texel_buffer_descriptor.TexelBufferViews.data()
    } );
}
```

也可以通过其他描述符集合重用这些描述符集合。复制已写入资源条目的描述符的操作，比向描述符中写入新资源的操作更快。使用下面的代码可以做到这一点。

```cpp
std::vector<VkCopyDescriptorSet> copy_descriptors;
for( auto & copy_descriptor : copy_descriptor_infos ) {
    copy_descriptors.push_back( {
        VK_STRUCTURE_TYPE_COPY_DESCRIPTOR_SET,
        nullptr,
        copy_descriptor.SourceDescriptorSet,
        copy_descriptor.SourceDescriptorBinding,
        copy_descriptor.SourceArrayElement,
        copy_descriptor.TargetDescriptorSet,
        copy_descriptor.TargetDescriptorBinding,
        copy_descriptor.TargetArrayElement,
```

```
            copy_descriptor.DescriptorCount
    } );
}
```

更新描述符集合的操作是通过单个函数调用语句完成的。

```
vkUpdateDescriptorSets( logical_device,
static_cast<uint32_t>(write_descriptors.size()), write_descriptors.data(),
static_cast<uint32_t>(copy_descriptors.size()), copy_descriptors.data() );
```

参考内容

请参阅本章的下列内容：
- 分配描述符集合。
- 绑定描述符集合。
- 通过纹素和统一缓冲区创建描述符。

绑定描述符集合

当准备好描述符集合后（使用将通过着色器访问的所有资源更新过描述符集合后），需要在执行记录操作的过程中将描述符集合与命令缓冲区绑定到一起。

具体处理过程

（1）获取将要执行记录操作的命令缓冲区的句柄，将该句柄存储在一个 VkCommandBuffer 类型的变量中，将这个变量命名为 command_buffer。

（2）创建一个 VkPipelineBindPoint 类型的变量，将其命名为 pipeline_type，该变量用于代表管线的类型（图形或计算），描述符集合将会在管线中被使用。

（3）获取该管线的布局，将该管线布局的句柄存储在一个 VkPipelineLayout 类型的变量中，将这个变量命名为 pipeline_layout（请参阅第 8 章）。

（4）创建一个 std::vector<VkDescriptorSet> 类型的变量，将其命名为 descriptor_sets。使用 descriptor_sets 变量中的每个元素，代表一个应该与管线绑定到一起的描述符集合，并将该描述符集合的句柄赋予该元素。

（5）选择用于绑定第一个描述符集合的索引，将该索引存储到一个 uint32_t 类型的变量中，将这个变量命名为 index_for_first_set。

（6）如果正在被绑定的描述符集合使用了动态统一缓冲区或仓库缓冲区，就应创建一个 std::vector<uint32_t>类型的变量，将其命名为 dynamic_offsets，使用该变量为在所有正在被绑定的描述符集合中定义的每个动态描述符，提供内存偏移量值。定义这些偏移量的次序，必须与它们对应的描述符在每个描述符集合布局中显示的次序（添加绑定关系的次序）相同。

（7）调用 vkCmdBindDescriptorSets(command_buffer, pipeline_type, pipeline_layout, index_for_first_set, static_cast<uint32_t>(descriptor_sets.size()), descriptor_sets.data(), static_cast<uint32_t>(dynamic_offsets.size()), dynamic_offsets.data())函数。将前四个参数分别设置为 command_buffer、pipeline_type、pipeline_layout 和 index_for_first_set 变量；将第五个参数设置为 vector 容器 descriptor_sets 变量中含有元素的数量；将第六个参数设置为指向 vector 容器 descriptor_sets 变量中第一个元素的指针；将第七个参数设置为 vector 容器 dynamic_offsets 变量中含有元素的数量；将第八个参数设置为指向 vector 容器 dynamic_offsets 变量中第一个元素的指针。

具体运行情况

启动命令缓冲区的记录操作后，命令缓冲区（几乎整个命令缓冲区）的状态都是未定义的。因此在记录引用图像或缓冲区资源的绘制操作前，需要将合适的资源与命令缓冲区绑定到一起。通过调用 vkCmdBindDescriptorSets()函数绑定描述符集合，可以做到这一点。

```
vkCmdBindDescriptorSets( command_buffer, pipeline_type, pipeline_layout,
index_for_first_set, static_cast<uint32_t>(descriptor_sets.size()),
descriptor_sets.data(), static_cast<uint32_t>(dynamic_offsets.size()),
dynamic_offsets.data() )
```

参考内容

请参阅本章的下列内容：
- 创建描述符集合布局。
- 分配描述符集合。
- 更新描述符集合。

通过纹素和统一缓冲区创建描述符

本节介绍创建最常用资源的方式：创建合并图像采样器和统一缓冲区的方式。我们将会为这些资源准备描述符集合布局、创建描述符池，并通过该描述符池分配描述符集合。通过这些创建好的资源，更新已分配的描述符集合。这样就可以将描述符集合与命令缓冲区绑定到一起，并通过着色器访问这些资源。

具体处理过程

（1）通过合适的参数，创建合并图像采样器（图像、图像视图和采样器）。最常用的参数包括：VK_IMAGE_TYPE_2D 图像类型、VK_FORMAT_R8G8B8A8_UNORM 格式、VK_IMAGE_VIEW_TYPE_2D 视图类型、VK_IMAGE_ASPECT_COLOR_BIT 外观、VK_FILTER_LINEAR 过滤模式和应用于所有纹理坐标的 VK_SAMPLER_ADDRESS_MODE_REPEAT 寻址模式。获取创建好的合并图像采样器的句柄，将这些句柄分别存储到一个 VkSampler 类型的变量中，将该变量命名为 sampler；存储到一个 VkImage 类型的变量中，将该变量命名为 sampled_image；存储到一个 VkImageView 类型的变量中，将该变量命名为 sampled_image_view（请参阅"创建合并的图像采样器"小节）。

（2）使用合适的参数创建一个统一缓冲区，将该缓冲区的句柄存储在一个 VkBuffer 类型的变量中，将这个变量命名为 uniform_buffer（请参阅"创建统一缓冲区"小节）。

（3）创建一个 std::vector<VkDescriptorSetLayoutBinding>类型的变量，将其命名为 bindings。

（4）向 bindings 变量中添加一个含有下列值的元素：

- binding 成员的值为 0。
- descriptorType 成员的值为 VK_DESCRIPTOR_TYPE_COMBINED_IMAGE_SAMPLER。
- descriptorCount 成员的值为 1。
- stageFlags 成员的值为 VK_SHADER_STAGE_FRAGMENT_BIT。
- pImmutableSamplers 成员的值为 nullptr。

（5）再向 vector 容器 bindings 变量中添加一个含有下列值的元素：

- binding 成员的值为 1。
- descriptorType 成员的值为 VK_DESCRIPTOR_TYPE_UNIFORM_BUFFER。
- descriptorCount 成员的值为 1。
- stageFlags 成员的值为 VK_SHADER_STAGE_VERTEX_BIT | VK_SHADER_STAGE_FRAGMENT_BIT（VK_SHADER_STAGE_VERTEX_BIT 和 VK_SHADER_STAGE_

FRAGMENT_BIT 的逻辑或运算结果）。
- pImmutableSamplers 成员的值为 nullptr。

（6）使用 bindings 变量创建一个描述符集合布局，将该描述符集合布局的句柄存储到一个 VkDescriptorSetLayout 类型的变量中，将这个变量命名为 descriptor_set_layout（请参阅"创建描述符集合布局"小节）。

（7）创建一个 std::vector<VkDescriptorPoolSize>类型的变量，将其命名为 descriptor_types。向 descriptor_types 变量中添加两个元素：第一个元素应含有 VK_DESCRIPTOR_TYPE_COMBINED_IMAGE_SAMPLER 和 1，第二个元素应含有 VK_DESCRIPTOR_TYPE_UNIFORM_BUFFER 和 1。

（8）创建一个必须一次释放所有描述符集合，且只能分配一个描述符集合的描述符池。在创建该描述符池的过程中使用 descriptor_types 变量，将创建好的描述符池的句柄存储到一个 VkDescriptorPool 类型的变量中，将该变量命名为 descriptor_pool（请参阅"创建描述符池"小节）。

（9）通过 descriptor_pool 变量使用 descriptor_set_layout 描述符集合布局变量，分配一个描述符集合。将分配好的描述符集合的句柄存储到一个 std::vector<VkDescriptorSet>类型的变量中的一个元素中，将该 vector 容器变量命名为 descriptor_sets（请参阅"分配描述符集合"小节）。

（10）创建一个 std::vector<ImageDescriptorInfo>类型的变量，将其命名为 image_descriptor_infos。向该 vector 容器 image_descriptor_infos 变量中添加一个含有下列值的元素：
- TargetDescriptorSet 成员的值为 descriptor_sets[0]。
- TargetDescriptorBinding 成员的值为 0。
- TargetArrayElement 成员的值为 0。
- TargetDescriptorType 成员的值为 VK_DESCRIPTOR_TYPE_COMBINED_IMAGE_SAMPLER。

向该 vector 容器 ImageInfos 成员中添加一个含有下列值的元素：
- sampler 成员的值为 sampler 变量。
- imageView 成员的值为 sampled_image_view 变量。
- imageLayout 成员的值为 VK_IMAGE_LAYOUT_SHADER_READ_ONLY_OPTIMAL。

（11）创建一个 std::vector<BufferDescriptorInfo>类型的变量，将其命名为 buffer_descriptor_infos，向该 vector 容器变量中添加一个含有下列值的元素：
- TargetDescriptorSet 成员的值为 descriptor_sets[0]。
- TargetDescriptorBinding 成员的值为 1。

- TargetArrayElement 成员的值为 0。
- TargetDescriptorType 成员的值为 VK_DESCRIPTOR_TYPE_UNIFORM_BUFFER。

向该 vector 容器 BufferInfos 成员中添加一个含有下列值的元素:
- buffer 成员的值为 uniform_buffer 变量。
- offset 成员的值为 0。
- range 成员的值为 VK_WHOLE_SIZE。

（12）使用 vector 容器 image_descriptor_infos 变量和 buffer_descriptor_infos 变量，更新描述符集合。

具体运行情况

首先，需要创建常用的描述符（合并图像采样器和统一缓冲区）:

```
if( !CreateCombinedImageSampler( physical_device, logical_device,
VK_IMAGE_TYPE_2D, VK_FORMAT_R8G8B8A8_UNORM, sampled_image_size, 1, 1,
VK_IMAGE_USAGE_TRANSFER_DST_BIT,
  VK_IMAGE_VIEW_TYPE_2D, VK_IMAGE_ASPECT_COLOR_BIT, VK_FILTER_LINEAR,
VK_FILTER_LINEAR, VK_SAMPLER_MIPMAP_MODE_NEAREST,
VK_SAMPLER_ADDRESS_MODE_REPEAT,
  VK_SAMPLER_ADDRESS_MODE_REPEAT, VK_SAMPLER_ADDRESS_MODE_REPEAT, 0.0f,
false, 1.0f, false, VK_COMPARE_OP_ALWAYS, 0.0f, 0.0f,
VK_BORDER_COLOR_FLOAT_OPAQUE_BLACK, false,
  sampler, sampled_image, sampled_image_memory_object, sampled_image_view )
) {
  return false;
}
if( !CreateUniformBuffer( physical_device, logical_device,
uniform_buffer_size, VK_BUFFER_USAGE_TRANSFER_DST_BIT, uniform_buffer,
uniform_buffer_memory_object ) ) {
  return false;
}
```

其次，创建用于定义描述符集合内部结构的布局:

```
std::vector<VkDescriptorSetLayoutBinding> bindings = {
  {
    0,
```

```
      VK_DESCRIPTOR_TYPE_COMBINED_IMAGE_SAMPLER,
      1,
      VK_SHADER_STAGE_FRAGMENT_BIT,
      nullptr
    },
    {
      1,
      VK_DESCRIPTOR_TYPE_UNIFORM_BUFFER,
      1,
      VK_SHADER_STAGE_VERTEX_BIT | VK_SHADER_STAGE_FRAGMENT_BIT,
      nullptr
    }
  };
  if( !CreateDescriptorSetLayout( logical_device, bindings,
descriptor_set_layout ) ) {
    return false;
  }
```

再次,创建描述符池并通过它分配描述符集合:

```
  std::vector<VkDescriptorPoolSize> descriptor_types = {
    {
      VK_DESCRIPTOR_TYPE_COMBINED_IMAGE_SAMPLER,
      1
    },
    {
      VK_DESCRIPTOR_TYPE_UNIFORM_BUFFER,
      1
    }
  };
  if( !CreateDescriptorPool( logical_device, false, 1, descriptor_types,
descriptor_pool ) ) {
    return false;
  }
  if( !AllocateDescriptorSets( logical_device, descriptor_pool, {
descriptor_set_layout }, descriptor_sets ) ) {
    return false;
  }
```

最后，使用本示例开头创建的资源，更新该描述符集合：

```
std::vector<ImageDescriptorInfo> image_descriptor_infos = {
  {
    descriptor_sets[0],
    0,
    0,
    VK_DESCRIPTOR_TYPE_COMBINED_IMAGE_SAMPLER,
    {
      {
        sampler,
        sampled_image_view,
        VK_IMAGE_LAYOUT_SHADER_READ_ONLY_OPTIMAL
      }
    }
  }
};
std::vector<BufferDescriptorInfo> buffer_descriptor_infos = {
  {
    descriptor_sets[0],
    1,
    0,
    VK_DESCRIPTOR_TYPE_UNIFORM_BUFFER,
    {
      {
        uniform_buffer,
        0,
        VK_WHOLE_SIZE
      }
    }
  }
};
UpdateDescriptorSets( logical_device, image_descriptor_infos,
buffer_descriptor_infos, {}, {} );
return true;
```

参考内容

请参阅本章的下列内容：
- 创建合并的图像采样器。
- 创建统一缓冲区。
- 创建描述符集合布局。
- 创建描述符池。
- 分配描述符集合。
- 更新描述符集合。

释放描述符集合

如果需要将通过描述符集合分配的内存收回到描述符池中，则可以释放该描述符集合。

具体处理过程

（1）获取逻辑设备的句柄，将该句柄存储到一个 VkDevice 类型的变量中，将这个变量命名为 logical_device。

（2）获取通过 VK_DESCRIPTOR_POOL_CREATE_FREE_DESCRIPTOR_SET_BIT 标志值创建的描述符池的句柄，将该句柄存储到一个 VkDescriptorPool 类型的变量中，将这个变量命名为 descriptor_pool。

（3）创建一个 std::vector<VkDescriptorSet>类型的变量，将其命名为 descriptor_sets。将所有应该释放的描述符集合添加到 descriptor_sets 变量中。

（4）调用 vkFreeDescriptorSets(logical_device, descriptor_pool, static_cast<uint32_t> (descriptor_sets.size()), descriptor_sets.data())函数；将第一个参数设置为 logical_device 变量；将第二个参数设置为 descriptor_pool 变量；将第三个参数设置为 vector 容器 descriptor_sets 变量中含有元素的数量；将第四个参数设置为指向 vector 容器 descriptor_sets 变量中第一个元素的指针。

（5）通过查明该函数调用操作的返回值为 VK_SUCCESS，确认该函数调用操作成功完成。

（6）清空 vector 容器 descriptor_sets 变量，因为已释放描述符集合的句柄无法再被使用。

具体运行情况

释放描述符集合，可以将该描述符集合占用的内存返还给描述符池。理论上可以通过该描述符池分配另一相同类型的描述符集合，但实际上很可能由于释放描述符集合给描述符池内存带来的碎片无法做到这一点（在这类情况中，可能需要创建另一个描述符池，或者重置已分配描述符集合的描述符池）。

可以一次释放多个描述符集合，但是这些描述符集合必须来自同一个描述符池，下面是具体代码：

```
VkResult result = vkFreeDescriptorSets( logical_device, descriptor_pool,
static_cast<uint32_t>(descriptor_sets.size()), descriptor_sets.data() );
if( VK_SUCCESS != result ) {
  std::cout << "Error occurred during freeing descriptor sets." << std::endl;
  return false;
}
descriptor_sets.clear();
return true;
```

我们无法在同一时刻，通过多个线程释放属于同一描述符池的多个描述符集合。

参考内容

请参阅本章的下列内容：
- 创建描述符池。
- 分配描述符集合。
- 重置描述符池。
- 销毁描述符池。

重置描述符池

可以在不销毁描述符池的情况下，一次释放该描述符池中的所有描述符集合。要做到这一点，需要重置描述符池。

具体处理过程

(1) 获取需要重置的描述符池的句柄,将该句柄存储到一个 VkDescriptorPool 类型的变量中,将这个变量命名为 descriptor_pool。
(2) 获取用于创建描述符池的逻辑设备的句柄,将该句柄存储到一个 VkDevice 类型的变量中,将这个变量命名为 logical_device。
(3) 调用 vkResetDescriptorPool(logical_device, descriptor_pool, 0)函数,将第一个参数设置为 logical_device 变量;将第二个参数设置为 descriptor_pool 变量;将第三个参数设置为 0。
(4) 通过查明该函数调用操作的返回值为 VK_SUCCESS,确认该函数调用操作成功完成。

具体运行情况

重置描述符池会使通过该描述符池分配的所有描述符集合都返回该描述符池。通过该描述符池分配的所有描述符集合都会通过隐式方式(自动)被释放,而且无法再使用这些描述符集合(它们的句柄会变为非法)。

如果这个描述符池不是通过 VK_DESCRIPTOR_POOL_CREATE_FREE_DESCRIPTOR_SET_BIT 标志值设置的,则这就是释放通过该描述符池分配的描述符集合的唯一途径(除销毁描述符池外),因为我们无法释放这种描述符池中单个的描述符集合。

要重置描述符集合,可使用下面的代码:

```
VkResult result = vkResetDescriptorPool( logical_device, descriptor_pool, 0
);
if( VK_SUCCESS != result ) {
  std::cout << "Error occurred during descriptor pool reset." << std::endl;
  return false;
}
return true;
```

参考内容

请参阅本章的下列内容:
- 创建描述符池。
- 分配描述符集合。

- 释放描述符集合。
- 销毁描述符池。

销毁描述符池

当不再需要某个描述符池时，可以销毁它（通过该描述符池分配的所有描述符集合也会一起被销毁）。

具体处理过程

（1）获取已创建逻辑设备的句柄，将该句柄存储在一个 VkDevice 类型的变量中，将这个变量命名为 logical_device。

（2）获取需要销毁的描述符池的句柄，将该句柄存储在一个 VkDescriptorPool 类型的变量中，将这个变量命名为 descriptor_pool。

（3）调用 vkDestroyDescriptorPool(logical_device, descriptor_pool, nullptr)函数，将第一个参数设置为 logical_device 变量；将第二个参数设置为 descriptor_pool 变量；将第三个参数设置为 nullptr。

（4）为安全起见，将 VK_NULL_HANDLE 赋予 descriptor_pool 变量。

具体运行情况

销毁描述符池会通过隐式方式（自动）释放该描述符池分配的所有描述符集合。我们不需要先释放单个的描述符集合。因此，需要确保通过该描述符池分配的描述符集合，没有被当前正在由硬件处理的命令引用。

做好准备工作后，就可以使用下面的代码销毁描述符池：

```
if( VK_NULL_HANDLE != descriptor_pool ) {
  vkDestroyDescriptorPool( logical_device, descriptor_pool, nullptr );
  descriptor_pool = VK_NULL_HANDLE;
}
```

参考内容

请参阅本章的下列内容：

- 创建描述符池。

销毁描述符集合布局

应销毁不会再被使用的描述符集合布局。

具体处理过程

（1）获取逻辑设备的句柄，将该句柄存储到一个类型的变量中，将这个变量命名为 logical_device。
（2）获取已创建描述符集合布局的句柄，将该句柄存储到一个 VkDescriptorSetLayout 类型的变量中，将这个变量命名为 descriptor_set_layout。
（3）调用 vkDestroyDescriptorSetLayout(logical_device, descriptor_set_layout, nullptr)函数，将第一个参数设置为逻辑设备的句柄；将第二个参数设置为描述符集合布局的句柄；将第三个参数设置为 nullptr。
（4）为安全起见，将 VK_NULL_HANDLE 赋予 descriptor_set_layout 变量。

具体运行情况

可使用 vkDestroyDescriptorSetLayout()函数销毁描述符集合布局：

```
if( VK_NULL_HANDLE != descriptor_set_layout ) {
  vkDestroyDescriptorSetLayout( logical_device, descriptor_set_layout,
nullptr );
  descriptor_set_layout = VK_NULL_HANDLE;
}
```

参考内容

请参阅本章的下列内容：
- 创建描述符集合布局。

销毁采样器

当不再需要某个采样器，并且能够确定没有任何挂起的命令使用了该采样器时，就可以销毁该采样器了。

具体处理过程

（1）获取用于创建采样器的逻辑设备的句柄，将该句柄存储到一个 VkDevice 类型的变量中，将这个变量命名为 logical_device。

（2）获取应被销毁的采样器的句柄，将该句柄存储到一个 VkSampler 类型的变量中，将这个变量命名为 sampler。

（3）调用 vkDestroySampler(logical_device, sampler, nullptr)函数，将第一个参数设置为 logical_device 变量；将第二个参数设置为 sampler 变量；将第三个参数设置为 nullptr。

（4）为安全起见，将 VK_NULL_HANDLE 赋予 sampler 变量。

具体运行情况

使用下面的代码可以销毁采样器：

```
if( VK_NULL_HANDLE != sampler ) {
  vkDestroySampler( logical_device, sampler, nullptr );
  sampler = VK_NULL_HANDLE;
}
```

不需要检查采样器的句柄是否为空值，因为删除 VK_NULL_HANDLE 的操作会被忽略。我们这样做的目的，仅是为了避免执行不必要的函数调用操作。但是删除了一个采样器后，就必须确保该采样器的句柄变为非法（在其值不为空的情况下）。

参考内容

请参阅本章的下列内容：
- 创建采样器。

第 6 章

渲染通道和帧缓冲区

本章要点：
- 设置附着材料描述。
- 设置子通道描述。
- 设置子通道之间的依赖关系。
- 创建渲染通道。
- 创建帧缓冲区。
- 为几何渲染和后处理子通道准备渲染通道。
- 通过颜色和深度附着材料准备渲染通道和帧缓冲区。
- 启动渲染通道。
- 进入下一个子通道。
- 停止渲染通道。
- 销毁帧缓冲区。
- 销毁渲染通道。

本章主要内容

在 Vulkan 中，绘制命令会在渲染通道中被组织。渲染通道是描述图像资源（颜色、深度、模式和输入附着材料）被使用的方式的子通道集合。这些使用方式包括：图像资源的布局、这些布局在子通道之间的转换方式、使用附着材料执行渲染操作和从附着材料读取数据的时机、在渲染通道被执行完毕后是否还需要这些图像资源，以及这些图像资源是否只能在渲染通道中被使用。

上面介绍的存储在渲染通道中的数据,仅是概况描述或元数据的。在渲染通道中的真正资源,是通过帧缓冲区设置的。通过帧缓冲区,我们可以定义将哪些图像视图应用于哪些渲染附着材料。

在提交(记录)渲染命令前,我们需要准备好这些信息。获得了这些信息后,驱动程序就能够大幅度地优化绘图处理过程、限定渲染操作占用的内存,甚至能够对某些附着材料使用速度非常快的高速缓存,从而进一步提高性能。

本章介绍将绘制操作组织到一组渲染通道和子通道中的方式(只要使用 Vulkan 绘制图像,就必定会用到渲染通道和子通道),还会介绍为在渲染(绘图)处理过程中使用的渲染目标附着材料准备描述的方式,以及创建帧缓冲区的方式(帧缓冲区用于定义真正在这些附着材料中使用的图像视图)。

设置附着材料描述

渲染通道代表一组名为附着材料的(图像)资源,这些资源会在执行渲染操作的过程中被用到。这些资源可划分为颜色、深度/刻板、输入和解析附着材料。在创建渲染通道前,需要描述所有在该通道中被使用的附着材料。

具体处理过程

创建一个元素类型为 VkAttachmentDescription 的 vector 容器变量,将其命名为 attachments_descriptions。使用 attachments_descriptions 变量中的每个元素,代表一个在渲染通道中使用的附着材料,并将下列值赋予每个元素中的各个成员。

- 将 0 赋予 flags 成员。
- 将该附着材料的格式赋予 format 成员。
- 将在每像素上执行采样操作的数量赋予 samples 成员。
- 在启动渲染通道,设定对附着材料内容执行的操作类型时,如果需要清空附着材料的内容,则应将 VK_ATTACHMENT_LOAD_OP_CLEAR 赋予 loadOp 成员。如果需要保留附着材料的当前内容,则应将 VK_ATTACHMENT_LOAD_OP_LOAD 赋予 loadOp 成员。如果想要覆盖附着材料的全部内容,并且不需要了解附着材料的当前内容(这些信息应用于颜色附着材料和深度/刻板附着材料的深度外观),则应将 VK_ATTACHMENT_LOAD_OP_DONT_CARE 赋予 loadOp 成员。

- 在执行完渲染通道后，设置处理附着材料内容的方式时，如果需要保留附着材料的内容，则应将 VK_ATTACHMENT_STORE_OP_STORE 赋予 storeOp 成员。如果在执行完渲染操作后不再需要附着材料的内容（这些信息应用于颜色附着材料和深度/刻板附着材料的深度外观），则应将 VK_ATTACHMENT_STORE_OP_DONT_CARE 赋予 storeOp 成员。
- 应像处理 loadOp 成员一样为 stencilLoadOp 成员赋值（深度/刻板附着材料的深度外观设置除外），以便在启动渲染通道时，设定处理附着材料的刻板外观（组件）的方式。
- 应像处理 storeOp 成员一样为 stencilStoreOp 成员赋值（深度/刻板附着材料的刻板外观设置除外），以便在执行完渲染通道后，设定处理附着材料的刻板外观（组件）的方式。
- 将在开始执行渲染通道时图像的布局赋予 initialLayout 成员。
- 将在执行完渲染通道后，为图像自动转换的布局赋予 finalLayout 成员。

具体运行情况

在创建渲染通道时，必须先创建一组附着材料描述，这是一种含有在渲染通道中使用的所有附着材料的总清单。这个附着材料描述数组中的索引用于标识子通道描述（请参阅"设置子通道描述"小节）。与此类似，当创建帧缓冲区，并通过显式方式设定每个附着材料应使用哪些图像资源时，应定义一个列表，使该列表中的每个元素与附着材料描述数组中的每个元素对应。

通常，在绘制几何图形时，会至少使用一个颜色附着材料渲染它。可能需要启用深度测试功能，因此也需要使用深度附着材料。下面是常见的附着材料描述：

```
std::vector<VkAttachmentDescription> attachments_descriptions = {
  {
    0,
    VK_FORMAT_R8G8B8A8_UNORM,
    VK_SAMPLE_COUNT_1_BIT,
    VK_ATTACHMENT_LOAD_OP_CLEAR,
    VK_ATTACHMENT_STORE_OP_STORE,
    VK_ATTACHMENT_LOAD_OP_DONT_CARE,
    VK_ATTACHMENT_STORE_OP_DONT_CARE,
    VK_IMAGE_LAYOUT_UNDEFINED,
    VK_IMAGE_LAYOUT_PRESENT_SRC_KHR,
```

    },
    {
      0,
      VK_FORMAT_D16_UNORM,
      VK_SAMPLE_COUNT_1_BIT,
      VK_ATTACHMENT_LOAD_OP_CLEAR,
      VK_ATTACHMENT_STORE_OP_STORE,
      VK_ATTACHMENT_LOAD_OP_DONT_CARE,
      VK_ATTACHMENT_STORE_OP_DONT_CARE,
      VK_IMAGE_LAYOUT_UNDEFINED,
      VK_IMAGE_LAYOUT_DEPTH_STENCIL_ATTACHMENT_OPTIMAL,
    }
  };
```

本例设置了两个附着材料：一个是含有 R8G8B8A8_UNORM 格式的附着材料，另一个是含有 D16_UNORM 格式的附着材料。这两个附着材料都应该在开始执行渲染通道时被清空（与在开始绘制帧时调用 OpenGL 中的 glClear() 函数类似）。当渲染通道被执行完时，还需要保留第一个附着材料的内容，而第二个附着材料的内容就不需要保留了。还应将这两个附着材料的初始布局设置为未定义（VK_IMAGE_LAYOUT_UNDEFINED）。VK_IMAGE_LAYOUT_UNDEFINED 布局永远都可以应用于初始/旧布局，这意味着在设置了内存屏障的情况下不需要获取图像的内容。

图像的最终布局取决于在执行完渲染通道后通过哪种方式使用该图像。如果要直接使用交换链图像执行渲染操作并将该图像显示在屏幕上，就应该使用 PRESENT_SRC 布局（如前所示）。在处理深度附着材料时，如果在执行完渲染通道后不使用深度组件（这种情况很常见），就应该将图像的布局设置与渲染通道中的最后一个子通道中图像布局设置相同。

渲染通道也可能不使用任何附着材料。在这类情况中，就不需要设置附着材料描述了，但这种情况极为罕见。

## 参考内容

请参阅本章的下列内容：
- 设置子通道描述。
- 创建渲染通道。
- 创建帧缓冲区。
- 通过颜色和深度附着材料准备渲染通道和帧缓冲区。
```

设置子通道描述

在渲染通道中执行的操作被分组到子通道中,每个子通道代表渲染命令的一个阶段,在该阶段中渲染通道附着材料的某个子集(我们会使用该子集执行渲染操作,或者从该子集中读取数据)会被使用。

在任何情况中,一个渲染通道都必须至少拥有一个子通道(当启动渲染通道时,该子通道会自动启动),而且我们需要为每个子通道准备描述。

准备工作

为了减少每个子通道准备工作用到的参数,本例会使用一个自定义结构。该结构是在 Vulkan 头文件中定义的 VkSubpassDescription 结构的简化版本。这个自定义结构拥有下列定义:

```
struct SubpassParameters {
  VkPipelineBindPoint PipelineType;
  std::vector<VkAttachmentReference> InputAttachments;
  std::vector<VkAttachmentReference> ColorAttachments;
  std::vector<VkAttachmentReference> ResolveAttachments;
  VkAttachmentReference const * DepthStencilAttachment;
  std::vector<uint32_t> PreserveAttachments;
};
```

PipelineType 成员定义了一种管线类型(图形或计算,尽管本例介绍的渲染通道仅支持图形管线),该管线类型会在子通道中被使用。InputAttachments 成员是一个附着材料集合,用于在执行子通道的过程中提供数据;ColorAttachments 成员用于设定被用作颜色附着材料的所有附着材料(用于在子通道中执行渲染操作);ResolveAttachments 成员用于设定在子通道的末尾应该解析(从多重采样图像更改为非多重采样/单次采样图像)哪些颜色附着材料;DepthStencilAttachment 成员(在被使用情况中)用于设定在执行子通道的过程中,哪个附着材料被用作深度和/或刻板附着材料;PreserveAttachments 成员用于设定一组附着材料,这组附着材料不会在子通道中被使用,但是在执行整个子通道的过程中,必须保留这组附着材料的内容。

具体处理过程

创建一个 std::vector<VkSubpassDescription>类型的 vector 容器变量,将其命名为

subpass_descriptions。使用 subpass_descriptions 变量中的每个元素，代表在渲染通道中定义的一个子通道，并将下列值赋予每个元素中的各个成员：

- 将 0 赋予 flags 成员。
- 将 VK_PIPELINE_BIND_POINT_GRAPHICS 赋予 pipelineBindPoint 成员（当前渲染通道内部仅支持图形管线）。
- 将在子通道中使用的输入附着材料的数量赋予 inputAttachmentCount 成员。
- 将指向含有输入附着材料参数的数组中的第一个元素的指针，赋予 pInputAttachments 成员；如果该子通道内部没有使用输入附着材料，就将 nullptr 赋予 pInputAttachments 成员。将下列值赋予 pInputAttachments 数组中每个元素中的各个成员：
  - 将用于在渲染通道含有的所有附着材料的列表中标识附着材料的索引赋予 attachment 成员。
  - 将在开始执行子通道时需要自动切换为的图像初始布局赋予 layout 成员。
  - 将在子通道中使用的颜色附着材料的数量赋予 colorAttachmentCount 成员。
  - 将指向含有子通道的颜色附着材料参数的数组中第一个元素的指针，赋予 pColorAttachments 成员；如果该子通道中没有使用颜色附着材料，就将 nullptr 赋予 pColorAttachments 成员。像处理 pInputAttachments 数组一样，为含有子通道颜色附着材料参数的数组（pColorAttachments）中的每个元素中的各个成员赋值。
  - 如果需要解析颜色附着材料（从多重采样切换为单次采样），则应将指向 pResolveAttachments 数组（该数组含有元素的数量与 pColorAttachments 数组含有元素的数量相同）中第一个元素的指针，赋予 pResolveAttachments 成员；如果不需要解析颜色附着材料，就将 nullptr 赋予 pResolveAttachments 成员。pResolveAttachments 数组中的每个元素，与拥有相同索引的颜色附着材料对应，并且指明在子通道的末尾应将指定颜色附着材料解析为哪种采样模式。像处理 pInputAttachments 数组一样，为 pResolveAttachments 数组的每个元素中的成员赋值。如果该颜色附着材料不需要解析，就将 VK_ATTACHMENT_UNUSED 赋予代表附着材料索引的成员。
  - 如果子通道中使用了深度/刻板附着材料，就将指向 VkAttachmentReference 类型变量的指针赋予 pDepthStencilAttachment 成员；如果子通道中没有使用深度/刻板附着材料，就将 nullptr 赋予 pDepthStencilAttachment 成员。像处理 pInputAttachments 数组一样，为这个 VkAttachmentReference 类型变量含有的各个成员赋值。
  - 将没有被使用的但它们的内容需要保留的附着材料的数量，赋予 preserveAttachmentCount 成员。

> 将内容需要在子通道中保留的附着材料的索引，存储到一个数组中，将指向该数组中第一个元素的指针赋予 pPreserveAttachments 成员；如果在子通道中不需要保留附着材料的内容，就将 nullptr 赋予 pPreserveAttachments 成员。

具体运行情况

Vulkan 的渲染通道必须至少拥有一个子通道。子通道的参数是在元素类型为 VkSubpassDescription 的数组中被定义的，该数组中的每个元素都描述了在相应的子通道中应通过何种方式使用附着材料。每个元素都是一个独立的列表，该列表中含有输入、颜色、解析和被保留附着材料，以及代表深度/刻板附着材料的单个条目。每个元素中的这些成员可以为空（空值），出现这种情况说明子通道中没有使用相应类型的附着材料。

这些列表中的每个条目，都与为附着材料描述渲染通道设置的所有附着材料的列表对应（请参阅"设置附着材料描述"小节）。此外，每个条目都设置了在执行子通道过程中图像应使用的布局。切换为指定布局的操作会由驱动程序自动执行。

下面的代码使用了 SubpassParameters 类型的自定义结构，设置了一个子通道定义：

```
subpass_descriptions.clear();
for( auto & subpass_description : subpass_parameters ) {
  subpass_descriptions.push_back( {
    0,
    subpass_description.PipelineType,
static_cast<uint32_t>(subpass_description.InputAttachments.size()),
    subpass_description.InputAttachments.data(),
    static_cast<uint32_t>(subpass_description.ColorAttachments.size()),
    subpass_description.ColorAttachments.data(),
    subpass_description.ResolveAttachments.data(),
    subpass_description.DepthStencilAttachment,
    static_cast<uint32_t>(subpass_description.PreserveAttachments.size()),
    subpass_description.PreserveAttachments.data()
  } );
}
```

为了与使用一个颜色附着材料的代码对比，下面的代码设置了使用深度/刻板附着材料的子通道定义：

```
VkAttachmentReference depth_stencil_attachment = {
```

```
    1,
    VK_IMAGE_LAYOUT_DEPTH_STENCIL_ATTACHMENT_OPTIMAL,
  };
  std::vector<SubpassParameters> subpass_parameters = {
    {
      VK_PIPELINE_BIND_POINT_GRAPHICS,
      {},
      {
        {
          0,
          VK_IMAGE_LAYOUT_COLOR_ATTACHMENT_OPTIMAL
        }
      },
      {},
      &depth_stencil_attachment,
      {}
    }
  };
```

这段代码先为深度/刻板附着材料描述，设置了 depth_stencil_attachment 变量。在处理深度数据时，该附着材料描述列表中的第二个附着材料会被使用，这就是我们将该附着材料的索引设置为 1 的原因（请参阅"设置附着材料描述"小节）。因为需要使用该附着材料执行渲染操作，所以将它的布局设置为 VK_IMAGE_LAYOUT_DEPTH_STENCIL_ATTACHMENT_OPTIMAL（如有必要，驱动程序会自动执行布局切换操作）。

本例仅使用了一个颜色附着材料，因为它是附着材料描述列表中的第一个附着材料，所以将它的索引设置为 0。当使用颜色附着材料执行渲染操作时，将颜色附着材料的布局设置为 VK_IMAGE_LAYOUT_COLOR_ATTACHMENT_OPTIMAL。

因为我们要渲染几何图形，所以需要做的最后一件事是使用图形管线。通过将 VK_PIPELINE_BIND_POINT_GRAPHICS 赋予 PipelineType 成员，可以做到这一点。

因为本例没有使用输入附着材料，而且也不需要解析任何颜色附着材料，所以代表这些附着材料的 vector 容器变量是空的。

参考内容

请参阅本章的下列内容：
- 设置附着材料描述。

- 创建渲染通道。
- 创建帧缓冲区。
- 为几何渲染和后处理子通道准备渲染通道。
- 通过颜色和深度附着材料准备渲染通道和帧缓冲区。

设置子通道之间的依赖关系

如果某个子通道中的操作，需要使用同一渲染通道中某个较早执行的子通道中操作的结果，就需要设置子通道的依赖关系。如果渲染通道中的操作需要使用在执行渲染通道前已执行操作的结果，或者在执行渲染通道之后执行的操作需要使用在渲染通道中执行的操作的结果，则也需要设置它们之间的依赖关系。同一子通道内的操作，也可能需要定义依赖关系。

定义子通道依赖关系与设置内存屏障类似。

具体处理过程

创建一个 std::vector<VkSubpassDependency>类型的变量，将其命名为 subpass_dependencies。使用 subpass_dependencies 变量中的每个元素，代表一个依赖关系，并将下列值赋予每个元素中的各个成员。

- 如果在子通道中生产结果的操作应该在消费结果的操作之前被执行完毕，就将该子通道的索引赋予 srcSubpass 成员；否则，应将在执行渲染通道前执行的命令的 VK_SUBPASS_EXTERNAL 值赋予 srcSubpass 成员。
- 如果在子通道中的操作需要使用在该子通道之前执行的命令生成的结果，就将该子通道的索引赋予 dstSubpass 成员；否则，应将该渲染通道之后执行的操作的 VK_SUBPASS_EXTERNAL 值赋予 dstSubpass 成员。
- 将为消费结果的命令提供结果的管线阶段赋予 srcStageMask 成员。
- 将通过生产结果的命令生成数据的管线赋予 dstStageMask 成员。
- 将生产结果命令使用的内存操作的类型赋予 srcAccessMask 成员。
- 将消费结果命令使用的内存操作的类型赋予 dstAccessMask 成员。
- 如果依赖关系是通过内存区域定义的（这意味着为某个内存区域生成数据的操作，必须在从该内存区域读取数据的操作被执行前执行完毕），就将 VK_DEPENDENCY_BY_REGION_BIT 赋予 dependencyFlags 成员；如果该标志值没有被设置，那么依赖关系就是全局性的，这意味着在消费结果命令被执行前，必须先生成图像中的全部数据。

具体运行情况

设定子通道（或者子通道与在渲染通道之前或之后执行的命令）之间的依赖关系，与设置图像内存屏障非常相似，这两种处理过程的目的也非常相似。当需要设定一个子通道中的命令（或在渲染通道后执行的命令），必须以另一个子通道中操作（或在渲染通道之前执行的命令）生成的结果为依据时，就应设置依赖关系。我们不需要为布局转换操作设置依赖关系，这些操作会根据为渲染通道附着材料和子通道描述提供的信息自动执行。更重要的是，当我们为不同的子通道设置不同的附着材料布局时，由于在两个子通道中都只能通过只读方式访问附着材料，所以不需要设置依赖关系。

当需要在渲染通道设置图像内存屏障时，也需要设置子通道依赖关系。但在不设置自身依赖关系［被依赖（源）子通道和依赖（目的）子通道拥有相同的索引］的情况下，无法做到这一点。如果为某个子通道定义了这种依赖关系，就可以在该子通道中记录内存屏障。在其他情况中，被依赖子通道的索引必须小于依赖子通道的索引（VK_SUBPASS_EXTERNAL 除外）。

下面的示例在两个子通道之间创建了依赖关系：第一个子通道将几何图形绘制到颜色和深度附着材料中，第二个子通道使用颜色数据进行后处理（该子通道会从颜色附着材料读取数据）。

```
std::vector<VkSubpassDependency> subpass_dependencies = {
  {
    0,
    1,
    VK_PIPELINE_STAGE_COLOR_ATTACHMENT_OUTPUT_BIT,
    VK_PIPELINE_STAGE_FRAGMENT_SHADER_BIT,
    VK_ACCESS_COLOR_ATTACHMENT_WRITE_BIT,
    VK_ACCESS_INPUT_ATTACHMENT_READ_BIT,
    VK_DEPENDENCY_BY_REGION_BIT
  }
};
```

前面介绍的依赖关系会设置在第一个子通道和第二个子通道（它们的索引分别为 0 和

1)之间。向颜色附着材料中写入数据的操作,是在 COLOR_ATTACHMENT_OUTPUT 阶段执行的。后处理操作是在片段着色器中完成的,而且该阶段被定义为消费结果阶段。当绘制几何图形时,会向颜色附着材料(使用值为 COLOR_ATTACHMENT_WRITE 的访问掩码)中写入数据。于是,该颜色附着材料就会被用作输入附着材料,而且执行后处理操作的子通道会从该附着材料读取数据(因此我们会使用值为 INPUT_ATTACHMENT_READ 的访问掩码)。因为我们不需要从该图像的其他部分读取数据,所以可以根据内存区域设置依赖关系(一个内存区域将前一个子通道生成的颜色值存储指定的坐标点,后一个子通道通过该内存区域和相同的坐标点读取这个颜色值)。不应该将该内存区域设置得比存储单个像素的内存区域大,因为不同的硬件平台对该内存区域的尺寸可能会有不同的设置。

参考内容

请参阅本章的下列内容:
- 设置附着材料描述。
- 设置子通道描述。
- 创建渲染通道。
- 为几何渲染和后处理子通道准备渲染通道。

创建渲染通道

渲染操作(绘制几何图形)只能在渲染通道内部执行。当想要执行其他操作(如图像后处理和准备几何图形并增加预处理数据的光源)时,需要按照合适的顺序将这些操作放置到子通道中。因此,我们应设置所有必要附着材料的描述、用于组织操作的所有子通道,以及这些操作之间必不可少的依赖关系。当这些数据都准备好后,就可以创建渲染通道了。

准备工作

为了减少在本例中使用参数的数量,我们将使用自定义结构 SubpassParameters(请参阅"设置子通道描述"小节)。

具体处理过程

(1)创建一个 std::vector<VkAttachmentDescription>类型的变量,将其命名为 attachments_ descriptions，该变量用于存储所有渲染通道附着材料的描述（请参阅"设置附着材料描述"小节）。

（2）创建一个 std::vector<VkSubpassDescription> 类型的变量，将其命名为 subpass_descriptions，使用该变量存储子通道的描述（请参阅"设置子通道描述"小节）。

（3）创建一个 std::vector<VkSubpassDependency> 类型的变量，将其命名为 subpass_dependencies。使用 subpass_dependencies 变量中的每个元素，代表需要在子通道中定义的一个依赖关系（请参阅"设置子通道之间的依赖关系"小节）。

（4）创建一个 VkRenderPassCreateInfo 类型的变量，将其命名为 render_pass_create_info，并使用下列值初始化该变量中的各个成员。

- 将 VK_STRUCTURE_TYPE_RENDER_PASS_CREATE_INFO 赋予 sType 成员。
- 将 nullptr 赋予 pNext 成员。
- 将 0 赋予 flags 成员。
- 将 vector 容器 attachments_descriptions 变量中含有元素的数量，赋予 attachmentCount 成员。
- 将指向 vector 容器 attachments_descriptions 变量中第一个元素的指针，赋予 pAttachments 成员；如果 attachments_descriptions 变量存储的是空值，就将 nullptr 赋予 pAttachments 成员。
- 将 vector 容器 subpass_descriptions 变量中含有元素的数量，赋予 subpassCount 成员。
- 将指向 vector 容器 subpass_descriptions 变量中第一个元素的指针，赋予 pSubpasses 成员。
- 将 vector 容器 subpass_dependencies 变量中含有元素的数量，赋予 dependencyCount 成员。
- 将指向 vector 容器 subpass_dependencies 变量中第一个元素的指针，赋予 pDependencies 成员；如果 subpass_dependencies 变量存储的是空值，就将 nullptr 赋予 pDependencies 成员。

（5）获取用于创建渲染通道的逻辑设备的句柄，将该句柄存储到一个 VkDevice 类型的变量中，将这个变量命名为 logical_device。

（6）创建一个 VkRenderPass 类型的变量，将其命名为 render_pass，该变量用于存储创建好的渲染通道的句柄。

（7）调用 vkCreateRenderPass(logical_device, &render_pass_create_info, nullptr, &render_pass)函数。将第一个参数设置为 logical_device 变量；将第二个参数设置为指向 render_pass_create_info 变量的指针；将第三个参数设置为 nullptr；将第四个参数

设置为指向 render_pass 变量的指针。
(8)通过查明该函数调用操作的返回值为 VK_SUCCESS,确认该函数调用操作成功完成。

具体运行情况

渲染通道定义了一些常规信息,这些信息包括在其子通道中执行的操作使用附着材料的方式。这使驱动程序能够优化作业,并提升我们编写的应用程序的性能。

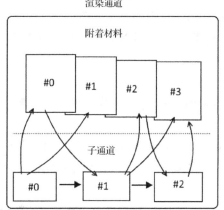

在创建渲染通道的过程中,最为重要的环节是准备数据:所有会被用到的附着材料和子通道的描述,以及设置子通道之间的依赖关系(请参阅"设置附着材料描述""设置子通道描述""设置子通道之间的依赖关系"小节)。下面的代码实现了这些处理步骤。

```
SpecifyAttachmentsDescriptions( attachments_descriptions );
std::vector<VkSubpassDescription> subpass_descriptions;
SpecifySubpassDescriptions( subpass_parameters, subpass_descriptions );
SpecifyDependenciesBetweenSubpasses( subpass_dependencies );
```

当为用于创建渲染通道的函数设置参数时,就会用到这些数据。

```
VkRenderPassCreateInfo render_pass_create_info = {
  VK_STRUCTURE_TYPE_RENDER_PASS_CREATE_INFO,
  nullptr,
  0,
  static_cast<uint32_t>(attachments_descriptions.size()),
  attachments_descriptions.data(),
```

```
    static_cast<uint32_t>(subpass_descriptions.size()),
    subpass_descriptions.data(),
    static_cast<uint32_t>(subpass_dependencies.size()),
    subpass_dependencies.data()
};
VkResult result = vkCreateRenderPass( logical_device,
&render_pass_create_info, nullptr, &render_pass );
if( VK_SUCCESS != result ) {
    std::cout << "Could not create a render pass." << std::endl;
    return false;
}
return true;
```

但是,为了正确地执行绘制操作,仅创建渲染通道还是不够的,因为渲染通道仅设置了操作在子通道中的排序方式和使用附着材料的方式,没有设置这些附着材料使用哪些图像。所有已定义附着材料使用特定资源的信息,存储在帧缓冲区中。

参考内容

请参阅本章的下列内容:
- 设置附着材料描述。
- 设置子通道描述。
- 设置子通道之间的依赖关系。
- 创建帧缓冲区。
- 启动渲染通道。
- 进入下一个子通道。
- 停止渲染通道。
- 销毁渲染通道。

创建帧缓冲区

应将帧缓冲区与渲染通道一起使用。帧缓冲区设置了在渲染通道中定义的附着材料应使用哪些图像资源,帧缓冲区还定义了可渲染区域的尺寸。这就是当记录绘制操作时,不仅需要创建渲染通道,还需要创建帧缓冲区的原因。

具体处理过程

（1）获取渲染通道的句柄，该渲染通道应与帧缓冲区兼容。将该句柄存储到一个 VkRenderPass 类型的变量中，将这个变量命名为 render_pass。

（2）获取代表图像资源的图像视图列表，这些图像会由渲染通道中的附着材料使用。将所有获得的图像视图存储到一个 std::vector<VkImageView> 类型的变量中，将该变量命名为 attachments。

（3）创建一个 VkFramebufferCreateInfo 类型的变量，将其命名为 framebuffer_create_info。使用下列值初始化该变量中的各个成员。

- 将 VK_STRUCTURE_TYPE_FRAMEBUFFER_CREATE_INFO 赋予 sType 成员。
- 将 nullptr 赋予 nullptr 成员。
- 将 0 赋予 flags 成员。
- 将 render_pass 变量的值赋予 renderPass 成员。
- 将 vector 容器 attachments 变量中含有元素的数量赋予 attachmentCount 成员。
- 将指向 vector 容器 attachments 变量中第一个元素的指针，赋予 pAttachments 成员。如果 vector 容器 attachments 变量存储的是空值，就将 nullptr 赋予 pAttachments 成员。
- 将选定的可渲染区域的宽度，赋予 width 成员。
- 将选定的帧缓冲区的高度，赋予 height 成员。
- 将帧缓冲区中图层的数量，赋予 layers 成员

（4）获取用于创建帧缓冲区的逻辑设备的句柄，将该句柄存储在一个 VkDevice 类型的变量中，将这个变量命名为 logical_device。

（5）创建一个 VkFramebuffer 类型的变量，将其命名为 framebuffer，该变量用于存储创建好的帧缓冲区的句柄。

（6）调用 vkCreateFramebuffer(logical_device, &framebuffer_create_info, nullptr, &framebuffer) 函数。将第一个参数设置为 logical_device 变量；将第二个参数设置为指向 framebuffer_create_info 变量的指针；将第三个参数设置为 nullptr；将第四个参数设置为指向 framebuffer 变量的指针。

（7）通过查明该函数调用操作的返回值为 VK_SUCCESS，确认该函数调用操作成功完成。

具体运行情况

帧缓冲区总与渲染通道一起被创建。它们定义了特定的图像子资源，这些子资源会由

在渲染通道中设置的附着材料使用，因此这两种对象的类型应相互匹配。

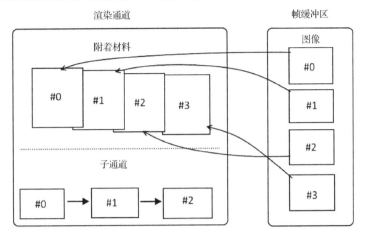

当创建帧缓冲区时，会使用渲染通道对象，通过该对象使用指定的帧缓冲区。然而，不存在只能通过指定的渲染通道使用指定的帧缓冲区的限制，可以通过与该帧缓冲区兼容的渲染通道使用这个帧缓冲区。

什么是兼容的渲染通道呢？首先，这些渲染通道必须拥有数量相同的子通道。其次，每个子通道必须拥有与帧缓冲区中图像对应的输入、颜色、解析和深度/刻板附着材料。这意味着相应附着材料的格式和采样数量必须与图像的格式和采样数量相同。但是，附着材料可以拥有不同的初始值、子通道、最终布局，以及加载和存储操作。

此外，帧缓冲区还定义了可渲染区域的尺寸，所有渲染操作都应该被限定在该范围内。然而，是否修改指定范围外的像素/片段，主要由我们自己决定。因此，在创建管线的过程中或设置相应的动态状态时，需要设置合适的参数（视窗和剪切测试，请参阅第8章和第9章）。

 我们必须确保渲染操作，仅在创建帧缓冲区过程中设定的范围内执行。

当启动命令缓冲区中的渲染通道，并使用了帧缓冲区时，还需要确保在该帧缓冲区中设定的图像子资源没有被用于其他用途。换言之，如果将一幅图像中的某个部分，用作帧缓冲区附着材料，就无法在执行渲染通道的过程中通过任何其他方式使用这个图像部分。

 在启动渲染通道之后停止渲染通道之前，为渲染通道附着材料设定的图像子资源，不能被用作其他（非附着材料）用途。

下面的代码创建了一个帧缓冲区：

```
VkFramebufferCreateInfo framebuffer_create_info = {
  VK_STRUCTURE_TYPE_FRAMEBUFFER_CREATE_INFO,
  nullptr,
  0,
  render_pass,
  static_cast<uint32_t>(attachments.size()),
  attachments.data(),
  width,
  height,
  layers
};
VkResult result = vkCreateFramebuffer( logical_device,
&framebuffer_create_info, nullptr, &framebuffer );
if( VK_SUCCESS != result ) {
  std::cout << "Could not create a framebuffer." << std::endl;
  return false;
}
return true;
```

参考内容

请参阅第 4 章的下列内容：
- 创建图像。
- 创建图像视图。

请参阅本章的下列内容：
- 设置附着材料描述。
- 创建帧缓冲区。

为几何渲染和后处理子通道准备渲染通道

在开发游戏或 CAD 之类的应用程序时，经常会出现先绘制几何图像，再在渲染了整个场景后，需要应用额外图像效果的情况，处理该情况的过程称为后处理。

本例会创建一个含有两个子通道的渲染通道。第一个子通道使用两种附着材料执行渲染操作：颜色和深度。第二个子通道从第一个颜色附着材料读取数据，并将这些数据渲染到另一个颜色附着材料（一幅交换链图像在执行完这个渲染通道后，这幅交换链图像会被显示在屏幕上）中。

准备工作

为了减少使用参数的数量，本例使用了自定义结构 SubpassParameters（请参阅"设置子通道描述"小节）。

具体处理过程

（1）创建一个 std::vector<VkAttachmentDescription>类型的变量，将其命名为 attachments_descriptions。使用 attachments_descriptions 变量中的第一个元素，代表第一个颜色附着材料。使用下列值初始化该元素中的各个成员。

- 将 0 赋予 flags 成员。
- 将 VK_FORMAT_R8G8B8A8_UNORM 赋予 format 成员。
- 将 VK_SAMPLE_COUNT_1_BIT 赋予 samples 成员。
- 将 VK_ATTACHMENT_LOAD_OP_CLEAR 赋予 loadOp 成员。
- 将 VK_ATTACHMENT_STORE_OP_DONT_CARE 赋予 storeOp 成员。
- 将 VK_ATTACHMENT_LOAD_OP_DONT_CARE 赋予 stencilLoadOp 成员。
- 将 VK_ATTACHMENT_STORE_OP_DONT_CARE 赋予 stencilStoreOp 成员。
- 将 VK_IMAGE_LAYOUT_UNDEFINED 赋予 initialLayout 成员。
- 将 VK_IMAGE_LAYOUT_SHADER_READ_ONLY_OPTIMAL 赋予 finalLayout 成员。

（2）在 vector 容器 attachments_descriptions 变量中添加第二个元素，使用该元素代表深度/刻板附着材料。使用下列值初始化这个元素中的各个成员。

- 将 0 赋予 flags 成员。
- 将 VK_FORMAT_D16_UNORM 赋予 format 成员。
- 将 VK_SAMPLE_COUNT_1_BIT 赋予 samples 成员。
- 将 VK_ATTACHMENT_LOAD_OP_CLEAR 赋予 loadOp 成员。
- 将 VK_ATTACHMENT_STORE_OP_DONT_CARE 赋予 storeOp 成员。
- 将 VK_ATTACHMENT_LOAD_OP_DONT_CARE 赋予 stencilLoadOp 成员。
- 将 VK_ATTACHMENT_STORE_OP_DONT_CARE 赋予 stencilStoreOp 成员。

- 将 VK_IMAGE_LAYOUT_UNDEFINED 赋予 initialLayout 成员。
- 将 VK_IMAGE_LAYOUT_DEPTH_STENCIL_ATTACHMENT_OPTIMAL 赋予 finalLayout 成员。

（3）向 vector 容器 attachments_descriptions 变量中添加第三个元素，使用该元素代表另一个颜色附着材料。使用下列值初始化这个元素中的各个成员。

- 将 0 赋予 flags 成员。
- 将 VK_FORMAT_R8G8B8A8_UNORM 赋予 format 成员。
- 将 VK_SAMPLE_COUNT_1_BIT 赋予 samples 成员。
- 将 VK_ATTACHMENT_LOAD_OP_CLEAR 赋予 loadOp 成员。
- 将 VK_ATTACHMENT_STORE_OP_STORE 赋予 storeOp 成员。
- 将 VK_ATTACHMENT_LOAD_OP_DONT_CARE 赋予 stencilLoadOp 成员。
- 将 VK_ATTACHMENT_STORE_OP_DONT_CARE 赋予 stencilStoreOp 成员。
- 将 VK_IMAGE_LAYOUT_UNDEFINED 赋予 initialLayout 成员。
- 将 VK_IMAGE_LAYOUT_PRESENT_SRC_KHR 赋予 finalLayout 成员。

（4）创建一个 VkAttachmentReference 类型的变量，将其命名为 depth_stencil_attachment，并使用下列值初始化该变量中的各个成员。

- 将 1 赋予 attachment 成员。
- 将 VK_IMAGE_LAYOUT_DEPTH_STENCIL_ATTACHMENT_OPTIMAL 赋予 layout 成员。

（5）创建一个 std::vector<SubpassParameters> 类型的变量，将其命名为 subpass_parameters，向该 vector 容器变量添加一个元素，并将下列值赋予这个元素中的各个成员。

- 将 VK_PIPELINE_BIND_POINT_GRAPHICS 赋予 PipelineType 成员。
- 将空的 vector 容器赋予 InputAttachments 成员。
- 将含有一个元素（该元素的各个成员含有下列值）的 vector 容器赋予 ColorAttachments 成员。
  - attachment 成员的值为 0。
  - layout 成员的值为 VK_IMAGE_LAYOUT_COLOR_ATTACHMENT_OPTIMAL。
- 将空的 vector 容器赋予 ResolveAttachments 成员。
- 将指向 depth_stencil_attachment 变量的指针赋予 DepthStencilAttachment 成员。
- 将空的 vector 容器赋予 PreserveAttachments 成员。

（6）向 subpass_parameters 变量中添加第二个元素，该元素代表第二个子通道。使用下列值初始化这个元素中的各个成员。

- 将 VK_PIPELINE_BIND_POINT_GRAPHICS 赋予 PipelineType 成员。
- 将含有一个元素（该元素的各个成员含有下列值）的 vector 容器赋予 InputAttachments 成员。
  ➢ attachment 成员的值为 0。
  ➢ layout 成员的值为 VK_IMAGE_LAYOUT_SHADER_READ_ONLY_OPTIMAL。
- 将含有一个元素（该元素的各个成员含有下列值）的 vector 容器赋予 ColorAttachments 成员。
  ➢ attachment 成员的值为 2。
  ➢ layout 成员的值为 VK_IMAGE_LAYOUT_COLOR_ATTACHMENT_OPTIMAL。
- 将空的 vector 容器赋予 ResolveAttachments 成员。
- 将 nullptr 赋予 DepthStencilAttachment 成员。
- 将空的 vector 容器赋予 PreserveAttachments 成员。

（7）创建一个 std::vector<VkSubpassDependency>类型的变量，将其命名为 subpass_dependencies，向该变量中添加一个元素，并将下列值赋予这个元素中的各个成员。
- 将 0 赋予 srcSubpass 成员。
- 将 1 赋予 dstSubpass 成员。
- 将 VK_PIPELINE_STAGE_COLOR_ATTACHMENT_OUTPUT_BIT 赋予 srcStageMask 成员。
- 将 VK_PIPELINE_STAGE_FRAGMENT_SHADER_BIT 赋予 dstStageMask 成员。
- 将 VK_ACCESS_COLOR_ATTACHMENT_WRITE_BIT 赋予 srcAccessMask 成员。
- 将 VK_ACCESS_INPUT_ATTACHMENT_READ_BIT 赋予 dstAccessMask 成员。
- 将 VK_DEPENDENCY_BY_REGION_BIT 赋予 dependencyFlags 成员。

（8）使用 attachments_descriptions、subpass_parameters 和 subpass_dependencies 变量，创建一个渲染通道。将该渲染通道的句柄存储到一个 VkRenderPass 类型的变量中，将这个变量命名为 render_pass（请参阅"创建渲染通道"小节）。

具体运行情况

本例创建了一个含有 3 个附着材料的渲染通道。下面是这些附着材料的描述：

```
std::vector<VkAttachmentDescription> attachments_descriptions = {
  {
    0,
```

```
    VK_FORMAT_R8G8B8A8_UNORM,
    VK_SAMPLE_COUNT_1_BIT,
    VK_ATTACHMENT_LOAD_OP_CLEAR,
    VK_ATTACHMENT_STORE_OP_DONT_CARE,
    VK_ATTACHMENT_LOAD_OP_DONT_CARE,
    VK_ATTACHMENT_STORE_OP_DONT_CARE,
    VK_IMAGE_LAYOUT_UNDEFINED,
    VK_IMAGE_LAYOUT_SHADER_READ_ONLY_OPTIMAL,
  },
  {
    0,
    VK_FORMAT_D16_UNORM,
    VK_SAMPLE_COUNT_1_BIT,
    VK_ATTACHMENT_LOAD_OP_CLEAR,
    VK_ATTACHMENT_STORE_OP_DONT_CARE,
    VK_ATTACHMENT_LOAD_OP_DONT_CARE,
    VK_ATTACHMENT_STORE_OP_DONT_CARE,
    VK_IMAGE_LAYOUT_UNDEFINED,
    VK_IMAGE_LAYOUT_DEPTH_STENCIL_ATTACHMENT_OPTIMAL,
  },
  {
    0,
    VK_FORMAT_R8G8B8A8_UNORM,
    VK_SAMPLE_COUNT_1_BIT,
    VK_ATTACHMENT_LOAD_OP_CLEAR,
    VK_ATTACHMENT_STORE_OP_STORE,
    VK_ATTACHMENT_LOAD_OP_DONT_CARE,
    VK_ATTACHMENT_STORE_OP_DONT_CARE,
    VK_IMAGE_LAYOUT_UNDEFINED,
    VK_IMAGE_LAYOUT_PRESENT_SRC_KHR,
  },
};
```

我们通过第一个子通道执行渲染操作，从而向第一个附着材料（颜色附着材料）中写入数据，并通过第二个子通道从该颜色附着材料读取数据。第二个附着材料用于提供深度数据，我们通过第二个子通道执行渲染操作，从而向第三个附着材料（另一个颜色附着材料）中写入数据。因为在执行完该渲染通道后，不再需要使用第一个和第二个附着材料（只需要在第二个子通道中使用第一个附着材料的内容），所以为它们的存储操作设置了 VK_ATTACHMENT_STORE_OP_DONT_CARE 标志值。因为在启动该渲染通道时也不需要使用这些附着材料的内容，所以将这些附着材料的初始布局设置为未定义（VK_IMAGE_LAYOUT_UNDEFINED 布局），这能够清空这三个附着材料。

下面的代码定义了两个子通道：

```
VkAttachmentReference depth_stencil_attachment = {
  1,
  VK_IMAGE_LAYOUT_DEPTH_STENCIL_ATTACHMENT_OPTIMAL,
};
std::vector<SubpassParameters> subpass_parameters = {
  // #0 子通道
  {
    VK_PIPELINE_BIND_POINT_GRAPHICS,
    {},
    {
      {
        0,
        VK_IMAGE_LAYOUT_COLOR_ATTACHMENT_OPTIMAL
      }
    },
    {},
    &depth_stencil_attachment,
    {}
  },
  // #1 子通道
  {
    VK_PIPELINE_BIND_POINT_GRAPHICS,
    {
      {
        0,
        VK_IMAGE_LAYOUT_SHADER_READ_ONLY_OPTIMAL
      }
    },
    {
      {
        2,
```

```
        VK_IMAGE_LAYOUT_COLOR_ATTACHMENT_OPTIMAL
      }
    },
    {},
    nullptr,
    {}
  }
};
```

第一个子通道使用了一个颜色附着材料和一个深度附着材料，第二个子通道从第一个附着材料读取数据（将其用作输入附着材料），并通过执行渲染操作向第三个附着材料中写入数据。

最后为使用了第一个附着材料的两个子通道定义依赖关系。第一个附着材料在第一个子通道中被用作颜色附着材料，我们通过渲染操作向其中写入数据；第一个附着材料在第二个子通道中被用作输入附着材料，我们通过渲染操作从中读取数据。完成了该任务后，就可以使用下面的代码创建该渲染通道：

```
std::vector<VkSubpassDependency> subpass_dependencies = {
  {
    0,
    1,
    VK_PIPELINE_STAGE_COLOR_ATTACHMENT_OUTPUT_BIT,
    VK_PIPELINE_STAGE_FRAGMENT_SHADER_BIT,
    VK_ACCESS_COLOR_ATTACHMENT_WRITE_BIT,
    VK_ACCESS_INPUT_ATTACHMENT_READ_BIT,
    VK_DEPENDENCY_BY_REGION_BIT
  }
};
if( !CreateRenderPass( logical_device, attachments_descriptions,
subpass_parameters, subpass_dependencies, render_pass ) ) {
  return false;
}
return true;
```

参考内容

请参阅本章的下列内容：

- 设置附着材料描述。
- 设置子通道描述。
- 设置子通道之间的依赖关系。
- 创建渲染通道。

通过颜色和深度附着材料准备渲染通道和帧缓冲区

渲染 3D 场景的处理过程中通常不仅会包含颜色附着材料，而且会使用深度附着材料进行深度测试（通过使物体离摄像机更近，进一步闭塞物体）。

本节介绍创建用作颜色和深度数据的图像的方式；也会介绍创建渲染通道的方式，该渲染仅含有一个使用颜色和深度附着材料执行渲染操作的一个子通道；还会介绍创建帧缓冲区的方式，该帧缓冲区会将颜色和深度图像用作渲染通道的附着材料。

准备工作

像本章前面介绍的一些示例一样，本例也会使用自定义结构 SubpassParameters（请参阅"设置子通道描述"小节）。

具体处理过程

（1）使用 VK_FORMAT_R8G8B8A8_UNORM 格式、VK_IMAGE_USAGE_COLOR_ATTACHMENT_BIT|VK_IMAGE_USAGE_SAMPLED_BIT 使用方式、VK_IMAGE_ASPECT_COLOR_BIT 外观和一些合适的参数，创建第一幅 2D 图像，并为该图像创建一个图像视图。将创建好图像的句柄赋予一个 VkImage 类型的变量，将该变量命名为 color_image。将为这幅图像分配的内存对象的句柄存储到一个 VkDeviceMemory 类型的变量中，将该变量命名为 color_image_memory_object。将为这幅图像创建的图像视图的句柄存储到一个 VkImageView 类型的变量中，将该变量命名为 color_image_view（请参阅第 4 章）。

（2）使用 VK_FORMAT_D16_UNORM 格式、VK_IMAGE_USAGE_DEPTH_STENCIL_ATTACHMENT_BIT | VK_IMAGE_USAGE_SAMPLED_BIT 使用方式、VK_IMAGE_ASPECT_DEPTH_BIT 外观、与上一幅图像相同的尺寸和一些合适的参数，创建第二幅 2D 图像，并为该图像创建一个图像视图。将创建好图像的句柄赋予一个 VkImage 类型的变量，将该变量命名为 depth_image。将为这幅图像分配

的内存对象的句柄存储到一个 VkDeviceMemory 类型的变量中,将该变量命名为 depth_image_memory_object。将为这幅图像创建的图像视图的句柄存储到一个 VkImageView 类型的变量中,将该变量命名为 depth_image_view(请参阅第 4 章)。

(3)创建一个 std::vector<VkAttachmentDescription>类型的变量,将其命名为 attachments_descriptions,并向该 vector 容器变量中添加两个元素。使用下列值初始化第一个元素中的各个成员。

- 将 0 赋予 flags 成员。
- 将 VK_FORMAT_R8G8B8A8_UNORM 赋予 format 成员。
- 将 VK_SAMPLE_COUNT_1_BIT 赋予 samples 成员。
- 将 VK_ATTACHMENT_LOAD_OP_CLEAR 赋予 loadOp 成员。
- 将 VK_ATTACHMENT_STORE_OP_STORE 赋予 storeOp 成员。
- 将 VK_ATTACHMENT_LOAD_OP_DONT_CARE 赋予 stencilLoadOp 成员。
- 将 VK_ATTACHMENT_STORE_OP_DONT_CARE 赋予 stencilStoreOp 成员。
- 将 VK_IMAGE_LAYOUT_UNDEFINED 赋予 initialLayout 成员。
- 将 VK_IMAGE_LAYOUT_SHADER_READ_ONLY_OPTIMAL 赋予 finalLayout 成员。

(4)使用下列值初始化 vector 容器 attachments_descriptions 变量中第二个元素中的各个成员。

- 将 0 赋予 flags 成员。
- 将 VK_FORMAT_D16_UNORM 赋予 format 成员。
- 将 VK_SAMPLE_COUNT_1_BIT 赋予 samples 成员。
- 将 VK_ATTACHMENT_LOAD_OP_CLEAR 赋予 loadOp 成员。
- 将 VK_ATTACHMENT_STORE_OP_STORE 赋予 storeOp 成员。
- 将 VK_ATTACHMENT_LOAD_OP_DONT_CARE 赋予 stencilLoadOp 成员。
- 将 VK_ATTACHMENT_STORE_OP_DONT_CARE 赋予 stencilStoreOp 成员。
- 将 VK_IMAGE_LAYOUT_UNDEFINED 赋予 initialLayout 成员。
- 将 VK_IMAGE_LAYOUT_DEPTH_STENCIL_READ_ONLY_OPTIMAL 赋予 finalLayout 成员。

(5)创建一个 VkAttachmentReference 类型的变量,将其命名为 depth_stencil_attachment,使用下列值初始化该变量中的各个成员。

- 将 1 赋予 attachment 成员。
- 将 VK_IMAGE_LAYOUT_DEPTH_STENCIL_ATTACHMENT_OPTIMAL 赋予 layout 成员。

（6）创建一个 std::vector<SubpassParameters> 类型的 vector 容器变量，将其命名为 subpass_parameters。向该变量中添加一个元素，并使用下列值初始化该元素中的各个成员。

- 将 VK_PIPELINE_BIND_POINT_GRAPHICS 赋予 PipelineType 成员。
- 将空的 vector 容器赋予 InputAttachments 成员。
- 将仅含有一个元素（该元素的各个成员含有下列值）的 vector 容器赋予 ColorAttachments 成员：
  - attachment 成员的值为 0。
  - layout 成员的值为 VK_IMAGE_LAYOUT_COLOR_ATTACHMENT_OPTIMAL。
- 将空的 vector 容器赋予 ResolveAttachments 成员。
- 将指向 depth_stencil_attachment 变量的指针赋予 DepthStencilAttachment 成员。
- 将空的 vector 容器赋予 PreserveAttachments 成员。

（7）创建一个 std::vector<VkSubpassDependency> 类型的 vector 变量，将其命名为 subpass_dependencies，在该变量中添加一个元素，并使用下列值初始化这个元素中的各个成员。

- 将 0 赋予 srcSubpass 成员。
- 将 VK_SUBPASS_EXTERNAL 赋予 dstSubpass 成员。
- 将 VK_PIPELINE_STAGE_COLOR_ATTACHMENT_OUTPUT_BIT 赋予 srcStageMask 成员。
- 将 VK_PIPELINE_STAGE_FRAGMENT_SHADER_BIT 赋予 dstStageMask 成员。
- 将 VK_ACCESS_COLOR_ATTACHMENT_WRITE_BIT 赋予 srcAccessMask 成员。
- 将 VK_ACCESS_SHADER_READ_BIT 赋予 dstAccessMask 成员。
- 将 0 赋予 dependencyFlags 成员。

（8）使用 vectors 容器变量 attachments_descriptions、subpass_parameters 和 subpass_dependencies，创建一个渲染通道。将创建好的渲染通道的句柄存储到一个 VkRenderPass 类型的变量中，将该变量命名为 render_pass（请参阅"创建渲染通道"小节）。

（9）使用 render_pass、color_image_view（用于第一个附着材料）和 depth_image_view（用于第二个附着材料）变量创建一个帧缓冲区。设置与 color_image 和 depth_image 变量代表的图像所用尺寸相同的尺寸，将创建好的帧缓冲区的句柄存储在一个 VkFramebuffer 类型的变量中，将该变量名为 framebuffer。

具体运行情况

首先，本例将使用两幅图像执行渲染操作：一幅用于写入颜色数据，另一幅用于写入深度数据。执行完该渲染通道后，这两幅图像将会被用作纹理（我们将会通过另一个渲染通道中的着色器对它们进行采样）。这就是使用 COLOR_ATTACHMENT / DEPTH_STENCIL_ ATTACHMENT（这可以通过渲染操作向图像中写入数据）和 SAMPLED（这可以通过着色器对图像进行采样）用法创建这两幅图像的原因。

```
if( !Create2DImageAndView( physical_device, logical_device,
VK_FORMAT_R8G8B8A8_UNORM, { width, height }, 1, 1, VK_SAMPLE_COUNT_1_BIT,

  VK_IMAGE_USAGE_COLOR_ATTACHMENT_BIT | VK_IMAGE_USAGE_SAMPLED_BIT,
VK_IMAGE_ASPECT_COLOR_BIT, color_image, color_image_memory_object,
color_image_view ) ) {
  return false;
}
if( !Create2DImageAndView( physical_device, logical_device,
VK_FORMAT_D16_UNORM, { width, height }, 1, 1, VK_SAMPLE_COUNT_1_BIT,
  VK_IMAGE_USAGE_DEPTH_STENCIL_ATTACHMENT_BIT | VK_IMAGE_USAGE_SAMPLED_BIT,
VK_IMAGE_ASPECT_DEPTH_BIT, depth_image, depth_image_memory_object,
depth_image_view ) ) {
  return false;
}
```

其次，为该渲染通道设置两个附着材料。在启动这个渲染通道时这两个附着材料都被清空了，而且在执行完该渲染通道后这两个附着材料的内容都会被保留。

```
std::vector<VkAttachmentDescription> attachments_descriptions = {
  {
    0,
    VK_FORMAT_R8G8B8A8_UNORM,
    VK_SAMPLE_COUNT_1_BIT,
    VK_ATTACHMENT_LOAD_OP_CLEAR,
    VK_ATTACHMENT_STORE_OP_STORE,
    VK_ATTACHMENT_LOAD_OP_DONT_CARE,
    VK_ATTACHMENT_STORE_OP_DONT_CARE,
    VK_IMAGE_LAYOUT_UNDEFINED,
    VK_IMAGE_LAYOUT_SHADER_READ_ONLY_OPTIMAL,
```

```
    },
    {
      0,
      VK_FORMAT_D16_UNORM,
      VK_SAMPLE_COUNT_1_BIT,
      VK_ATTACHMENT_LOAD_OP_CLEAR,
      VK_ATTACHMENT_STORE_OP_STORE,
      VK_ATTACHMENT_LOAD_OP_DONT_CARE,
      VK_ATTACHMENT_STORE_OP_DONT_CARE,
      VK_IMAGE_LAYOUT_UNDEFINED,
      VK_IMAGE_LAYOUT_DEPTH_STENCIL_READ_ONLY_OPTIMAL,
    }
  };
```

再次，定义一个子通道。该子通道会使用第一个附着材料，执行写入颜色数据的渲染操作，并使用第二个附着材料执行写入深度/刻板数据的渲染操作。

```
  VkAttachmentReference depth_stencil_attachment = {
    1,
    VK_IMAGE_LAYOUT_DEPTH_STENCIL_ATTACHMENT_OPTIMAL,
  };
  std::vector<SubpassParameters> subpass_parameters = {
    {
      VK_PIPELINE_BIND_POINT_GRAPHICS,
      {},
      {
        {
          0,
          VK_IMAGE_LAYOUT_COLOR_ATTACHMENT_OPTIMAL
        }
      },
      {},
      &depth_stencil_attachment,
      {}
    }
  };
```

最后，为该子通道和在这个渲染通道后面执行的命令之间定义依赖关系。在该渲染通道执行完对这两幅图像的写入数据操作前,不能允许其他命令从这两幅图像读取数据。本例还创建了渲染通道和帧缓冲区。

```
std::vector<VkSubpassDependency> subpass_dependencies = {
  {
    0,
    VK_SUBPASS_EXTERNAL,
    VK_PIPELINE_STAGE_COLOR_ATTACHMENT_OUTPUT_BIT,
    VK_PIPELINE_STAGE_FRAGMENT_SHADER_BIT,
    VK_ACCESS_COLOR_ATTACHMENT_WRITE_BIT,
    VK_ACCESS_SHADER_READ_BIT,
    0
  }
};
if( !CreateRenderPass( logical_device, attachments_descriptions,
subpasses_parameters, subpasses_dependencies, render_pass ) ) {
  return false;
}
if( !CreateFramebuffer( logical_device, render_pass, { color_image_view,
depth_image_view }, width, height, 1, framebuffer ) ) {
  return false;
}
return true;
```

参考内容

请参阅第 4 章的下列内容:
- 创建 2D 图像和视图。

请参阅本章的下列内容:
- 设置附着材料描述。
- 设置子通道描述。
- 设置子通道之间的依赖关系。
- 创建渲染通道。
- 创建帧缓冲区。

启动渲染通道

创建好渲染通道和帧缓冲区后,就可以启动用于渲染几何图形的记录命令了,我们必须记录启动渲染通道的操作。这也会自动启动该渲染通道中的第一个子通道。

具体处理过程

(1) 获取命令缓冲区的句柄,将该句柄存储在一个 VkCommandBuffer 类型的变量中,将这个变量命名为 command_buffer,确保该命令缓冲区正处于记录状态。

(2) 获取渲染通道的句柄,将该句柄存储到一个 VkRenderPass 类型的变量中,将这个变量命名为 render_pass。

(3) 获取与 render_pass 变量代表的渲染通道兼容的帧缓冲区,将该帧缓冲区的句柄存储到一个 VkFramebuffer 类型的变量中,将这个变量命名为 framebuffer。

(4) 划定在执行渲染通道的过程中,可执行渲染操作的区域。该区域不能大于为帧缓冲区设置的尺寸。将这个区域的尺寸存储到一个 VkRect2D 类型的变量中,将该变量命名为 render_area。

(5) 创建一个 std::vector<VkClearValue>类型的变量,将其命名为 clear_values。应使该变量含有元素的数量与渲染通道中附着材料的数量相等。因为渲染通道中的每个附着材料都使用一个用于执行清空操作的 loadOp 成员值,所以应将与具体附着材料对应的元素中的清空值,设置得与该附着材料的清空值相等。

(6) 创建一个 VkSubpassContents 类型的变量,将其命名为 subpass_contents。该变量用于描述第一个子通道中的操作被记录的方式。如果直接记录命令并且不会使用次要命令缓冲区,就将 VK_SUBPASS_CONTENTS_INLINE 赋予 subpass_contents 变量。如果要将子通道中的命令存储到次要命令缓冲区中,并且仅会执行次要命令缓冲区中的命令,就将 VK_SUBPASS_CONTENTS_SECONDARY_COMMAND_BUFFERS 赋予 subpass_contents 变量(请参阅第 9 章)。

(7) 创建一个 VkRenderPassBeginInfo 类型的变量,将其命名为 render_pass_begin_info,并使用下列值初始化该变量中的各个成员。

- 将 VK_STRUCTURE_TYPE_RENDER_PASS_BEGIN_INFO 赋予 sType 成员。
- 将 nullptr 赋予 pNext 成员。
- 将 render_pass 变量的值赋予 renderPass 成员。
- 将 framebuffer 变量的值赋予 framebuffer 成员。
- 将 render_area 变量的值赋予 renderArea 成员。

- 将 vector 容器 clear_values 变量中含有元素的数量，赋予 clearValueCount 成员。
- 将指向 vector 容器 clear_values 变量中第一个元素的指针，赋予 pClearValues 成员。如果 clear_values 变量中存储的是空值，就将 nullptr 赋予 pClearValues 成员。

（8）调用 vkCmdBeginRenderPass(command_buffer, &render_pass_begin_info, subpass_contents)函数。将第一个参数设置为 command_buffer 变量；将第二个参数设置为指向 render_pass_begin_info 变量的指针；将第三个参数设置为 subpass_contents 变量。

具体运行情况

启动渲染通道会自动启动它的第一个子通道。在启动渲染通道的处理过程完成前，所有已设置了 loadOp 清空值的附着材料都会被清空（被单一颜色填充）。用于执行清空操作的值和其他用于启动渲染通道的必要参数，都是通过一个 VkRenderPassBeginInfo 类型的变量设置的。

```
VkRenderPassBeginInfo render_pass_begin_info = {
  VK_STRUCTURE_TYPE_RENDER_PASS_BEGIN_INFO,
  nullptr,
  render_pass,
  framebuffer,
  render_area,
  static_cast<uint32_t>(clear_values.size()),
  clear_values.data()
};
```

清空值数组中含有的清空值的数量，不能少于需要清空的附着材料的数量。将清空值的数量设置得与渲染通道中附着材料的数量相同，是比较安全的处理方式，但实际上只需要为需要清空的附着材料提供清空值。如果没有需要清空的附着材料，就应将 nullptr 赋予清空值数组。

在启动渲染通道时，还需要设置渲染区域的尺寸。该尺寸可以与帧缓冲区的尺寸一样大，也可以小于帧缓冲区的尺寸。将渲染操作限定在指定区域内，或者允许渲染操作修改限定范围之外的像素，完全由用户自己决定。

要启动渲染通道，需要调用下面的函数：

vkCmdBeginRenderPass(command_buffer, &render_pass_begin_info, subpass_contents);

参考内容

请参阅第 3 章的下列内容：
- 启动命令缓冲区记录操作。

请参阅本章的下列内容：
- 创建渲染通道。
- 创建帧缓冲区。

请参阅第 9 章的下列内容：
- 在主要命令缓冲区的内部执行次要命令缓冲区。

进入下一个子通道

记录到渲染通道中的命令，会被划分到不同的子通道中。当某个子通道中的命令都被记录后，就需要为另一个子通道记录命令，因而需要切换（或进入）到下一个子通道。

具体处理过程

（1）获取用于记录命令的命令缓冲区的句柄，将该句柄存储在一个 VkCommandBuffer 类型的变量中，将这个变量命名为 command_buffer。确保启动渲染通道的操作已经被记录到 command_buffer 变量代表的命令缓冲区中。

（2）设置记录子通道命令的方式：直接记录或通过次要命令缓冲区记录。将合适的值存储到一个 VkSubpassContents 类型的变量中，将该变量命名为 subpass_contents（请参阅在"启动渲染通道"小节）。

（3）调用 vkCmdNextSubpass(command_buffer, subpass_contents)函数，将第一个参数设置为 command_buffer 变量；将第二个参数设置为 subpass_contents 变量。

具体运行情况

进入下一个子通道的操作，就是在同一个渲染通道中，从当前子通道切换到下一个子通道。在执行该操作的过程中，也会执行相应的布局切换操作，并且会引入内存和执行次序的依赖关系（与内存屏障中的依赖关系类似）。所有这些操作都是由驱动程序自动执行的（在必要时），这样新子通道中的附着材料才能通过在创建渲染通道时设置的方式被使用。切换到下一个子通道的操作，还会对指定的颜色附着材料执行多重采样解析操作。

通过将子通道中的命令插入命令缓冲区中，可以直接记录它们。通过使用次要命令缓冲区，可以间接记录子通道中的命令。

要记录从一个子通道切换到另一个子通道的操作，需要调用下面的函数：

    vkCmdNextSubpass(command_buffer, subpass_contents);

参考内容

请参阅本章的下列内容：
- 设置子通道描述。
- 创建渲染通道。
- 启动渲染通道。
- 停止渲染通道。

停止渲染通道

当所有子通道中的所有命令都被记录后，就需要停止（终止或结束）该渲染通道。

具体处理过程

（1）获取命令缓冲区的句柄，将该句柄存储到一个 VkCommandBuffer 类型的变量中，将这个变量命名为 command_buffer。确保该命令缓冲区处于记录状态，且启动渲染通道的操作已经被记录到该命令缓冲区中。

（2）调用 vkCmdEndRenderPass(command_buffer)函数，将 command_buffer 变量设置为参数。

具体运行情况

要停止渲染通道，需要调用下面的函数：

    vkCmdEndRenderPass(command_buffer);

将这个函数调用操作记录到命令缓冲区中，会执行多个操作。执行次序和内存依赖关系（与内存屏障中的依赖关系类似）会被引入，切换图像布局的操作也会被执行，图像会从最后一个子通道设置的布局，切换到最终布局（请参阅"设置附着材料描述"小节）。在最后一个子通道中设置的颜色附着材料多重采样解析操作也会被执行。此外，在执行完该渲染通道后需要保留内容的附着材料，其数据也会从高速缓存转移到图像的内存中。

参考内容

请参阅本章的下列内容：
- 设置子通道描述。
- 创建渲染通道。
- 启动渲染通道。
- 进入下一个子通道。

销毁帧缓冲区

当不再使用某个帧缓冲区时，应该销毁它。

具体处理过程

（1）获取用于创建帧缓冲区的逻辑设备的句柄，将该句柄存储在一个 VkDevice 类型的变量中，将这个变量命名为 logical_device。
（2）获取帧缓冲区的句柄，将其存储在一个 VkFramebuffer 类型的变量中，将该变量命名为 framebuffer。
（3）调用 vkDestroyFramebuffer(logical_device, framebuffer, nullptr)函数，将第一个参数设置为 logical_device 变量；将第二个参数设置为 framebuffer 变量；将第三个参数设置为 nullptr。
（4）为安全起见，将 VK_NULL_HANDLE 赋予 framebuffer 变量。

具体运行情况

调用 vkDestroyFramebuffer()函数可以销毁帧缓冲区。然而，在销毁帧缓冲区前，必须确保引用了该帧缓冲区的命令不再在硬件上执行。

使用下列代码可以销毁帧缓冲区：

```
if( VK_NULL_HANDLE != framebuffer ) {
  vkDestroyFramebuffer( logical_device, framebuffer, nullptr );
```

```
        framebuffer = VK_NULL_HANDLE;
    }
```

参考内容

请参阅本章的下列内容：
- 创建帧缓冲区。

销毁渲染通道

如果不再需要使用某个渲染通道，就应该销毁它。

具体处理过程

（1）获取用于创建渲染通道的逻辑设备的句柄，将该句柄存储到一个 VkDevice 类型的变量中，将这个变量命名为 logical_device。

（2）将需要销毁的渲染通道的句柄存储到一个 VkRenderPass 类型的变量中，将该变量命名为 render_pass。

（3）调用 vkDestroyRenderPass(logical_device, render_pass, nullptr)函数，将第一个参数设置为 logical_device 变量；将第二个参数设置为 render_pass；将第三个参数设置为 nullptr。

（4）为安全起见，将 VK_NULL_HANDLE 赋予 render_pass 变量。

具体运行情况

使用下面的代码可以销毁渲染通道：

```
if( VK_NULL_HANDLE != render_pass ) {
    vkDestroyRenderPass( logical_device, render_pass, nullptr );
    render_pass = VK_NULL_HANDLE;
}
```

参考内容

请参阅本章的下列内容：
- 创建渲染通道。

第7章

着色器

本章要点：
- 将 GLSL 着色器转换为 SPIR-V 程序。
- 编写顶点着色器。
- 编写细分曲面控制着色器。
- 编写细分曲面评估着色器。
- 编写几何着色器。
- 编写片段着色器。
- 编写计算着色器。
- 编写通过将顶点位置乘以投影矩阵获得新顶点位置的顶点着色器。
- 在着色器中使用入栈常量。
- 编写纹理化的顶点和片段着色器。
- 通过几何着色器显示多边形的法线。

本章主要内容

当前的大多数图形硬件平台，都使用可编程的管线渲染图像。3D 图形数据（如顶点和片段/像素）会通过一系列步骤被处理，这些步骤被称为阶段。某些阶段总是执行相同的操作，我们只能为这些阶段配置特定的内容。然而，某些阶段需要通过编写程序控制被执行操作的次序，控制这些阶段的行为的小程序被称为着色器。

Vulkan 中有 5 个可编程的图形管线阶段：顶点、细分曲面控制、评估、几何和片段。

可以为计算管线编写计算着色器程序，在核心 Vulkan API 中，可以使用 SPIR-V 语言编写的程序控制这些阶段。SPIR-V 是一种中间语言，使用它可以处理图形数据，还可以对顶点、矩阵、图像、缓冲区和采样器数据进行数学计算。SPIR-V 语言的低等级功能能够提高数倍的编译效率。然而，这种语言也会使编写着色器的工作变得更加困难。这就是 Vulkan SDK 包含 glslangValidator 工具的原因。

通过 glslangValidator 可以将使用 OpenGL 着色语言（OpenGL Shading Language，GLSL）编写的着色器程序转换为 SPIR-V 程序，这样就可以使用更方便的高级着色语言编写着色器了。

本章介绍使用 GLSL 编写着色器的方式，将详细介绍为所有可编程阶段实现着色器的方式、实现细分曲面和纹理的方式，以及使用几何着色器进行调试的方式。还会介绍使用通过 Vulkan SDK 部署的 glslangValidator 程序，将使用 GLSL 编写的着色器转换为 SPIR-V 程序的方式。

将 GLSL 着色器转换为 SPIR-V 程序

Vulkan 要求我们以 SPIR-V 程序的方式提供着色器。SPIR-V 程序是一种使用中间语言编写的二进制程序，因此手动编写这种程序会极为困难。使用高级着色语言（如 GLSL）编写着色器程序，会更简单且快速。编写好着色器后，我们只需要使用 glslangValidator 工具，将这些着色器转换为 SPIR-V 形式。

具体处理过程

（1）下载并安装 Vulkan SDK（请参阅第 1 章）。
（2）打开命令提示符界面/终端，切换到含有需要转换的着色器文件的文件夹。
（3）要将存储在<input>文件中的 GLSL 着色器，转换为存储在<output>文件中的 SPIR-V 程序，可运行下列命令：

```
glslangValidator -H -o <output> <input> > <output_txt>
```

具体运行情况

glslangValidator 工具是随 Vulkan SDK 一起安装的，它的安装位置为 Vulkan SDK 安装文件夹的 VulkanSDK/<版本号>/bin（在 64 位操作系统中），或 VulkanSDK/<version>/bin32

第 7 章 着色器

（在 32 位操作系统中）子文件夹。glslangValidator 工具拥有许多功能，但它最主要的功能之一是将 GLSL 着色器转换为能够为 Vulkan 应用程序所用的 SPIR-V 程序。

将 GLSL 着色器转换为 SPIR-V 程序的 glslangValidator 工具，是随 Vulkan SDK 一起安装的。

glslangValidator 工具根据<input>文件的扩展名，自动检测出着色器的阶段。下面是可用的选项。

- vert 选项用于顶点着色器阶段。
- tesc 选项用于细分曲面控制着色器阶段。
- tese 选项用于细分曲面评估着色器阶段。
- geom 选项用于几何着色器阶段。
- frag 选项用于片段着色器阶段。
- comp 选项用于计算着色器阶段。

glslangValidator 工具还可以通过可阅读文本的形式显示 SPIR-V 程序。本例介绍的命令，将这种文本形式的 SPIR-V 程序存储在<output_txt>文件中。

将 GLSL 着色器转换为 SPIR-V 程序后，就能够将这些 SPIR-V 程序加载到我们编写的应用程序中，并使用它们创建着色器模块（请参阅第 8 章）。

参考内容

请参阅第 1 章的下列内容：

- 下载 Vulkan 的 SDK。

请参阅本章的下列内容：

- 编写顶点着色器。
- 编写细分曲面控制着色器。
- 编写细分曲面评估着色器。
- 编写几何着色器。
- 编写片段着色器。
- 编写计算着色器。

请参阅第 8 章的下列内容：

- 创建着色器模块。

编写顶点着色器

顶点处理是第一个可编程的图形管线阶段，该阶段的主要目标是转换顶点的位置，即从几何图形的本地坐标系统，转换到一个名为裁剪空间（clip space）的坐标系统中。裁剪坐标系统使图形硬件能够通过更简单和更高效的方式执行下列所有步骤，这些步骤其中之一是裁剪，该步骤会裁剪已处理过的顶点，从而仅留下那些有可能被显示的顶点，该坐标系统也因此而得名。此外，该阶段中的所有其余操作，都会对已绘制好的几何图形中的每个顶点执行一次。

具体处理过程

（1）创建一个文本文件，命名该文件时应将它的扩展名设置为 vert（如 shader.vert）。

（2）在该文件的第一行中添加#version 450。

（3）定义一组顶点输入变量（属性），除非有其他设置，否则这些变量都会由应用程序提供数据。对每个输入变量执行下列处理步骤。

① 通过本地布局修饰符和该属性的索引，定义输入变量的位置：

```
layout( location = <索引> )
```

② 设置 in 存储修饰符。

③ 设置输入变量的类型（如 vec4、float 和 int3）。

④ 为输入变量取一个具有唯一性的名称。

（4）如有必要，定义输出（多变）变量，除非有其他设置，否则该变量将会被传递（填充）给后续管线阶段。要定义输出变量，应对每个变量执行下列处理步骤。

① 使用位置布局修饰符和索引，定义输出变量的位置：

```
layout( location = <索引> )
```

② 设置 out 存储修饰符。

③ 设置输出变量的类型（如 vec3 和 int）。

④ 为输出变量取一个具有唯一性的名称。

（5）如有必要，定义与在应用程序中创建的描述符资源对应的统一变量，应对每个统一变量执行下列处理步骤。

① 设置描述符集合的数量和用于访问资源的绑定关系编号（索引）：

```
layout (set=<描述符集合的索引>, binding=<绑定关系的索引>)
```

② 设置 uniform 存储修饰符。
③ 设置统一变量的类型（如 sampler2D 和 imageBuffer）。
④ 为统一变量取一个具有唯一性的名称。
（6）创建一个 void main()函数，并在其中执行下列处理步骤。
① 执行必要操作。
② 将输入变量中存储的值，传递给输出变量（可以带类型转换操作，也可以不带类型转换操作）。
③ 将已处理顶点的位置（可能已经被转换）存储到内置变量 gl_Position 中。

具体运行情况

顶点处理是第一个可编程的图形管线阶段，它在 Vulkan 的所有图形管线中是必不可少的组成部分。该阶段的主要目标是转换通过应用程序传递的顶点位置，即从几何图形的本地坐标系统，转换到裁剪空间坐标系统中，完成该转换的方式由用户决定。可以忽略这个转换处理过程，提供已经存储在裁剪空间中的坐标。如果由后续管线阶段（细分曲面或几何着色器）计算顶点位置，并将这些数据传递给后面的管线阶段，那么顶点着色器也可能完全不执行任何操作。

然而，顶点着色器通常会接收由应用程序通过输入变量（坐标）提供的顶点位置，然后将顶点位置（作为被乘数）乘以模型视图投影矩阵（model-viewprojection matrix）。

顶点着色器的主要目标是获取顶点位置，将之乘以模型视图投影矩阵，然后将获得的结果存储在内置变量 gl_Position 中。

顶点着色器还可以执行其他操作，将这些操作的结果传递给后续的图形管线阶段，或者将这些结果存储到仓库图像或缓冲区中。然而，需要牢记的一点是，所有计算只对已绘制几何图形的每个顶点执行一次。

下图展示了通过在管线对象中启用线框渲染功能，绘制一个三角形的情况。要绘制非填充几何图形，需要在创建逻辑设备的过程中启用 fillModeNonSolid 功能（请参阅第 1 章）。

为了绘制这个三角形，我们使用了一个简单的顶点着色器。下面是使用 GLSL 为该着色器编写的源代码：

```
#version 450
layout( location = 0 ) in vec4 app_position;
void main() {
  gl_Position = app_position;
}
```

参考内容

请参阅本章的下列内容：

- 将 GLSL 着色器转换为 SPIR-V 程序。
- 编写通过将顶点位置乘以投影矩阵获得新顶点位置的顶点着色器。

请参阅第 8 章的下列内容：

- 创建着色器模块。
- 设置管线顶点绑定关系描述、属性描述和输入状态。
- 创建图形管线。

编写细分曲面控制着色器

细分曲面是一种将几何图形划分为许多较小组成部分的处理过程。在图形编程中，使用细分曲面可以增加已渲染对象细节的数量，还可以通过更为灵活的方式，动态地更改已渲染对象细节的参数（如平滑度和形状）。

细分曲面在 Vulkan 中是可选的处理过程。如果启用了该功能，它就会在顶点着色器之后执行。细分曲面包含 3 个处理步骤，其中两个步骤是可编程的。第一个可编程的细分曲面阶段，是设置用于控制细分曲面执行方式的参数。通过编写细分曲面控制着色器，可以做到这一点。

具体处理过程

（1）创建一个文本文件，命名该文件，并将 tesc 用作它的扩展名（如 shader.tesc）。
（2）将 #version 450 添加到这个文件的第一行中。
（3）定义构成输出路径的顶点的数量：

```
layout( vertices = <数量> ) out;
```

（4）定义一组顶点输入变量（属性），这些变量都会在顶点着色器阶段被读取和写入数据。对每个输入变量执行下列处理步骤。

① 通过本地布局修饰符和该属性的索引，定义输入变量的位置：

```
layout( location = <索引> )
```

② 设置 in 存储修饰符。
③ 设置输入变量的类型（如 vec3 和 float）。
④ 为输入变量取一个具有唯一性的名称。

（5）如有必要，定义输出（多变）变量，除非有其他设置，否则该变量将会被传递（填充）给后续管线阶段。要定义输出变量，应对每个变量执行下列处理步骤。

① 使用位置布局修饰符和索引，定义输出变量的位置：

```
layout( location = <索引> )
```

② 设置 out 存储修饰符。
③ 设置输出变量的类型（如 ivec2 和 bool）。
④ 为输出变量取一个具有唯一性的名称。
⑤ 确保将该变量定义为不定长数组。

（6）如有必要，定义与在应用程序中创建的描述符资源对应的统一变量，以便能够在细分曲面控制阶段访问这些资源。应对每个统一变量执行下列处理步骤。

① 通过布局修饰符设置描述符集合的数量和用于访问资源的绑定关系编号（索引）：

```
layout (set=<描述符集合的索引>, binding=<绑定关系的索引>)
```

② 设置 uniform 存储修饰符。
③ 设置统一变量的类型（如 sampler 和 image1D）。
④ 为统一变量取一个具有唯一性的名称。

（7）创建一个 void main() 函数，并在其中执行下列处理步骤。

① 执行必要操作。
② 将输入变量中存储的值，传递给输出数组变量（可以带类型转换操作，也可以不带类型转换操作）。
③ 通过 gl_TessLevelInner 变量，设置内部的细分曲面等级因子。
④ 通过 gl_TessLevelOuter 变量，设置外部的细分曲面等级因子。

⑤ 将已处理路径中顶点的位置（可能已经被转换）存储到 gl_out[gl_InvocationID].gl_Position 变量中。

具体运行情况

细分曲面着色器在 Vulkan 中是可选的功能，我们可以使用它，也可以不使用它。当使用它时，永远都需要使用细分曲面控制和细分曲面评估着色器。而且在创建逻辑设备的过程中，还需要启用 tessellationShader 功能。

当在编写的应用程序中使用细分曲面着色器时，需要在创建逻辑设备的过程中启用 tessellationShader 功能，并且在创建图形管线时，设置细分曲面控制和细分曲面评估着色器阶段。

细分曲面阶段在路径中运行，路径由顶点构成，但是与传统多边形不同，每条路径都能够拥有任意数量的顶点（1～32）。

顾名思义，细分曲面控制着色器用于设置细分由路径构成的几何图形的方式。通过内部和外部细分曲面因子可以做到这一点，必须在着色器代码中设定这些细分因子。内部细分因子（由内置数组 gl_TessLevelInner[]代表），用于设置细分路径内部部分的方式。外部细分因子（由内置数组 gl_TessLevelOuter[]代表），用于设置细分路径外部边缘的方式。每个数组元素都与指定的路径边缘对应。

输出路径中的每个顶点都会被执行一次细分曲面控制着色器，可通过内置变量 gl_InvocationID 获得当前顶点的索引。只有当前已处理的顶点（与当前调用着色器的操作对应）才能被写入数据，但是着色器可以通过 gl_in[].gl_Position 变量访问输入路径中的所有顶点。

在下面的示例中，细分曲面控制着色器设置了一些细分曲面因子，并传递了未修改的顶点位置。

```
#version 450

layout( vertices = 3 ) out;

void main() {
  if( 0 == gl_InvocationID ) {
    gl_TessLevelInner[0] = 3.0;
    gl_TessLevelOuter[0] = 3.0;
```

```
        gl_TessLevelOuter[1] = 4.0;
        gl_TessLevelOuter[2] = 5.0;
    }
    gl_out[gl_InvocationID].gl_Position = gl_in[gl_InvocationID].gl_Position;
}
```

使用前面介绍的细分曲面控制着色器和"编写细分曲面评估着色器"小节介绍的细分曲面评估着色器，绘制"编写顶点着色器"小节介绍的三角，会得到下面的效果。

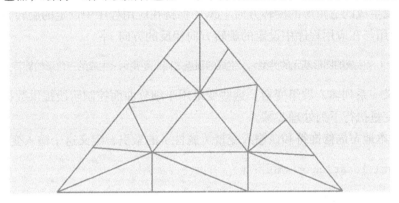

参考内容

请参阅本章的下列内容：
- 将 GLSL 着色器转换为 SPIR-V 程序。
- 编写细分曲面评估着色器。

请参阅第 8 章的下列内容：
- 创建着色器模块。
- 设置管线细分曲面状态。
- 创建图形管线。

编写细分曲面评估着色器

细分曲面评估是细分曲面处理过程中的第二个可编程阶段。当几何图形已经被细分（分割），而且细分曲面操作的结果被集中到一起形成新的顶点，进一步修改这些顶点时，细分曲面评估阶段就会被执行。在启用了细分曲面功能的情况下，我们需要编写细分曲面评估着色器，以便获取已生成顶点的位置，并将这些数据提供给后续的管线阶段。

具体处理过程

（1）创建一个文本文件，命名该文件并将它的扩展名设置为 tese（如 shader.tese）。

（2）将#version 450 添加到这个文本文件的第一行中。

（3）使用 in 布局修饰符，定义生成的图形基元的类型 [isolines（素线）、triangles（三角形）和 quads（四边形）]、生成的顶点之间的距离 [equal_spacing（间距相等）、fractional_even_spacing（偶数间距相等）和 fractional_odd_spacing（奇数间距相等）]，以及生成的三角形的旋转方向 [cw（保持在应用程序中设定的旋转方向）和 ccw（使用与在应用程序中设定的旋转方向相反的方向）]：

```
layout( <生成的图形基元的类型>,<生成的顶点之间的距离>,<生成的三角形的旋转方向> ) in;
```

（4）定义一系列输入数组变量，这些变量用于细分曲面控制阶段提供数据。对每个输入变量执行下列处理步骤。

① 通过本地布局修饰符和该输入变量（属性）的索引，定义这个输入变量的位置：

```
layout( location = <索引> )
```

② 设置 in 存储修饰符。

③ 设置输入变量的类型（如 vec2 和 int3）。

④ 为输入变量取一个具有唯一性的名称。

⑤ 确保将该输入变量定义为数组。

（5）如有必要，定义输出（多变）变量，除非有其他设置，否则该变量将会被传递（填充）给后续管线阶段。要定义输出变量，应对每个变量执行下列处理步骤。

① 使用位置布局修饰符和索引，定义输出变量的位置：

```
layout( location = <索引> )
```

② 设置 out 存储修饰符。

③ 设置输出变量的类型（如 vec4）。

④ 为输出变量取一个具有唯一性的名称。

（6）如有必要，定义与在应用程序中创建的描述符资源对应的统一变量，以便能够在细分曲面控制阶段访问这些资源。应对每个统一变量执行下列处理步骤。

① 设置描述符集合的数量和用于访问资源的绑定关系编号（索引）：

```
layout (set=<描述符集合的索引>, binding=<绑定关系的索引>)
```

② 设置 uniform 存储修饰符。
③ 设置统一变量的类型（如 sampler 和 image1D）。
④ 为统一变量取一个具有唯一性的名称。

（7）创建一个 void main()函数，并在其中执行下列处理步骤。
① 执行必要操作。
② 使用内置的 vector 容器 gl_TessCoord 变量，通过路径中所有顶点的位置生成一个新的顶点位置；修改获得的结果，以便达到理想的效果，将该数据存储到内置变量 gl_Position 中。
③ 通过类似的方式，使用 gl_TessCoord 变量生成输入变量的插入值，并将这些数据存储到输出变量中（必要时，应增加转换数据类型的操作）。

具体运行情况

细分曲面控制和评估着色器形成了两个可编程阶段，它们是使细分曲面处理过程正常运行的必要元素。细分曲面控制和评估着色器之间的处理阶段，是根据细分曲面控制阶段提供的参数执行真正的将曲面细分的工作。细分曲面评估阶段会获取细分曲面操作的结果，并使用这些数据生成新的几何图形。

通过细分曲面评估阶段，我们可以控制生成新图形基元的方式，以及对齐这些新图形基元的方式：设置新图形基元的旋转方向和新生成顶点的间距。我们还可以决定是否在细分曲面阶段创建素线（isolines）、三角形（triangles）和四边形（quads）。

新顶点不是通过直接方式创建的：细分曲面着色器仅会为新顶点（权重）生成细分曲面重心坐标，该数据是通过内置变量 gl_TessCoord 提供的。我们可以使用这些坐标在构成路径的顶点的原始位置之间插入值，并将新顶点放置在正确的位置上。这就是尽管细分曲面评估着色器仅会对每个已生成顶点执行一次，但能够访问路径中所有顶点的原因。顶点的位置是通过内置数组变量 gl_in[]中的 gl_Position 成员提供的。

在常见的使用三角形的情况中，细分曲面评估着色器仅会传递新顶点，而不会进行进一步修改。下面是具体的代码：

```
#version 450

layout( triangles, equal_spacing, cw ) in;

void main() {
  gl_Position = gl_in[0].gl_Position * gl_TessCoord.x +
```

```
            gl_in[1].gl_Position * gl_TessCoord.y +
            gl_in[2].gl_Position * gl_TessCoord.z;
}
```

参考内容

请参阅本章的下列内容：
- 将 GLSL 着色器转换为 SPIR-V 程序。
- 编写细分曲面控制着色器。

请参阅第 8 章的下列内容：
- 创建着色器模块。
- 设置管线细分曲面状态。
- 创建图形管线。

编写几何着色器

　　3D 场景由被称为网格的物体构成。网格是一种顶点集合，这些顶点形成了物体的外表面，这种表面通常由三角形代表。在渲染物体时，我们需要提供顶点，并设置通过这些顶点创建哪种类型的图形基元 [points（点）、lines（线条）和 triangles（三角形）]。使用原始顶点位置数据和可选的细分曲面阶段处理了这些顶点后，这些顶点会汇集到一起，从而形成由我们设定类型的图形基元。我们可以启用几何图形阶段，并编写几何着色器，这些着色器用于控制和更改通过顶点形成图形基元的处理过程。在几何着色器中，我们甚至可以创建新的图形基元，还可以销毁以前创建的图形基元。

具体处理过程

（1）创建一个文本文件。命名该文件，并将它的扩展名设置为 geom（如 shader.geom）。
（2）在这个文件的第一行中添加#version 450。
（3）使用 in 布局修饰符，定义通过应用程序绘制的图形基元的类型，points、lines、lines_adjacency（毗邻线段）、triangles、triangles_adjacency（毗邻三角形）：

```
layout( <图形基元的类型> ) in;
```

（4）使用 out 布局修饰符，定义由几何着色器 [points、line_strip（连续线条）或

triangle_strip（顺时针连续三角形）]生成（输出）的图形基元的类型和该着色器能够生成顶点的数量最大值：

  layout（<图形基元的类型>, max_vertices = <该着色器能够生成顶点的数量最大值>) out;

（5）定义一组输入数组变量，这些变量通过顶点或细分曲面评估阶段提供数据。对每个输入变量执行下列处理步骤。

① 通过本地布局修饰符和该属性（输入变量）的索引，定义输入变量的位置：

  layout（ location = <索引>)

② 设置 in 存储修饰符。
③ 设置输入变量的类型（如 vec4、int 和 float）。
④ 为输入变量取一个具有唯一性的名称。
⑤ 确保将该变量定义为不定长数组。

（6）如有必要，定义输出（多变）变量，除非有其他设置，否则该变量将会被传递（填充）给片段着色器阶段。要定义输出变量，应对每个变量执行下列处理步骤。

① 使用位置布局修饰符和索引，定义输出变量的位置：

  layout（ location = <索引>)

② 设置 out 存储修饰符。
③ 设置输出变量的类型（如 vec3 和 uint）。
④ 为输出变量取一个具有唯一性的名称。

（7）如有必要，定义与在应用程序中创建的描述符资源对应的统一变量，以便能够在几何着色器阶段访问这些资源。应对每个统一变量执行下列处理步骤。

① 设置描述符集合的数量和用于访问资源的绑定关系编号（索引）：

  layout (set=<描述符集合的索引>, binding=<绑定关系的索引>)

② 设置 uniform 存储修饰符。
③ 设置统一变量的类型（如 sampler2D 和 sampler1DArray）。
④ 为统一变量取一个具有唯一性的名称。

（8）创建一个 void main()函数，并在其中执行下列处理步骤。

① 执行必要操作。
② 对每个已生成或传递的顶点执行下列处理步骤。

a. 为输出变量赋值。
b. 将顶点的位置存储到内置变量 gl_Position 中（可能需要执行类型转换操作）。
c. 通过调用 EmitVertex() 函数向图形基元中添加一个顶点。
③ 通过调用 EndPrimitive() 函数，结束生成该图形基元的操作（生成另一个图形基元的操作会自动启动）。

具体运行情况

几何着色器是一个可选的图形管线阶段。在不使用该阶段的情况下，当绘制几何图形时，图形基元会根据在创建图形管线过程中设置的类型自动生成。使用几何着色器可以创建额外的顶点和图形基元、销毁应用程序中已绘制的顶点和图形基元，还可以更改由顶点构成的图形基元的类型。

几何着色器仅会对由应用程序绘制的几何图形中的每个图形基元执行一次。几何着色器能够访问构成图形基元的所有顶点，甚至能够访问与这些顶点毗邻的顶点。获得这些顶点数据后，几何着色器就能够传递这些顶点数据，还可以创建新的顶点和图形基元。我们需要牢记的是，在几何着色器中不应该创建过多的顶点。如果需要创建许多新顶点，那么细分曲面着色器更适合完成这项任务（并且具有更高的性能）。即使仅增加几何着色器能够创建顶点的最大数量（即使不会真的将这些顶点都创建出来），也会降低我们编写的应用程序的性能。

 应该尽量降低几何着色器生成顶点的数量。

几何着色器总是会生成连在一起的图形基元。如果不想创建连在一起的图形基元，想要创建分开的独立图形基元，则只需要在合适的时机结束绘制图形基元的操作。绘制当前图形基元的操作结束后，后续顶点会被添加到下一组连在一起的图形基元中，这样我们就能够创建任意数量的连在一起的图形基元分组了。下面的示例在最初绘制的三角形的角部绘制了 3 个独立的三角形。

```
#version 450

layout( triangles ) in;
layout( triangle_strip, max_vertices = 9 ) out;
```

```
void main() {

  for( int vertex = 0; vertex < 3; ++vertex ) {
    gl_Position = gl_in[vertex].gl_Position + vec4( 0.0, -0.2, 0.0, 0.0 );
    EmitVertex();
    gl_Position = gl_in[vertex].gl_Position + vec4( -0.2, 0.2, 0.0, 0.0 );
    EmitVertex();
    gl_Position = gl_in[vertex].gl_Position + vec4( 0.2, 0.2, 0.0, 0.0 );
    EmitVertex();
    EndPrimitive();
  }
}
```

当通过简单通道（使用顶点、片段和几何着色器）绘制单个三角形时，会得到下面的结果。

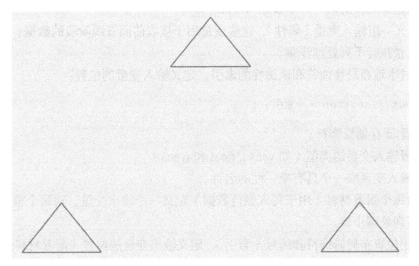

参考内容

请参阅本章的下列内容：
- 将 GLSL 着色器转换为 SPIR-V 程序。
- 通过几何着色器显示多边形的法线。

请参阅第 8 章的下列内容：
- 创建着色器模块。

- 设置管线输入组合状态。
- 创建图形管线。

编写片段着色器

片段（或像素）是能够在屏幕上显示出来的图像组成部分，它们是通过一个名为光栅化的几何图形（绘制好的图形基元）处理过程创建的。片段拥有特定的屏幕空间坐标（x轴坐标、y轴坐标和深度），但不具有其他数据。我们需要编写片段着色器，以便设置需要在屏幕上显示的颜色。还应该在片段着色器中选择附着材料，以便将指定的颜色数据写入其中。

具体处理过程

（1）创建一个文本文件，命名该文件，并将它的扩展名设置为 frag（如 shader.frag）。
（2）在这个文件的第一行中添加#version 450。
（3）定义一组输入变量（属性），这些变量用于接收前面管线阶段的数据。对每个输入变量执行下列处理步骤。
① 通过本地布局修饰符和该属性的索引，定义输入变量的位置：

```
layout( location = <索引> )
```

② 设置 in 存储修饰符。
③ 设置输入变量的类型（如 vec4、float 和 ivec3）。
④ 为输入变量取一个具有唯一性的名称。
（4）为每个附着材料（用于写入颜色数据）定义一个输出变量。对每个输出变量执行下列处理步骤。
① 使用位置布局修饰符和编号（索引），定义输出变量的位置（附着材料的索引）：

```
layout( location = <索引> )
```

② 设置 out 存储修饰符。
③ 设置输出变量的类型（如 vec3 和 vec4）。
④ 为输出变量取一个具有唯一性的名称。
（5）如有必要，定义与在应用程序中创建的描述符资源对应的统一变量。应对每个统一变量执行下列处理步骤。
① 设置描述符集合的数量和用于访问资源的绑定关系编号（索引）：

```
layout (set=<描述符集合的索引>, binding=<绑定关系的索引>)
```

② 设置 uniform 存储修饰符。
③ 设置统一变量的类型(如 sampler1D、subpassInput 和 imageBuffer)。
④ 为统一变量取一个具有唯一性的名称。
(6)创建一个 void main()函数,并在其中执行下列处理步骤。
① 执行必要操作。
② 将已处理片段的颜色数据存储到输出变量中。

具体运行情况

我们通过编写应用程序绘制的几何图形是由图形基元构成的,这些图形基元会通过光栅化处理过程转换为片段。片段着色器会对每个片段执行一次。在着色器内部或测试帧缓冲区(如深度、刻板和剪断测试)的过程中,片段可能会被丢弃,因此有些片段甚至不会变成像素,这就是将它们称为片段,而不称为像素的原因。

片段着色器的主要作用是设置将(可能)会写到附着材料中的颜色数据,我们通常会使用片段着色器执行照明计算和纹理化操作。与计算着色器一起使用时,片段着色器通常用于生成后处理效果(Bloom 和延迟渲染/照明)。而且,只有片段着色器才能访问在渲染通道中定义的输入附着材料(请参阅第 5 章)。

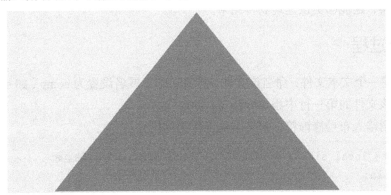

要绘制上图所示的三角形,需要使用一个简单的片段着色器,该片段着色器用于存储硬件编码形式的颜色值。

```
#version 450

layout( location = 0 ) out vec4 frag_color;
```

```
void main() {
  frag_color = vec4( 0.8, 0.4, 0.0, 1.0 );
}
```

参考内容

请参阅本章的下列内容:
- 将 GLSL 着色器转换为 SPIR-V 程序。
- 编写纹理化的顶点和片段着色器。

请参阅第 8 章的下列内容:
- 创建着色器模块。
- 设置管线光栅化状态。
- 创建图形管线。

编写计算着色器

计算着色器用于进行常规的数学计算。计算着色器会在已定义的具有三维尺寸数据的（本地）顶点分组中被执行，因而能够访问一部分公用数据。同时，对多个本地顶点分组执行计算着色器，还能够更快速地获得结果。

具体处理过程

（1）创建一个文本文件，命名该文件，并将它的扩展名设置为 comp（如 shader.comp）。

（2）在该文件的第一行中添加#version 450。

（3）使用输入布局修饰符，定义本地工作组的尺寸:

```
layout( local_size_x = <x轴坐标>, local_size_y = <y轴坐标>, local_size_z = <z轴坐标> ) in;
```

（4）定义与在应用程序中创建的描述符资源对应的统一变量。应对每个统一变量执行下列处理步骤。

① 设置描述符集合的数量和用于访问资源的绑定关系编号（索引）:

```
layout (set=<描述符集合的索引>, binding=<绑定关系的索引>)
```

② 设置 uniform 存储修饰符。
③ 设置统一变量的类型（如 sampler2D 和 buffer）。
④ 为统一变量取一个具有唯一性的名称。
（5）创建一个 void main()函数，并在其中执行下列处理步骤。
① 执行必要操作和计算。
② 将计算结果存储到选定的统一变量中。

具体运行情况

计算着色器只能在专用的计算管线中使用，不能在渲染通道中被执行（分派）。

计算着色器中没有从前面或后面管线阶段传递的输入变量和输出变量（由用户定义的），它是计算管线中唯一的处理阶段。统一变量必须用于存储计算着色器的数据源。与此类似，执行计算着色器获得的结果只能存储在统一变量中。

内置输入变量 gl_LocalInvocationID（uvec3 类型），用于提供指定着色器在本地工作组中调用次数的索引；内置输入变量 gl_NumWorkGroups（uvec3 类型），用于提供同一时刻分派的工作组的数量；内置输入变量 gl_WorkGroupID（uvec3 类型），用于提供当前工作组的编号；gl_GlobalInvocationID 变量（uvec3 类型）只用于标识当前着色器在所有工作组中的调用次数的索引。下面是计算该变量的值的方式：

```
gl_WorkGroupID * gl_WorkGroupSize + gl_LocalInvocationID
```

本地工作组尺寸是通过输入布局修饰符定义的。在着色器的内部，还可以通过内置变量 gl_WorkGroupSize（uvec3 类型）获取已定义的本地工作组尺寸。

下面是一个计算着色器示例，该计算着色器使用 gl_GlobalInvocationID 变量生成了一个简单的静态不规则图像。

```
#version 450

layout( local_size_x = 32, local_size_y = 32 ) in;

layout( set = 0, binding = 0, rgba8 ) uniform image2D StorageImage;

void main() {
  vec2 z = gl_GlobalInvocationID.xy * 0.001 - vec2( 0.0, 0.4 );
  vec2 c = z;
```

```
    vec4 color = vec4( 0.0 );
    for( int i=0; i<50; ++I ) {
      z.x = z.x * z.x-- z.y * z.y + c.x;
      z.y = 2.0 * z.x * z.y + c.y;
      if( dot( z, z ) > 10.0 ) {
        color = i * vec4( 0.1, 0.15, 0.2, 0.0 );
        break;
      }
    }
    imageStore( StorageImage, ivec2( gl_GlobalInvocationID.xy ), color );
}
```

被分派后，上面的计算着色器会生成下面的结果。

参考内容

请参阅本章的下列内容：

- 将 GLSL 着色器转换为 SPIR-V 程序。

请参阅第 8 章的下列内容：

- 创建着色器模块。
- 创建计算管线。

编写通过将顶点位置乘以投影矩阵获得新顶点位置的顶点着色器

将几何图形从本地空间转换到裁剪空间的操作，通常是由顶点着色器执行的。完成这个任务的过程中，可能会经过其他顶点处理阶段（如细分曲面和几何）。该转换操作是通过设置模型、视图和投影矩阵，并通过应用程序将这些矩阵作为独立矩阵或三合一矩阵（model-view-projection matrix，MVP）提供给着色器完成的。最常见和简单的方式是使用统一缓冲区，通过该缓冲区可以提供这类矩阵。

具体处理过程

（1）创建一个存储顶点着色器的文本文件，将该文件命名为 shader.vert（请参阅"编写顶点着色器"小节）。

（2）定义一个输入变量（属性），该变量用于将顶点的位置提供给顶点着色器：

```
layout(location = 0) in vec4 app_position;
```

（3）定义使用 mat4 类型的变量定义一个统一缓冲区，该统一缓冲区用于提供模型—视图—投影三合一矩阵的数据：

```
layout(set=0, binding=0) uniform UniformBuffer {
mat4 ModelViewProjectionMatrix;
};
```

（4）在 void main() 函数中，通过将统一变量 ModelViewProjectionMatrix 乘以输入变量 app_position，并将结果存储在内置变量 gl_Position 中，计算顶点在裁剪空间中的位置：

```
gl_Position = ModelViewProjectionMatrix * app_position;
```

具体运行情况

当在 3D 应用程序中绘制几何图形时，通常会在本地坐标系中为该几何图形建模，在这个坐标系中建模会更加方便。然而，由于在裁剪空间中执行许多操作都会更加容易和快速，所以在处理图形管线时最好将顶点的位置转换到裁剪空间中。通常这个转换操作是由顶点着色器执行的。因此，我们需要准备一个代表透视或正交投影的矩阵。从本地空间到裁剪空间的转换操作，就是将顶点的位置乘以这个矩阵。

除投影操作外,该矩阵可能还含有其他操作(这类操作通常被称为模型—视图转换操作)。因为几何图形中可能会含有成百上千的顶点,所以将顶点位置与应用程序中的模型、视图和投影矩阵相乘,并为仅需要执行一次乘法操作的着色器,提供独立的三合一 MVP 矩阵,可以获得更高的性能。

```
#version 450

layout(location = 0) in vec4 app_position;

layout(set=0, binding=0) uniform UniformBuffer {
  mat4 ModelViewProjectionMatrix;
};
void main() {
  gl_Position = ModelViewProjectionMatrix * app_position;
}
```

上面的着色器需要应用程序创建一个用于存储矩阵数据的缓冲区(请参阅第 5 章)。在本例中,该缓冲区会通过 0 号绑定关系与一个描述符集合绑定到一起,稍后该描述符集合会作为 0 号描述符集合与命令缓冲区绑定到一起(请参阅第 5 章)。

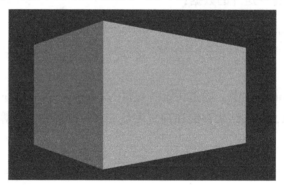

参考内容

请参阅第 5 章的下列内容:

- 创建统一缓冲区。
- 更新描述符集合。
- 绑定描述符集合。

请参阅本章的下列内容:

- 将 GLSL 着色器转换为 SPIR-V 程序。
- 编写顶点着色器。

请参阅第 8 章的下列内容：

- 创建着色器模块。
- 创建图形管线。

在着色器中使用入栈常量

当为着色器提供数据时，我们通常会使用统一缓冲区、仓库缓冲区和其他类型的描述符资源。令人遗憾的是，更新这类资源可能不太方便，尤其是在需要提供频繁更改的数据的情况中。

因此，Vulkan 引入了入栈常量。与更新描述符资源相比，使用入栈常量可以通过更简单和快速的方式提供数据。然而，我们需要将数据装入更小的可用空间中。

访问 GLSL 着色器中入栈常量的方式，与使用统一缓冲区的方式类似。

具体处理过程

（1）创建一个着色器文件。

（2）定义统一代码块。

① 使用 push_constant 布局修饰符：

```
layout( push_constant )
```

② 使用 uniform 存储修饰符。

③ 为该代码块取一个具有唯一性的名称。

④ 在花括号中定义一组统一变量。

⑤ 设置代码块实例的名称<代码块实例的名称>。

（3）在 void main()函数中，使用代码块实例的名称访问统一变量：

<代码块实例的名称>.<统一变量的名称>

具体运行情况

定义和访问入栈常量的方式，都与定义和访问在 GLSL 着色器内部设置的统一代码的方式类似，下面是需要注意的两者之间的差异。

（1）需要在代码块定义的前面使用 layout(push_constant)修饰符。
（2）必须为代码块设置实例名称。
（3）每个着色器中只能定义一个这样的代码块。
（4）可以通过代码块实例的名称在前，入栈常量变量在后的方式访问入栈常量变量：

<代码块实例的名称>.<入栈常量变量的名称>

在需要提供量少但更改频繁的数据（如转换矩阵和当前时间值）的情况中，入栈常量非常有用［更新入栈常量代码块的速度，比更新描述符资源（如统一缓冲区）的速度快得多］。只需要注意：入栈常量代码块的容量比描述符资源的容量小得多。Vulkan 规范要求入栈常量应至少能够存储 128 字节的数据。不同的硬件平台可能会有更高的存储容量上限值，但也不会比该数值大太多。

 入栈常量至少能够存储 128 字节的数据。

下面是一个在片段着色器中定义和使用入栈常量的示例，该片段着色器提供了一种颜色：

```
#version 450

layout( location = 0 ) out vec4 frag_color;

layout( push_constant ) uniform ColorBlock {
  vec4 Color;
} PushConstant;
void main() {
  frag_color = PushConstant.Color;
}
```

参考内容

请参阅本章的下列内容：
- 将 GLSL 着色器转换为 SPIR-V 程序。
- 编写通过将顶点位置乘以投影矩阵获得新顶点位置的顶点着色器。

请参阅第 8 章的下列内容：
- 创建着色器模块。

- 创建管线布局。

请参阅第 9 章的下列内容：
- 通过入栈常量为着色器提供数据。

编写纹理化的顶点和片段着色器

纹理化是用于大幅度提高已渲染图像品质的常用技巧。使用纹理化可以加载图像，并像使用墙纸一样将其缠绕到物体上。这会使用更多内存，但是会提高性能（通过避免处理更复杂的几何图形）。

具体处理过程

（1）创建一个文本文件，将其命名为 shader.vert，在该文件中创建一个顶点着色器（请参阅"编写顶点着色器"小节）。

（2）除顶点位置外，在该顶点着色器中定义额外的输入变量（属性），应用程序需要通过这些变量提供纹理坐标：

```
layout( location = 1 ) in vec2 app_tex_coordinates;
```

（3）在这个顶点着色器中，定义一个输出（多变）变量，纹理坐标通过该变量从这个顶点着色器传递给片段着色器：

```
layout( location = 0 ) out vec2 vert_tex_coordinates;
```

（4）在该顶点着色器的 void main() 函数中，将 app_tex_coordinates 变量中存储的值赋予 vert_tex_coordinates 变量：

```
vert_tex_coordinates = app_tex_coordinates;
```

（5）创建一个片段着色器（请参阅"编写片段着色器"小节）。

（6）在该片段着色器中定义一个输入变量，这个变量用于接收来自顶点着色器的纹理坐标：

```
layout( location = 0 ) in vec2 vert_tex_coordinates;
```

（7）创建一个 sampler2D 类型的统一变量，该变量用于代表应该应用于几何图形的纹理：

```
layout( set=0, binding=0 ) uniform sampler2D TextureImage;
```

（8）定义一个输出变量，该变量用于存储片段的最终颜色（从纹理读取的）：

```
layout( location = 0 ) out vec4 frag_color;
```

（9）在这个片段着色器的 void main()函数中，对纹理取样并将结果存储到 frag_color 变量中：

```
frag_color = texture( TextureImage, vert_tex_coordinates );
```

具体运行情况

要绘制一个物体，我们需要获取该物体的所有顶点。要将纹理应用到模型上，除获取顶点位置外，我们还需要为每个顶点设定纹理坐标。这些属性（顶点位置和纹理坐标）会被传递给顶点着色器。顶点着色器收到顶点位置后会将这些顶点转换到裁剪空间中（在必要时），并将纹理坐标传递给片段着色器：

```
#version 450

layout( location = 0 ) in vec4 app_position;
layout( location = 1 ) in vec2 app_tex_coordinates;

layout( location = 0 ) out vec2 vert_tex_coordinates;
void main() {
  gl_Position = app_position;
  vert_tex_coordinates = app_tex_coordinates;
}
```

纹理化操作是在片段着色器中执行的，多边形中所有顶点的纹理坐标会被插入片段着色器。片段着色器使用这些坐标读取（采样）纹理的颜色。该颜色存储在输出变量和附着材料（有可能）中：

```
#version 450

layout( location = 0 ) in vec2 vert_tex_coordinates;

layout( set=0, binding=0 ) uniform sampler2D TextureImage;

layout( location = 0 ) out vec4 frag_color;

void main() {
```

```
    frag_color = texture( TextureImage, vert_tex_coordinates );
}
```

除为着色器提供纹理坐标外,应用程序还需要准备纹理。通常这是通过创建合并的图像采样器(请参阅第5章),并通过0号绑定关系(在本例中)将该图像采样器提供给描述符集合做到的,必须将该描述符集合的索引设置为0号。

参考内容

请参阅第5章的下列内容:
- 创建合并的图像采样器。
- 更新描述符集合。
- 绑定描述符集合。

请参阅本章的下列内容:
- 将 GLSL 着色器转换为 SPIR-V 程序。
- 编写顶点着色器。
- 编写片段着色器。

请参阅第8章的下列内容:
- 创建着色器模块。
- 创建图形管线。

通过几何着色器显示多边形的法线

在渲染几何图形时，我们通常会为每个顶点设置多个属性：位置用于绘制模型、纹理用于执行纹理化操作，以及用于照明计算的法线向量。检查这些数据的正确性的工作并不容易完成，但如果出现渲染操作没有达到我们期望效果的情况，就必须完成这项工作。

在图形编程中，有些调试方法比较常用。纹理坐标（通常是二维的）会代替普通颜色进行显示。我们也可以对法线向量进行同样的处理，但是由于法线向量是三维的，因而还可以通过线条的形式显示它们，因此就会用到几何着色器。

具体处理过程

(1) 创建一个文本文件，将其命名为 normals.vert，在该文件中创建一个顶点着色器（请参阅"编写顶点着色器"小节）。

(2) 定义第一个输入变量，该变量用于为顶点着色器提供顶点的位置：

```
layout( location = 0 ) in vec4 app_position;
```

(3) 定义第二个输入变量，该变量用于提供顶点的法线向量：

```
layout( location = 1 ) in vec3 app_normal;
```

(4) 定义一个含有两个矩阵的统一代码块：一个矩阵用于存储模型—视图转换数据，另一个矩阵用于存储投影数据：

```
layout( set = 0, binding = 0 ) uniform UniformBuffer {
mat4 ModelViewMatrix;
mat4 ProjectionMatrix;
};
```

(5) 定义一个输出变量，该变量用于为几何着色器提供从本地空间转换到视图空间的法线向量：

```
layout( location = 0 ) out vec4 vert_normal;
```

(6) 通过将顶点的位置与 ModelViewMatrix 变量相乘，并将获得的结果存储到内置变量 gl_Position 中，将顶点的位置转换到视图空间中：

```
gl_Position = ModelViewMatrix * app_position;
```

（7）通过类似的方式，将顶点的法线转换到视图空间中，设置缩放值并将结果存储到输出变量 vert_normal：

```
vert_normal = vec4( mat3( ModelViewMatrix ) * app_normal *
<缩放值>, 0.0 );
```

（8）创建一个几何着色器，将其命名为 normal.geom（请参阅"编写几何着色器"小节）。

（9）定义 triangle 输入图形基元类型：

```
layout( triangles ) in;
```

（10）定义一个输入变量，该变量用于通过顶点着色器提供视图空间顶点法线：

```
layout( location = 0 ) in vec4 vert_normal[];
```

（11）定义一个含有两个矩阵的统一代码块：一个矩阵用于存储模型—视图转换数据，另一个矩阵用于存储投影数据：

```
layout( set = 0, binding = 0 ) uniform UniformBuffer {
mat4 ModelViewMatrix;
mat4 ProjectionMatrix;
};
```

（12）通过输出布局修饰符，将 line_strip 设置为能够生成至多含有 6 个顶点的图形基元类型。

```
layout( line_strip, max_vertices = 6 ) out;
```

（13）定义一个输出变量，该变量用于从几何着色器向片段着色器传递颜色数据：

```
layout( location = 0 ) out vec4 geom_color;
```

（14）在 void main() 函数中，使用一个类型为 int、名为 vertex 的变量，遍历所有输入的顶点。对每个输入顶点执行下列操作。

① 将输入顶点位置乘以 ProjectionMatrix 变量（代表投影矩阵），并将得到的结果存储到内置变量 gl_Position 中：

```
gl_Position = ProjectionMatrix *
gl_in[vertex].gl_Position;
```

② 在输出变量 geom_color 中，存储几何图形（顶点）和顶点法线连接点的颜色值：

```
geom_color = vec4( <选定的颜色值> );
```

③ 通过调用 EmitVertex() 函数生成新顶点。

④ 通过输入变量 vert_normal，将输入顶点位置的偏移量乘以 ProjectionMatrix 变量。将获得的结果存储在内置变量 gl_Position 中：

```
gl_Position = ProjectionMatrix *
(gl_in[vertex].gl_Position + vert_normal[vertex]);
```

⑤ 将顶点法线端点的颜色值，存储到输出变量 geom_color 中：

```
geom_color = vec4( <选定的颜色值> );
```

⑥ 通过调用 EmitVertex() 函数生成新顶点。

⑦ 通过调用 EndPrimitive() 函数生成图形基元（带有两个点的线条）。

（15）创建片段着色器，将其命名为 normals.frag（请参阅"编写片段着色器"小节）。

（16）定义一个输入变量，该变量用于为片段着色器提供由几何着色器在两个顶点之间生成的线条的颜色值：

```
layout( location = 0 ) in vec4 geom_color;
```

（17）定义一个输出变量，该变量用于存储片段的颜色值：

```
layout( location = 0 ) out vec4 frag_color;
```

（18）在 void main() 函数中，将输入变量 geom_color 中存储的值，赋予输出变量 frag_color：

```
frag_color = geom_color;
```

具体运行情况

要从应用程序端显示顶点法线向量，需要执行两个处理步骤：第一步应使用普通着色器，通过常规方式绘制几何图形；第二步绘制相同的模型，但这次应使用管线对象，本例的管线对象中使用了顶点、几何和片段着色器。

顶点着色器只需要将顶点位置和法线向量传递给几何着色器。顶点着色器可以将顶点位置和法线向量都转换到视图空间中，但是几何着色器也能够执行该转换操作。下面的顶点着色器示例使用统一缓冲区完成了该转换操作：

```
#version 450
```

```glsl
layout( location = 0 ) in vec4 app_position;
layout( location = 1 ) in vec3 app_normal;

layout( set = 0, binding = 0 ) uniform UniformBuffer {
  mat4 ModelViewMatrix;
  mat4 ProjectionMatrix;
};
layout( location = 0 ) out vec4 vert_normal;
void main() {
  gl_Position = ModelViewMatrix * app_position;
  vert_normal = vec4( mat3( ModelViewMatrix ) * app_normal * 0.2, 0.0 );
}
```

在上面的代码中,顶点位置和法线向量都通过模型—视图矩阵,被转换到视图空间中。如果通过非统一方式缩放(每个维度使用不同的缩放值)模型,就必须使用模型—视图矩阵的反向转置矩阵转换法线向量。

这段代码中最重要的部分是几何着色器中的代码。几何着色器接收构成原始图形基元类型(通常是三角形)的顶点,并输出构成线段的顶点。几何着色器会接收一个输入顶点,将其转换到裁剪空间中,然后继续传递它。该顶点会第二次被使用,但是这次它会通过顶点法线更改位置。完成该转换操作后,这个顶点会被转换到裁剪空间中,并被传递给输出变量。这些操作会对构成原始图形基元的所有顶点执行。下面是这个几何着色器的完整源代码:

```glsl
#version 450

layout( triangles ) in;

layout( location = 0 ) in vec4 vert_normal[];

layout( set = 0, binding = 0 ) uniform UniformBuffer {
  mat4 ModelViewMatrix;
  mat4 ProjectionMatrix;
};
layout( line_strip, max_vertices = 6 ) out;

layout( location = 0 ) out vec4 geom_color;
```

```
void main() {
  for( int vertex = 0; vertex < 3; ++vertex ) {
    gl_Position = ProjectionMatrix * gl_in[vertex].gl_Position;
    geom_color = vec4( 0.2 );
    EmitVertex();
    gl_Position = ProjectionMatrix * (gl_in[vertex].gl_Position +
vert_normal[vertex]);
    geom_color = vec4( 0.6 );
    EmitVertex();
    EndPrimitive();
  }
}
```

该几何着色器接收由顶点着色器转换到视图空间中的顶点，并进一步将这些顶点转换到裁剪空间中。该转换操作是通过投影矩阵完成的，这个投影矩阵是由顶点着色器使用的统一缓冲区提供的。为什么要在一个统一缓冲区中定义两个矩阵变量呢？可不可以在顶点着色器中定义一个矩阵变量，在几何着色器中定义另一个矩阵变量呢？在一个统一缓冲区中定义两个矩阵变量会更加方便，因为这只需要创建一个缓冲区，而且只需要将一个描述符集合与命令缓冲区绑定到一起。一般而言，执行和记录到命令缓冲区中的操作越少，我们编写的应用程序的性能就会越高。因此这种处理方式的速度也更快。

本例的片段着色器很简单，因为它只需要传递由几何着色器存储的已插入颜色值：

```
#version 450

layout( location = 0 ) in vec4 geom_color;

layout( location = 0 ) out vec4 frag_color;

void main() {
  frag_color = geom_color;
}
```

使用上述几个着色器绘制几何图形，并通过常规方式绘制模型，可以取得下面的效果：

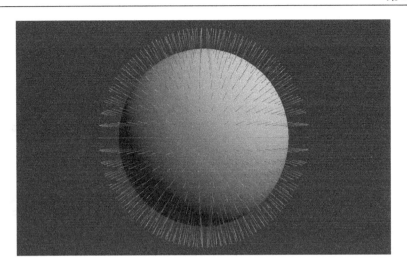

参考内容

请参阅本章的下列内容：

- 将 GLSL 着色器转换为 SPIR-V 程序。
- 编写顶点着色器。
- 编写几何着色器。
- 编写片段着色器。

请参阅第 8 章的下列内容：

- 创建着色器模块。
- 创建图形管线。

第 8 章

图形和计算管线

本章要点：
- 创建着色器模块。
- 设置管线着色器阶段。
- 设置管线顶点绑定关系描述、属性描述和输入状态。
- 设置管线输入组合状态。
- 设置管线细分曲面状态。
- 设置管线视口和剪断测试状态。
- 设置管线光栅化状态。
- 设置管线多重采样状态。
- 设置管线深度和刻板状态。
- 设置管线混合状态。
- 设置管线动态状态。
- 创建管线布局。
- 设置图形管线创建参数。
- 创建管线缓存对象。
- 通过管线缓存获取数据。
- 合并多个管线缓存对象。
- 创建图形管线。
- 创建计算管线。
- 绑定管线对象。

- 通过合并的图像采样器、缓冲区和入栈常量范围，创建管线布局。
- 创建含有顶点和片段着色器，并启用了深度测试及动态视口和剪断测试功能的图形管线。
- 在多个线程中创建多个图形管线。
- 销毁管线。
- 销毁管线缓存对象。
- 销毁管线布局。
- 销毁着色器模块。

本章主要内容

记录到命令缓冲区中并被提交给队列后，操作会被硬件处理，这一系列被处理的操作会形成一个管线。当执行数学计算操作时，应使用计算管线。当绘制图形时，应使用图形管线。

管线对象控制了绘制几何图形和执行计算操作的方式。管线对象用于管理硬件的行为，而编写的应用程序就是根据这些行为运行的。管线对象是 Vulkan 和 OpenGL 之间最大且最明显的差异。OpenGL 使用状态机，允许在任意时刻更改许多渲染和计算参数。我们可以设置状态，激活一个着色器程序，绘制一幅几何图形，然后激活另一个着色器程序并绘制另一幅几何图形。在 Vulkan 中无法使用这种处理模式，因为整个渲染或计算状态被存储在一个独立的不可分割的对象中。当使用不同系列的着色器时，需要使用一条独立的管线，而不能仅切换着色器。

这种处理模式好像很麻烦，因为着色器的许多变化（不包括其余管线状态），所以我们需要创建多个管线对象。但是这样做可以达到两个重要目标：第一个目标是高性能，驱动程序提前了解了整个状态后，就能够优化执行后续操作的处理过程；第二个目标是性能的稳定性，随意更改状态会导致驱动程序，在无法预料的情况下执行额外操作（如重新编译着色器）。在 Vulkan 中，所有必要的准备工作（包括编译着色器）都只能在创建管线的过程中完成。

本章介绍设置所有图形和计算管线参数、创建图形和计算管线的方式；介绍准备着色器模块和定义哪些着色器阶段处于激活状态、设置深度和刻板测试，以及启用混合功能的方式；介绍设置需要使用的顶点属性，以及在执行绘制操作的过程中提供这些属性的方式；介绍创建多个管线，以及提高管线创建速度的方式。

创建着色器模块

创建管线对象的第一个步骤是准备着色器模块。着色器模块代表着着色器，并且含有 SPIR-V 程序中的着色器代码。一个着色器模块可能会含有多个着色器阶段的代码。当编写着色器程序并将它们转换为 SPIR-V 程序时，在我们编写的应用程序使用这些着色器前，需要创建着色器模块（组）。

具体处理过程

（1）获取逻辑设备的句柄，将该句柄存储到一个 VkDevice 类型的变量中，将这个变量命名为 logical_device。

（2）加载选定着色器的二进制 SPIR-V 程序，将该 SPIR-V 程序存储到一个 std::vector <unsigned char> 类型的变量中，将这个变量命名为 source_code。

（3）创建一个 VkShaderModuleCreateInfo 类型的变量，将其命名为 shader_module_create_info。使用下列值初始化该变量中的各个成员：

- 将 VK_STRUCTURE_TYPE_SHADER_MODULE_CREATE_INFO 赋予 sType 成员。
- 将 nullptr 赋予 pNext 成员。
- 将 0 赋予 flags 成员。
- 将 vector 容器 source_code 变量中含有元素的数量（以字节为单位），赋予 codeSize 成员。
- 将指向 vector 容器 source_code 变量中第一个元素的指针，赋予 pCode 成员。

（4）创建一个 VkShaderModule 类型的变量，将其命名为 shader_module，该变量用于存储创建好的着色器模块的句柄。

（5）调用 vkCreateShaderModule(logical_device, &shader_module_create_info, nullptr, &shader_module)函数。将第一个参数设置为 logical_device 变量；将第二个参数设置为指向 shader_module_create_info 变量的指针；将第三个参数设置为 nullptr；将第四个参数设置为指向 shader_module 变量的指针。

（6）通过查明该函数调用操作的返回值为 VK_SUCCESS，确定这个函数调用操作成功完成，即着色器模块创建成功了。

具体运行情况

着色器模块中含有源代码——选定着色器程序的独立 SPIR-V 程序。一个着色器模块可以代表多个着色器阶段，但必须为每个着色器阶段关联独立的入口点。当创建管线对象时，这个入口点就会被用作参数（请参阅"设置管线着色器阶段"小节）。

在创建着色器模块时，需要加载含有二进制 SPIR-V 代码的文件，或者通过其他方式获得二进制 SPIR-V 代码，然后将二进制 SPIR-V 代码提供给一个 VkShaderModuleCreateInfo 类型的变量。

```
VkShaderModuleCreateInfo shader_module_create_info = {
  VK_STRUCTURE_TYPE_SHADER_MODULE_CREATE_INFO,
  nullptr,
  0,
  source_code.size(),
  reinterpret_cast<uint32_t const *>(source_code.data())
};
```

将指向该变量的指针提供给 vkCreateShaderModule()函数，该函数会创建着色器模块。

```
VkResult result = vkCreateShaderModule( logical_device,
  &shader_module_create_info, nullptr, &shader_module );
if( VK_SUCCESS != result ) {
  std::cout << "Could not create a shader module." << std::endl;
  return false;
}
return true;
```

需要注意的是，在创建着色器模块时，着色器还没有被编译；当我们创建管线对象时，着色器才会被编译。

着色器的编译和链接工作是在创建管线对象的过程中完成的。

参考内容

请参阅本章的下列内容：
- 设置管线着色器阶段。
- 创建图形管线。
- 创建计算管线。

- 销毁着色器模块。

设置管线着色器阶段

在计算管线中,只能使用计算着色器。但图形管线中可以含有多个着色器阶段:顶点(必有的)、几何、细分曲面控制、评估和片段。因此,为了正确创建管线,需要设置好当将管线与命令缓冲区绑定时,应激活哪个可编程着色器阶段。而且,还应该为所有已启用的着色器提供源代码。

准备工作

为了简化本实验并减少所有已启用着色器阶段参数的数量,本例引入了自定义类型 ShaderStageParameters。该类型拥有下列定义:

```
struct ShaderStageParameters {
  VkShaderStageFlagBits        ShaderStage;
  VkShaderModule               ShaderModule;
  char const                 * EntryPointName;
  VkSpecializationInfo const * SpecializationInfo;
};
```

在这个类型中,ShaderStage 成员定义了一个管线阶段,其余参数都会根据该管线阶段设置。ShaderModule 成员存储了一个着色器模块,该模块用于提供指定着色器阶段的 SPIR-V 源代码,而且这个模块与 EntryPointName 成员存储的函数名称代表的函数有关联。SpecializationInfo 成员存储了指向 VkSpecializationInfo 类型变量的指针。SpecializationInfo 成员使在着色器源代码中定义的常量变量,能够在程序运行时创建管线的过程中被修改。但是如果不设置常量变量,则可以将 nullptr 赋予 SpecializationInfo 成员。

具体处理过程

(1) 创建着色器模块,这个(些)模块用于存储将会在管线中激活的所有着色器阶段的源代码(请参阅"创建着色器模块"小节)。

(2) 创建一个元素类型为 VkPipelineShaderStageCreateInfo 的 std::vector 容器变量,将其命名为 shader_stage_create_infos。

(3) 使用 vector 容器 shader_stage_create_infos 变量中的每个元素,代表应在管线中启

第8章 图形和计算管线

用的每个着色器阶段,并使用下列值初始化 vector 容器 shader_stage_create_infos 变量的每个元素中的各个成员:

- 将 VK_STRUCTURE_TYPE_PIPELINE_SHADER_STAGE_CREATE_INFO 赋予 sType 成员。
- 将 nullptr 赋予 pNext 成员。
- 将 0 赋予 flags 成员。
- 将相应的着色器阶段赋予 stage 成员。
- 将含有指定着色器阶段源代码的着色器模块赋予 module 成员。
- 将实现着色器模块中指定着色器的函数的名称(通常为 main)赋予 pName 成员。
- 如果该着色器阶段不需要设置专有信息,就将 nullptr 赋予 pSpecializationInfo 成员;否则,应将指向含有专有信息的 VkSpecializationInfo 类型的变量的指针,赋予 pSpecializationInfo 成员。

具体运行情况

要定义在管线中应激活的着色器阶段,需要先创建一个元素类型为 VkPipelineShaderStageCreateInfo 的数组(或 vector 容器)变量。每个着色器阶段都需要用一个元素代表,该元素用于设置着色器模块,以及在这个模块中实现指定着色器行为的入口点函数的名称。在代表着色器阶段的元素中,包含指向含有该着色器阶段专有信息的变量的指针,以便在创建管线的过程中(在程序运行时)修改着色器常量变量中存储的值。这样仅进行较少的修改,就可以多次使用同一段着色器代码。

 设置管线着色器阶段信息,是图形和计算管线中的必要处理步骤。

假设需要使用顶点和片段着色器,可创建元素类型为自定义类型 ShaderStageParameters 的 vector 容器变量:

```
std::vector<ShaderStageParameters>shader_stage_params = {
  {
    VK_SHADER_STAGE_VERTEX_BIT,
    *vertex_shader_module,
    "main",
    nullptr
```

【337】

```
    },
    {
      VK_SHADER_STAGE_FRAGMENT_BIT,
      *fragment_shader_module,
      "main",
      nullptr
    }
  };
```

下面是本例的实现代码,这段代码使用了上面 vector 容器变量中含有的数据:

```
shader_stage_create_infos.clear();
for( auto & shader_stage : shader_stage_params ) {
  shader_stage_create_infos.push_back( {
    VK_STRUCTURE_TYPE_PIPELINE_SHADER_STAGE_CREATE_INFO,
    nullptr,
    0,
    shader_stage.ShaderStage,
    shader_stage.ShaderModule,
    shader_stage.EntryPointName,
    shader_stage.SpecializationInfo
  } );
}
```

存储在该数组(vector 容器变量)中的每个着色器阶段都必须具有唯一性。

参考内容

请参阅本章的下列内容:
- 创建着色器模块。
- 创建图形管线。
- 创建计算管线。

设置管线顶点绑定关系描述、属性描述和输入状态

绘制几何图形时，除了需要使用顶点位置，还会用到其他顶点属性（如法线向量、颜色和纹理坐标）。这些顶点数据是由用户选择的，但为了使硬件能够以正确的方式使用它们，用户需要设定使用哪些属性、如何在内存中存储这些属性，以及从哪里获取这些属性。这些信息应通过顶点绑定关系描述和属性描述提供，它们是用于创建图形管线的必要信息。

具体处理过程

（1）创建一个元素类型为 VkVertexInputBindingDescription 的 std::vector 容器变量，将其命名为 binding_descriptions。

（2）使用 vector 容器 binding_descriptions 变量中的每个元素，代表在指定管线中使用的每个顶点绑定关系（将缓冲区中的某个部分作为顶点缓冲区与命令缓冲区绑定到一起）。使用下列值，初始化 vector 容器 binding_descriptions 变量中每个元素中的各个成员。

- 将绑定关系的索引（代表该绑定关系的编号）赋予 binding 成员。
- 将缓冲区中两个毗邻元素之间的字节数赋予 stride 成员。
- 如果需要以顶点为单位从指定关系中读取属性的值，就将 VK_VERTEX_INPUT_RATE_VERTEX 赋予 inputRate 成员；如果需要以实例为单位从指定关系中读取属性的值，就将 VK_VERTEX_INPUT_RATE_INSTANCE 赋予 inputRate 成员。

（3）创建一个元素类型为 VkVertexInputAttributeDescription 的 std::vector 容器变量，将其命名为 attribute_descriptions。

（4）使用 vector 容器 attribute_descriptions 变量中的每个元素，代表提供给指定图形管线中顶点着色器的每个属性。使用下列值，初始化 vector 容器 attribute_descriptions 变量中每个元素中的各个成员。

- 将用于在顶点着色器中读取指定属性的着色器位置赋予 location 成员。
- 将代表顶点缓冲区与该属性数据绑定关系的索引赋予 binding 成员。
- 将属性数据的格式赋予 format 成员。
- 将绑定关系中距指定元素起始地址的内存偏移量赋予 offset 成员。

（5）创建一个 VkPipelineVertexInputStateCreateInfo 类型的变量，将其命名为 vertex_input_state_create_info。使用下列值初始化该变量中的各个成员。

- 将 VK_STRUCTURE_TYPE_PIPELINE_VERTEX_INPUT_STATE_CREATE_INFO 赋予 sType 成员。

- 将 nullptr 赋予 pNext 成员。
- 将 0 赋予 flags 成员。
- 将 vector 容器 binding_descriptions 变量中含有元素的数量赋予 vertexBindingDescription Count 成员。
- 将指向 vector 容器 binding_descriptions 变量中第一个元素的指针赋予 pVertexBinding Descriptions 成员。
- 将 vector 容器 attribute_descriptions 变量中含有元素的数量赋予 vertexAttributeDescription Count 成员。
- 将指向 vector 容器 attribute_descriptions 变量中第一个元素的指针赋予 pVertexAttribute Descriptions 成员。

具体运行情况

顶点绑定关系定义了一个数据集合，该数据集合来自选定的绑定关系索引标识的顶点缓冲区，这种绑定关系用于为顶点属性数据资源编号。至少可以使用 16 个独立的绑定关系，标识独立的顶点缓冲区或同一缓冲区中不同的内存区域。

 顶点输入状态是图形管线创建过程中的必要信息。

通过绑定关系描述，可以设置从哪里获取数据（从哪个绑定关系获取数据）、在内存中存储这些数据的方式（缓冲区中相邻元素之间的间隔幅度），以及读取这些数据的方式（以顶点为单位或以实例为单位读取这些数据）。

例如，当需要使用 3 种属性时，包括 3 个元素中的顶点位置、2 个元素中的纹理坐标和 3 个元素中的颜色值，可使用下面的代码，通过 0 号绑定关系从每个顶点中读取这些数据。

```
std::vector<VkVertexInputBindingDescription> binding_descriptions = {
  {
    0,
    8 * sizeof( float ),
    VK_VERTEX_INPUT_RATE_VERTEX
  }
};
```

通过顶点输入描述,可以定义通过指定绑定关系获取的属性。我们需要为每个属性提供着色器位置(与在着色器源代码中通过 layout(location = <编号>)修饰符定义的位置相同)、属性所用的数据格式,以及属性起始地址的内存偏移量(相对于元素数据的起始地址)。输入描述编号信息设定了在渲染处理过程中使用的属性的全部编号。

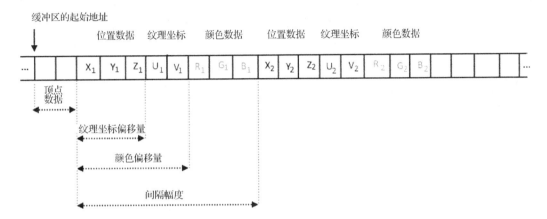

本例使用了 3 个元素中的顶点位置、2 个元素中的纹理坐标和 3 个元素中的颜色值,可使用下面的代码设置顶点输入描述。

```
std::vector<VkVertexInputAttributeDescription> attribute_descriptions = {
  {
    0,
    0,
    VK_FORMAT_R32G32B32_SFLOAT,
    0
  },
  {
    1,
    0,
    VK_FORMAT_R32G32_SFLOAT,
    3 * sizeof( float )
  },
  {
    2,
    0,
    VK_FORMAT_R32G32B32_SFLOAT,
```

```
      5 * sizeof( float )
    }
};
```

这 3 个属性都是通过 0 号绑定关系获取的。位置数据会被提供给 0 号位置的顶点着色器，纹理坐标会被提供给 1 号顶点着色器，颜色值会被提供给 2 号顶点着色器。位置数据和颜色值都由含有 3 个元素的 vector 容器变量代表，纹理坐标由含有 2 个元素的 vector 容器变量代表，这些属性都是有符号的浮点数。由于位置是第一个属性，所以它没有偏移量。由于纹理坐标是第二个属性，所以它的偏移量为 3 个浮点数存储空间之和。因为颜色值是纹理坐标后面的属性，所以它的偏移量为 5 个浮点数存储空间之和。

下面是本例的实现代码。

```
vertex_input_state_create_info = {
    VK_STRUCTURE_TYPE_PIPELINE_VERTEX_INPUT_STATE_CREATE_INFO,
    nullptr,
    0,
    static_cast<uint32_t>(binding_descriptions.size()),
    binding_descriptions.data(),
    static_cast<uint32_t>(attribute_descriptions.size()),
    attribute_descriptions.data()
};
```

参考内容

请参阅第 7 章的下列内容：
- 编写顶点着色器。

请参阅本章的下列内容：
- 创建图形管线。

请参阅第 9 章的下列内容：
- 绑定顶点缓冲区。

设置管线输入组合状态

几何图形（3D 模型）的绘制处理过程，包含设置通过已获取顶点构成的图形基元的类型。该操作是通过输入组合状态执行的。

具体处理过程

创建一个 VkPipelineInputAssemblyStateCreateInfo 类型的变量,将其命名为 input_assembly_state_create_info。使用下列值初始化该变量中的各个成员。

- 将 VK_STRUCTURE_TYPE_PIPELINE_INPUT_ASSEMBLY_STATE_CREATE_INFO 赋予 sType 成员。
- 将 nullptr 赋予 pNext 成员。
- 将 0 赋予 flags 成员。
- 将选定的用顶点构成的图形基元的类型 [点阵列、线条阵列、连续线条、三角形阵列、顺时针①连续三角形（triangle strip）、逆时针连续三角形（triangle fan）、毗邻连续线条（line strip with adjacency）、毗邻三角形阵列（triangle list with adjacency）、毗邻顺时针连续三角形（triangle strip with adjacency）和碎片阵列（patch list）]，赋予 topology 成员。
- 在执行使用顶点索引的绘制命令时，如果遇到特殊的顶点索引需要重新绘制图形基元，就将 VK_TRUE 赋予 primitiveRestartEnable 成员；如果需要禁用重绘图形基元的功能，就将 VK_FALSE 赋予 primitiveRestartEnable 成员。

具体运行情况

通过输入组合状态，可以定义使用已绘制顶点构成多边形的类型。最常用的图形基元是顺时针连续三角形和三角形阵列，但执行绘制操作的拓扑结构取决于我们想要达成的效果。

 输入组合状态是图形管线创建过程中的必要信息。

---

① 此处的"顺时针"是指沿顶点绘制三角形的顺序。triangle strip 是一系列连在一起且共用顶点的三角形。这种绘制模式可以减少创建三角形所需的数据，更高效地使用内存。

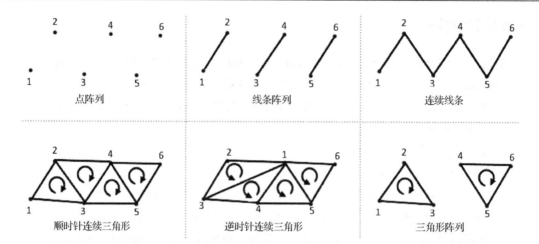

在选择组合顶点的方式时，我们只需要牢记下列要求：

- 不能通过图形基元重绘选项使用阵列型图形基元。
- 毗邻图形基元只能用于几何着色器。要使几何着色器能够正常绘制毗邻图形基元，在创建逻辑设备的过程中必须启用 geometryShader 功能。
- 当需要使用细分曲面着色器时，只能使用碎片图形基元。此外，不要忘记在创建逻辑设备的过程中，必须启用 tessellationShader 功能。

下面是用于初始化 VkPipelineInputAssemblyStateCreateInfo 类型变量的源代码。

VkPipelineInputAssemblyStateCreateInfo:

```
  input_assembly_state_create_info = {
VK_STRUCTURE_TYPE_PIPELINE_INPUT_ASSEMBLY_STATE_CREATE_INFO,
nullptr,
0,
topology,
primitive_restart_enable
};
```

参考内容

请参阅本章的下列内容：

- 设置管线光栅化状态。
- 创建图形管线。

设置管线细分曲面状态

细分曲面着色器是一个可选的、附加可编程着色器阶段，可以在图形管线中启用它。但是当需要激活细分曲面着色器时，还需要设置管线细分曲面状态。

具体处理过程

创建一个 VkPipelineTessellationStateCreateInfo 类型的变量，将其命名为 tessellation_state_create_info。使用下列值初始化该变量中的各个成员。

- 将 VK_STRUCTURE_TYPE_PIPELINE_TESSELLATION_STATE_CREATE_INFO 赋予 sType 成员。
- 将 nullptr 赋予 pNext 成员。
- 将 0 赋予 flags 成员。
- 将碎片中控制点（顶点的数量）赋予 patchControlPoints 成员。

具体运行情况

要在编写的应用程序中使用细分曲面着色器，需要在创建逻辑设备的过程中启用 tessellationShader 功能、为细分曲面控制和评估着色器编写源代码、为这两个着色器创建一个（或两个）着色器模块，还需要创建管线细分曲面状态，并将之存储在一个 VkPipelineTessellationStateCreateInfo 类型的变量中。

创建细分曲面状态是可选处理步骤，只有需要在图形管线中使用细分曲面着色器时，才需要设置它。

细分曲面状态仅提供构成碎片的控制点（顶点）的数量信息，Vulkan 规定碎片至少应含有 32 个顶点。

碎片中支持的控制点（顶点）数量不能少于 32 个。

一个碎片就是一个点（顶点）的集合，这些顶点用于在细分曲面阶段中生成普通的点、线条和多边形（如三角形）。碎片有可能就是一个普通的多边形。例如，可以获取构成三角形的顶点，并通过这些顶点绘制碎片。这类操作的结果都是正确的，但是在使用碎片时，我们可以使用其他非常规的绘制次序和顶点。在控制通过细分曲面引擎创建新顶点的方式时，这使我们获得了更多的灵活性。

可使用下面的代码为 VkPipelineTessellationStateCreateInfo 类型的变量赋值。

```
tessellation_state_create_info = {
  VK_STRUCTURE_TYPE_PIPELINE_TESSELLATION_STATE_CREATE_INFO,
  nullptr,
  0,
  patch_control_points_count
};
```

参考内容

请参阅第 7 章的下列内容：
- 编写细分曲面控制着色器。
- 编写细分曲面评估着色器。

请参阅本章的下列内容：
- 创建图形管线。

设置管线视口和剪断测试状态

要在屏幕上绘制物体，就需要设置屏幕参数。仅创建交换链是不够的，我们的任务不会总是在整个可用的图像区域中执行绘制操作。有时只需要在整个可用图像区域中的一小部分上绘制图形，如汽车后视镜中影像和分屏多人游戏中的半幅图像。我们可以定义这部分图像区域，通过管线视口和剪断测试状态在这部分图像区域中执行绘制操作。

准备工作

要设置视口和剪断状态的参数，需要为视口和剪断测试提供一组独立的参数，而且代表视口参数的元素的数量和代表剪断测试参数的元素的数量必须相等。为了将这两种状态的参数放在一起，本例引入了自定义类型 ViewportInfo，下面是它的具体定义。

```
struct ViewportInfo {
  std::vector<VkViewport>  Viewports;
```

```
        std::vector<VkRect2D>     Scissors;
    };
```

该结构中的第一个成员含有一系列视口的参数，第二个成员用于定义与每个视口对应的剪断测试的参数。

具体处理过程

（1）如果渲染操作会在一个以上的视口中执行，则应创建启用了 multiViewport 功能的逻辑设备。

（2）创建一个 std::vector<VkViewport> 类型的变量，将其命名为 viewports。使用该变量中的每个元素，代表每个需要执行渲染操作的视口。使用下列值初始化每个元素中的各个成员。

- 将渲染区域左侧边界的位置（以像素为单位）赋予 x 成员。
- 将渲染区域顶部边界的位置（以像素为单位）赋予 y 成员。
- 将渲染区域的宽度（以像素为单位）赋予 width 成员。
- 将渲染区域的高度（以像素为单位）赋予 height 成员。
- 将视口的最小深度（取 0.0～1.0 的值，包括 0.0 和 1.0）赋予 minDepth 成员。
- 将视口的最大深度（取 0.0～1.0 的值，包括 0.0 和 1.0）赋予 maxDepth 成员。

（3）创建一个 std::vector<VkRect2D> 类型的变量，将其命名为 scissors。使用该变量中的每个元素，代表需要对每个视口执行的剪断操作。使用下列值初始化每个元素中的各个成员。

- 将剪断矩形左上角的位置赋予 offset 成员中的 x 和 y 子成员。
- 将剪断矩形的宽度和高度赋予 extent 成员中的 width 和 height 子成员。

（4）创建一个 VkPipelineViewportStateCreateInfo 类型的变量，将其命名为 viewport_state_create_info。使用下列值初始化该变量中的各个成员。

- 将 VK_STRUCTURE_TYPE_PIPELINE_VIEWPORT_STATE_CREATE_INFO 赋予 sType 成员。
- 将 nullptr 赋予 pNext 成员。
- 将 0 赋予 flags 成员。
- 将 vector 容器 viewports 变量中含有元素的数量赋予 viewportCount 成员。
- 将指向 vector 容器 viewports 变量中第一个元素的指针赋予 pViewports 成员。
- 将 vector 容器 scissors 变量中含有元素的数量赋予 scissorCount 成员。

- 将指向 vector 容器 scissors 变量中第一个元素的指针赋予 pScissors 成员。

具体运行情况

顶点位置会从本地空间转换到裁剪空间中（该转换操作通常在顶点着色器内部执行），这样硬件就会执行透视除法操作，该操作用于生成标准化设备坐标。多边形会进行组合和光栅化，该处理过程会生成片段，每个片段都会在片段缓冲区的坐标系中拥有其本身的位置。而且，为了正确地计算该位置，必须执行视口转换操作，该转换操作的参数是在视口状态中设置的。

视口和剪断测试状态是可选的处理过程，在禁用了光栅化功能的情况下，不需要设置它们。

使用视口状态可以在帧缓冲区的坐标系（屏幕中的像素）中，定义渲染区域的左上角，以及宽度和高度。还可以定义最小和最大视口深度值（取值范围为 0.0~1.0 的浮点数，包括 0.0 和 1.0）。将最大视口深度值设置得比最小深度值小，是有效的设置。

使用剪断测试还可以将已生成的片段裁剪到在剪断参数中设置的矩形中。在不需要裁剪片段的情况中，需要设置大小与视口尺寸相等的一块区域。

在 Vulkan 中，剪断测试始终处于启用状态。

视口和剪断测试参数的数量必须相等，这就是我们使用自定义类型保证代表这两组属性的元素在数量上相等的原因。下面的代码通过一个 ViewportInfo 自定义类型变量，为一个视口和一个剪断测试设置了参数。

```
ViewportInfo viewport_infos = {
  {
    {
      0.0f,
      0.0f,
      512.0f,
      512.0f,
      0.0f,
```

```
        1.0f
      },
    },
    {
      {
        {
          0,
          0
        },
        {
          512,
          512
        }
      }
    }
  };
```

使用上面的变量可以创建本例中定义的视口和剪断测试。下面是本例的实现代码。

```
uint32_t viewport_count =
static_cast<uint32_t>(viewport_infos.Viewports.size());
uint32_t scissor_count =
static_cast<uint32_t>(viewport_infos.Scissors.size());
viewport_state_create_info = {
  VK_STRUCTURE_TYPE_PIPELINE_VIEWPORT_STATE_CREATE_INFO,
  nullptr,
  0,
  viewport_count,
  viewport_infos.Viewports.data(),
  scissor_count,
  viewport_infos.Scissors.data()
};
```

如果需要更改某些视口或剪断测试参数，就需要重新创建一条管线。但是在创建管线的过程中，应将视口和剪断测试参数设置为动态参数。这样就不用为了更改这些参数而创建新的管线了，可以在命令缓冲区执行记录操作的过程中更改这些参数。但应注意，在任何情况下视口和剪断测试的数量都是在创建管线的过程中设置的，此后就无法更改它们了。

可以定义视口和剪断测试的动态状态，并在命令缓冲区执行记录操作的过程中设置它们的参数。视口和剪断测试的数量永远只能在创建图形管线的过程中别设置。

除非在逻辑设备中启用 multiViewport 功能（多视口功能），否则就无法创建一个以上的视口和剪断测试。在光栅化处理过程中执行的视口转换操作的索引，只能在几何着色器的内部更改。

要更改在光栅化处理过程中执行的视口转换操作的索引，就必须使用几何着色器。

参考内容

请参阅第 1 章的下列内容：
- 获取物理设备的功能和属性信息。
- 创建逻辑设备。

请参阅第 7 章的下列内容：
- 编写几何着色器。

请参阅本章的下列内容：
- 创建图形管线

设置管线光栅化状态

光栅化处理过程会通过已组合的多边形生成片段（像素）。视口状态用于设置应在帧缓冲区坐标系中的哪个位置生成片段。要设置生成片段的方式（在确实会生成片段的情况下），就需要先设置光栅化状态。

具体处理过程

创建一个 VkPipelineRasterizationStateCreateInfo 类型的变量，将其命名为 rasterization_state_create_info。使用下列值初始化该变量中的各个成员。

- 将 VK_STRUCTURE_TYPE_PIPELINE_RASTERIZATION_STATE_CREATE_INFO 赋予 sType 成员。
- 将 nullptr 赋予 pNext 成员。
- 将 0 赋予 flags 成员。
- 如果需要将在视口状态中设置的最小/最大深度值范围之外的片段深度值限定在该范围之内，则应将 true 赋予 depthClampEnable 成员；如果要将深度值在该范围之外的片段裁剪（丢弃）掉，则应将 false 赋予 depthClampEnable 成员；如果 depthClampEnable 功能没有被启用，就只能将 depthClampEnable 成员的值设置为 false。
- 如果需要通过常规方式生成片段，则应将 false 赋予 rasterizerDiscardEnable 成员；否则，代表禁用光栅化功能，应将 true 赋予 rasterizerDiscardEnable 成员。
- polygonMode 成员用于设置渲染已组合多边形的方式：完全填充或者渲染线条或点（只有在启用了 fillModeNonSolid 功能的情况下，才能使用线条和点渲染模式）。
- 将需要剔除的多角形物体中的面（如前面、背面、二者都剔除或都不剔除）赋予 cullMode 成员。
- 将顺时针或逆时针次序通过顶点绘制的多角形物体的前面赋予 frontFace 成员。
- 如果需要为已计算出的片段深度值添加额外的偏移量，则应将 true 赋予 depthBiasEnable 成员；如果不需要执行该更改操作，则应将 false 赋予 depthBiasEnable 成员。
- 将在启用了深度偏移（depth bias）功能的情况下，应添加给已计算出的片段深度值的常量，赋予 depthBiasConstantFactor 成员。
- 将在启用了深度偏移功能的情况下，能够添加给片段深度值的最大（或最小）深度偏移值，赋予 depthBiasClamp 成员。
- 将在启用了深度偏移功能的情况下，将深度偏移计算中的斜率值，赋予 depthBiasSlopeFactor 成员。
- 将已渲染线条的宽度值，赋予 lineWidth 成员；如果没有启用 wideLines 功能，则只能将 1.0 赋予 lineWidth 成员；否则，可以将大于 1.0 赋予 lineWidth 成员。

具体运行情况

光栅化状态用于控制光栅化参数。光栅化状态定义是否启用了光栅化功能。通过光栅化状态可以定义多角形物体中的哪一面是前面：这一面是通过顶点以顺时针次序绘制的，还是以逆时针次序绘制的。使用光栅化状态还能够设置是否对多角形物体的前面、背面或这两个面启用剔除功能。在 OpenGL 中，默认情况下按顺时针次序绘制的面被视为前面，并且会禁用该面的剔除功能。Vulkan 中没有这种默认状态,因此我们可以根据自己的需要定义这些参数。

 在创建图形管线的过程中,光栅化状态在任何情况下都需要被设置。

光栅化状态用于控制绘制多边形的方式,通常多边形需要完全渲染(填充)。但是我们可以设置是否仅绘制多边形的边缘(线条)或点(顶点),只有在创建逻辑设备的过程中启用了 fillModeNonSolid 功能,才能使用线条或点模式。

在使用光栅化状态时,还需要定义计算已生成片段的深度值的方式。可以启用深度偏移功能:深度偏移处理过程会通过一个常量和额外的范围限定因子,对已生成的深度值应用偏移效果。还可以设置在启用深度偏移功能的情况下,对深度值应用最大(或最小)偏移量。

此后,需要定义如何处理深度值在视口状态定义的范围之外的片段。启用了深度限定范围功能后,拥有这种片段的深度值会被局限在已定义的范围内,而这种片段会被进一步处理。如果深度限定范围功能被禁用了,那么这种片段会被丢弃。

光栅化状态的最后一个作用是定义已渲染线条的宽度,通常只能将宽度值定义为 1.0。但是如果启用了 wideLines 功能,就可以将宽度值定义为大于 1.0。

光栅化状态是通过一个 VkPipelineRasterizationStateCreateInfo 类型的变量定义的。下面是为该变量赋值的代码。

```
VkPipelineRasterizationStateCreateInfo rasterization_state_create_info = {
    VK_STRUCTURE_TYPE_PIPELINE_RASTERIZATION_STATE_CREATE_INFO,
    nullptr,
    0,
    depth_clamp_enable,
    rasterizer_discard_enable,
    polygon_mode,
    culling_mode,
    front_face,
    depth_bias_enable,
    depth_bias_constant_factor,
    depth_bias_clamp,
    depth_bias_slope_factor,
```

```
    line_width
};
```

参考内容

请参阅本章的下列内容：
- 设置管线视口和剪断测试状态。
- 创建图形管线。

设置管线多重采样状态

多重采样是一种处理过程，它会消除已绘制图形基元边缘中的锯齿。换言之，使用多重采样可以消除多边形、线条和点中的锯齿。可以通过多重采样状态，定义执行多重采样操作的方式。

具体处理过程

创建一个 VkPipelineMultisampleStateCreateInfo 类型的变量，将其命名为 multisample_state_create_info。使用下列值初始化该变量中的各个成员。

- 将 VK_STRUCTURE_TYPE_PIPELINE_MULTISAMPLE_STATE_CREATE_INFO 赋予 sType 成员。
- 将 nullptr 赋予 pNext 成员。
- 将 0 赋予 flags 成员。
- 将对每个像素生成的样本数量赋予 rasterizationSamples 成员。
- 如果要对每个样本启用阴影效果（只有在启用了 sampleRateShading 功能的情况下才能这样做），则应将 true 赋予 sampleShadingEnable 成员；否则，应将 false 赋予 sampleShadingEnable 成员。
- 在启用样本阴影功能的情况下，将应用了独特阴影效果的样本的最小数量赋予 minSampleShading 成员。
- 将指向存储了位掩码（该掩码用于控制片段的静态覆盖范围）的数组的指针赋予 pSampleMask 成员；如果不减少片段的覆盖范围（掩码中的所有位都被启用），则应将 nullptr 赋予 pSampleMask 成员。
- 如果要根据片段的 alpha 值（代表透明度）生成片段的覆盖范围，就将 true 赋予

alphaToCoverageEnable 成员；否则，应将 false 赋予 alphaToCoverageEnable 成员。
- 在启用了 alphaToOne 功能的情况下，如果需要将片段颜色数据中的 alpha 分量（片段颜色数据中的 alpha 值部分），替换为浮点数格式的 1.0 或者定点格式的可用最大值，则应将 true 赋予 alphaToOneEnable 成员；否则，应将 false 赋予 alphaToOneEnable 成员。

具体运行情况

通过多重采样状态，可以对已绘制的图形基元启用反锯齿功能；也可以定义对每个片段生成的样本的数量、启用对每个样本应用的阴影功能，并设定拥有独特阴影效果的样本的最小数量，以及定义片段的覆盖参数（样本覆盖掩码，用于设置覆盖效果是否应通过片段颜色数据的 alpha 分量生成）；还可以设定是否使用 1.0 替换 alpha 分量。

 只有在启用了光栅化功能的情况下，才能使用多重采样状态。

要设置多重采样状态，需要先创建一个 VkPipelineMultisampleStateCreateInfo 类型的变量。

```
multisample_state_create_info = {
  VK_STRUCTURE_TYPE_PIPELINE_MULTISAMPLE_STATE_CREATE_INFO,
  nullptr,
  0,
  sample_count,
  per_sample_shading_enable,
  min_sample_shading,
  sample_masks,
  alpha_to_coverage_enable,
  alpha_to_one_enable
};
```

在这段代码中，变量赋值函数的参数用于初始化 multisample_state_create_info 变量中的各个成员。

参考内容

请参阅本章的下列内容：

- 设置管线光栅化状态。
- 创建图形管线。

设置管线深度和刻板状态

在渲染几何图形时，通常需要模仿人类看世界的方式：离人越远的物体就会越小，离人越近的物体就会越大，而且前面的物体会遮挡住它后面的物体（遮住人的视线）。在现代的 3D 显卡中，最后一种效果（前面的物体会遮挡住它后面的物体）是通过深度测试实现的。进行深度测试的方式是通过图形管线的深度和刻板状态设置的。

具体处理过程

创建一个 VkPipelineDepthStencilStateCreateInfo 类型的变量，将其命名为 depth_and_stencil_state_create_info。使用下列值初始化该变量中的各个成员。

- 将 VK_STRUCTURE_TYPE_PIPELINE_DEPTH_STENCIL_STATE_CREATE_INFO 赋予 sType 成员。
- 将 nullptr 赋予 pNext 成员。
- 将 0 赋予 flags 成员。
- 如果启用深度测试功能，则应将 true 赋予 depthTestEnable 成员；否则，应将 false 赋予 depthTestEnable 成员。
- 如果将深度值存储到深度缓冲区中，则应将 true 赋予 depthWriteEnable 成员；否则，应将 false 赋予 depthWriteEnable 成员。
- 将用于控制深度测试执行方式的比较操作符 [never（从不）、less（小于）、less and equal（小于等于）、equal（等于）、greater and equal（大于等于）、greater（大于）、not equal（不等于）和 always（总是）]，赋予 depthCompareOp 成员。
- 在启用了 depthBounds 功能的情况下，如果需要启用额外的深度绑定测试，则应将 true 赋予 depthBoundsTestEnable 成员；否则，应将 false 赋予 depthBoundsTestEnable 成员。
- 如果使用刻板测试，则应将 true 赋予 stencilTestEnable 成员；否则，应将 false 赋予 stencilTestEnable 成员。
- 使用下列值初始化 front 成员中的各个子成员，front 成员用于设置对被用作前面的多边形执行的刻板测试的参数。

- ➢ 将在样本未通过刻板测试的情况下需要执行的函数赋予 failOp 子成员。
- ➢ 将在样本通过了刻板测试的情况下应执行的操作赋予 passOp 子成员。
- ➢ 将在样本通过了刻板测试，但没有通过深度测试的情况下应执行的操作赋予 depthFailOp 子成员。
- ➢ 将用于执行刻板测试的操作符（never、less、less and equal、equal、greater and equal、greater、not equal 和 always）赋予 compareOp 子成员。
- ➢ 将用于选取刻板测试中刻板值中的某些位的掩码赋予 compareMask 子成员。
- ➢ 将用于选取需要在帧缓冲区中更新的刻板值中的某些位的掩码赋予 writeMask 子成员。
- ➢ 将用于在刻板测试中执行比较操作的引用值赋予 reference 子成员。
- 使用上述处理步骤初始化 back 成员中的各个子成员，back 成员用于设置对被用作前面的多边形执行的刻板测试的参数。
  - ➢ 将深度边界测试的最小值（取值范围为 0.0～1.0，包括 0.0 和 1.0）赋予 minDepthBounds 成员。
  - ➢ 将深度边界测试的最大值（取值范围为 0.0～1.0，包括 0.0 和 1.0）赋予 maxDepthBounds 成员。

具体运行情况

深度和刻板状态用于设定是否需要执行深度和/或刻板测试。如果需要执行这两种测试其中之一，则需要为该测试定义参数。

 如果光栅化功能没有被启用，或者渲染通道中的指定子通道没有使用任何深度/刻板附着材料，就不需要设置深度和刻板状态。

我们需要设置执行深度测试的方式（比较深度值的方式），如果已处理的片段通过了该测试，那么还要决定是否将这个片段的深度值写入深度附着材料中。

在启用了 depthBounds 功能的情况下，可以进行额外的深度边界测试，该测试用于检查已处理片段的深度值，是否位于指定的 minDepthBounds（最小深度边界）～maxDepthBounds（最大深度边界）。如果答案是否定的，那么已处理的片段会被丢弃，就像该片段没有通过深度测试一样。

通过刻板测试，可以对与每个片段有关的整数值执行额外的测试，刻板测试的作用多种多样。例如，可以定义在执行绘制操作过程中更新的一块屏幕区域，但与剪断测试相反，这块区域可以拥有任何形状，甚至可以拥有非常复杂的形状。该处理方式可在延迟阴影/照明算法中被使用，以限定被指定光源照亮的图像区域。刻板测试的另一个用途是，显示被其他物体遮挡的物体的轮廓，或者显示因被鼠标指针选中而高亮显示的物体。

在启用了刻板测试功能的情况下，我们需要分别为代表前面的多边形和代表背面的多边形定义刻板测试参数。这些参数包括当某个片段没有通过刻板测试、该片段通过了刻板测试但没有通过深度测试，以及既通过了刻板测试也通过了深度测试时，应执行哪些操作。对于上述不同情况，我们应将刻板附着材料中的当前值定义为保持不变、重置为 0、被某个引用值替换、根据限定范围（饱和度）或封装条件增加或减少，或者是否按位转换当前值。我们还应设定以何种方式执行刻板测试，这是通过设置比较操作符（与深度测试中定义的操作符类似）、比较和写入用于选取在刻板测试中使用的刻板值中某些位的掩码，以及刻板附着材料中的哪些值应被更新和引用实现的。

下面的代码创建了一个 VkPipelineDepthStencilStateCreateInfo 类型的变量，通过该变量可以定义深度和刻板测试。

```
VkPipelineDepthStencilStateCreateInfo depth_and_stencil_state_create_info =
  {
    VK_STRUCTURE_TYPE_PIPELINE_DEPTH_STENCIL_STATE_CREATE_INFO,
    nullptr,
    0,
    depth_test_enable,
    depth_write_enable,
    depth_compare_op,
    depth_bounds_test_enable,
    stencil_test_enable,
    front_stencil_test_parameters,
    back_stencil_test_parameters,
    min_depth_bounds,
    max_depth_bounds
  };
```

参考内容

请参阅第 6 章的下列内容：

- 设置子通道描述。
- 创建帧缓冲区。

请参阅本章的下列内容：
- 设置管线光栅化状态。
- 创建图形管线。

设置管线混合状态

现实世界中透明物体极为常见，这类物体在 3D 应用程序中也很常见。为了模拟透明材料，并简化在渲染透明物体的过程中硬件需要执行的操作，Vulkan 引入了混合功能。混合功能可以将已处理片段的颜色数据，与已经存储在帧缓冲区中的颜色数据混合到一起。混合操作的参数是通过图形管线的混合状态设置的。

具体处理过程

（1）创建一个 VkPipelineColorBlendAttachmentState 类型的变量，将其命名为 attachment_blend_states。

（2）使用 vector 容器 attachment_blend_states 变量中的每个元素，代表在与指定图形管线绑定的子通道中使用的每个颜色附着材料。如果没有启用 independentBlend 功能，那么 vector 容器 attachment_blend_states 变量中的每个元素都会拥有完全相同的值；如果启用了 independentBlend 功能，那么这些元素会拥有不同的值。不论出现哪种情况，都应使用下列值初始化每个元素中的各个成员。

- 如果需要启用混合功能，则应将 true 赋予 blendEnable 成员；否则，应将 false 赋予 blendEnable 成员。
- 将选定的已处理（源）片段的颜色混合因子赋予 srcColorBlendFactor 成员。
- 将选定的已存储在附着材料(目的)中的颜色混合因子赋予 dstColorBlendFactor 成员。
- 将用于对颜色分量执行混合操作的操作符赋予 colorBlendOp 成员。
- 将获取的片段（源）的 alpha 值的混合因子赋予 srcAlphaBlendFactor 成员。
- 将已存储在目的附着材料中的 alpha 值的混合因子赋予 dstAlphaBlendFactor 成员。
- 将用于对 alpha 分量执行混合操作的函数赋予 alphaBlendOp 成员。
- 不论是否启用了混合功能，都将用于选取写入附着材料的颜色数据分量的颜色掩码，赋予 colorWriteMask 成员。

第 8 章 图形和计算管线

（3）创建一个 VkPipelineColorBlendStateCreateInfo 类型的变量，将其命名为 blend_state_create_info。使用下列值初始化该变量中的各个成员。

- 将 VK_STRUCTURE_TYPE_PIPELINE_COLOR_BLEND_STATE_CREATE_INFO 赋予 sType 成员。
- 将 nullptr 赋予 pNext 成员。
- 将 0 赋予 flags 成员。
- 如果需要对片段的颜色数据和已存储在附着材料中的颜色数据，执行逻辑操作（该操作会禁用混合功能），则应将 true 赋予 logicOpEnable 成员；否则，应将 false 赋予 logicOpEnable 成员。
- 在启用了逻辑操作功能的情况下，把将要执行的逻辑操作的类型赋予 logicOp 成员。
- 将 vector 容器 attachment_blend_states 变量中含有元素的数量赋予 attachmentCount 成员。
- 将指向 vector 容器 attachment_blend_states 变量中第一个元素的指针赋予 pAttachments 成员。
- 将用作混合因子的混合常量中定义红色、绿色、蓝色和 alpha 分量的 4 个浮点型值赋予 blendConstants[0]～[3]成员。

具体运行情况

混合状态是一种可选设置，如果禁用了光栅化功能或者使用的指定图形管线的渲染子通道中没有颜色附着材料，就不需要使用混合状态。

混合状态主要用于定义混合操作的参数，但它也有其他用途。使用混合状态可以设置颜色掩码，颜色掩码用于选取在执行渲染操作过程中需要更新（写入数据）的颜色分量；使用混合状态还可以控制逻辑操作的状态，在启用逻辑操作功能的情况下，会对片段的颜色数据和已存储在帧缓冲区中的颜色数据执行指定的逻辑操作。

逻辑操作只能对拥有整型或规格化整型格式的附着材料执行。

混合状态支持的逻辑操作如下。
- CLEAR：将颜色数据设置为 0。
- AND：对源（片段的）颜色数据和目的颜色数据（已存储到附着材料中的），执行逻辑与（AND）操作。
- AND_REVERSE：对源颜色数据和反向的目的颜色数据，执行逻辑与操作。
- COPY：不进行任何修改地复制源（片段的）颜色数据。
- AND_INVERTED：对目的颜色数据和反向的源颜色数据，执行逻辑与操作。
- NO_OP：原封不动地保留已存储的颜色数据。
- XOR：对源颜色数据和目的颜色数据，执行逻辑异或操作。
- OR：对源颜色数据和目的颜色数据，执行逻辑或操作。
- NOR：对反向的源颜色数据和目的颜色数据，执行逻辑或操作。
- EQUIVALENT：对反向的源颜色数据和目的颜色数据，执行逻辑异或操作。
- INVERT：对目的颜色数据执行逻辑非操作，使之变为反向数据。
- OR_REVERSE：对源颜色数据和反向的目的颜色数据，执行逻辑或操作。
- COPY_INVERTED：复制反向的源颜色数据。
- OR_INVERTED：对目的颜色数据和反向的源颜色数据，执行逻辑或操作。
- NAND：先对源颜色数据和目的颜色数据执行逻辑与操作，然后对得到的结果执行逻辑非操作。
- SET：将颜色数据中的所有二进制位的数值设置为 1。

在绑定了指定图形管线的子通道中执行渲染操作，混合操作是根据各个颜色附着材料分别进行控制的。这意味着我们需要为在渲染处理过程中使用的每个颜色附着材料，设置混合操作参数。但应注意，如果没有启用 independentBlend 功能，那么每个颜色附着材料的混合参数都必须完全相同。

为了执行混合操作，需要为颜色分量和 alpha 分量分别设置源和目的因子。混合操作支持的混合因子如下。
- ZERO：0。
- ONE：1。
- SRC_COLOR：<源颜色数据分量>。
- ONE_MINUS_SRC_COLOR：1 - <源颜色数据分量>。
- DST_COLOR：<目的颜色数据分量>。
- ONE_MINUS_DST_COLOR：1 - <目的颜色数据分量>。
- SRC_ALPHA：<源 alpha 值>。
- ONE_MINUS_SRC_ALPHA：1 - <源 alpha 值>。
- DST_ALPHA：<目的 alpha 值>。
- ONE_MINUS_DST_ALPHA：1 - <目的 alpha 值>。

- CONSTANT_COLOR：<代表颜色数据分量的常量>。
- ONE_MINUS_CONSTANT_COLOR：1 - <代表颜色数据分量的常量>。
- CONSTANT_ALPHA：<颜色数据常量的 alpha 值>。
- ONE_MINUS_CONSTANT_ALPHA：1 - <颜色数据常量的 alpha 值>。
- SRC_ALPHA_SATURATE：min(<源 alpha 值>, 1 - <目的 alpha 值>)。
- SRC1_COLOR: <源数据中的第二颜色分量>（用于执行双源颜色数据混合操作）。
- ONE_MINUS_SRC1_COLOR：1 - <源数据中的第二颜色分量> （双源颜色数据混合操作中的）。
- SRC1_ALPHA:<源数据中的第二颜色的 alpha 分量>(双源颜色数据混合操作中的)。
- ONE_MINUS_SRC1_ALPHA: 1 - <源数据中的第二颜色的 alpha 分量> （双源颜色数据混合操作中的）。

一些混合因子由颜色数据常量代表，而不是由片段（源）的颜色数据或已经存储在附着材料（目的）中的颜色数据代表。可以在创建管线的过程中通过静态方式设置颜色数据常量，也可以在命令缓冲区执行记录操作时，通过调用 vkCmdSetBlendConstants()函数以动态方式（作为管线的一个动态状态）设置颜色数据常量。

只有在启用了 dualSrcBlend 功能的情况下，才能使用含有源数据第二颜色（SRC1）的混合因子。

混合函数用于控制执行混合操作的方式，应分别为颜色和 alpha 分量设置混合函数。混合操作符如下（src 代表源颜色数据，dst 代表目的颜色数据）。
- ADD：<src 分量> * <src 因子> + <dst 分量> * <dst 因子>。
- SUBTRACT：<src 分量> * <src 因子> - <dst 分量> * <dst 因子>。
- REVERSE_SUBTRACT：<dst 分量> * <dst 因子> - <src 分量> * <src 因子>。
- MIN: min(<src 分量>, <dst 分量>)。
- MAX: max(<src 分量>, <dst 分量>)。

启用逻辑操作功能会禁用混合操作功能。

下面的示例代码设置了一个混合状态，该混合状态禁用了逻辑操作和混合功能。

```
std::vector<VkPipelineColorBlendAttachmentState> attachment_blend_states =
```

```
{
  {
    false,
    VK_BLEND_FACTOR_ONE,
    VK_BLEND_FACTOR_ONE,
    VK_BLEND_OP_ADD,
    VK_BLEND_FACTOR_ONE,
    VK_BLEND_FACTOR_ONE,
    VK_BLEND_OP_ADD,
    VK_COLOR_COMPONENT_R_BIT |
    VK_COLOR_COMPONENT_G_BIT |
    VK_COLOR_COMPONENT_B_BIT |
    VK_COLOR_COMPONENT_A_BIT
  }
};
VkPipelineColorBlendStateCreateInfo blend_state_create_info;
SpecifyPipelineBlendState( false, VK_LOGIC_OP_COPY,
attachment_blend_states, { 1.0f, 1.0f, 1.0f, 1.0f },
blend_state_create_info );
```

本例是为一个 VkPipelineColorBlendStateCreateInfo 类型的变量赋值，下面是该变量的具体赋值情况。

```
blend_state_create_info = {
  VK_STRUCTURE_TYPE_PIPELINE_COLOR_BLEND_STATE_CREATE_INFO,
  nullptr,
  0,
  logic_op_enable,
  logic_op,
  static_cast<uint32_t>(attachment_blend_states.size()),
  attachment_blend_states.data(),
  {
    blend_constants[0],
    blend_constants[1],
    blend_constants[2],
    blend_constants[3]
  }
};
```

参考内容

请参阅第 6 章的下列内容：
- 设置子通道描述。
- 创建帧缓冲区。

请参阅本章的下列内容：
- 设置管线光栅化状态。
- 创建图形管线。

请参阅第 9 章的下列内容：
- 通过动态方式设置混合常量状态。

设置管线动态状态

创建图形管线时需要使用大量参数。更重要的是，这些参数一旦被设置好之后，就无法再被更改了。这种处理方式可以提高编写的应用程序的性能，为驱动程序提供稳定且可预测的环境。但是，这也会增加开发者的负担，因为开发者必须创建大部分内容相同仅有细微差异的大量管线对象。

为了解决这个问题，Vulkan 引入了动态状态。使用它们可以通过在命令缓冲区中记录指定的函数，动态地控制一部分管线参数。为了做到这一点，我们需要设定管线中哪些部分是动态的，通过设置管线动态状态可以完成这项任务。

具体处理过程

（1）创建一个 std::vector<VkDynamicState>类型的变量，将其命名为 dynamic_states。使用 vector 容器 dynamic_states 变量中的每个元素，代表每个动态管线状态（具有唯一性的）。可将下列值赋予 vector 容器 dynamic_states 变量中的元素。

- VK_DYNAMIC_STATE_VIEWPORT
- VK_DYNAMIC_STATE_SCISSOR
- VK_DYNAMIC_STATE_LINE_WIDTH
- VK_DYNAMIC_STATE_DEPTH_BIAS
- VK_DYNAMIC_STATE_BLEND_CONSTANTS

- VK_DYNAMIC_STATE_DEPTH_BOUNDS
- VK_DYNAMIC_STATE_STENCIL_COMPARE_MASK
- VK_DYNAMIC_STATE_STENCIL_WRITE_MASK
- VK_DYNAMIC_STATE_STENCIL_REFERENCE

（2）创建一个 VkPipelineDynamicStateCreateInfo 类型的变量，将其命名为 dynamic_state_creat_info。使用下列值初始化该变量中的各个成员。

- 将 VK_STRUCTURE_TYPE_PIPELINE_DYNAMIC_STATE_CREATE_INFO 赋予 sType 成员。
- 将 nullptr 赋予 pNext 成员。
- 将 0 赋予 flags 成员。
- 将 vector 容器 dynamic_states 变量中含有元素的数量赋予 dynamicStateCount 成员。
- 将指向 vector 容器 dynamic_states 变量中第一个元素的指针赋予 pDynamicStates 成员。

具体运行情况

引入动态管线状态的目的是提高设置管线对象状态的灵活性。在命令缓冲区执行记录操作的过程中，需要动态设置的管线部分可能不太多，但是取舍依据是权衡性能、驱动程序的简化程度、现代硬件的能力和 API 的易用性。

 管线动态状态是一种可选设置。如果没有需要通过动态方式设置的管线部分，则可以不使用管线动态状态。

下面是可以通过动态方式设置的图形管线部分。
- 视口：视口的所有参数都是通过调用 vkCmdSetViewport() 函数设置的，但是视口的数量仍是在创建管线的过程中被定义的（请参阅"设置管线视口和剪断测试状态"小节）。
- 剪刀：尽管剪断测试使用的矩形的数量，是在创建管线的过程中以静态方式定义的并且必须与视口的数量相同，但控制剪断测试的参数是通过调用 vkCmdSetScissor() 函数设置的（请参阅"设置管线视口和剪断测试状态"小节）。
- 线条宽度：绘制线条的宽度不是在图形管线状态中设置的，而是通过 vkCmdSetLineWidth() 函数设置的（请参阅"设置管线光栅化状态"小节）。

- 深度偏移：在启用了深度偏移功能的情况下，应用于片段的已计算深度值的深度偏移常量因子、斜率因子和最大（或最小）偏移，都是通过 vkCmdSetDepthBias() 函数定义的（请参阅"设置管线深度和刻板状态"小节）。
- 深度边界：在启用了深度边界测试的情况下，在深度边界测试中使用的最小值和最大值，是通过 vkCmdSetDepthBounds() 函数设置的（请参阅"设置管线深度和刻板状态"小节）。
- 刻板比较掩码：在刻板测试中使用的刻板值中的特定位，是通过 vkCmdSetStencilCompareMask() 函数定义的（请参阅"设置管线深度和刻板状态"小节）。
- 刻板写入掩码：通过 vkCmdSetStencilWriteMask() 函数设定刻板附着材料中的哪些位可以被更新（请参阅"设置管线深度和刻板状态"小节）。
- 刻板引用值：通过调用 vkCmdSetStencilReference() 函数，设置在刻板测试中使用的引用值（请参阅"设置管线深度和刻板状态"小节）。
- 混合常量：通过调用 vkCmdSetBlendConstants() 函数，设置混合常量中代表红色、绿色、蓝色和 alpha 分量的 4 个浮点型值（请参阅"设置管线混合状态"小节）。

通过创建一个元素类型为 VkDynamicState 枚举型的数组（或 vector 容器），将以动态方式设置的管线状态参数存储到该数组中，并将这个数组（本例中名为 dynamic_states）赋予一个 VkPipelineDynamicStateCreateInfo 类型的变量。

```
VkPipelineDynamicStateCreateInfo dynamic_state_creat_info = {
  VK_STRUCTURE_TYPE_PIPELINE_DYNAMIC_STATE_CREATE_INFO,
  nullptr,
  0,
  static_cast<uint32_t>(dynamic_states.size()),
  dynamic_states.data()
};
```

参考内容

请参阅本章的下列内容：
- 设置管线视口和剪断测试状态。
- 设置管线光栅化状态。
- 设置管线深度和刻板状态。
- 设置管线混合状态。

- 创建图形管线。

请参阅第 9 章的下列内容：
- 通过动态方式设置视口状态。
- 通过动态方式设置剪断状态。
- 通过动态方式设置深度偏移状态。
- 通过动态方式设置混合常量状态。

创建管线布局

管线布局与描述符集合布局类似。描述符集合布局用于定义描述符集合提供哪些类型的资源。管线布局用于定义管线能够访问哪些类型的资源。管线布局是通过描述符集合布局及入栈常量范围创建的。

在创建管线时必须创建管线布局的原因是，管线布局通过一系列绑定的数组元素地址，设置着色器阶段和着色器资源之间的接口。着色器内部也需要使用这些数组元素地址（通过布局修饰符），以便访问指定的资源。即使某个管线不使用任何描述符资源，也需要创建管线布局，以便通知驱动程序不需要使用这类接口。

具体处理过程

（1）获取逻辑设备的句柄，将该句柄存储在一个 VkDevice 类型的变量中，将这个变量命名为 logical_device。

（2）创建一个元素类型为 VkDescriptorSetLayout 的 std::vector 容器变量，将其命名为 descriptor_set_layouts。使用该变量中的每个元素，代表用于为指定管线中的着色器提供资源的描述符集合的布局。

（3）创建一个 std::vector<VkPushConstantRange> 类型的变量，将其命名为 push_constant_ranges。使用该变量中的每个元素，代表每个独立的入栈常量范围（该范围中包含了各个着色器阶段使用的一组具有唯一性的入栈常量），然后使用下列值初始化该变量中的各个成员。
- 对代表访问某个入栈常量的所有着色器阶段的标志值进行逻辑或运算，将得到的结果赋予 stageFlags 成员。
- 将指定入栈常量的内存起始地址的偏移量乘以 4，将得到的结果赋予 offset 成员。
- 将指定入栈常量的内存尺寸乘以 4，将得到的结果赋予 size 成员。

（4）创建一个 VkPipelineLayoutCreateInfo 类型的变量，将其命名为 pipeline_layout_create_info。使用下列值初始化该变量中的各个成员。
- 将 VK_STRUCTURE_TYPE_PIPELINE_LAYOUT_CREATE_INFO 赋予 sType 成员。
- 将 nullptr 赋予 pNext 成员。
- 将 0 赋予 flags 成员。
- 将 vector 容器 descriptor_set_layouts 变量中含有元素的数量赋予 setLayoutCount 成员。
- 将指向 vector 容器 descriptor_set_layouts 变量中第一个元素的指针赋予 pSetLayouts 成员。
- 将 vector 容器 push_constant_ranges 变量中含有元素的数量赋予 pushConstantRangeCount 成员。
- 将指向 vector 容器 push_constant_ranges 变量中第一个元素的指针赋予 pPushConstantRanges 成员。

（5）创建一个 VkPipelineLayout 类型的变量，将其命名为 pipeline_layout，该变量用于存储创建好的管线布局的句柄。

（6）调用 vkCreatePipelineLayout(logical_device, &pipeline_layout_create_info, nullptr, &pipeline_layout)函数。将第一个参数设置为 logical_device 变量；将第二个参数设置为指向 pipeline_layout_create_info 变量的指针；将第三个参数设置为 nullptr；将第四个参数设置为指向 pipeline_layout 变量的指针。

（7）通过查明该函数调用操作的返回值为 VK_SUCCESS，确认该函数调用操作成功完成。

具体运行情况

管线布局定义了能够通过指定管线中的着色器访问的资源，在使用命令缓冲区记录命令时，我们会将描述符集合与选定的索引绑定到一起（请参阅第 5 章）。该索引与在管线布局创建过程中使用的描述符集合布局数组（在本例中为 vector 容器 descriptor_set_layouts 变量）中，具有相同索引的描述符集合布局对应。为了能够访问指定资源，还需要通过 layout(set = <描述符集合索引>, binding = <绑定关系编号>)修饰符在着色器的内部设置该索引。

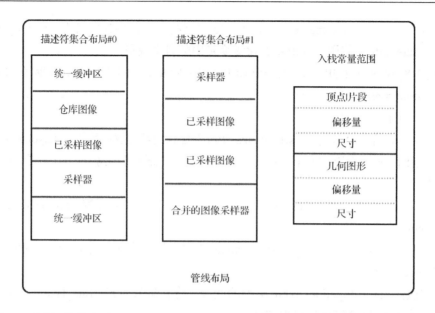

通常,不同的管线会访问不同的资源。在命令缓冲区执行记录操作的过程中,我们应将指定的管线与多个描述符集合绑定到一起。只有完成了这项工作后,我们才能提交绘制命令。当从一条管线切换到另一条管线时,还需要根据管线的需求绑定新的描述符集合。但是,频繁地绑定不同的描述符集合会影响应用程序的性能。这就是创建拥有类似(或兼容)布局的管线,不过于频繁地更改绑定的描述符集合(许多管线都会这样)并使用索引值接近 0(或接近布局起点)的描述符集合,能够获得更好效果的原因。这样当切换管线时,仍可以使用离管线布局起点近(从索引值 0 至索引值 N)的描述符集合,并且不需要更新这些描述符集合。在必要时只需要更新离管线布局起点较远(索引值大于 N)的描述符集合。要获得更高的性能还需要满足另一个条件:管线应拥有类似(或兼容)的布局,即这些管线布局必须使用相同的入栈常量范围。

 应该将许多管线都会用到的描述符集合放置在管线布局起点的附近(将这些描述符集合的索引值设置得与 0 接近)。

管线布局还定义了入栈常量的范围,这使我们可以减少为着色器提供的入栈常量值。使用入栈常量的速度比更新描述符集合的速度更快,而且入栈常量占用的内存也更少:在管线布局中定义的所有入栈常量范围至少会拥有 128 字节内存。不同品牌的硬件可能会为入栈常量提供更多内存,但是如果我们编写的应用程序需要在各种品牌的硬件上运行,就

第 8 章 图形和计算管线

需要注意这一点。

例如，当需要在图形管线中定义每个着色器阶段的不同入栈常量范围时，每个阶段的入栈常量占用的内存为 128/5≈26 字节。当然，我们可以为多个着色器阶段定义常用的入栈常量范围，但是每个着色器阶段只能访问一个入栈常量范围。

上面的示例展示的是最糟糕的情况。通常，并非所有着色器阶段都会使用不同的常量范围，着色器阶段完全不需要访问入栈常量范围。因此，使用多个含有 4 个元素的 vector 容器或矩阵变量，就能够为入栈常量提供足够的内存了。

 每个管线阶段只能访问一个入栈常量范围。

还需要注意的是，入栈常量范围的尺寸和偏移量必须乘以 4。

下面的代码实现了本例的操作。描述符集合布局和入栈常量范围是分别由 descriptor_set_layouts 和 push_constant_ranges 变量提供的。

```
VkPipelineLayoutCreateInfo pipeline_layout_create_info = {
  VK_STRUCTURE_TYPE_PIPELINE_LAYOUT_CREATE_INFO,
  nullptr,
  0,
  static_cast<uint32_t>(descriptor_set_layouts.size()),
  descriptor_set_layouts.data(),
  static_cast<uint32_t>(push_constant_ranges.size()),
  push_constant_ranges.data()
};
VkResult result = vkCreatePipelineLayout( logical_device,
  &pipeline_layout_create_info, nullptr, &pipeline_layout );
if( VK_SUCCESS != result ) {
  std::cout << "Could not create pipeline layout." << std::endl;
  return false;
}
return true;
```

参考内容

请参阅第 5 章的下列内容：

- 绑定描述符集合。

请参阅第 7 章的下列内容：
- 编写通过将顶点位置乘以投影矩阵获得新顶点位置的顶点着色器。
- 在着色器中使用入栈常量。

请参阅本章的下列内容：
- 创建图形管线。
- 创建计算管线。
- 通过合并的图像采样器、缓冲区和入栈常量范围，创建管线布局。
- 销毁管线布局。

请参阅第 9 章的下列内容：
- 通过入栈常量为着色器提供数据。

设置图形管线创建参数

在创建图形管线时，需要准备许多参数以便控制创建过程中的多个不同方面。可将这些参数都组织到一个 VkGraphicsPipelineCreateInfo 类型的变量中，而且在开始创建管线前应初始化这个变量。

具体处理过程

（1）创建一个 VkPipelineCreateFlags 类型的位域变量，将其命名为 additional_options，该变量用于提供额外的管线创建选项。
- 禁用优化：设定不会优化已创建的管线，但创建过程会拥有更快的速度。
- 允许衍生：设定可以通过该管线创建其他管线。
- 衍生：设定该管线将会通过另一条已创建的管线创建。

（2）创建一个 std::vector<VkPipelineShaderStageCreateInfo>类型的变量，将其命名为 shader_stage_create_infos。使用 vector 容器 shader_stage_create_infos 变量中的每个元素，代表每个在指定管线中启用的每个着色器阶段，以便设置这些着色器阶段的参数。vector 容器 shader_stage_create_infos 变量中，至少应出现顶点着色器阶段（请参阅"设置管线着色器阶段"小节）。

（3）创建一个 VkPipelineVertexInputStateCreateInfo 类型的变量，将其命名为 vertex_input_state_create_info，该变量用于设置顶点绑定关系、属性和输入状态（请参阅

"设置管线顶点绑定关系描述、属性描述和输入状态"小节）。

（4）创建一个 VkPipelineInputAssemblyStateCreateInfo 类型的变量，将其命名为 input_assembly_state_create_info，该变量用于定义将已绘制的顶点组合成多边形的方式（请参阅"设置管线输入组合状态"小节）。

（5）如果需要在管线中启用细分曲面着色器，则应创建一个 VkPipelineTessellationStateCreateInfo 类型的变量，将其命名为 tessellation_state_create_info，该变量用于定义形成路径的控制点的数量（请参阅"设置管线细分曲面状态"小节）。

（6）如果管线中不会禁用光栅化处理过程，则应创建一个 VkPipelineViewportStateCreateInfo 类型的变量，将其命名为 viewport_state_create_info，该变量用于设置管线视口和剪断测试参数（请参阅"设置管线视口和剪断测试状态"小节）。

（7）创建一个 VkPipelineRasterizationStateCreateInfo 类型的变量，将其命名为 rasterization_state_create_info，该变量用于定义光栅化操作的属性（请参阅"设置管线光栅化状态"小节）。

（8）如果管线会启用光栅化功能，则应创建一个 VkPipelineMultisampleStateCreateInfo 类型的变量，将其命名为 multisample_state_create_info，该变量用于定义多重采样（反锯齿）参数（请参阅"设置管线多重采样状态"小节）。

（9）如果管线中启用了光栅化功能，而且在执行绘制操作的过程中使用了深度和/或刻板附着材料，则应创建一个 VkPipelineDepthStencilStateCreateInfo 类型的变量，将其命名为 depth_and_stencil_state_create_info，该变量用于定义深度和刻板测试的参数（请参阅"设置管线深度和刻板状态"小节）。

（10）如果没有启用光栅化功能，则应创建一个 VkPipelineColorBlendStateCreateInfo 类型的变量，将其命名为 blend_state_create_info，该变量用于定义对片段执行的操作的参数（请参阅"设置管线混合状态"小节）。

（11）如果需要通过动态方式设置管线中的某些部分，则应创建一个 VkPipelineDynamicStateCreateInfo 类型的变量，将其命名为 dynamic_state_creat_info，该变量用于定义以动态方式设置的管线部分（请参阅"设置管线动态状态"小节）。

（12）创建一个管线布局，将它的句柄存储到一个 VkPipelineLayout 类型的变量中，将其命名为 pipeline_layout。

（13）获取执行与指定管线绑定的绘制操作的渲染通道的句柄，使用该句柄初始化一个 VkRenderPass 类型的变量，将其命名为 render_pass（请参阅第 6 章）。

（14）创建一个 uint32_t 类型的变量，将其命名为 subpass，该变量用于存储在执行绘制操作过程中使用了指定管线的渲染子通道的索引（请参阅第 6 章）。

（15）创建一个 VkGraphicsPipelineCreateInfo 类型的变量，将其命名为 graphics_pipeline_create_info。使用下列值初始化该变量中的各个成员。

- 将 VK_STRUCTURE_TYPE_GRAPHICS_PIPELINE_CREATE_INFO 赋予 sType 成员。
- 将 nullptr 赋予 pNext 成员。
- 将 additional_options 变量的值赋予 flags 成员。
- 将 vector 容器 shader_stage_create_infos 变量中含有元素的数量赋予 stageCount 成员。
- 将指向 vector 容器 shader_stage_create_infos 变量中第一个元素的指针赋予 pStages 成员。
- 将指向 vertex_input_state_create_info 变量的指针赋予 pVertexInputState 成员。
- 将指向 input_assembly_state_create_info 变量的指针赋予 pInputAssemblyState 成员。
- 如果需要启用细分曲面功能，就将指向 tessellation_state_create_info 变量的指针赋予 pTessellationState 成员；否则，应将 nullptr 赋予 pTessellationState 成员。
- 如果需要启用光栅化功能，就将指向 viewport_state_create_info 变量的指针赋予 pViewportState 成员；否则，应将 nullptr 赋予 pViewportState 成员。
- 将指向 rasterization_state_create_info 变量的指针赋予 pRasterizationState 成员。
- 如果需要启用光栅化功能，就将指向 multisample_state_create_info 变量的指针赋予 pMultisampleState 成员；否则，应将 nullptr 赋予 pMultisampleState 成员。
- 如果需要启用光栅化功能，而且渲染子通道中使用了深度和/或刻板附着材料，则应将指向 depth_and_stencil_state_create_info 变量的指针赋予 pDepthStencilState 成员；否则，应将 nullptr 赋予 pDepthStencilState 成员。
- 如果需要启用光栅化功能，而且渲染子通道中使用了颜色附着材料，则应将指向 blend_state_create_info 变量的指针赋予 pColorBlendState 成员；否则，应将 nullptr 赋予 pColorBlendState 成员。
- 如果需要通过动态方式设置管线中的某些部分，则应将指向 dynamic_state_creat_info 变量的指针赋予 pDynamicState 成员；否则（整个管线都以静态方式设置），应将 nullptr 赋予 pDynamicState 成员。
- 将 pipeline_layout 变量的值赋予 layout 成员。
- 将 render_pass 变量的值赋予 renderPass 成员。
- 将 subpass 变量的值赋予 subpass 成员。
- 如果需要通过另一个已创建的管线创建新管线，则应将已创建管线的句柄赋予 basePipelineHandle 成员；否则，应将 VK_NULL_HANDLE 赋予 basePipelineHandle 成员。

- 如果需要通过同批次中的一个已创建管线创建新管线，则应将已创建管线的索引赋予 basePipelineIndex 成员；否则，应将-1 赋予 basePipelineIndex 成员。

具体运行情况

为创建图形管线准备数据需要执行多个处理步骤，而且每个都用于设置图形管线中的不同部分。所有这些参数都需要集中到一个 VkGraphicsPipelineCreateInfo 类型的变量中。

在创建管线的过程中，我们可以使用许多 VkGraphicsPipelineCreateInfo 类型的参数，每个参数都用于设置一个将要创建的管线的属性。

当图形管线创建好后，通过在记录绘制命令前将图形管线与命令缓冲区绑定到一起，可以使用图形管线绘制图形。图形管线只能在渲染通道的内部（在开始记录渲染通道之后），与命令缓冲区绑定到一起。在创建图形管线的过程中，应设置图形管线将会使用哪个渲染通道。然而，图形管线不仅限于使用这个在创建它的过程中设置的渲染通道，如果另一条渲染通道与这条渲染通道兼容，那么图形管线也可以使用另一条渲染通道（请参阅第 6 章）。

所有已创建管线与其他管线没有任何相同的状态的情况极少见，这就是可以通过将已创建的管线作为父管线，提高新管线创建速度的原因。要使用这个功能并缩短创建管线的时间，可以使用 VkGraphicsPipelineCreateInfo 类型变量（本例中为 graphics_pipeline_create_info）中的 basePipelineHandle 和 basePipelineIndex 成员。使用 basePipelineHandle 成员可以存储父管线的句柄。

当一次创建多条管线时，可使用 basePipelineIndex 成员。使用 basePipelineIndex 成员可以存储数组元素类型为 VkGraphicsPipelineCreateInfo 的数组中的索引，通过该索引可以将 VkGraphicsPipelineCreateInfo 类型的数组元素提供给 vkCreateGraphicsPipelines()函数。该索引指向的父管线会与子管线一起，通过同一条函数调用语句创建。因为父管线和子管线是一起被创建的，所以无法预先使用父管线的句柄，这就是在 VkGraphicsPipelineCreateInfo 结构中专门使用一个成员存储指向父管线创建参数的索引的原因。需要注意的一个前提是，父管线创建参数的索引，必须小于子管线创建参数的索引（在创建参数数组中，存储父管线创建参数的数组元素，应排在存储子管线创建参数的数组元素前面）。

不能同时使用 basePipelineHandle 和 basePipelineIndex 成员，在设置管线创建参数时只能为它们其中之一赋值。如果设置父管线的句柄，就必须将-1 赋予 basePipelineIndex 成员；如果设置指向父管线创建参数的索引，就必须将 VK_NULL_HANDLE 赋予 basePipelineHandle 成员。

本章前面已经详细介绍过其余参数。下面的示例展示了使用这些参数初始化 VkGraphics

PipelineCreateInfo 类型变量中各个成员的情况。

```
VkGraphicsPipelineCreateInfo graphics_pipeline_create_info = {
  VK_STRUCTURE_TYPE_GRAPHICS_PIPELINE_CREATE_INFO,
  nullptr,
  additional_options,
  static_cast<uint32_t>(shader_stage_create_infos.size()),
  shader_stage_create_infos.data(),
  &vertex_input_state_create_info,
  &input_assembly_state_create_info,
  &tessellation_state_create_info,
  &viewport_state_create_info,
  &rasterization_state_create_info,
  &multisample_state_create_info,
  &depth_and_stencil_state_create_info,
  &blend_state_create_info,
  &dynamic_state_creat_info,
  pipeline_layout,
  render_pass,
  subpass,
  base_pipeline_handle,
  base_pipeline_index
};
```

参考内容

请参阅本章的下列内容：
- 设置管线着色器阶段。
- 设置管线顶点绑定关系描述、属性描述和输入状态。
- 设置管线输入组合状态。
- 设置管线细分曲面状态。
- 设置管线视口和剪断测试状态。
- 设置管线光栅化状态。
- 设置管线多重采样状态。
- 设置管线深度和刻板状态。

第8章 图形和计算管线

- 设置管线混合状态。
- 设置管线动态状态。
- 创建管线布局。

创建管线缓存对象

从驱动程序的观点看，创建管线缓存对象是一个复杂且耗费时间的处理过程。管线缓存对象不是一个简单的管线创建参数封装器，它需要为所有可编程的和固定的管线阶段准备状态数据、在着色器和描述符资源之间设置接口、编译并链接着色器程序，并且还需要检查错误（查明着色器是否以正确的方式链接到一起）。可以将这些操作的结果存储到管线缓存对象中，重用这些缓存的数据可以提高创建类似管线缓存对象的速度。要使用管线缓存对象，需要先创建它。

具体处理过程

（1）获取逻辑设备的句柄，将其存储到一个 VkDevice 类型的变量中，将该变量命名为 logical_device。

（2）如果可以通过其他管线缓存对象获取数据，则可使用获得的数据初始化新创建的管线缓存对象。将这些数据存储到一个 std::vector<unsigned char> 类型的变量中，将该变量命名为 cache_data。

（3）创建一个 VkPipelineCacheCreateInfo 类型的变量，将其命名为 pipeline_cache_create_info，使用下列值初始化该变量中的各个成员。

- 将 VK_STRUCTURE_TYPE_PIPELINE_CACHE_CREATE_INFO 赋予 sType 成员。
- 将 nullptr 赋予 pNext 成员。
- 将 0 赋予 flags 成员。
- 将 vector 容器 cache_data 变量中含有元素的数量（管线创建参数数据的字节数）赋予 initialDataSize 成员。
- 将指向 vector 容器 cache_data 变量中第一个元素的指针赋予 pInitialData 成员。

（4）创建一个 VkPipelineCache 类型的变量，将其命名为 pipeline_cache，该变量用于存储创建好的缓存对象的句柄。

（5）调用 vkCreatePipelineCache(logical_device, &pipeline_cache_create_info, nullptr, &pipeline_cache)函数。将第一个参数设置为 logical_device 变量；将第二个参数设

置为指向 pipeline_cache_create_info 变量的指针；将第三个参数设置为 nullptr；将第四个参数设置为指向 pipeline_cache 变量的指针。

（6）通过查明该函数调用操作的返回值为 VK_SUCCESS，确认该函数调用操作成功完成。

具体运行情况

管线缓存对象用于缓存创建管线的参数（准备管线数据处理过程的结果）。创建管线缓存对象是可选处理步骤，但在选用了该步骤的情况下，可以大幅度提高管线对象的创建速度。

要在管线处理过程中使用缓存功能，只需要创建管线缓存对象并将它提供给用于创建管线的函数。驱动程序会自动获取管线缓存对象中存储的数据。而且，如果管线缓存对象中确实含有数据，驱动程序会自动尝试在创建管线的过程中使用这些数据。

最常见的使用管线缓存对象的情况是，将管线缓存对象的内容存储到一个文件中，并在同一应用程序的不同管线创建过程中重用这些内容。当第一次运行编写的应用程序时，应创建一个空的管线缓存对象和所有必要的管线。获取管线缓存数据，并将这些数据存储到一个文件中。下次执行应用程序时，也会创建管线缓存对象，但会使用上次创建的文件中的数据初始化该管线缓存对象。此后，每次运行编写的应用程序时，创建管线处理过程所用的时间都会少很多。当然，如果仅创建数量较少的管线，这种性能提升就不会太明显。但是当前的 3D 应用程序（尤其是游戏），可能会拥有数十或成百上千的各种管线（含有各种各样的着色器）。在这类情况中，管线缓存对象就能够大幅度提高创建管线的速度。

假设将缓存数据存储在一个名为 cache_data 的 vector 容器变量中，该变量可能是空的，也可能存储了通过先前管线创建操作获取的数据。下面的代码展示了创建管线缓存对象，并使用它存储管线创建参数的情况。

```
VkPipelineCacheCreateInfo pipeline_cache_create_info = {
  VK_STRUCTURE_TYPE_PIPELINE_CACHE_CREATE_INFO,
  nullptr,
  0,
  static_cast<uint32_t>(cache_data.size()),
  cache_data.data()
};
VkResult result = vkCreatePipelineCache( logical_device,
  &pipeline_cache_create_info, nullptr, &pipeline_cache );
if( VK_SUCCESS != result ) {
```

```
    std::cout << "Could not create pipeline cache." << std::endl;
    return false;
}
return true;
```

参考内容

请参阅本章的下列内容：
- 通过管线缓存获取数据。
- 合并多个管线缓存对象。
- 创建图形管线。
- 创建计算管线。
- 在多个线程中创建多个图形管线。
- 销毁管线缓存对象。

通过管线缓存获取数据

使用管线缓存对象可以提高创建多个管线对象处理过程的性能。但为了在每次运行编写的应用程序时都能够使用这些缓存的数据，需要将这些缓存数据存储起来，以便随时能够重用它们。要做到这一点，应从管线缓存对象获取数据。

具体处理过程

（1）获取逻辑设备的句柄，使用它初始化一个 VkDevice 类型的变量，将该变量命名为 logical_device。

（2）获取用作数据源的管线缓存对象的句柄，将该句柄存储到一个 VkPipelineCache 类型的变量中，将这个变量命名为 pipeline_cache。

（3）创建一个 size_t 类型的变量，将其命名为 data_size。

（4）调用 vkGetPipelineCacheData(logical_device, pipeline_cache, &data_size, nullptr)函数。将第一个参数设置为 logical_device 变量；将第二个参数设置为 pipeline_cache 变量；将第三个参数设置为指向 data_size 变量的指针；将第四个参数设置为 nullptr。

（5）如果该函数调用操作成功完成了（返回值为 VK_SUCCESS），那么用于存储缓存数据的内存的尺寸就会被赋予 data_size 变量。

（6）要为缓存数据准备存储空间，可创建一个 std::vector<unsigned char>类型的变量，将其命名为 pipeline_cache_data。

（7）调整 vector 容器 pipeline_cache_data 变量的尺寸，使之容纳元素的数量不小于 data_size 变量中存储的值。

（8）再次调用 vkGetPipelineCacheData(logical_device, pipeline_cache, &data_size, pipeline_cache_data.data())函数。但这一次除了前三个参数与上次调用操作使用的前三个参数相同，还应将最后一个参数设置为指向 vector 容器 pipeline_cache_data 变量中第一个元素的指针。

（9）如果该函数调用操作成功完成了，那么缓存数据会存储到 vector 容器 pipeline_cache_data 变量中。

具体运行情况

获取管线创建参数缓存数据，是通过经典的 Vulkan 双函数调用操作实现的。第一个调用 vkGetPipelineCacheData()函数的操作，用于获取缓存数据的尺寸（字节数），这使我们能够为缓存数据准备足够的存储空间。

```
size_t data_size = 0;
VkResult result = VK_SUCCESS;

result = vkGetPipelineCacheData( logical_device, pipeline_cache,
&data_size, nullptr );
if( (VK_SUCCESS != result) ||
    (0 == data_size) ) {
  std::cout << "Could not get the size of the pipeline cache." <<
  std::endl;
  return false;
}
pipeline_cache_data.resize( data_size );
```

这样就可以获取缓存数据了，并且能够再次调用 vkGetPipelineCacheData()函数。这次函数调用操作使用的最后一个参数，必须是指向准备好的存储空间的起始地址的指针，该函数调用操作成功完成后，就会将缓存数据写入指定的内存区域中。

```
result = vkGetPipelineCacheData( logical_device, pipeline_cache,
&data_size, pipeline_cache_data.data());
```

```
    if( (VK_SUCCESS != result) ||
        (0 == data_size) ) {
      std::cout << "Could not acquire pipeline cache data." << std::endl;
      return false;
    }
    return true;
}
```

通过这种方式获取的缓存数据，可以直接用于初始化其他新建的管线缓存对象。

参考内容

请参阅本章的下列内容：
- 创建管线缓存对象。
- 合并多个管线缓存对象。
- 创建图形管线。
- 创建计算管线。
- 销毁管线缓存对象。

合并多个管线缓存对象

需要在应用程序中创建多条管线的情况很常见。要缩短创建这些管线的时间，最好将创建工作交给多个同时执行的线程完成，每个线程都应该使用一个独立的管线缓存。所有线程执行完后，在下次运行我们编写的应用程序时应能够重用这些缓存数据。因此，最好将多个管线缓存对象合并成一个管线缓存对象。

具体处理过程

（1）获取逻辑设备的句柄，将该句柄存储到一个 VkDevice 类型的变量中，将这个变量命名为 logical_device。

（2）获取用于合并其他管线缓存对象的管线缓存对象的句柄，将该句柄存储到一个 VkPipelineCache 类型的变量中，将这个变量命名为 target_pipeline_cache。

（3）创建一个 std::vector<VkPipelineCache> 类型的变量，将其命名为 source_pipeline_caches。将所有应合并到一起的管线缓存对象的句柄，存储到 vector 容器 source_pipeline_caches 变量中（注意，应确保这些句柄中没有包含 target_pipeline_cache 变量中存储的句柄）。

（4）调用 vkMergePipelineCaches(logical_device, target_pipeline_cache, static_cast<uint32_t>(source_pipeline_caches.size()), source_pipeline_caches.data())函数。将第一个参数设置为 logical_device 变量；将第二个参数设置为 target_pipeline_cache 变量；将第三个参数设置为 vector 容器 source_pipeline_caches 变量中含有元素的数量；将第四个参数设置为指向 vector 容器 source_pipeline_caches 变量中第一个元素的指针。

（5）通过查明该函数调用操作的返回值为 VK_SUCCESS，确认该函数调用操作成功完成。

具体运行情况

通过将多个管线缓存对象合并到一起，可以将多个独立的管线缓存对象合并为一个管线缓存对象。这样就可以将创建多条管线的任务交给多个使用独立管线缓存对象的线程，然后将这些缓存数据合并成一个共用的管线缓存对象。不同的线程可能会使用相同的管线缓存对象，但对缓存的访问操作会由驱动程序中的互斥元管控，因此将工作拆分开后交给多个线程的处理方式非常有用。将合并到一起的缓存数据存储到一个文件中，比管理多个存储缓存数据的文件更加简单。而且在执行合并操作的过程中，重复的数据会被驱动程序删除，从而能够进一步节省硬盘和内存空间。

可以通过下面的方式合并多个管线缓存对象。

```
VkResult result = vkMergePipelineCaches( logical_device,
target_pipeline_cache,
static_cast<uint32_t>(source_pipeline_caches.size()),
source_pipeline_caches.data() );
if( VK_SUCCESS != result ) {
  std::cout << "Could not merge pipeline cache objects." << std::endl;
  return false;
}
return true;
```

注意，不要令用于合并其他管线缓存对象的管线缓存对象（目的）的句柄，出现在应合并的管线缓存对象（源）的句柄列表中。

参考内容

请参阅本章的下列内容：

- 创建管线缓存对象。
- 通过管线缓存获取数据。
- 合并多个管线缓存对象。
- 创建图形管线。
- 创建计算管线。
- 在多个线程中创建多个图形管线。
- 销毁管线缓存对象。

创建图形管线

图形管线是一种用于屏幕上执行绘制操作的对象,它控制了图形硬件执行所有与绘制有关的操作(这些操作用于将应用程序提供的顶点转换为在屏幕上显示的片段)的方式。通过图形管线我们可以设置在执行绘制操作过程中使用的着色器程序、测试(如深度和刻板)的状态和参数,以及计算最终颜色数据和将这些数据写入子通道附着材料中的方式。图形管线是编写的应用程序中使用的最重要的对象之一。在执行绘制操作前,需要先创建图形管线。如有必要,可一次创建多个图形管线。

具体处理过程

(1)获取逻辑设备的句柄,将其存储到一个 VkDevice 类型的变量中,将该变量命名为 logical_device。

(2)创建一个 std::vector<VkGraphicsPipelineCreateInfo>类型的变量,将其命名为 graphics_pipeline_create_infos。使用 vector 容器 graphics_pipeline_create_infos 变量中的每个元素,存储一个图形管线的创建参数(请参阅"设置图形管线创建参数"小节)。

(3)如果在创建图形管线的过程中需要使用管线缓存对象,则应将管线缓存对象的句柄存储到一个 VkPipelineCache 类型的变量中,将该变量命名为 pipeline_cache。

(4)创建一个 std::vector<VkPipeline>类型的变量,将其命名为 graphics_pipelines,该变量用于存储创建好的图形管线的句柄。调整 vector 容器 graphics_pipelines 变量的尺寸,使其含有元素的数量与 vector 容器 graphics_pipeline_create_infos 变量中含有元素的数量相同。

(5)调用 vkCreateGraphicsPipelines(logical_device, pipeline_cache, static_cast<uint32_t>(graphics_pipeline_create_infos.size()), graphics_pipeline_create_infos.data(), nullptr, graphics_pipelines.data())函数。将第一个参数设置为 logical_device 变量；如果在创建图形管线的过程中没有使用缓存数据，就将第二个参数设置为 nullptr；否则，应将第二个参数设置为 pipeline_cache 变量；将第三个参数设置为 vector 容器 graphics_pipeline_create_infos 变量中含有元素的数量；将第四个参数设置为指向 vector 容器 graphics_pipeline_create_infos 变量中第一个元素的指针；将第五个参数设置为 nullptr；将第六个参数设置为指向 vector 容器 graphics_pipeline 变量中第一个元素的指针。

（6）通过查明该函数调用操作的返回值为 VK_SUCCESS，确认所有管线都成功创建完成。如果任意一条管线没有被成功创建，那么该函数调用操作的返回值就不会等于 VK_SUCCESS。

具体运行情况

使用图形管线可以在屏幕上执行绘制操作，图形管线控制了图形硬件识别出的所有可编程和固定管线阶段的参数。下图展示了图形管线的处理流程，其中白色方块代表可编程的管线阶段，灰色方块代表固定的管线阶段。

可编程管线阶段包括顶点、细分曲面控制和评估、几何和片段着色器，其中只有顶点着色器是必选的管线阶段，其余着色器是可选的管线阶段，而且需要根据在创建管线过程中设置的参数启用它们。例如，如果启用了光栅化功能，就不会有片段着色器阶段。如果启用了细分曲面阶段，就需要编写细分曲面控制和评估着色器。

图形管线是通过 vkCreateGraphicsPipelines()函数创建的，使用该函数可以一次创建多条管线。在调用这个函数时，需要将元素类型为 VkGraphicsPipelineCreateInfo 的数组、该数组中含有元素的数量和指向元素类型为 VkPipeline 的数组中第一个元素的指针作为参数。元素类型为 VkPipeline 的数组中的元素数量，必须与元素类型为 VkGraphicsPipelineCreateInfo 的数组（本例中为 vector 容器 graphics_pipeline_create_infos 变量）中的元素数量相等。在创建 vector 容器 graphics_pipeline_create_infos 变量中的元素，并使用其中的 basePipelineIndex 成员设置用于创建新管线的父管线时，应在 vector 容器 graphics_pipeline_create_infos 变量中添加索引。

第 8 章 图形和计算管线

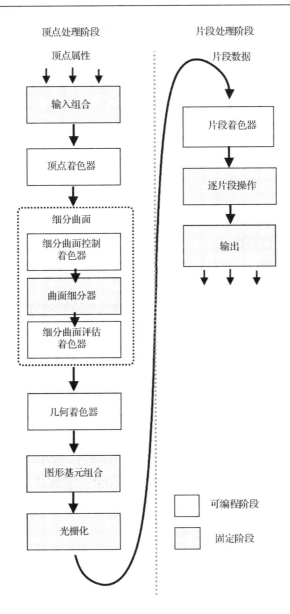

下面是本例的实现代码。

```
graphics_pipelines.resize( graphics_pipeline_create_infos.size() );
VkResult result = vkCreateGraphicsPipelines( logical_device,
pipeline_cache,
static_cast<uint32_t>(graphics_pipeline_create_infos.size()),
```

```
    graphics_pipeline_create_infos.data(), nullptr, graphics_pipelines.data()
);
if( VK_SUCCESS != result ) {
  std::cout << "Could not create a graphics pipeline." << std::endl;
  return false;
}
return true;
```

参考内容

请参阅本章的下列内容：
- 设置图形管线创建参数。
- 创建管线缓存对象。
- 绑定管线对象。
- 创建含有顶点和片段着色器并启用了深度测试及动态视口和剪断测试功能的图形管线。
- 在多个线程中创建多个图形管线。
- 销毁管线。

创建计算管线

计算管线是可在 Vulkan API 中使用的另一种管线类型，它用于调度计算着色器。计算着色器可以执行任何数学计算操作，由于计算管线比图形管线简单得多，所以用于创建它的参数也少得多。

具体处理情况

（1）获取逻辑设备的句柄，将其存储到一个 VkDevice 类型的变量中，将该变量命名为 logical_device。

（2）创建一个 VkPipelineCreateFlags 类型的位域变量，将其命名为 additional_options，使用下列附加的管线创建选项初始化该变量。
- 禁用优化：设定不会优化已创建的管线，但创建过程会拥有更快的速度。
- 允许衍生：设定可以通过该管线创建其他管线。
- 衍生：设定该管线将会通过另一条已创建的管线创建。

（3）创建一个 VkPipelineShaderStageCreateInfo 类型的变量，将其命名为 compute_shader_stage，该变量用于设置单个计算着色器阶段（请参阅"设置管线着色器阶段"小节）。

（4）创建一个管线布局，将它的句柄存储到一个 VkPipelineLayout 类型的变量中，将该变量命名为 pipeline_layout。

（5）如果在创建计算管线的过程中需要使用管线缓存对象，则应将管线缓存对象的句柄存储到一个 VkPipelineCache 类型的变量中，将该变量命名为 pipeline_cache。

（6）创建一个 VkComputePipelineCreateInfo 类型的变量，将其命名为 compute_pipeline_create_info。使用下列值初始化该变量中的各个成员。

- 将 VK_STRUCTURE_TYPE_COMPUTE_PIPELINE_CREATE_INFO 赋予 sType 成员。
- 将 nullptr 赋予 pNext 成员。
- 将 additional_options 变量的值赋予 flags 成员。
- 将 compute_shader_stage 变量的值赋予 stage 成员。
- 将 pipeline_layout 变量的值赋予 layout 成员。
- 如果需要使用已创建的管线创建这条计算管线，则应将父管线的句柄赋予 basePipelineHandle 成员；否则，应将 VK_NULL_HANDLE 赋予 basePipelineHandle 成员。
- 将-1 赋予 basePipelineIndex 成员。

（7）创建一个 VkPipeline 类型的变量，将其命名为 compute_pipeline，该变量用于存储创建好的计算管线的句柄。

（8）调用 vkCreateComputePipelines(logical_device, pipeline_cache, 1, &compute_pipeline_create_info, nullptr, &compute_pipeline)函数。将第一个参数设置为 logical_device 变量；将第二个参数设置为 pipeline_cache 变量（如果需要使用管线缓存对象，则应在 pipeline_cache 变量中存储管线缓存对象的句柄，否则应在 pipeline_cache 变量中存储 VK_NULL_HANDLE）；将第三个参数设置为 1；将第四个参数设置为指向 compute_pipeline_create_info 变量的指针；将第五个参数设置为 nullptr；将第六个参数设置为指向 compute_pipeline 变量的指针。

（9）通过查明该函数调用操作的返回值为 VK_SUCCESS，确认该函数调用操作成功完成。

具体运行情况

在需要调度计算着色器时，应使用计算管线。计算管线中仅含有计算着色器阶段（但在必要时，硬件可以实现额外的管线阶段）。

计算管线无法在渲染通道中被使用。

除一些内置值外,计算着色器无法拥有任何输入和输出变量。要向计算管线输入数据或从计算管线输出数据,只能使用统一变量(缓冲区或图像,请参阅第 7 章。这就是尽管计算管线很简单,但计算着色器更为通用(既可以执行数学计算操作,也可以执行处理图像操作)的原因。

与图形管线类似,可以通过批量方式创建计算管线,并且需要为创建函数提供元素类型为 VkComputePipelineCreateInfo 的数组。而且,也可以通过已创建的计算管线创建新的计算管线,这些特点都可以提高创建过程的速度。要使用计算管线的衍生功能,需要在 VkComputePipelineCreateInfo 类型的元素中的 basePipelineHandle 或 basePipelineIndex 成员中设置适当的值(请参阅"创建图形管线"小节)。

下面的代码展示了简化的计算管线创建过程。

```
VkComputePipelineCreateInfo compute_pipeline_create_info = {
  VK_STRUCTURE_TYPE_COMPUTE_PIPELINE_CREATE_INFO,
  nullptr,
  additional_options,
  compute_shader_stage,
  pipeline_layout,
  base_pipeline_handle,
  -1
};
VkResult result = vkCreateComputePipelines( logical_device, pipeline_cache,
  1, &compute_pipeline_create_info, nullptr, &compute_pipeline );
if( VK_SUCCESS != result ) {
  std::cout << "Could not create compute pipeline." << std::endl;
  return false;
}
return true;
```

参考内容

请参阅第 7 章的下列内容:

- 编写计算着色器。

请参阅本章的下列内容：
- 设置管线着色器阶段。
- 创建管线布局。
- 创建管线缓存对象。
- 销毁管线。

绑定管线对象

在提交绘制命令或分派计算工作前，为了能够成功执行命令需要先设置好所有必要的状态，一种必要状态是将管线对象与命令缓冲区绑定到一起。如果需要在屏幕上执行绘制操作就绑定图形管线对象，如果需要完成计算工作就绑定计算管线对象。

具体处理过程

（1）获取命令缓冲区的句柄，将其存储到一个 VkCommandBuffer 类型的变量中，将该变量命名为 command_buffer。确保这个命令已经处于记录状态。

（2）如果需要绑定的是图形管线对象，则应确保已经将渲染通道的起点记录到命令缓冲区（由 command_buffer 变量代表）中。如果需要绑定计算管线对象，则应确保命令缓冲区中没有启动或停止任何渲染通道。

（3）获取管线对象的句柄，将其存储到一个 VkPipeline 类型的变量中，将该变量命名为 pipeline。

（4）调用 vkCmdBindPipeline(command_buffer, pipeline_type, pipeline)函数。将第一个参数设置为 command_buffer 变量；将第二个参数设置为 pipeline_type 变量（该变量代表与命令缓冲区绑定的管线的类型，即图形或计算）；将第三个参数设置为 pipeline 变量。

具体运行情况

在执行绘制操作或分派计算任务前，需要将管线与命令缓冲区绑定到一起。图形管线只能在渲染通道的内部绑定，而该渲染通道必须是在创建管线时设定的，或是与在创建管线时设定的渲染通道兼容的渲染通道。计算管线不能在渲染通道的内部使用，如果想要使用它们，就必须先停止所有已启动的渲染通道。

绑定管线对象的操作是通过下面的函数调用语句实现的。

```
vkCmdBindPipeline( command_buffer, pipeline_type, pipeline );
```

参考内容

请参阅第 3 章的下列内容：
- 启动命令缓冲区记录操作。

请参阅第 6 章的下列内容：
- 启动渲染通道。
- 停止渲染通道。

请参阅本章的下列内容：
- 创建图形管线。
- 创建计算管线。

通过合并的图像采样器、缓冲区和入栈常量范围，创建管线布局

本书前面介绍过创建描述符集合布局和使用它们创建管线布局的方式。本例介绍创建一种特殊管线布局的方式，这种管线布局使管线能够访问合并的图像采样器、统一缓冲区和入栈常量范围。

具体处理过程

（1）获取逻辑设备的句柄，将其存储到一个 VkDevice 类型的变量中，将该变量命名为 logical_device。

（2）创建一个 std::vector<VkDescriptorSetLayoutBinding> 类型的变量，将其命名为 descriptor_set_layout_bindings。

（3）向 vector 容器 descriptor_set_layout_bindings 变量中添加一个新元素，并使用下列值初始化该元素中的各个成员。

- 将 0 赋予 binding 成员。
- 将 VK_DESCRIPTOR_TYPE_SAMPLED_IMAGE 赋予 descriptorType 成员。
- 将 1 赋予 descriptorCount 成员。
- 将 VK_SHADER_STAGE_FRAGMENT_BIT 赋予 stageFlags 成员。

- 将 nullptr 赋予 pImmutableSamplers 成员。
(4) 在 vector 容器 descriptor_set_layout_bindings 变量中添加第二个元素，使用下列值初始化该元素中的各个成员。
- 将 1 赋予 binding 成员。
- 将 VK_DESCRIPTOR_TYPE_UNIFORM_BUFFER 赋予 descriptorType 成员。
- 将 1 赋予 descriptorCount 成员。
- 将 VK_SHADER_STAGE_VERTEX_BIT 赋予 stageFlags 成员。
- 将 nullptr 赋予 pImmutableSamplers 成员。
(5) 使用 logical_device 和 descriptor_set_layout_bindings 变量创建一个描述符集合布局，然后将该描述符集合布局存储到一个 VkDescriptorSetLayout 类型的变量中，将这个变量命名为 descriptor_set_layout（请参阅第 5 章）。
(6) 创建一个 std::vector<VkPushConstantRange>类型的变量，将其命名为 push_constant_ranges。使用 vector 容器 push_constant_ranges 变量中的每个元素，代表一个入栈常量范围（请参阅"创建管线布局"小节）。
(7) 创建一个 VkPipelineLayout 类型的变量，将其命名为 pipeline_layout，该变量用于存储创建好的管线布局的句柄。
(8) 使用 logical_device、descriptor_set_layout 和 push_constant_ranges 变量，创建管线布局。将创建好的管线布局的句柄存储到 pipeline_layout 变量中（请参阅"创建管线布局"小节）。

具体运行情况

本例假设需要创建一个图形管线，该图形管线需要访问统一缓冲区和合并的图像采样器。一种常见的情况：在顶点着色器中使用统一缓冲区，将顶点从本地空间转移到裁剪空间中。片段着色器用于处理纹理效果，因此它需要访问合并的图像采样器描述符。

我们需要创建含有这两种资源的描述符集合。因此，需要为该描述符集合创建一个布局，使用该布局定义在顶点着色器中使用的统一缓冲区和在片段着色器中访问的合并的图像采样器。

```
std::vector<VkDescriptorSetLayoutBinding> descriptor_set_layout_bindings =
{
  {
    0,
    VK_DESCRIPTOR_TYPE_SAMPLED_IMAGE,
```

```
      1,
      VK_SHADER_STAGE_FRAGMENT_BIT,
      nullptr
    },
    {
      1,
      VK_DESCRIPTOR_TYPE_UNIFORM_BUFFER,
      1,
      VK_SHADER_STAGE_VERTEX_BIT,
      nullptr
    }
  };
  if( !CreateDescriptorSetLayout( logical_device,
  descriptor_set_layout_bindings, descriptor_set_layout ) ) {
    return false;
  }
```

使用这种描述符集合布局,就可以通过含有入栈常量范围信息的附加 vector 容器变量,创建管线布局。

```
  if( !CreatePipelineLayout( logical_device, { descriptor_set_layout },
  push_constant_ranges, pipeline_layout ) ) {
    return false;
  }
  return true;
```

当使用这种布局创建管线时,可以将一个描述符集合与索引值 0 绑定到一起。该描述符集合中必须含有两个描述符集合资源:一个合并的图像采样器[绑定关系编号(索引)为 0]和一个统一缓冲区[绑定关系编号(索引)为 1]。

参考内容

请参阅第 5 章的下列内容:
- 创建描述符集合布局。

请参阅本章的下列内容:
- 创建管线布局。

创建含有顶点和片段着色器，并启用了深度测试及动态视口和剪断测试功能的图形管线

本章介绍创建常用图形管线的方式，这类管线中会包含顶点和片段着色器，并且会启用深度测试，而且其中的视口和剪断测试也是通过动态方式设置的。

具体处理过程

（1）获取逻辑设备的句柄，将其存储到一个 VkDevice 类型的变量中，将该变量命名为 logical_device。

（2）获取顶点着色器的 SPIR-V 程序，使用它和 logical_device 变量创建一个着色器模块。将创建好的着色器模块的句柄，存储到一个 VkShaderModule 类型的变量中，将该变量命名为 vertex_shader_module（请参阅"创建着色器模块"小节）。

（3）获取片段着色器的 SPIR-V 程序，使用它和 logical_device 变量创建第二个着色器模块。将创建好的着色器模块的句柄，存储到一个 VkShaderModule 类型的变量中，将该变量命名为 vertex_shader_module（请参阅"创建着色器模块"小节）。

（4）创建一个元素类型为自定义结构 ShaderStageParameters 的 std::vector 容器变量，将该变量命名为 shader_stage_params（请参阅"设置管线着色器阶段"小节）。

（5）向 vector 容器 shader_stage_params 变量中添加一个元素，并使用下列值初始化该元素中的各个成员。

- 将 VK_SHADER_STAGE_VERTEX_BIT 赋予 ShaderStage 成员。
- 将 vertex_shader_module 变量的值赋予 ShaderModule 成员。
- 将字符串"main"赋予 EntryPointName 成员。
- 将 nullptr 赋予 SpecializationInfo 成员。

（6）向 vector 容器 shader_stage_params 变量中添加第二个元素，并使用下列值初始化该元素中的各个成员。

- 将 VK_SHADER_STAGE_FRAGMENT_BIT 赋予 ShaderStage 成员。
- 将 fragment_shader_module 变量的值赋予 ShaderModule 成员。
- 将字符串"main"赋予 EntryPointName 成员。
- 将 nullptr 赋予 SpecializationInfo 成员。

（7）创建一个 std::vector<VkPipelineShaderStageCreateInfo>类型的变量，将其命名为 shader_stage_create_infos，并使用 vector 容器 shader_stage_params 变量中储存的数值初始化 shader_stage_create_infos 变量（请参阅"设置管线着色器阶段"小节）。

（8）创建一个 VkPipelineVertexInputStateCreateInfo 类型的变量，将其命名为 vertex_input_state_create_info。使用合适的顶点输入绑定关系参数和顶点属性，并初始化该变量（请参阅"设置管线顶点绑定关系描述、属性描述和输入状态"小节）。

（9）创建一个 VkPipelineInputAssemblyStateCreateInfo 类型的变量，将其命名为 input_assembly_state_create_info，并使用合适的图形基元（如三角形阵列、顺时针连续三角形和线条阵列等）初始化该变量，还应设定是否启用图形基元重绘功能（请参阅"设置管线输入组合状态"小节）。

（10）创建一个 VkPipelineViewportStateCreateInfo 类型的变量，将其命名为 viewport_state_create_info。使用元素类型为 ViewportInfo 自定义结构的仅含有一个元素的 vector 容器变量（该变量中唯一一个元素代表视口和裁剪测试状态参数），初始化 viewport_state_create_info 变量。这些 vector 容器变量（代表视口和裁剪测试状态参数）中存储的值并不重要，因为视口和裁剪测试状态参数会在命令缓冲区执行记录操作的过程中，以动态方式被定义。由于视口和裁剪测试状态的数量是通过静态方式定义的，所以这两个 vector 容器变量（代表视口和裁剪测试状态参数）需要拥有一个元素（请参阅"设置管线视口和剪断测试状态"小节）。

（11）创建一个 VkPipelineRasterizationStateCreateInfo 类型的变量，将其命名为 rasterization_state_create_info，并使用合适的值初始化该变量。不要忘记将 false 赋予这个变量中的 rasterizerDiscardEnable 成员（请参阅"设置管线光栅化状态"小节）。

（12）创建一个 VkPipelineMultisampleStateCreateInfo 类型的变量，将其命名为 multisample_state_create_info，为多重采样参数设置合适的值（请参阅"设置管线多重采样状态"小节）。

（13）创建一个 VkPipelineDepthStencilStateCreateInfo 类型的变量，将其命名为 depth_and_stencil_state_create_info。不要忘记启用深度数据写入和深度测试功能，并为深度测试设置 VK_COMPARE_OP_LESS_OR_EQUAL 操作符，根据需要设置其余深度和刻板参数（请参阅"设置管线深度和刻板状态"小节）。

（14）创建一个 VkPipelineColorBlendStateCreateInfo 类型的变量，将其命名为 blend_state_create_info，使用一组合适的值初始化该变量（请参阅"设置管线混合状态"小节）。

（15）创建一个 std::vector<VkDynamicState> 类型的变量，将其命名为 dynamic_states。向这个 vector 容器变量中添加两个元素，第一个元素应含有 VK_DYNAMIC_STATE_VIEWPORT 值,第二个元素应含有 VK_DYNAMIC_STATE_SCISSOR 值。

（16）创建一个 VkPipelineDynamicStateCreateInfo 类型的变量，将其命名为 dynamic_ state_create_info,使用 vector 容器 dynamic_states 变量中存储的值初始化该变量。

(17) 创建一个 VkGraphicsPipelineCreateInfo 类型的变量,将其命名为 graphics_pipeline_create_info。使用 shader_stage_create_infos、vertex_input_state_create_info、input_assembly_state_create_info、viewport_state_create_info、rasterization_state_create_info、multisample_state_create_info、depth_and_stencil_state_create_info、blend_state_create_info 和 dynamic_state_create_info 变量,初始化 graphics_pipeline_create_info 变量。应将已创建的管线布局、选定的渲染通道及其子通道,以及父管线的句柄或索引赋予该变量,应将细分曲面状态信息设置为 nullptr。

(18) 使用 logical_device 和 graphics_pipeline_create_info 变量,创建一个图形管线。在调用创建图形管线的参数时,如有必要应提供管线缓存对象的句柄。将创建好的图形管线的句柄存储到一个 std::vector<VkPipeline>类型的单元素 vector 容器变量中,将该变量命名为 graphics_pipeline。

具体运行情况

最常用的图形管线类型是仅含有顶点和片段着色器的图形管线,可使用下列代码为顶点和片段着色器准备参数。

```
std::vector<unsigned char> vertex_shader_spirv;
if( !GetBinaryFileContents( vertex_shader_filename, vertex_shader_spirv ) )
{
  return false;
}
VkDestroyer<VkShaderModule> vertex_shader_module( logical_device );
if( !CreateShaderModule( logical_device, vertex_shader_spirv,
*vertex_shader_module ) ) {
  return false;
}
std::vector<unsigned char> fragment_shader_spirv;
if( !GetBinaryFileContents( fragment_shader_filename, fragment_shader_spirv
) ) {
  return false;
}
VkDestroyer<VkShaderModule> fragment_shader_module( logical_device );
if( !CreateShaderModule( logical_device, fragment_shader_spirv,
*fragment_shader_module ) ) {
```

```
        return false;
    }
    std::vector<ShaderStageParameters> shader_stage_params = {
        {
            VK_SHADER_STAGE_VERTEX_BIT,
            *vertex_shader_module,
            "main",
            nullptr
        },
        {
            VK_SHADER_STAGE_FRAGMENT_BIT,
            *fragment_shader_module,
            "main",
            nullptr
        }
    };
    std::vector<VkPipelineShaderStageCreateInfo> shader_stage_create_infos;
    SpecifyPipelineShaderStages( shader_stage_params, shader_stage_create_infos
        );
```

上面的代码加载了顶点和片段着色器的源代码,为顶点和片段着色器创建了模块,并为顶点和片段着色器管线阶段设置了参数。

下面的代码用于设置顶点绑定关系和属性的参数。

```
    VkPipelineVertexInputStateCreateInfo vertex_input_state_create_info;
    SpecifyPipelineVertexInputState( vertex_input_binding_descriptions,
        vertex_attribute_descriptions, vertex_input_state_create_info );
    VkPipelineInputAssemblyStateCreateInfo input_assembly_state_create_info;
    SpecifyPipelineInputAssemblyState( primitive_topology,
        primitive_restart_enable, input_assembly_state_create_info );
```

视口和剪断测试参数很重要。因为我们想要通过动态方式定义它们,所以在创建管线的过程中仅视口数量这一个参数有意义,这也是此处可以任意设置这些值的原因。

```
    ViewportInfo viewport_infos = {
        {
            {
                0.0f,
```

```
                    0.0f,
                    500.0f,
                    500.0f,
                    0.0f,
                    1.0f
                }
            },
            {
                {
                    {
                        0,
                        0
                    },
                    {
                        500,
                        500
                    }
                }
            }
        };
        VkPipelineViewportStateCreateInfo viewport_state_create_info;
        SpecifyPipelineViewportAndScissorTestState( viewport_infos,
        viewport_state_create_info );
```

下面的代码用于为光栅化和多重采样状态设置参数（如果使用片段着色器，就必须启用光栅化功能）。

```
        VkPipelineRasterizationStateCreateInfo rasterization_state_create_info;
        SpecifyPipelineRasterizationState( false, false, polygon_mode,
        culling_mode, front_face, false, 0.0f, 1.0f, 0.0f, 1.0f,
        rasterization_state_create_info );

        VkPipelineMultisampleStateCreateInfo multisample_state_create_info;
        SpecifyPipelineMultisampleState( VK_SAMPLE_COUNT_1_BIT, false, 0.0f,
        nullptr, false, false, multisample_state_create_info );
```

启用深度测试和深度数据写入功能，我们通常需要模拟人类或摄像机观察世界的效果，即距离观察者近的物体会遮挡住它后面的影像，远方的物体会模糊不清。这就是启用深度测试的原因。可以设置 VK_COMPARE_OP_LESS_OR_EQUAL 操作符，该操作符会使拥有小于等于深度测试值的深度值的样本通过深度测试，深度值大于深度测试值的样本无法通过深度测试。可以根据需要设置其他与深度和刻板测试有关的参数，但本例假设已经禁用了刻板测试（因此此处的刻板测试参数无关紧要）。

```
VkStencilOpState stencil_test_parameters = {
  VK_STENCIL_OP_KEEP,
  VK_STENCIL_OP_KEEP,
  VK_STENCIL_OP_KEEP,
  VK_COMPARE_OP_ALWAYS,
  0,
  0,
  0
};
VkPipelineDepthStencilStateCreateInfo depth_and_stencil_state_create_info;
SpecifyPipelineDepthAndStencilState( true, true,
VK_COMPARE_OP_LESS_OR_EQUAL, false, 0.0f, 1.0f, false,
stencil_test_parameters, stencil_test_parameters,
depth_and_stencil_state_create_info );
```

根据自己的需要设置绑定关系参数。

```
VkPipelineColorBlendStateCreateInfo blend_state_create_info;
SpecifyPipelineBlendState( logic_op_enable, logic_op,
attachment_blend_states, blend_constants, blend_state_create_info );
```

创建动态状态列表。

```
std::vector<VkDynamicState> dynamic_states = {
  VK_DYNAMIC_STATE_VIEWPORT,
  VK_DYNAMIC_STATE_SCISSOR
};
VkPipelineDynamicStateCreateInfo dynamic_state_create_info;
SpecifyPipelineDynamicStates( dynamic_states, dynamic_state_create_info );
```

这样我们就可以创建管线了。

```
VkGraphicsPipelineCreateInfo graphics_pipeline_create_info;
SpecifyGraphicsPipelineCreationParameters( additional_options,
```

```
    shader_stage_create_infos, vertex_input_state_create_info,
    input_assembly_state_create_info, nullptr, &viewport_state_create_info,
    rasterization_state_create_info, &multisample_state_create_info,
    &depth_and_stencil_state_create_info, &blend_state_create_info,
    &dynamic_state_create_info, pipeline_layout, render_pass,
    subpass, base_pipeline_handle, -1, graphics_pipeline_create_info );

    if( !CreateGraphicsPipelines( logical_device, {
    graphics_pipeline_create_info }, pipeline_cache, graphics_pipeline ) ) {
        return false;
    }
    return true;
```

参考内容

请参阅本章的下列内容：
- 设置管线着色器阶段。
- 设置管线顶点绑定关系描述、属性描述和输入状态。
- 设置管线输入组合状态。
- 设置管线视口和剪断测试状态。
- 设置管线光栅化状态。
- 设置管线多重采样状态。
- 设置管线深度和刻板状态。
- 设置管线混合状态。
- 设置管线动态状态。
- 创建管线布局。
- 设置图形管线创建参数。
- 创建管线缓存对象。
- 创建图形管线。

在多个线程中创建多个图形管线

创建图形管线可能会花费较长的时间。在创建图形管线的过程中驱动程序会编译着色器，查明是否能够将已编译的着色器正确地链接到一起，是否为着色器设置了正确的状态以便使之能够正常运行。这就是最好将创建管线的工作分派给多个线程的原因（在需要创建多个图形管线的情况下也应这样）。

当需要创建许多个图形管线时，可使用管线缓存对象进一步提高创建管线的速度。下面介绍使用管线缓存对象同时创建多个图形管线，然后将各个线程使用的缓存数据合并到一起的方式。

准备工作

本例使用了自定义模板封装器类型 VkDestroyer<>，它用于自动销毁闲置资源。

具体处理过程

（1）获取存储管线缓存数据的文件的名称，将其存储到一个 std::string 类型的变量中，将该变量命名为 pipeline_cache_filename。

（2）创建一个 std::vector<unsigned char> 类型的变量，将其命名为 cache_data。如果 pipeline_cache_filename 变量中存储的文件名已经存在，就将该文件的内容加载到 vector 容器 cache_data 变量中。

（3）获取逻辑设备的句柄，将其存储到一个 VkDevice 类型的变量中，将该变量命名为 logical_device。

（4）创建一个 std::vector<VkPipelineCache> 类型的变量，将其命名为 pipeline_caches。为每个线程创建一个管线缓存对象，将这些管线缓存对象的句柄存储到 vector 容量 pipeline_caches 变量中（请参阅"创建管线缓存对象"小节）。

（5）创建一个 std::vector<std::thread> 类型的变量，将其命名为 threads。调整好 vector 容器 threads 变量的尺寸，以便能够存储足够数量的线程。

（6）创建一个 std::vector<std::vector<VkGraphicsPipelineCreateInfo>> 类型的变量，将其命名为 graphics_pipelines_create_infos。使用 vector 容器 graphics_pipelines_create_infos 变量中的每个元素（含有 VkGraphicsPipelineCreateInfo 类型的变量），代表一个线程。VkGraphicsPipelineCreateInfo 类型变量的数量必须与通过指定线程创建管线的数量相等。

（7）创建一个 std::vector<std::vector<VkPipeline>> 类型的变量，将其命名为 graphics_pipelines。调整 vector 容器 graphics_pipelines 变量中各个 vector 容器元素的尺寸，以便使每个线程都分配到相同数量的管线创建任务。

（8）使用 logical_device 变量、与具体线程对应的管线缓存对象（pipeline_caches[<线程

编号>］）和相应的元素类型为 VkGraphicsPipelineCreateInfo 的 vector 容器变量（graphics_pipelines_create_infos[<线程编号>]），创建合适数量的线程。这些线程中的每个线程都会创建指定数量的图形管线。

（9）等待所有线程运行完毕。

（10）创建一个 VkPipelineCache 类型的变量，将其命名为 target_cache，该变量用于存储通过合并多个图形管线缓存对象生成的新缓存对象的句柄。

（11）使用 vector 容器 pipeline_caches 变量（其中存储了多个管线缓存对象句柄）和 target_cache 变量调用相关函数，通过合并多个图形管线缓存对象生成新的管线缓存对象，新生成的管线缓存对象的句柄会被存储到 target_cache 变量中（请参阅"合并多个管线缓存对象"小节）。

（12）获取 target_cache 变量代表的管线缓存对象的内容，将这些数据存储到 vector 容器 cache_data 变量中。

（13）将 vector 容器 cache_data 变量中的内容，存储到一个文件中，将该文件命名为 pipeline_cache_filename（使用新的数据替换该文件的内容）。

具体运行情况

要创建多个图形管线，需要为许多不同的图形管线提供大量参数。但在使用多个线程的情况中，每个线程都会创建多个图形管线，因而能够提高创建图形管线的速度。

要进一步提高创建图形管线的速度，最好使用图形管线缓存对象。应先从文件中读取以前存储的数据（在已经有缓存数据文件的情况下），再为每个线程创建图形管线缓存对象。应该使用从缓存数据文件读取的数据，初始化每个图形管线缓存对象。

```
std::vector<unsigned char> cache_data;
GetBinaryFileContents( pipeline_cache_filename, cache_data );

std::vector<VkDestroyer<VkPipelineCache>> pipeline_caches(
graphics_pipelines_create_infos.size() );
for( size_t i = 0; i < graphics_pipelines_create_infos.size(); ++i ) {
  pipeline_caches[i] = VkDestroyer< VkPipelineCache >( logical_device );
  if( !CreatePipelineCacheObject( logical_device, cache_data,
*pipeline_caches[i] ) ) {
    return false;
  }
}
```

下一步应为每个线程创建好的图形管线准备存储空间，以便存储这些图形管线的句柄。还应使用相应的图形管线缓存对象，启动用于创建多个图形管线的所有线程。

```
std::vector<std::thread>threads( graphics_pipelines_create_infos.size() );
for( size_t i = 0; i < graphics_pipelines_create_infos.size(); ++i ) {
  graphics_pipelines[i].resize( graphics_pipelines_create_infos[i].size()
);
  threads[i] = std::thread::thread( CreateGraphicsPipelines,
logical_device, graphics_pipelines_create_infos[i], *pipeline_caches[i],
graphics_pipelines[i] );
}
```

等待所有线程运行完毕后，就可以将多个不同的图形管线缓存对象（来自不同的线程）合并为一个图形管线缓存对象，以便再次使用这些数据。可以将这些新的缓存数据存储到原来的缓存数据文件中（用新数据替换该文件中的旧数据）。

```
for( size_t i = 0; i < graphics_pipelines_create_infos.size(); ++i ) {
  threads[i].join();
}
VkPipelineCache target_cache = *pipeline_caches.back();
std::vector<VkPipelineCache> source_caches( pipeline_caches.size() - 1);
for( size_t i = 0; i < pipeline_caches.size() - 1; ++i ) {
  source_caches[i] = *pipeline_caches[i];
}
if( !MergeMultiplePipelineCacheObjects( logical_device, target_cache,
source_caches ) ) {
  return false;
}
if( !RetrieveDataFromPipelineCache( logical_device, target_cache,
cache_data ) ) {
  return false;
}
if( !SaveBinaryFile( pipeline_cache_filename, cache_data ) ) {
  return false;
}
return true;
```

参考内容

请参阅本章的下列内容：
- 设置图形管线创建参数。
- 创建管线缓存对象。
- 通过管线缓存获取数据。
- 合并多个管线缓存对象。
- 创建图形管线。
- 销毁管线缓存对象。

销毁管线

当不再需要使用某个管线对象时，确认硬件没有通过任何已提交的命令缓冲区正在使用它后，就可以安全地销毁该管线对象。

具体处理过程

（1）获取逻辑设备的句柄，将其存储到一个 VkDevice 类型的变量中，将该变量命名为 logical_device。

（2）获取需要销毁的管线对象的句柄，将其存储到一个 VkPipeline 类型的变量中，将该变量命名为 pipeline。确保该管线对象没有被任何已提交给可用队列的命令正在引用。

（3）调用 vkDestroyPipeline(logical_device, pipeline, nullptr)函数。将第一个参数设置为 logical_device 变量；将第二个参数设置为 pipeline 变量；将第三个参数设置为 nullptr。

（4）为安全起见，将 VK_NULL_HANDLE 赋予 pipeline 变量。

具体运行情况

当不再需要使用某个管线时，通过调用 vkDestroyPipeline()函数可以销毁它。

```
if( VK_NULL_HANDLE != pipeline ) {
  vkDestroyPipeline( logical_device, pipeline, nullptr );
  pipeline = VK_NULL_HANDLE;
}
```

管线是在渲染处理过程中使用的，因此在销毁它之前，必须确保所有使用它的渲染命令都已经执行完毕。要做到这一点，最好将栅栏对象与命令缓冲区的提交操作关联到一起。这样在销毁被命令缓冲区引用的管线对象前，我们需要等待这个栅栏（请参阅第 3 章）。然而，通过其他同步化方法也可以做到这一点。

参考内容

请参阅第 3 章的下列内容：
- 等待栅栏。
- 等待已提交的所有命令都被处理完。

请参阅本章的下列内容：
- 创建图形管线。
- 创建计算管线。

销毁管线缓存对象

命令缓冲区中任何已被记录的命令都不会使用管线缓存对象。因此，创建好所有需要创建的管线、合并了缓存数据或获得了管线缓存对象中的内容后，就可以销毁管线缓存对象。

具体处理过程

（1）获取逻辑设备的句柄，将其存储到一个 VkDevice 类型的变量中，将该变量命名为 logical_device。
（2）获取需要销毁的管线缓存对象的句柄，将其存储到一个 VkPipelineCache 类型的变量中，将该变量命名为 pipeline_cache。
（3）调用 vkDestroyPipelineCache(logical_device, pipeline_cache, nullptr)函数。将第一个参数设置为 logical_device 变量；将第二个参数设置为 pipeline_cache 变量；将第三个参数设置为 nullptr。
（4）为安全起见，将 VK_NULL_HANDLE 赋予 pipeline_cache 变量。

具体运行情况

只有在创建管线、从管线缓存对象获取数据和将多个管线缓存对象合并成一个管线缓存对象时，才会用到管线缓存对象。这些操作都不需要记录到命令缓冲区中，因此只要这些操作中的某一个被执行完毕，就可以销毁管线缓存对象。

```
if( VK_NULL_HANDLE != pipeline_cache ) {
  vkDestroyPipelineCache( logical_device, pipeline_cache, nullptr );
  pipeline_cache = VK_NULL_HANDLE;
}
```

参考内容

请参阅本章的下列内容：
- 创建管线缓存对象。
- 通过管线缓存获取数据。
- 合并多个管线缓存对象。
- 创建图形管线。
- 创建计算管线。

销毁管线布局

当不再需要某个管线布局（如不再需要使用该管线布局创建管线、绑定描述符集合和更新入栈常量），而且所有使用该管线布局的操作都已经执行完毕时，就可以销毁该管线布局。

具体处理过程

（1）获取逻辑设备的句柄，将其存储到一个 VkDevice 类型的变量中，将该变量命名为 logical_device。

（2）获取需要销毁的管线布局的句柄，将其存储到一个 VkPipelineLayout 类型的变量中，将该变量命名为 pipeline_layout。

（3）调用 vkDestroyPipelineLayout(logical_device, pipeline_layout, nullptr)函数。将第一个参数设置为 logical_device 变量；将第二个参数设置为 pipeline_layout 变量；将第三个参数设置为 nullptr。

（4）为安全起见，将 VK_NULL_HANDLE 赋予 pipeline_layout 变量。

具体运行情况

管线布局仅会在三种情况中使用：创建管线、绑定描述符集合和更新入栈常量。当管线布局仅用于创建管线时，管线创建好之后就可以立刻销毁该管线布局。如果我们使用管线布局绑定描述符集合或更新入栈常量，就需要等待硬件停止处理记录这些操作的命令缓冲区。然后，可以使用下面的代码安全地销毁管线布局。

```
if( VK_NULL_HANDLE != pipeline_layout ) {
  vkDestroyPipelineLayout( logical_device, pipeline_layout, nullptr );
  pipeline_layout = VK_NULL_HANDLE;
}
```

参考内容

请参阅第 3 章的下列内容：
- 等待栅栏。
- 等待已提交的所有命令都被处理完。

请参阅第 5 章的下列内容：
- 绑定描述符集合。

请参阅本章的下列内容：
- 创建管线布局。
- 创建图形管线。
- 创建计算管线。

请参阅第 9 章的下列内容：
- 通过入栈常量为着色器提供数据。

销毁着色器模块

着色器模块仅用于创建管线对象，创建好管线后如果不再需要使用着色器模块，则可以立刻销毁着色器模块。

具体处理过程

（1）获取逻辑设备的句柄，将其存储到一个 VkDevice 类型的变量中，将该变量命名为 logical_device。

（2）获取需要销毁的着色器模块的句柄，将其存储到一个 VkShaderModule 类型的变量中，将该变量命名为 shader_module。

第 8 章 图形和计算管线

（3）调用 vkDestroyShaderModule(logical_device, shader_module, nullptr)函数。将第一个参数设置为 logical_device 变量；将第二个参数设置为 shader_module 变量；将第三个参数设置为 nullptr。

（4）为安全起见，将 VK_NULL_HANDLE 赋予 shader_module 变量。

具体运行情况

着色器模块仅会在创建管线的过程中被使用，它是着色器阶段状态的组成部分。当创建好管线后，就可以销毁着色器模块（在创建管线的函数被执行完毕后立刻销毁），因为驱动程序和管线对象都不需要再使用它了。

 创建好的管线就不再需要使用着色器模块了。

使用下面的代码可以销毁着色器模块。

```
if( VK_NULL_HANDLE != shader_module ) {
  vkDestroyShaderModule( logical_device, shader_module, nullptr );
  shader_module = VK_NULL_HANDLE;
}
```

参考内容

请参阅本章的下列内容：
- 创建着色器模块。
- 设置管线着色器阶段。
- 创建图形管线。
- 创建计算管线。

译者注
这一章中 assembly 一词有两个意思：程序和组合。

第 9 章

记录命令和绘制操作

本章要点:
- 清除颜色图像。
- 清除深度—刻板图像。
- 清除渲染通道附着材料。
- 绑定顶点缓冲区。
- 绑定索引缓冲区。
- 通过入栈常量为着色器提供数据。
- 通过动态方式设置视口状态。
- 通过动态方式设置剪断状态。
- 通过动态方式设置线条宽度状态。
- 通过动态方式设置深度偏移状态。
- 通过动态方式设置混合常量状态。
- 绘制几何图形。
- 绘制带索引的几何图形。
- 分配计算工作。
- 在主要命令缓冲区的内部执行次要命令缓冲区。
- 在命令缓冲区中记录通过动态视口和剪断状态绘制几何图形的命令。
- 通过多个线程向命令缓冲区中记录命令。
- 创建动画中的单个帧。
- 通过增加已渲染帧的数量提高性能。

本章主要内容

Vulkan 是专业的图形和计算 API，它的主要用途是使用各家厂商生产的图形硬件（显卡），生成动态图像。本书前面介绍过创建和管理资源，并将这些资源作为着色器数据源的方式；也介绍过各个着色器阶段，以及用于控制渲染状态和分配计算工作的管线对象；还介绍过将命令记录到命令缓冲区和将操作组织到渲染通道中的方式。我们需要了解的最后一个处理步骤是怎样使用这些知识渲染图像。

本章将介绍另一些需要记录的命令，这样我们就能够通过正确的方式渲染几何图形和提交计算操作；本章也会介绍绘制命令和将这些命令组织到源代码中的方式，以便最大限度地提高我们编写的应用程序的性能；本章还会介绍 Vulkan 最强大的功能之一：使用多个线程将命令记录到命令缓冲区中。

清除颜色图像

在使用传统图形 API 时，我们会通过清除渲染目标或后台缓冲区（back buffer），启动渲染一个帧的处理过程。在使用 Vulkan 时，应通过将渲染通道附着材料描述的 loadOp 成员的值设置为 VK_ATTACHMENT_LOAD_OP_CLEAR，并执行这种清除操作（请参阅第 6 章）。但有时候我们无法清除渲染通道内部的图像，因而需要通过隐式方式做到这一点。

具体处理过程

（1）获取命令缓冲区的句柄，将其存储到一个 VkCommandBuffer 类型的变量中，将该变量命名为 command_buffer。确保该命令缓冲区正处于记录状态，而且没有启动渲染通道。

（2）获取需要清除的图像的句柄，将其存储到一个 VkImage 类型的变量中，将该变量命名为 image。

（3）获取需要清除的图像的布局，将其存储到一个 VkImageLayout 类型的变量中，将该变量命名为 image_layout。

（4）获取需要清除的图像的所有 mipmap 纹理映射等级和数组图层，将这些数据存储到一个 std::vector<VkImageSubresourceRange>类型的变量中，将该变量命名为 image_subresource_ranges。使用 vector 容器 image_subresource_ranges 变量中的每个元素，代表需要清除图像的一个子资源，并使用下面的值初始化每个元素中的各个成员。

- 将代表无法提供的图像外观（颜色、深度和/或刻板外观）的标志值，赋予 aspectMask

成员。
- 将指定范围内需要清除的第一个 mipmap 纹理映射等级，赋予 baseMipLevel 成员。
- 将指定范围内需要清除的连续 mipmap 纹理映射等级的数量，赋予 levelCount 成员。
- 将指定范围内需要清除的第一个数组图层的编号，赋予 baseArrayLayer 成员。
- 将需要清除的连续数组图层的数量，赋予 layerCount 成员。

（5）通过一个类型为 VkClearColorValue、名为 clear_color 的变量中的下列成员，存储需要清除图像中的颜色。
- int32 成员：在图像拥有带符号整数格式时使用。
- uint32 成员：在图像拥有无符号整数格式时使用。
- float32 成员：在图像为其余格式时使用。

（6）调用 vkCmdClearColorImage(command_buffer, image, image_layout, &clear_color, static_cast<uint32_t>(image_subresource_ranges.size()), image_subresource_ranges.data()) 函数。将第一个参数设置为 command_buffer 变量；将第二个参数设置为 image 变量；将第三个参数设置为 image_layout 变量；将第四个参数设置为指向 clear_color 变量的指针；将第五个参数设置为 vector 容器 image_subresource_ranges 变量中含有元素的数量；将第六个参数设置为指向 vector 容器 image_subresource_ranges 变量中第一个元素的指针。

具体运行情况

清除颜色图像的操作是通过将 vkCmdClearColorImage()函数记录到命令缓冲区中执行的，而无法将 vkCmdClearColorImage()命令记录到渲染通道中。

在调用 vkCmdClearColorImage()函数时，需要提供图像的句柄、布局，以及一系列需要清除的图像子资源（mipmap 纹理映射等级和/或数组图层），还必须设定需要清除图像的颜色。可以通过下面的方式使用这些参数。

```
vkCmdClearColorImage( command_buffer, image, image_layout, &clear_color,
    static_cast<uint32_t>(image_subresource_ranges.size()),
    image_subresource_ranges.data() );
```

注意，使用这个函数只能清除颜色图像（含有颜色外观和某种颜色格式的图像）。

vkCmdClearColorImage()函数只能用于处理通过 VK_IMAGE_USAGE_TRANSFER_DST_BIT 用法（将数据复制到图像中）创建的图像。

参考内容

请参阅第 3 章的下列内容：
- 启动命令缓冲区记录操作。

请参阅第 4 章的下列内容：
- 创建图像。

请参阅第 6 章的下列内容：
- 设置附着材料描述。

请参阅第 9 章的下列内容：
- 清除深度—刻板图像。
- 清除渲染通道附着材料。

清除深度—刻板图像

与颜色图像类似，有时需要手动清除渲染通道外部的深度—刻板图像。

具体处理过程

（1）获取正处于记录状态且当前没有在其中启动渲染通道的命令缓冲区的句柄，将其存储到一个 VkCommandBuffer 类型的变量中，将该变量命名为 command_buffer。

（2）获取需要清除的深度—刻板图像的句柄，将其存储到一个 VkImage 类型的变量中，将该变量命名为 image。

（3）获取需要清除的深度—刻板图像的布局，将其存储到一个 VkImageLayout 类型的变量中，将该变量命名为 image_layout。

（4）创建一个 std::vector<VkImageSubresourceRange>类型的变量，将其命名为 image_subresource_ranges，该变量用于存储需要清除的深度—刻板图像所有的 mipmap 纹理映射等级和数组图层。使用 vector 容器 image_subresource_ranges 变量中的每个元素，代表一个 mipmap 纹理映射等级和数组图层范围，并将下列值赋予每个元素中的各个成员。

- 将代表深度和/或刻板外观的标志值，赋予 aspectMask 成员。
- 将指定范围中需要清除的第一个 mipmap 纹理映射等级，赋予 baseMipLevel 成员。
- 将指定范围中连续 mipmap 纹理映射等级的数量，赋予 levelCount 成员。
- 将需要清除的第一个数组图层的编号，赋予 baseArrayLayer 成员。
- 将指定范围中需要清除的连续数组图层的数量，赋予 layerCount 成员。

（5）将用于清除（填充）深度—刻板图像的值，赋予一个 VkClearDepthStencilValue 类型的变量中的下列成员，将该变量命名为 clear_value。

- 当需要清除深度外观时，将该值赋予 depth 成员。
- 当需要清除刻板外观时，将该值赋予 stencil 成员。

（6）调用 vkCmdClearDepthStencilImage(command_buffer, image, image_layout, &clear_value, static_cast<uint32_t>(image_subresource_ranges.size()), image_subresource_ranges.data())函数。将第一个参数设置为 command_buffer 变量；将第二个参数设置为 image 变量；将第三个参数设置为 image_layout 变量；将第四个参数设置为指向 clear_value 变量的指针；将第五个参数设置为 vector 容器 image_subresource_ranges 变量中含有元素的数量；将第六个参数设置为指向 vector 容器 image_subresource_ranges 变量中第一个元素的指针。

具体运行情况

使用下面的代码可以清除渲染通道之外的深度—刻板图像。

```
vkCmdClearDepthStencilImage( command_buffer, image, image_layout,
    &clear_value, static_cast<uint32_t>(image_subresource_ranges.size()),
    image_subresource_ranges.data() );
```

该函数只能用于处理通过 VK_IMAGE_USAGE_TRANSFER_DST_BIT 用法创建的图像（清除操作被视为数据传输操作）。

参考内容

请参阅第 3 章的下列内容：
- 启动命令缓冲区记录操作。

请参阅第 4 章的下列内容：
- 创建图像。

请参阅第 6 章的下列内容：
- 设置附着材料描述。

请参阅本章的下列内容：
- 清除颜色图像。
- 清除渲染通道附着材料。

清除渲染通道附着材料

有时我们无法通过隐式方式清除附着材料启动渲染通道，因而需要通过显式方式清除子通道中的附着材料。通过调用 vkCmdClearAttachments()函数可以做到这一点。

具体处理过程

（1）获取正处于记录状态的命令缓冲区的句柄，将其存储到一个 VkCommandBuffer 类型的变量中，将该变量命名为 command_buffer。

（2）创建一个 std::vector<VkClearAttachment>类型的变量，将其命名为 attachments。使用 vector 容器 attachments 变量中的每个元素，代表一个需要从渲染通道的当前子通道中清除的附着材料，并使用下列值初始化每个元素。

- 将代表附着材料外观（颜色、深度或刻板）的标志值，赋予 aspectMask 成员。
- 如果 aspectMask 成员被设置为 VK_IMAGE_ASPECT_COLOR_BIT，则应将当前子通道中颜色附着材料的索引，赋予 colorAttachment 成员；否则，可以将任意值赋予 colorAttachment 成员（该成员的值会被忽略）。
- 将选定的颜色、深度或刻板外观的清除值赋予 clearValue 成员。

（3）创建一个 std::vector<VkClearRect>类型的变量，将其命名为 rects。使用 vector 容器 rects 变量中的每个元素，代表需要从所有指定附着材料中清除的一个区域，并使用下列值初始化每个元素中的各个成员。

- 将需要清除的矩形（左上角坐标和宽度与长度）赋予 rect 成员。
- 将需要清除的第一个图层的索引赋予 baseArrayLayer 成员。
- 将需要清除的图层的数量赋予 layerCount 成员。

（4）调用 vkCmdClearAttachments(command_buffer, static_cast<uint32_t>(attachments.size()), attachments.data(), static_cast<uint32_t>(rects.size()), rects.data())函数。将第一个参数设置为命令缓冲区的句柄；将第二个参数设置为 vector 容器 attachments 变量中

含有元素的数量；将第三个参数设置为指向 vector 容器 attachments 变量中第一个元素的指针；将第四个参数设置为 vector 容器 rects 变量中含有元素的数量；将第五个参数设置为指向 vector 容器 rects 变量中第一个元素的指针。

具体运行情况

当需要通过显式方式清除在已启动的渲染通道中被用作帧缓冲区附着材料的图像时，我们无法使用普通的图像清除函数，只能通过选中需要清除的附着材料清除图像。使用 vkCmdClearAttachments()函数可以做到这一点。

```
vkCmdClearAttachments( command_buffer,
    static_cast<uint32_t>(attachments.size()), attachments.data(),
    static_cast<uint32_t>(rects.size()), rects.data() );
```

使用该函数可以清除使用了指定附着材料的多个区域。

 只能在渲染通道的内部调用 vkCmdClearAttachments()函数。

参考内容

请参阅第 3 章的下列内容：
- 启动命令缓冲区记录操作。

请参阅第 6 章的下列内容：
- 设置附着材料描述。
- 设置子通道描述。
- 启动渲染通道。

请参阅本章的下列内容：
- 清除颜色图像。
- 清除深度—刻板图像。

绑定顶点缓冲区

在绘制几何图形时，需要设置顶点数据，至少必须设置顶点的位置。可以设置的顶点属性有很多，如法线、正切和二重切向量、颜色及纹理坐标。这些数据存储在通过 VK_BUFFER_USAGE_VERTEX_BUFFER_BIT 用法创建的缓冲区中，在提交绘制命令前，需要通过指定的绑定关系绑定这些缓冲区。

准备工作

本例引入了自定义类型 VertexBufferParameters，下面是它的具体定义。

```
struct VertexBufferParameters {
  VkBuffer      Buffer;
  VkDeviceSize  MemoryOffset;
};
```

这个自定义类型用于设置缓冲区的参数：缓冲区的句柄（存储在 Buffer 成员中）和从缓冲区内存的起始地址到数据存储区域的偏移量（存储在 MemoryOffset 成员中）。

具体处理过程

（1）获取正处于记录状态的命令缓冲区的句柄，将其存储到一个 VkCommandBuffer 类型的变量中，将该变量命名为 command_buffer。

（2）创建一个 uint32_t 类型的变量，将其命名为 first_binding，该变量用于储存绑定顶点缓冲区的第一个绑定关系的编号。

（3）创建一个 std::vector<VkBuffer>类型的变量，将其命名为 buffers。将需要与命令缓冲区中指定的绑定关系绑定的顶点缓冲区的句柄，添加到 vector 容器 buffers 变量中。

（4）创建一个 std::vector<VkDeviceSize>类型的变量，将其命名为 offsets。使用 vector 容器 offsets 变量中的每个元素，代表 vector 容器 buffers 变量中每个顶点缓冲区的偏移量（缓冲区内存起始地址至数据存储区域的距离）。

（5）调用 vkCmdBindVertexBuffers(command_buffer, first_binding, static_cast<uint32_t>(buffers_parameters.size()), buffers.data(), offsets.data())函数。将第一个参数设置为命令缓冲区的句柄；将第二个参数设置为 first_binding 变量，该变量存储了用于绑定第一个顶点缓冲区的绑定关系的编号；将第三个参数设置为 vector 容器 buffers 变量中含有元素的数量（与 vector 容器 offsets 变量中含有元素的数量相同）；将第四个参数设置为指向 vector 容器 buffers 变量中第一个元素的指针；将第五个参数设置为指向 vector 容器 offsets 变量中第一个元素的指针。

具体运行情况

在创建图形管线的过程中，我们应设置会在执行绘制操作过程中用到（提供给着色器）的顶点属性。通过顶点绑定关系和属性描述可以做到这一点（请参阅第 8 章）。使用顶点绑定关系和属性描述，可以定义属性的数量、属性的数据格式、用于执行着色器访问操作的属性地址，以及内存属性（如偏移量和内存图像行跨度）。我们还应该设置用于读取指定属性的绑定关系索引，通过这个绑定关系可以关联用于存储属性数据的缓冲区。这种关联是通过将缓冲区与指定命令缓冲区中选定的绑定关系索引绑定到一起实现的。

```
std::vector<VkBuffer>       buffers;
std::vector<VkDeviceSize> offsets;
for( auto & buffer_parameters : buffers_parameters ) {
  buffers.push_back( buffer_parameters.Buffer );
  offsets.push_back( buffer_parameters.MemoryOffset );
}
vkCmdBindVertexBuffers( command_buffer, first_binding,
  static_cast<uint32_t>(buffers_parameters.size()), buffers.data(),
  offsets.data() );
```

在上面的代码中，需要绑定的所有缓冲区的句柄和内存偏移量都存储在类型为 std::vector<VertexBufferParameters>、名为 buffers_parameters 的变量中。

 注意，只能绑定通过 VK_BUFFER_USAGE_VERTEX_BUFFER_BIT 用法创建的缓冲区。

参考内容

请参阅第 3 章的下列内容：
- 启动命令缓冲区记录操作。

请参阅第 4 章的下列内容：
- 创建缓冲区。

请参阅第 8 章的下列内容：
- 设置管线顶点绑定关系描述、属性描述和输入状态。

请参阅本章的下列内容：

- 绘制几何图形。
- 绘制带索引的几何图形。

绑定索引缓冲区

为了绘制几何图形，可以通过两种方式设置顶点及它们的属性。第一种方式是使用普通的列表，该列表中的顶点数据会被逐个读取；第二种方式是使用索引指明哪些是应读取的用于绘制几何图形的顶点，该功能称为带索引的绘制操作（indexed drawing）。使用带索引的绘制操作可以减少占用的内存空间，因为这可以避免每次都读取所有顶点数据。在每个顶点都拥有多个属性，而且这些顶点会在许多几何图形中被交叉使用的情况下，这个功能尤为有用。

索引存储在索引缓冲区中，在绘制带索引的几何图形前必须绑定索引缓冲区。

具体处理过程

（1）获取命令缓冲区的句柄，将其存储到一个 VkCommandBuffer 类型的变量中，将该变量命名为 command_buffer。确保这个命令缓冲区正处于记录状态。

（2）获取索引缓冲区的句柄，将其存储到一个 VkBuffer 类型的变量中，将该变量命名为 buffer。

（3）获取用于指明索引数据存储区域起点的偏移量（与缓冲区内存起始地址的距离）。将其存储到一个 VkDeviceSize 类型变量中，将该变量命名为 memory_offset。

（4）设置索引值的数据类型。使用 VK_INDEX_TYPE_UINT16 可以将索引值的数据类型设置为 16 位的无符号整数，使用 VK_INDEX_TYPE_UINT32 可以将索引值的数据类型设置为 32 位的无符号整数。将这两个值其中之一，储存到一个 VkIndexType 类型的变量中，将该变量命名为 index_type。

（5）调用 vkCmdBindIndexBuffer(command_buffer, buffer, memory_offset, index_type)函数。将第一个参数设置为命令缓冲区的句柄；将第二个参数设置为索引缓冲区的句柄；将第三个参数设置为索引数据存储区域起始地址的偏移量；将第四个参数设置为索引值的数据类型（index_type 变量）。

具体运行情况

要使用缓冲区存储顶点的索引，需要使用 VK_BUFFER_USAGE_INDEX_BUFFER_BIT

用法创建该缓冲区，而且其中存储的数据必须是用于指明需要在绘制操作中使用的顶点的索引。在索引缓冲区中，所有索引必须紧密地存储在一起（一个紧邻着另一个），而且这些索引必须指向顶点数据中指定的顶点，如下图所示。

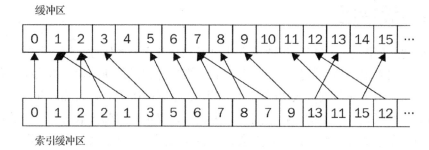

在记录带索引的绘制命令前，需要先绑定索引缓冲区：

vkCmdBindIndexBuffer(command_buffer, buffer, memory_offset, index_type);

在这条函数调用语句中，应将第一个参数设置为命令缓冲区的句柄，以便使用该命令缓冲区记录这个函数和索引缓冲区；应将第三个参数设置为索引数据存储区域起始地址的偏移量，从而告知驱动程序应从哪里开始读取索引数据；应将第四个参数设置为 index_type 变量，以便指明索引值的数据类型是 16 位的无符号整数，还是 32 位的无符号整数。

参考内容

请参阅第 3 章的下列内容：
- 启动命令缓冲区记录操作。

请参阅第 4 章的下列内容：
- 创建缓冲区。

请参阅本章的下列内容：
- 绑定顶点缓冲区。
- 绘制带索引的几何图形。

通过入栈常量为着色器提供数据

在执行绘制操作或分配计算工作的过程中，会执行特殊的着色器阶段，这些着色器阶段是在创建管线过程中被定义的。这样这些着色器就会处理它们的工作，因此我们需要为这些着色器提供数据。在大多数情况中可以使用描述符集合，因为这样可以通过缓冲区或图像提供数 KB 或数 MB 的数据，但是使用描述符集合太复杂。而且更为重要的是，频繁地更换描述符集合会影响应用程序的性能。有时我们需要通过简洁的方式为着色器提供少量数据，使用入栈常量可以做到这一点。

具体处理过程

（1）获取命令缓冲区的句柄，将其存储到一个 VkCommandBuffer 类型的变量中，将该变量命名为 command_buffer。确保这个命令缓冲区正处于记录状态。

（2）获取使用了一组入栈常量的管线布局的句柄，将其存储到一个 VkPipelineLayout 类型的变量中，将该变量命名为 pipeline_layout。

（3）创建一个 VkShaderStageFlags 类型的变量，将其命名为 pipeline_stages，使用该变量定义用于访问指定范围内入栈常量数据的着色器阶段。

（4）创建一个 uint32_t 类型的变量，将其命名为 offset，该变量用于存储需要更新的入栈常量内存区域的起始地址的偏移量（以字节为单位）。offset 变量中存储的值必须为 4 的倍数。

（5）创建一个 uint32_t 类型的变量，将其命名为 size，该变量用于定义需要更新的入栈常量内存区域的尺寸（以字节为单位）。size 变量中存储的值必须为 4 的倍数。

（6）创建一个 void *类型的变量，将其命名为 data，该变量用于存储指向复制给入栈常量的源数据的指针。

（7）调用 vkCmdPushConstants(command_buffer, pipeline_layout, pipeline_stages, offset, size, data)函数。

（8）将前面步骤（1）～步骤（6）创建的变量，设置为（与创建这些变量的次序相同）该函数调用操作的参数。

具体运行情况

使用入栈常量可以快速地为着色器提供少量数据（请参阅第 7 章），驱动程序必须为入栈常量数据提供至少 128 字节的内存空间。这个内存区域并不大，而且使用入栈常量的速度比更新描述符资源中数据的速度快得多。这就是使用入栈常量提供更新频率非常快（如每次绘制操作或计算着色器工作分配操作）的数据的原因。

入栈常量中存储的数据是从指定内存地址复制来的。注意，存储到入栈常量中的数据的尺寸（字节数）必须为 4 的倍数。入栈常量内存区域的偏移量（用于定义数据存储位置的值)也必须为 4 的倍数。例如,可使用下面的代码复制 4 个浮点型数值。

```
std::array<float, 4> color = { 0.0f, 0.7f, 0.4f, 0.1f };
ProvideDataToShadersThroughPushConstants( CommandBuffer, *PipelineLayout,
VK_SHADER_STAGE_FRAGMENT_BIT, 0, static_cast<uint32_t>(sizeof( color[0] ) *
color.size()), &color[0] );
```

ProvideDataToShadersThroughPushConstants()是一个自定义函数,它通过下面的方式为着色器提供数据。

```
vkCmdPushConstants( command_buffer, pipeline_layout, pipeline_stages,
offset, size, data );
```

参考内容

请参阅第 7 章的下列内容:
- 在着色器中使用入栈常量。

请参阅第 8 章的下列内容:
- 创建管线布局。

通过动态方式设置视口状态

图形管线定义了在渲染处理过程中使用的多种状态的参数。当创建管线对象需要修改这些参数中的某些值时,通过手动方式完成这项任务既烦琐且不切实际,这就是 Vulkan 引入动态状态的原因。我们可以通过动态方式定义视口转换参数。在这种情况下,可以通过记录在命令缓冲区中的函数调用命令设置视口转换参数。

具体处理过程

(1)获取命令缓冲区的句柄,确保该命令缓冲区正处于记录状态。将该句柄存储到一个 VkCommandBuffer 类型的变量中,将这个变量命名为 command_buffer。

(2)设置需要设定参数的第一个视口的编号,将该编号存储到一个 uint32_t 类型的变量中,将这个变量命名为 first_viewport。

(3)创建一个 std::vector<VkViewport>类型的变量,将其命名为 viewports。使用 vector 容器 viewports 变量中的每个元素,代表一个在管线创建过程中定义的视口。使用下列值通过每个元素设置相应视口的参数。

- 将视口左上角的 x 轴坐标（单位为像素）赋予 x 成员。
- 将视口左上角的 y 轴坐标（单位为像素）赋予 y 成员。
- 将视口的宽度赋予 width 成员。
- 将视口的高度赋予 height 成员。
- 将在片段深度计算中使用的最小深度值，赋予 minDepth 成员。
- 将已计算出的片段深度中的最大值，赋予 maxDepth 成员。

（4）调用 vkCmdSetViewport(command_buffer, first_viewport, static_cast<uint32_t>(viewports.size()), viewports.data())函数。将第一个参数设置为命令缓冲区的句柄（存储在 command_buffer 变量中）；将第二个参数设置为 first_viewport 变量；将第三个参数设置为 vector 容器 viewports 变量中含有元素的数量；将第四个参数设置为指向 vector 容器 viewports 变量中第一个元素的指针。

具体运行情况

可以在创建管线的过程中使用动态的管线状态设置视口状态（请参阅第 8 章）。使用下面的函数调用语句可以设置视口的面积。

```
vkCmdSetViewport( command_buffer, first_viewport,
    static_cast<uint32_t>(viewports.size()), viewports.data() );
```

定义在渲染处理过程中使用的每个视口的面积的参数，都是通过数组设置的，该数组中的每个元素都与一个视口（该视口的编号存储在上面代码中的 first_viewport 变量中，使用 fristViewport 函数可以设置该编号）对应。

我们只需要牢记在渲染处理过程中使用的视口的编号，永远都是以静态方式在管线中设定的，这与是否使用动态方式设置视口状态无关。

参考内容

请参阅第 3 章的下列内容：
- 启动命令缓冲区记录操作。

请参阅第 8 章的下列内容：
- 设置管线视口和剪断测试状态。
- 设置管线动态状态。

通过动态方式设置剪断状态

视口定义了附着材料（图像）的某一部分，该部分会映射到裁剪空间中。使用剪断测试可以进一步将绘制操作约束在视口区域中，在所有情况中剪断测试功能都会被启用，我们只需要为它设置各种参数。在创建管线的过程中，可以通过静态方式设置这些参数，也可以通过动态方式设置这些参数。动态方式是通过记录在命令缓冲区中的函数调用命令实现的。

具体处理过程

（1）获取命令缓冲区的句柄，确保该命令缓冲区正处于记录状态，将该句柄存储到一个 VkCommandBuffer 类型的变量中，将这个变量命名为 command_buffer。

（2）设置第一个剪断矩形的编号，将该编号存储到一个 uint32_t 类型的变量中，将这个变量命名为 first_scissor。注意，剪断矩形的数量应与视口的数量相同。

（3）创建一个 std::vector<VkRect2D>类型的变量，将其命名为 scissors。使用 vector 容器 scissors 变量中的每个元素，代表一个需要设置的剪断矩形。使用下列值设置每个元素中的各个成员。

- 将视口左上角的水平偏移量（单位为像素），赋予 offset 成员的 x 子成员。
- 将视口左上角的垂直偏移量（单位为像素），赋予 offset 成员的 y 子成员。
- 将剪断矩形的宽度（单位为像素），赋予 extent 成员的 width 子成员。
- 将剪断矩形的高度（单位为像素），赋予 extent 成员的 height 子成员。

（4）调用 vkCmdSetScissor(command_buffer, first_scissor, static_cast<uint32_t>(scissors.size()), scissors.data())函数。将第一个参数设置为 command_buffer 变量；将第二个参数设置为 first_scissor 变量；将第三个参数设置为 vector 容器 scissors 变量中含有元素的数量；将第四个参数设置为指向 vector 容器 scissors 变量中第一个元素的指针。

具体运行情况

使用剪断测试可以将渲染操作约束在视口内部设置的矩形区域中，该测试功能永远都会被启用，而且必定会应用于在管线创建过程中定义的所有视口。换言之，剪断矩形的数量必定会与视口的数量相同。如果通过动态方式设置剪断测试的参数，就不需要使用单个的函数调用语句。但是在记录绘制命令前，必须先定义所有视口的剪断矩形。

使用下面的代码可以为剪断测试定义一组剪断矩形。

```
vkCmdSetScissor( command_buffer, first_scissor,
static_cast<uint32_t>(scissors.size()), scissors.data() );
```

使用 vkCmdSetScissor()函数只能为一部分视口定义剪断矩形。scissors 数组（vector 容器）中索引 i 指向的参数，与索引 first_scissor + i 指向的视口对应。

参考内容

请参阅第 3 章的下列内容：
- 启动命令缓冲区记录操作。

请参阅第 8 章的下列内容：
- 设置管线视口和剪断测试状态。
- 设置管线动态状态。

请参阅本章的下列内容：
- 通过动态方式设置视口状态。

通过动态方式设置线条宽度状态

在创建图形管线过程中定义的其中的一个参数，是绘制线条的宽度，我们可以通过静态方式定义它。但是，如果需要使用多种宽度绘制多条线条，就应该将线条宽度设置为动态状态。通过这种方式我们可以使用相同的管线对象，并通过函数调用语句设置线条的宽度。

具体处理过程

（1）获取命令缓冲区的句柄，确保该命令缓冲区正处于记录状态。将该句柄存储到一个 VkCommandBuffer 类型的变量中，将这个变量命名为 command_buffer。

（2）创建一个 float 类型的变量，将其命名为 line_width，该变量用于存储线条的宽度。

（3）调用 vkCmdSetLineWidth(command_buffer, line_width)函数，将第一个参数设置为 command_buffer 变量；将第二个参数设置为 line_width 变量。

具体运行情况

使用 vkCmdSetLineWidth()函数，可以通过动态方式为指定的图形管线设置线条的宽度。我们只需要牢记，在使用多种宽度时，必须在创建逻辑设备的过程中启用 wideLines 功能；否则，就只能将线条宽度设置为浮点型值 1.0。在这种情况下，我们就无法使用动态的线条宽度状态创建管线了。但是，如果启用了 wideLines 功能，就可以使用下面的代码设置各种线条宽度。

```
vkCmdSetLineWidth( command_buffer, line_width );
```

参考内容

请参阅第 3 章的下列内容：
- 启动命令缓冲区记录操作。

请参阅第 8 章的下列内容：
- 设置管线输入组合状态。
- 设置管线光栅化状态。
- 设置管线动态状态。

通过动态方式设置深度偏移状态

在启用了光栅化功能的情况下，在光栅化处理过程中生成的每个片段都拥有其本身的坐标（在屏幕上的位置）和深度值（与摄像机的距离）。深度值用于进行深度测试，以便使不透明的物体能够遮挡住其他物体。

通过启用深度偏移功能，可以修改片段已计算出的深度值。在创建管线的过程中，我们可以通过设置参数调整片段的深度。但是，在通过动态方式（深度偏移状态）调整片段的深度时，可以调用函数完成这项任务。

具体处理过程

（1）获取命令缓冲区的句柄，并确保该命令缓冲区正处于记录状态。将该句柄存储到一个 VkCommandBuffer 类型的变量中，将这个变量命名为 command_buffer。

（2）创建一个 float 类型的变量，将其命名为 constant_factor，该变量用于存储添加到片段深度中的固定偏移量。

（3）创建一个 float 类型的变量，将其命名为 clamp，该变量用于储存能够应用于未修改深度的最大（或最小）深度偏移量。

(4) 创建一个 float 类型的变量，将其命名为 slope_factor，该变量用于存储在深度偏移计算中使用的片段斜率因子。

(5) 调用 vkCmdSetDepthBias(command_buffer, constant_factor, clamp, slope_factor)函数。将第一个参数设置为 command_buffer 变量；将第二个参数设置为 constant_factor 变量；将第三个参数设置为 clamp 变量；将第四个参数设置为 slope_factor 变量。

具体运行情况

深度偏移操作用于调整指定片段（更确切地说是通过指定多边形生成的所有片段）的深度值。在绘制非常接近其他物体的物体时，经常会用到这种操作，如墙上贴的图画或海报。由于深度计算的固有特性，当摄像机位于较远距离时，这类物体可能会被错误地绘制（部分内容被遮挡），这种问题称为深度冲突（depth-fighting 或 Z-fighting）。

使用深度偏移操作可以修改已计算出的深度值（在深度测试中使用的且存储在深度附着材料中的值），而且不会对已渲染的图像产生任何影响（不会在海报和墙之间增加可见距离）。这些深度偏移操作是根据常数因子和片段斜率执行的，我们还应该设置深度偏移的最大值或最小值（允许执行偏移操作的范围）。使用下面的代码可以设置这些参数。

```
vkCmdSetDepthBias( command_buffer, constant_factor, clamp, slope_factor );
```

参考内容

请参阅第 3 章的下列内容：
- 启动命令缓冲区记录操作。

请参阅第 8 章的下列内容：
- 设置管线深度和刻板状态。
- 设置管线光栅化状态。
- 设置管线动态状态。

通过动态方式设置混合常量状态

混合是一种处理过程，它将存储在指定附着材料中的颜色和已处理片段的颜色混合到一起，该处理过程通常用于模拟透明效果。

可以通过多种方式将片段的颜色与存储在附着材料中的颜色混合到一起。要执行这种混合操作，需要设置用于生成最终颜色的因子（权重）和操作，有时还需要设置在这些混合计算操作中使用的额外的固定颜色。在创建管线的过程中，我们可以设定通过动态方式提供固定颜色的各个组成部分。在这类情况中，可通过已记录到命令缓冲区中的函数调用命令完成这项任务。

具体处理过程

(1) 获取命令缓冲区的句柄，将该句柄存储到一个 VkCommandBuffer 类型的变量中，将这个变量命名为 command_buffer。

(2) 创建一个 std::array<float, 4>类型的变量，将其命名为 blend_constants。在这个数组的 4 个元素中，分别存储在混合计算中使用的固定颜色的红色、绿色、蓝色和 alpha 值。

(3) 调用 vkCmdSetBlendConstants(command_buffer, blend_constants.data())函数，将第一个参数设置为 command_buffer 变量，将第二个参数设置为指向 blend_constants 数组中第一个元素的指针。

具体运行情况

混合功能是在创建图形管线的过程中（通过静态方式）启用的，启用了该功能后，我们必须提供用于定义混合处理过程的多个参数（请参阅第 8 章）。这些参数中含有混合常量，在混合计算中使用固定颜色的 4 个组成部分。通常，这 4 个组成部分是在创建管线的过程中通过静态方式定义的。但是，如果我们启用了混合功能，并且想要使用多个值设置混合常量，就应该设定通过动态方式提供这些参数（请参阅第 8 章）。这样我们就不需要创建多个类似的图形管线对象了。

使用下面的函数调用语句可以提供混合常量的值。

```
vkCmdSetBlendConstants( command_buffer, blend_constants.data() );
```

参考内容

请参阅第 3 章的下列内容：
- 启动命令缓冲区记录操作。

请参阅第 8 章的下列内容：
- 设置管线混合状态。
- 设置管线动态状态。

绘制几何图形

绘制是一种通常需要使用图形 API（如 OpenGL 和 Vulkan）执行的操作。绘制操作会将应用程序通过顶点缓冲区提供的几何图形（顶点）沿图形管线传输，而且在图形管线中几何图形（顶点）会由可编程的着色器和固定的函数阶段一个步骤接一个步骤地处理。

我们需要为绘制操作提供想要处理（显示）的顶点的数量，使用绘制操作还可以一次显示同一几何图形的多个实例。

具体处理过程

（1）获取命令缓冲区的句柄，将其存储到一个 VkCommandBuffer 类型的变量中，将该变量命名为 command_buffer。确保这个命令缓冲区正处于记录状态，而且在渲染处理过程中使用的所有状态的参数都已经在该命令缓冲区中设置好（与该命令缓冲区绑定好），还应确保渲染通道已经在这个命令缓冲区中被启动。

（2）创建一个 uint32_t 类型的变量，将其命名为 vertex_count；该变量用于存储需要绘制的顶点的数量。

（3）创建一个 uint32_t 类型的变量，将其命名为 instance_count；该变量用于存储需要显示的几何图形实例的数量。

（4）创建一个 uint32_t 类型的变量，将其命名为 first_vertex；该变量用于存储需要绘制的第一个顶点的编号。

（5）创建一个 uint32_t 类型的变量，将其命名为 first_instance；该变量用于存储第一个实例（实例偏移量）的编号。

（6）调用 vkCmdDraw(command_buffer, vertex_count, instance_count, first_vertex, first_instance)函数，将前面步骤介绍的变量按相应顺序设置为该函数调用命令的参数。

具体运行情况

通过调用下面的函数可以执行绘制操作：

```
vkCmdDraw( command_buffer, vertex_count, instance_count, first_vertex,
first_instance );
```

使用该函数可以绘制任意数量的顶点，这些顶点和它们的属性会一个挨一个地存储在顶点缓冲区中（在没有使用索引缓冲区的情况下）。在调用该函数时需要提供顶点的偏移量，执行绘制操作的第一个顶点的编号。当一个顶点缓冲区中存储了多个模型（如由多个图形组成的复杂几何图形），而且只需要绘制其中的一个模型时，可以使用这种处理方式。

使用上面的函数可以绘制一个网格（模型），还可以为该网格绘制多个实例。在绘制每个实例（不是每个顶点）都需要修改某些属性的情况中，这个函数尤为有用（请参阅第8章）。这样在绘制同一模型的多个实例时，每个实例都会有微小的差异。

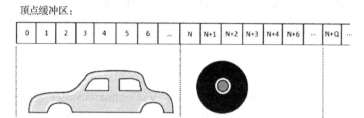

在 Vulkan 中，我们做的所有事情都是通过绘制操作实现的。因此在将一条绘制命令记录到命令缓冲区前，必须确保设置好所有必要的数据和参数。注意，每次将绘制操作记录到命令缓冲区后，绘制命令都不会有任何状态。因此，要执行绘制操作，必须先为绘制操作设置相应的状态。

 Vulkan 中没有"默认状态"的概念。

描述符集合和动态管线状态就是典型的例子。当每次启动命令缓冲区的记录操作时，在执行绘制操作前，必须将所有必要的描述符集合（供着色器使用）与该命令缓冲区绑定到一起。与此类似，设置为动态模式的所有管线状态，都必须通过相应的函数获取参数。需要注意的是，要通过正确的方式执行绘制操作，必须先在命令缓冲区中启动渲染通道。

绘制操作只能在渲染通道中被执行。

参考内容

请参阅第 3 章的下列内容：
- 启动命令缓冲区记录操作。

请参阅第 4 章的下列内容：
- 创建缓冲区。

请参阅第 5 章的下列内容：
- 创建描述符集合布局。

请参阅第 6 章的下列内容：
- 创建渲染通道。
- 创建帧缓冲区。
- 启动渲染通道。

请参阅第 8 章的下列内容：
- 创建图形管线。
- 绑定管线对象。

请参阅本章的下列内容：
- 绑定顶点缓冲区。
- 通过动态方式设置视口状态。
- 通过动态方式设置剪断状态。

绘制带索引的几何图形

重用已存储在顶点缓冲区中的顶点，通常会更方便。立方体的角属于多个面，与此类似的几何图形中的顶点可能会属于整个模型中的多个组成部分。

一个接一个地绘制物体上的顶点，会多次存储相同的顶点和这些顶点的属性。更好的解决方案是标明需要在绘制操作中使用的顶点，而不考虑这些顶点存储在顶点缓冲区中的次序。因此，Vulkan 中引入了索引化的绘制操作。要使用存储在索引缓冲区中的索引绘制几何图形，需要调用 vkCmdDrawIndexed() 函数。

具体处理过程

（1）创建一个 VkCommandBuffer 类型的变量，将其命名为 command_buffer，该变量用于存储命令缓冲区的句柄。确保这个命令缓冲区正处于记录状态。

（2）创建一个 uint32_t 类型的变量，将其命名为 index_count，该变量用于存储需要绘制的顶点（顶点的索引）的数量。

（3）创建一个 uint32_t 类型的变量，将其命名为 instance_count，该变量用于存储需要绘制的实例（同一几何图形的）的数量。

（4）创建一个 uint32_t 类型的变量，将其命名为 first_index，该变量用于存储从索引缓冲区的起点到第一个索引的偏移量（需要绘制的第一个顶点的索引与索引缓冲区起点之间的索引的数量），绘制操作会从该索引指向的顶点开始执行。

（5）创建一个 uint32_t 类型的变量，将其命名为 vertex_offset，该变量用于存储顶点偏移量（添加到索引中的值）。

（6）创建一个 uint32_t 类型的变量，将其命名为 first_instance，该变量用于存储需要绘制的第一个几何图形实例的编号。

（7）调用 vkCmdDrawIndexed(command_buffer, index_count, instance_count, first_index, vertex_offset, first_instance)函数，按照相应顺序将上面介绍的变量设置为参数。

具体运行情况

　　索引化的绘制操作是一种减少内存消耗的解决方案，使用这种处理方式可以从顶点缓冲区去除重复的顶点，因而可以减少为顶点缓冲区分配的内存。虽然必须额外增加索引缓冲区，但是通常顶点数据占用的内存更多。在每个顶点含有多个属性（除位置属性外，还可能包括法线、切线、二重切线向量和两个纹理坐标）的情况中，这种差异尤为明显。

　　使用索引化的绘制操作还可以使图形硬件能够通过顶点缓存表单重用已处理的顶点。在执行普通绘制操作（非索引化的）时，硬件需要处理所有顶点。在使用了索引的情况下，硬件能够获得额外的已处理顶点的信息，并能够知道指定顶点最近是否已经被处理过。如果该顶点最近被使用过（最近被使用过的数十个顶点之一），那么硬件通常会重用该顶点上一次的处理结果。

　　要使用顶点索引绘制几何图形，在记录索引化的绘制命令前，需要先绑定索引缓冲区（请参阅"绑定索引缓冲区"小节），启动渲染通道，因为索引化的渲染操作（与普通渲染操作一样）只能在渲染通道的内部被记录。还需要绑定图形管线及所有必要的状态（根据图形管线使用的资源），做好上述准备工作后就可以调用下面的函数。

```
vkCmdDrawIndexed( command_buffer, index_count, instance_count, first_index,
 vertex_offset, first_instance );
```

 与普通绘制操作一样，索引化的绘制操作也只能在渲染通道内部被执行。

参考内容

请参阅第 3 章的下列内容：
- 启动命令缓冲区记录操作。

请参阅第 4 章的下列内容：
- 创建缓冲区。

请参阅第 5 章的下列内容：
- 绑定描述符集合。

请参阅第 6 章的下列内容：
- 创建渲染通道。
- 创建帧缓冲区。
- 启动渲染通道。

请参阅第 8 章的下列内容：
- 创建图形管线。
- 绑定管线对象。

请参阅本章的下列内容：
- 绑定顶点缓冲区。
- 绑定索引缓冲区。
- 通过动态方式设置视口状态。
- 通过动态方式设置剪断状态。

分配计算工作

除绘制操作外，Vulkan 还可以执行常规计算操作。因此，我们需要编写计算着色器并执行它们，这称为分配计算工作。当提交需要执行的计算工作时，我们应设定执行多少个计算着色器实例,以及将这些实例划分为不同工作组的方式。

具体处理过程

(1)获取命令缓冲区的句柄,将其存储到一个 VkCommandBuffer 类型的变量中,将这个变量命名为 command_buffer。确保该命令缓冲区正处于记录状态,而且当前没有启动的渲染通道。

(2)创建一个 uint32_t 类型的变量,将其命名为 x_size,将本地工作组的数量和 x 轴坐标都存储到该变量中。

(3)创建一个 uint32_t 类型的变量,将其命名为 y_size,将本地工作组的数量和 y 轴坐标都存储到该变量中。

(4)创建一个 uint32_t 类型的变量,将其命名为 z_size,将本地工作组的数量和 z 轴坐标都存储到该变量中。

(5)调用 vkCmdDispatch(command_buffer, x_size, y_size, z_size)函数,将上述变量按照相应次序设置为参数。

具体运行情况

在分配计算工作时,可使用已绑定计算管线中的计算着色器执行计算任务。计算着色器会使用描述符集合提供的资源得出的计算结果,也只能存储在描述符集合提供的资源中。

计算着色器没有需要它们必须完成的特定目标,也没有必须满足的使用条件。使用计算着色器可以执行用于处理描述符资源提供的数据的任何计算操作;使用计算着色器可以进行图像后期处理,如色彩校正和模糊处理;使用计算着色器还可以进行物理计算,并将转换矩阵存储在缓冲区中,也可以计算几何变形图形的新位置。只有期望性能和硬件功能,会限制计算着色器的能力。

计算着色器是以工作组的形式分配的,根据顶点的 x、y 和 z 轴坐标划分的本地调用语句编号,它是在着色器源代码中设置的(请参阅第 7 章),这些调用语句的集合被称为工作组。在分配计算着色器的过程中,我们需要设定在 x、y 和 z 轴方向执行多个这样的工作组。使用 vkCmdDispatch()函数可以做到这一点。

```
vkCmdDispatch( command_buffer, x_size, y_size, z_size );
```

需要注意的是,在指定维度上的工作组的数量,不能超过物理设备限定的 maxComputeWorkGroupCount[3]数组中相应索引的值。当前硬件必须能够在指定维度上分配至少 65 535

个工作组。

分配计算工作组的操作不能在渲染通道内部被执行。在 Vulkan 中，渲染通道只能用于执行绘制操作。如果绑定计算管线并在计算着色器中执行计算操作，就必须停止渲染通道。

 不能在渲染通道内部分配计算着色器。

参考内容

请参阅第 3 章的下列内容：
- 启动命令缓冲区记录操作。

请参阅第 5 章的下列内容：
- 绑定描述符集合。

请参阅第 6 章的下列内容：
- 停止渲染通道。

请参阅第 7 章的下列内容：
- 编写计算着色器。

请参阅第 8 章的下列内容：
- 创建计算管线。
- 绑定管线对象。

在主要命令缓冲区的内部执行次要命令缓冲区

在 Vulkan 中我们可以使用两种命令缓冲区：主要命令缓冲区和次要命令缓冲区。可以将主要命令缓冲区直接提交到命令队列中，而次要命令缓冲区只能通过主要命令缓冲区执行。

具体处理过程

（1）获取命令缓冲区的句柄，将其存储到一个 VkCommandBuffer 类型的变量中，将这个变量命名为 command_buffer。确保该命令缓冲区正处于记录状态。

（2）创建一个 std::vector<VkCommandBuffer> 类型的变量，将其命名为 secondary_command_buffers，该变量用于存储应在主要命令缓冲区（由 command_buffer 变量

代表）中执行的次要命令缓冲区的句柄。

（3）调用 vkCmdExecuteCommands(command_buffer, static_cast<uint32_t>(secondary_command_buffers.size()), secondary_command_buffers.data())函数。将第一个参数设置为主要命令缓冲区的句柄（command_buffer 变量）；将第二个参数设置为 vector 容器 secondary_command_buffers 变量中含有元素的数量；将第三个参数设置为指向 vector 容器 secondary_command_buffers 变量中第一个元素的指针。

具体运行情况

次要命令缓冲区执行记录操作的方式与主要命令缓冲区执行记录操作的方式类似。在大多数情况中，主要命令缓冲区足以完成渲染和计算工作。但是，我们可能会遇到需要将工作分别存储到两种类型的命令缓冲区的情况。当将命令记录到次要命令缓冲区，然后想要使硬件处理它们时，可以使用下面的代码通过主要命令缓冲区执行这些次要命令缓冲区。

```
vkCmdExecuteCommands( command_buffer,
    static_cast<uint32_t>(secondary_command_buffers.size()),
    secondary_command_buffers.data() );
```

参考内容

请参阅第 3 章的下列内容：
- 启动命令缓冲区记录操作。

在命令缓冲区中记录通过动态视口和剪断状态绘制几何图形的命令

前面已经介绍了使用 Vulkan 绘制图像的所有必要知识。本节会总结前面几个小节介绍的知识，使用这些知识在命令缓冲区中记录绘制几何图形的命令。

准备工作

为了绘制几何图形，我们会使用下面的自定义结构：

```
struct Mesh {
    std::vector<float> Data;
```

```
        std::vector<uint32_t> VertexOffset;
        std::vector<uint32_t> VertexCount;
    };
```

Data 成员用于存储指定顶点的所有属性（通过一个顶点接一个顶点的方式）。例如，先存储第一个顶点的属性，它的位置属性由 3 个部分组成，它的法线向量由 3 个部分组成，而且第一个顶点的属性中还含有 2 个纹理坐标。存储了这些数据后，接着存储第二个顶点的属性（如位置、法线和纹理坐标），然后依次类推存储后面的顶点属性数据。

VertexOffset 成员用于存储几何图形独立部分的顶点偏移量，vector 容器 VertexCount 用于存储每个几何图形独立部分含有顶点的数量。

在绘制其数据存储在上述自定义结构中的模型前，需要先将 Data 成员的内容复制到与命令缓冲区绑定的顶点缓冲区中。

具体处理过程

（1）获取主要命令缓冲区的句柄，将其存储到一个 VkCommandBuffer 类型的变量中，将该变量命名为 command_buffer。

（2）开始向 command_buffer 变量代表的命令缓冲区中记录命令（请参阅第 3 章）。

（3）获取必要的交换链图像的句柄，将其存储到一个 VkImage 类型的变量中，将该变量命名为 swapchain_image（请参阅第 2 章）。

（4）获取用于显示交换链图像的队列家族的索引，将其存储到一个 uint32_t 类型的变量中，将该变量命名为 present_queue_family_index。

（5）获取用于执行图形操作的队列家族的索引，将其存储到一个 uint32_t 类型的变量中，将该变量命名为 graphics_queue_family_index。

（6）如果存储在 present_queue_family_index 和 graphics_queue_family_index 变量中的值不相同，就在 command_buffer 变量代表的命令缓冲区中设置一个内存屏障（请参阅第 4 章）。使用标志值 VK_PIPELINE_STAGE_TOP_OF_PIPE_BIT，设置最初通过队列接收命令的管线阶段（请参阅第 4 章"设置图像内存屏障"小节的 generating_stages 变量）。使用标志值 VK_PIPELINE_STAGE_COLOR_ATTACHMENT_OUTPUT_BIT，设置用于输出颜色附着材料的管线阶段（请参阅第 4 章"设置图像内存屏障"小节的 consuming_stages 变量）。创建一个 ImageTransition 类型的变量，将其命名为 image_transition_before_drawing，该变量用于设置内存屏障，使用下列值初始化该变量中的各个成员。

- 将 swapchain_image 变量的值赋予 Image 成员。
- 将 VK_ACCESS_MEMORY_READ_BIT 赋予 CurrentAccess 成员。
- 将 VK_ACCESS_COLOR_ATTACHMENT_WRITE_BIT 赋予 NewAccess 成员。
- 将 VK_IMAGE_LAYOUT_PRESENT_SRC_KHR 赋予 CurrentLayout 成员。
- 将 VK_IMAGE_LAYOUT_PRESENT_SRC_KHR 赋予 NewLayout 成员。
- 将 present_queue_family_index 变量的值赋予 CurrentQueueFamily 成员。
- 将 graphics_queue_family_index 变量的值赋予 NewQueueFamily 成员。
- 将 VK_IMAGE_ASPECT_COLOR_BIT 赋予 Aspect 成员。

（7）获取渲染通道的句柄，将其存储到一个 VkRenderPass 类型的变量中，将该变量命名为 render_pass。

（8）获取与 render_pass 变量代表的渲染通道兼容的帧缓冲区的句柄，将其存储到一个 VkFramebuffer 类型的变量中，将该变量命名为 framebuffer。

（9）将 framebuffer 变量代表的帧缓冲区的尺寸，存储到一个 VkExtent2D 类型的变量中，将该变量命名为 framebuffer_size。

（10）创建一个 std::vector<VkClearValue> 类型的变量，将其命名为 clear_values。使用 vector 容器 clear_values 变量中的每个元素，代表渲染通道（帧缓冲区）中需要清除的附着材料。

（11）在 command_buffer 代表的命令缓冲区中记录一条启动渲染通道的命令。将 render_pass、framebuffer、framebuffer_size 和 clear_values 变量，以及 VK_SUBPASS_CONTENTS_INLINE 用作参数（请参阅第 6 章）。

（12）获取图形管线的句柄，将其存储到一个 VkPipeline 类型的变量中，将该变量命名为 graphics_pipeline。确保这个管线是通过动态视口和剪断状态创建的。

（13）将该管线与命令缓冲区绑定到一起，将 graphics_pipeline 变量和 VK_PIPELINE_BIND_POINT_GRAPHICS 用作参数（请参阅第 8 章）。

（14）创建一个 VkViewport 类型的变量，将其命名为 viewport。使用下列值初始化该变量中的各个成员。

- 将浮点型数值 0.0 赋予 x 成员。
- 将浮点型数值 0.0 赋予 y 成员。
- 将 framebuffer_size 变量中 width 成员的值，赋予 width 成员。
- 将 framebuffer_size 变量中 height 成员的值，赋予 height 成员。
- 将浮点型数值 0.0 赋予 minDepth 成员。

- 将浮点型数值 1.0 赋予 maxDepth 成员。
(15) 通过动态方式在命令缓冲区中设置视口状态。将 first_viewport 参数设置为 0，创建一个 std::vector<VkViewport>类型的变量，将其命名为 viewports。使用 vector 容器 viewports 变量中的一个元素，代表一个在管线创建过程中定义的视口（请参阅"通过动态方式设置视口状态"小节）。
(16) 创建一个 VkRect2D 类型的变量，将其命名为 scissor，使用下列值初始化该变量中的各个成员。
- 将 0 赋予 offset 成员的 x 子成员。
- 将 0 赋予 offset 成员的 y 子成员。
- 将 framebuffer_size 变量中 width 成员的值，赋予 extent 成员的 width 子成员。
- 将 framebuffer_size 变量中 height 成员的值，赋予 extent 成员的 height 子成员。
(17) 在命令缓冲区中通过动态方式设置剪断状态。将 first_scissor 参数设置为 0，创建一个 std::vector<VkRect2D>类型的变量，将其命名为 scissors。使用 vector 容器 scissors 变量中的一个元素，代表一个需要设置的剪断矩形（请参阅"通过动态方式设置剪断状态"小节）。
(18) 创建一个 std::vector<VertexBufferParameters>类型的变量，将其命名为 vertex_buffers_parameters。使用 vector 容器 vertex_buffers_parameters 变量中的每个元素，代表一个需要与命令缓冲区绑定到一起的顶点缓冲区。使用下列值初始化每个元素中的各个成员。
- 将顶点缓冲区的句柄，赋予 Buffer 成员。
- 将以字节为单位的顶点缓冲区起始地址的偏移量［与缓冲区内存区域（其中的一部分被划分为顶点缓冲区）起始地址的距离］，赋予 memoryoffset 成员。
(19) 获取第一个绑定关系（第一个顶点缓冲区通过该绑定关系绑定）的编号，将其存储到一个 uint32_t 类型的变量中，将该变量命名为 first_vertex_buffer_binding。
(20) 使用 first_vertex_buffer_binding 和 vertex_buffers_parameters 变量，将顶点缓冲区与命令缓冲区绑定到一起（请参阅"绑定顶点缓冲区"小节）。
(21) 如果在执行绘制操作的过程中，需要使用描述符资源，就应执行下列操作。
① 获取管线布局的句柄，将其存储到一个 VkPipelineLayout 类型的变量中，将该变量命名为 pipeline_layout（请参阅第 8 章）。
② 创建一个 std::vector<VkDescriptorSet>类型的变量，将其命名为 descriptor_sets。使用 vector 容器 descriptor_sets 变量中的每个元素，代表一个在执行绘制操作过程中

会被使用的描述符集合。

③ 创建一个 uint32_t 类型的变量,将其命名为 index_for_first_descriptor_set,使用该变量存储需要绑定的第一个描述符集合的索引。

④ 使用 pipeline_layout、index_for_first_descriptor_set 和 descriptor_sets 变量,以及 VK_PIPELINE_BIND_POINT_GRAPHICS,将描述符集合与命令缓冲区绑定到一起。

(22)通过 vertex_count、instance_count、first_vertex 和 first_instance 参数,使用记录到命令缓冲区中的命令绘制几何图形(请参阅"绘制几何图形"小节)。

(23)停止命令缓冲区中的渲染通道(请参阅第 6 章)。

(24)如果存储在 present_queue_family_index 和 graphics_queue_family_index 变量中的值不相同,就在 command_buffer 变量代表的命令缓冲区中设置另一个内存屏障(请参阅第 4 章)。使用标志值 VK_PIPELINE_STAGE_TOP_OF_PIPE_BIT,设置最初通过队列接收命令的管线阶段(请参阅第 4 章"设置图像内存屏障"小节的 generating_stages 变量)。使用标志值 VK_PIPELINE_STAGE_COLOR_ATTACHMENT_OUTPUT_BIT,设置用于输出颜色附着材料的管线阶段(请参阅第 4 章"设置图像内存屏障"小节的 consuming_stages 变量)。创建一个 ImageTransition 类型的变量,将其命名为 image_transition_before_drawing,该变量用于设置该内存屏障,使用下列值初始化该变量中的各个成员。

- 将 swapchain_image 变量的值赋予 Image 成员。
- 将 VK_ACCESS_COLOR_ATTACHMENT_WRITE_BIT 赋予 CurrentAccess 成员。
- 将 VK_ACCESS_MEMORY_READ_BIT 赋予 NewAccess 成员。
- 将 VK_IMAGE_LAYOUT_PRESENT_SRC_KHR 赋予 CurrentLayout 成员。
- 将 VK_IMAGE_LAYOUT_PRESENT_SRC_KHR 赋予 NewLayout 成员。
- 将 graphics_queue_family_index 变量的值赋予 CurrentQueueFamily 成员。
- 将 present_queue_family_index 变量的值赋予 NewQueueFamily 成员。
- 将 VK_IMAGE_ASPECT_COLOR_BIT 赋予 Aspect 成员。

(25)停止向命令缓冲区中记录命令的操作(请参阅第 3 章)。

具体运行情况

假设需要绘制一个物体,如果想要直接在屏幕上显示这个物体,那么在执行绘制操作前,必须先获取交换链图像(请参阅第 2 章),再开始向命令缓冲区中记录命令(请参阅第 3 章)。

```
if( !BeginCommandBufferRecordingOperation( command_buffer,
VK_COMMAND_BUFFER_USAGE_ONE_TIME_SUBMIT_BIT, nullptr ) ) {
  return false;
}
```

需要记录的第一个操作是将交换链图像的布局切换为 VK_IMAGE_LAYOUT_COLOR_ATTACHMENT_OPTIMAL 布局。应通过隐式方式，使用合适的渲染通道参数（初始和子通道布局）执行该操作。但是，如果用于执行显示和图形操作的队列分属两个不同的家族，就必须执行所有权切换操作。这项任务无法通过隐式方式完成，因此我们需要一个图像内存屏障（请参阅第 4 章）。

```
if( present_queue_family_index != graphics_queue_family_index ) {
  ImageTransition image_transition_before_drawing = {
    swapchain_image,
    VK_ACCESS_MEMORY_READ_BIT,
    VK_ACCESS_COLOR_ATTACHMENT_WRITE_BIT,
    VK_IMAGE_LAYOUT_PRESENT_SRC_KHR,
    VK_IMAGE_LAYOUT_PRESENT_SRC_KHR,
    present_queue_family_index,
    graphics_queue_family_index,
    VK_IMAGE_ASPECT_COLOR_BIT
  };
  SetImageMemoryBarrier( command_buffer, VK_PIPELINE_STAGE_TOP_OF_PIPE_BIT,
    VK_PIPELINE_STAGE_COLOR_ATTACHMENT_OUTPUT_BIT, {
    image_transition_before_drawing } );
}
```

需要记录的第二个操作是启动渲染通道（请参阅第 6 章），还需要绑定管线对象（请参阅第 8 章）。在设置任何相关的管线状态前，必须先完成这项任务。

```
BeginRenderPass( command_buffer, render_pass, framebuffer, { { 0, 0 },
framebuffer_size }, clear_values, VK_SUBPASS_CONTENTS_INLINE );

BindPipelineObject( command_buffer, VK_PIPELINE_BIND_POINT_GRAPHICS,
graphics_pipeline );
```

将管线绑定好后，必须设置好在创建管线的过程中被设定为动态模式的所有状态。本例需要设置视口和剪断状态（请参阅"通过动态方式设置视口状态"和"通过动态方式设置剪断状态"小节），还需要绑定一个用作顶点数据源的缓冲区（请参阅"绑定顶点缓冲区"小节），该缓冲区必须含有从 Mesh 类型变量复制来的数据。

```
VkViewport viewport = {
  0.0f,
  0.0f,
  static_cast<float>(framebuffer_size.width),
  static_cast<float>(framebuffer_size.height),
  0.0f,
  1.0f,
};
SetViewportStateDynamically( command_buffer, 0, { viewport } );
VkRect2D scissor = {
  {
    0,
    0
  },
  {
    framebuffer_size.width,
    framebuffer_size.height
  }
};
SetScissorStateDynamically( command_buffer, 0, { scissor } );

BindVertexBuffers( command_buffer, first_vertex_buffer_binding,
  vertex_buffers_parameters );
```

在本例中需要记录的最后一个操作，是绑定能够在着色器内部访问的描述符集合（请参阅第 5 章）。

```
BindDescriptorSets( command_buffer, VK_PIPELINE_BIND_POINT_GRAPHICS,
  pipeline_layout, index_for_first_descriptor_set, descriptor_sets, {} );
```

上述准备工作完成后，就可以绘制几何图形了。当然，在要求更高的情况中，我们还需要设置其他状态的参数，以及绑定其他资源。例如，可能需要使用索引缓冲区，并为入栈常量提供数据。但是对于许多情况来说，上述设置已经足够了。

```
for( size_t i = 0; i < geometry.Parts.size(); ++i ) {
  DrawGeometry( command_buffer, geometry.Parts[i].VertexCount,
instance_count, geometry.Parts[i].VertexOffset, first_instance );
}
```

要绘制几何图形，必须设置我们想要绘制的几何图形实例的数量和第一个几何图形实例的索引。应通过 Mesh 类型的变量，设置需要绘制的顶点的数量和偏移量。

在停止命令缓冲区的记录操作前，需要先停止渲染通道（请参阅第 6 章）。此后，还需要切换交换链图像。当渲染完动画中的一帧后，需要绘制（显示）一幅交换链图像。因此，应将交换链图像的布局切换为 VK_IMAGE_LAYOUT_PRESENT_SRC_KHR，要使显示引擎正确显示图像，就必须将图像切换为这种布局。这个转换操作也应该通过隐式方式，使用渲染通道参数（最终布局）执行。但是，如果用于执行图形和显示操作的队列分属不同的家族，就必须切换队列的所有权。这项任务可以通过添加另一个图像内存屏障完成。此后，应停止命令缓冲区的记录操作（请参阅第 3 章）。

```
EndRenderPass( command_buffer );

if( present_queue_family_index != graphics_queue_family_index ) {
  ImageTransition image_transition_before_present = {
    swapchain_image,
    VK_ACCESS_COLOR_ATTACHMENT_WRITE_BIT,
    VK_ACCESS_MEMORY_READ_BIT,
    VK_IMAGE_LAYOUT_PRESENT_SRC_KHR,
    VK_IMAGE_LAYOUT_PRESENT_SRC_KHR,
    graphics_queue_family_index,
    present_queue_family_index,
    VK_IMAGE_ASPECT_COLOR_BIT
  };
  SetImageMemoryBarrier( command_buffer,
VK_PIPELINE_STAGE_COLOR_ATTACHMENT_OUTPUT_BIT,
VK_PIPELINE_STAGE_BOTTOM_OF_PIPE_BIT, { image_transition_before_present }
  );
}
if( !EndCommandBufferRecordingOperation( command_buffer ) ) {
  return false;
}
```

```
    return true;
```

这段代码会停止命令缓冲区的记录操作,我们可以使用这个命令缓冲区,并将它提交给该(图形)队列。该命令缓冲区只能被提交一次,因为它的记录操作是使用 VK_COMMAND_BUFFER_USAGE_ONE_TIME_SUBMIT_BIT 标志值设置的。当然,我们也可以不使用这个标志值,从而能够多次提交一个命令缓冲区。

提交了这个命令缓冲区后,就可以将交换链图像显示到屏幕上了。但是应注意,提交和显示操作应同步执行(请参阅"创建动画中的单个帧"小节)。

参考内容

请参阅第 2 章的下列内容:
- 获取交换链图像。
- 显示图像。

请参阅第 3 章的下列内容:
- 启动命令缓冲区记录操作。
- 停止命令缓冲区记录操作。

请参阅第 4 章的下列内容:
- 设置缓冲区内存屏障。

请参阅第 5 章的下列内容:
- 绑定描述符集合。

请参阅第 6 章的下列内容:
- 启动渲染通道。
- 停止渲染通道。

请参阅第 8 章的下列内容:
- 绑定管线对象。

请参阅本章的下列内容:
- 绑定顶点缓冲区。
- 通过动态方式设置视口状态。
- 通过动态方式设置剪断状态。
- 绘制几何图形。
- 创建动画中的单个帧。

通过多个线程向命令缓冲区中记录命令

高级图形 API（如 OpenGL）非常容易被使用，但是会在许多方面受到限制。其中，一种局限性是缺乏使用多个线程渲染场景的功能。Vulkan 填补了这项空白，使用 Vulkan 可以通过多个线程记录命令缓冲区，从而不仅局限于图形硬件的能力，而且能够尽可能地利用 CPU 强大的处理能力。

准备工作

为了完成本节的实验，需要引入一个新的自定义结构。下面是该数据类型的定义。

```
struct CommandBufferRecordingThreadParameters {
VkCommandBuffer CommandBuffer;
  std::function<bool( VkCommandBuffer )> RecordingFunction;
};
```

这个自定义结构用于存储、执行命令缓冲区记录操作的每个线程的参数。通过指定线程执行记录操作的命令缓冲区的句柄，并存储在 CommandBuffer 成员中。RecordingFunction 成员用于定义一个函数，该函数用于使用独立线程执行命令缓冲区的记录操作。

具体处理过程

（1）创建一个 std::vector<CommandBufferRecordingThreadParameters>类型的变量，将其命名为 threads_parameters。使用 vector 容器 threads_parameters 变量中的每个元素，代表一个用于执行命令缓冲区记录命令的线程。使用下列值初始化每个元素中的成员。
- 将通过独立线程执行记录操作的命令缓冲区的句柄，赋予 CommandBuffer 成员。
- 将用于执行命令缓冲区记录操作的函数（会接收命令缓冲区的句柄），赋予 RecordingFunction 成员。

（2）创建一个 std::vector<std::thread>类型的变量，将其命名为 threads。调整该 vector 容器变量的尺寸，使它含有元素的数量与 vector 容器 threads_parameters 变量中含有元素的数量相同。

（3）为 vector 容器 threads_parameters 变量中含有的每个元素，启动一个运行 RecordingFunction 成员中函数的线程，将 CommandBuffer 成员的值用作该函数的参数。将创建好的线程的句柄，存储到 vector 容器 threads 变量的相应元素中。

（4）执行等待操作，直到 vector 容器 threads 变量中的所有线程都完成各自的任务为止。
（5）将所有执行完记录操作的命令缓冲区的句柄存储到一个 std::vector<VkCommandBuffer> 类型的变量中，将该变量命名为 command_buffers。

具体运行情况

当需要在多线程应用程序中使用 Vulkan 时，必须注意几条规则。不应使用多个线程修改同一个物体。例如，不能从一个命令缓冲区池中分配多个命令缓冲区，也不能使用多个线程更新一个描述符集合。

只有访问模式为只读，或者引用了多个独立资源的情况下，才能使用多个线程访问资源。而且，因为难以追踪哪些资源是由哪些线程创建的，所以创建和修改资源的操作通常应由一个主线程（渲染线程）执行。

在 Vulkan 中，最常见的使用多线程的情况，是通过并发形式执行命令缓冲区记录操作的，这种操作会占用大部分的处理器时间。它也是最重要的操作性能关键点，因此，使用多个线程执行这类操作非常合理。

当需要通过并行方式执行多个命令缓冲区的记录操作时，不仅要为每个独立的命令缓冲区分配一个线程，而且要为每个独立的命令缓冲区池分配一个线程。

我们需要为每个独立的命令缓冲区池，分配一个用于执行命令缓冲区记录操作的线程。换言之，每个通过线程执行记录命令的命令缓冲区，都必须是通过独立的命令缓冲区池分配的。

命令缓冲区的记录操作不会影响其他资源（除命令缓冲区池外）。我们只需要准备将会提交给队列的命令，因此可以记录使用任何资源的任何操作。例如，可以记录访问同一图像或描述符集合的操作。在执行记录操作的过程中，可以同时将相同的管线与不同的命令缓冲区绑定，还可以记录向相同附着材料中绘制内容的操作。要完成上述任务，只需要执行记录操作。

下面的代码使用了多个线程执行命令缓冲区的记录操作。

```
std::vector<std::thread> threads( threads_parameters.size() );
for( size_t i = 0; i < threads_parameters.size(); ++i ) {
  threads[i] = std::thread::thread(
threads_parameters[i].RecordingFunction,
```

```
          threads_parameters[i].CommandBuffer );
      }
```

在本例中,每个线程都会执行 RecordingFunction 成员中存储的函数,该函数用于对相应命令缓冲区执行记录操作。当所有线程都执行完命令缓冲区的记录操作后,在执行这些命令缓冲区(执行已记录到这些命令缓冲区中的命令)时,我们需要将这些命令缓冲区聚集到一起,并将它们提交给队列。

在现实情况中,可能需要避免通过这种方式创建和销毁线程。更确切地说,我们应接收已存在的作业/任务系统,使用它执行必要的命令缓冲区记录操作。但本例的处理方式很容易,且易于被理解。本例的目的是演示在多线程应用程序中,使用 Vulkan 的处理步骤。

提交操作只能通过一个线程执行(与其他资源类似,不能通过并发方式访问队列),因此我们需要在所有线程完成它们的工作前执行等待操作。

```
    std::vector<VkCommandBuffer> command_buffers( threads_parameters.size() );
    for( size_t i = 0; i < threads_parameters.size(); ++i ) {
      threads[i].join();
      command_buffers[i] = threads_parameters[i].CommandBuffer;
    }
    if( !SubmitCommandBuffersToQueue( queue, wait_semaphore_infos,
    command_buffers, signal_semaphores, fence ) ) {
      return false;
    }
    return true;
```

 将命令缓冲区提交给队列的操作,在同一时刻只能通过一个线程执行。

下图展示了本例的处理情况。

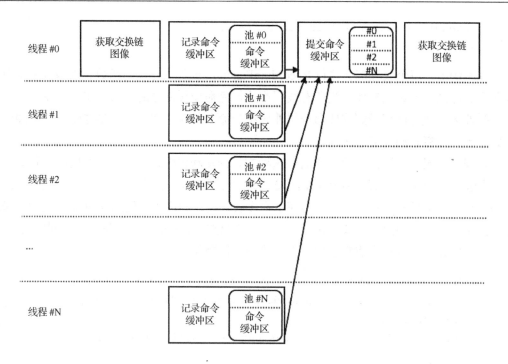

处理交换链图像的情况与此也很相似。在同一时刻,只能使用一个线程获取和显示交换链图像,不能通过并行方式执行该操作。

 不能使用多个线程,通过并行方式访问(修改)交换链图像。获取和显示交换链图像的操作,只能通过一个线程执行。

但是,通过一个线程获取交换链图像,然后通过并行方式对多个用于渲染这幅交换链图像的命令缓冲区执行记录操作的处理过程是合法的操作。我们只需要确保将第一个已提交的命令缓冲区的 VK_IMAGE_LAYOUT_PRESENT_SRC_KHR 布局(或 VK_IMAGE_LAYOUT_UNDEFINED 布局),切换为其他布局。切换回 VK_IMAGE_LAYOUT_PRESENT_SRC_KHR 布局操作,必须在最后一个提交给队列的命令缓冲区中执行。这些命令缓冲区执行记录操作的次序无关紧要,需要特别注意的仅是提交这些命令缓冲区的次序。

当然,在需要记录修改资源的操作(如将数据存储到缓冲区中)时,还必须记录合适的同步操作(如管线屏障)。要正确地执行操作就必须应用这些处理步骤,但是这些处理步骤与记录操作本身无关。

参考内容

请参阅第 2 章的下列内容：
- 获取交换链图像。
- 显示图像。

请参阅第 3 章的下列内容：
- 将命令缓冲区提交给队列。

创建动画中的单个帧

在编写用于渲染图像的 3D 应用程序时，通常需要在屏幕上显示图像。因此，应使用 Vulkan 创建交换链对象。前面介绍过从交换链获取图像的方式，还介绍过显示交换链图像的方式。本节介绍将获取交换链图像和显示交换链图像关联到一起，将这些操作记录到命令缓冲区中，并使这些操作同步执行，以便渲染动画中的一个帧的方式。

具体处理过程

（1）获取逻辑设备的句柄，将其存储到一个 VkDevice 类型的变量中，将该变量命名为 logical_device。

（2）获取交换链的句柄，将其存储到一个 VkSwapchainKHR 类型的变量中，将该变量命名为 swapchain。

（3）获取型号的句柄，将其存储到一个 VkSemaphore 类型的变量中，将该变量命名为 image_acquired_semaphore。确保该信号未被发送过，且没有在任何还未完成的提交操作中被使用。

（4）创建一个 uint32_t 类型的变量，将其命名为 image_index。

（5）使用 logical_device、swapchain 和 image_acquired_semaphore 变量，从 swapchain 变量代表的交换链中获取一幅图像。将这幅图像的索引存储到 image_index 变量中（请参阅第 2 章）。

（6）获取用于执行记录操作的渲染通道的句柄，将其存储到一个 VkRenderPass 类型的变量中，将该变量命名为 render_pass。

（7）为交换链中所有的图像创建图像视图，将这些图像视图的句柄存储到一个 std::vector<VkImageView>类型的变量中，将该变量命名为 swapchain_image_views。

（8）获取交换链图像的尺寸，将其存储到一个 VkExtent2D 类型的变量中，将该变量命名为 swapchain_size。

（9）创建一个 VkFramebuffer 类型的变量，将其命名为 framebuffer。

（10）使用 logical_device、swapchain_image_views（图像索引）和 swapchain_size 变量，为 render_pass 变量代表的渲染通道（至少含有一个与 image_index 变量中索引指向的交换链图像对应的图像视图）创建一个帧缓冲区。将创建好的帧缓冲区的句柄，存储到 framebuffer 变量中（请参阅第 6 章）。

（11）获取 image_index 变量中索引指向的交换链图像，使用该获取图像操作和 framebuffer 变量执行命令缓冲区记录操作。获取该命令缓冲区的句柄，将其存储到一个 VkCommandBuffer 类型的变量中，将该变量命名为 command_buffer。

（12）获取用于处理记录在 command_buffer 变量代表的命令缓冲区中命令的队列的句柄，将其存储到一个 VkQueue 类型的变量中，将该变量命名为 graphics_queue。

（13）获取未发送的信号的句柄，将其存储到一个 VkSemaphore 类型的变量中，将该变量命名为 ready_to_present_semaphore。

（14）创建一个为发送的栅栏，将它的句柄存储到一个 VkFence 类型的变量中，将该变量命名为 finished_drawing_fence。

（15）创建一个 WaitSemaphoreInfo 类型的变量，将其命名为 wait_semaphore_info（请参阅第 3 章）。使用下列值初始化该变量中的各个成员。

- 将 image_acquired_semaphore 变量的值，赋予 semaphore 成员。
- 将 VK_PIPELINE_STAGE_COLOR_ATTACHMENT_OUTPUT_BIT 赋予 WaitingStage 成员。

（16）使用 wait_semaphore_info 变量设置等待信号信息的参数（wait_semaphore_infos），使用 ready_to_present_semaphore 变量设置需要发出的信号，使用 finished_drawing_fence 变量设置需要发出的栅栏。将 command_buffer 变量代表的命令缓冲区，提交给 graphics_queue 变量代表的队列（请参阅第 3 章）。

（17）获取用于执行显示操作的队列的句柄，将其存储到一个 VkQueue 类型的变量中，将该变量命名为 present_queue。

（18）创建一个 PresentInfo 类型的变量，将其命名为 present_info（请参阅第 2 章）。使用下列值初始化该变量中各个成员。

- 将 swapchain 变量的值赋予 Swapchain 成员。
- 将 image_index 变量的值赋予 ImageIndex 成员。

（19）使用 ready_to_present_semaphore 变量设置渲染信号参数（rendering_semaphores）；

使用 present_info 变量设置要显示图像的信息参数（images_to_present）；使用 present_queue 队列显示已获得的交换链图像（请参阅第 2 章）。

具体运行情况

为动画绘制一个帧的处理过程共含 5 个步骤。
（1）获取交换链图像。
（2）创建帧缓冲区。
（3）执行命令缓冲区记录操作。
（4）将命令缓冲区提交给队列。
（5）显示图像。

我们必须获取用于执行渲染操作的交换链图像。渲染操作是在渲染通道内被执行的，渲染通道定义了附着材料的参数。这些附着材料使用的特定资源是在帧缓冲区中被定义的。

因为我们需要渲染交换链图像（在屏幕上显示该图像），所以必须将这幅图像设置为帧缓冲区中的一个附着材料。提前创建帧缓冲区，在执行渲染操作的过程中重用该帧缓冲区。虽然这种处理方式没有错误，但是有不足之处。最大的一个缺点，是在应用程序的生命周期中难以维护帧缓冲区，我们只能渲染从交换链获取的图像。但是因为我们无法提前知道会获得哪幅图像，所以需要为所有交换链图像创建独立的帧缓冲区。更重要的是，每次重新创建交换链对象时，就得重新创建这些帧缓冲区。如果我们编写的渲染算法需要使用更多附着材料执行渲染操作，就需要为各种交换链图像组合创建各种帧缓冲区，这项工作会变得非常烦琐。

这就是先创建帧缓冲区再立刻启动命令缓冲区记录操作的原因。我们创建的帧缓冲区中仅含有需要用于渲染这个帧的资源。我们只需要注意，只有当已提交的命令缓冲区被执行完后，才能销毁该帧缓冲区。

 在队列停止处理使用了某个帧缓冲区的命令缓冲区前，不能销毁该帧缓冲区。

获得了图像并创建好帧缓冲区后，就可以执行命令缓冲区的记录操作了。下面的代码展示了这些操作。

```
uint32_t image_index;
if( !AcquireSwapchainImage( logical_device, swapchain,
```

```
    image_acquired_semaphore, VK_NULL_HANDLE, image_index ) ) {
  return false;
}
std::vector<VkImageView> attachments = { swapchain_image_views[image_index]
};
if( VK_NULL_HANDLE != depth_attachment ) {
  attachments.push_back( depth_attachment );
}
if( !CreateFramebuffer( logical_device, render_pass, attachments,
swapchain_size.width, swapchain_size.height, 1, *framebuffer ) ) {
  return false;
}
if( !record_command_buffer( command_buffer, image_index, *framebuffer ) ) {
  return false;
}
```

将这些操作记录到命令缓冲区中后，就可以将命令缓冲区提交给队列了。记录到命令缓冲区中的这些操作必须等待显示引擎允许它们使用已获得的图像后，才能被执行。因此，当获得了图像后，应设置一个信号。而且，在将命令缓冲区提交到队列前，这个信号也不能发出。

```
std::vector<WaitSemaphoreInfo> wait_semaphore_infos = wait_infos;
wait_semaphore_infos.push_back( {
  image_acquired_semaphore,
  VK_PIPELINE_STAGE_COLOR_ATTACHMENT_OUTPUT_BIT
} );
if( !SubmitCommandBuffersToQueue( graphics_queue, wait_semaphore_infos, {
command_buffer }, { ready_to_present_semaphore }, finished_drawing_fence )
) {
  return false;
}
PresentInfo present_info = {
  swapchain,
  image_index
};
if( !PresentImage( present_queue, { ready_to_present_semaphore }, {
present_info } ) ) {
  return false;
```

```
}
return true;
```

当队列处理完这个命令缓冲区后,渲染好的图像就可以显示到屏幕上了,但是我们不应等待并检查这个情况,这就是使用额外信号(上面代码中的 ready_to_present_semaphore 变量)的原因。当命令缓冲区(记录在命令缓冲区中的命令)被执行完毕后,该信号就会被发出。在显示交换链图像时,也应该使用相同的信号。这样我们就在 GPU 的内部同步了这些操作,因为这比在 CPU 中同步这些操作的速度快得多。如果不使用信号,那么编写的应用程序需要等待栅栏被发出,再显示图像,在此之前应用程序什么都不能做只能等待。这会使应用程序停止运转,因而会大幅度地降低性能。

栅栏(上面代码中的 finished_drawing_fence 变量)也是在命令缓冲区被处理完之后才发出的,使用信号不就足够了吗?为什么要使用栅栏呢?仅使用信号还不行,在某些情况中应用程序还需要知道指定命令缓冲区何时被执行完毕,销毁帧缓冲区就是这样的例子。在上一个栅栏被发出前,不能销毁帧缓冲区。只有应用程序才能销毁由它创建的资源,因此应用程序必须知道何时能够安全地销毁这些资源(这些资源何时不再被使用)。另一个例子是再次执行命令缓冲区记录操作,在队列执行完该命令缓冲区前,无法对这个命令缓冲区执行记录操作。因此,我们编写的应用程序需要知道队列何时执行完该命令缓冲区。而且,因为应用程序无法检查信号的状态,所以必须使用栅栏。

既使用信号也使用栅栏,可以在不执行等待操作的情况下,一个接一个地即刻提交命令缓冲区和显示图像。而且可以为多个帧分别执行这些操作,从而能够进一步提高性能。

参考内容

请参阅第 2 章的下列内容:
- 获取交换链图像的句柄。
- 获取交换链图像。
- 显示图像。

请参阅第 3 章的下列内容:
- 创建信号。
- 创建栅栏。
- 将命令缓冲区提交给队列。
- 查明已提交命令缓冲区的处理过程是否已经结束。

请参阅第 6 章的下列内容:

- 创建渲染通道。
- 创建帧缓冲区。

通过增加已渲染帧的数量提高性能

渲染动画中的单个帧并将它提交给队列，是 3D 图形应用程序（游戏和基准检查程序）的目的。但是仅渲染一个帧还不够，我们需要渲染并显示多个帧，也就是说仅一个帧无法实现动画效果。

令人遗憾的是，在提交了命令缓冲区后，就无法对该命令缓冲区再次执行记录操作，编写的应用程序必须等待队列处理完这个命令缓冲区。但是，在该命令缓冲区被处理完之前处于等待状态，既浪费时间又会降低应用程序的性能，这就是需要分别渲染动画中的多个帧的原因。

准备工作

为了完成本节的实验，我们将使用自定义结构 FrameResources。该数据类型拥有下列定义。

```
struct FrameResources {
  VkCommandBuffer              CommandBuffer;
  VkDestroyer<VkSemaphore>     ImageAcquiredSemaphore;
  VkDestroyer<VkSemaphore>     ReadyToPresentSemaphore;
  VkDestroyer<VkFence>         DrawingFinishedFence;
  VkDestroyer<VkImageView>     DepthAttachment;
  VkDestroyer<VkFramebuffer>   Framebuffer;
};
```

该数据类型用于定义管理动画中单个帧生命周期的资源。CommandBuffer 成员用于存储命令缓冲区的句柄，该命令缓冲区用于记录处理动画中单个帧的操作。在现实情况中，一个帧会由记录在多个命令缓冲区中的操作通过多个线程处理，但是为了更简洁清晰地进行演示，本节仅使用一个命令缓冲区。

ImageAcquiredSemaphore 成员用于存储信号的句柄，当应用程序从交换链获得图像后，该信号就会被发送给显示引擎。当应用程序将命令缓冲区提交给队列后，这个信号必须发出，以便使应用程序不再对该命令缓冲区执行记录操作。

ReadyToPresentSemaphore 成员用于存储另一个信号的句柄，当队列停止处理已提交的命令缓冲区后，该信号就会被发出。应在显示图像的处理过程中使用这个信号，以便使显示引擎知道图像何时会准备就绪。

DrawingFinishedFence 成员用于存储栅栏的句柄，应在提交命令缓冲区的过程中发送这个栅栏。与 ReadyToPresentSemaphore 成员类似，当队列处理完命令缓冲区后，该栅栏会被发出。在 CPU 方面同步操作（编写的应用程序执行的操作）必须使用栅栏，GPU 和显示引擎方面不需要使用栅栏。当这个栅栏被发出后，应用程序就会明白现在既可以重新记录命令缓冲区，也可以销毁帧缓冲区了。

DepthAttachment 成员用于存储图像视图的句柄，该图像视图属于在子渲染通道中用作深度附着材料的图像。

Framebuffer 成员用于存储帧缓冲区的句柄，该帧缓冲区会在动画中单个帧的生命周期中使用。

上面介绍的大部分成员都被封装在 VkDestroyer 类型的对象中，该数据类型用于通过隐式方式，销毁不再被使用的对象。

具体处理过程

（1）获取逻辑设备的句柄，将其存储到一个 VkDevice 类型的变量中，将该变量命名为 logical_device。

（2）创建一个 std::vector<FrameResources>类型的变量，将其命名为 frame_resources。调整该变量的尺寸，使之能够容纳多个已渲染帧的资源（推荐的元素数量为3）。使用下列值初始化每个元素中的各个成员（存储在每个元素中的值必须具有唯一性）。

- 将已创建好的命令缓冲区的句柄，赋予 commandbuffer 成员。
- 将创建好的两个信号的句柄，分别赋予 ImageAcquiredSemaphore 成员和 ReadyToPresentSemaphore 成员。
- 将创建好的处于已发出状态的栅栏的句柄，赋予 DrawingFinishedFence 成员。
- 将用作深度附着材料的图像视图的句柄，赋予 DepthAttachment 成员。
- 将 VK_NULL_HANDLE 赋予 Framebuffer 成员。

（3）创建一个 uint32_t 类型的变量，将其命名为 frame_index，使用 0 初始化该变量。

（4）创建一个 FrameResources 类型的变量，将其命名为 current_frame，该变量用于存储由 frame_index 变量指向的 vector 容器 frame_resources 变量中某个元素的值。

（5）执行等待操作，直到 current_frame.DrawingFinishedFence 栅栏被发出为止。使用

logical_device 变量和超时限制值 2000000000，执行这个操作（请参阅第 3 章）。

（6）重置 current_frame.DrawingFinishedFence 栅栏的状态（请参阅第 3 章）。

（7）如果 current_frame.Framebuffer 成员含有已创建帧缓冲区的句柄，应销毁该帧缓冲区，并将 VK_NULL_HANDLE 赋予 current_frame.Framebuffer 成员（请参阅第 6 章）。

（8）使用 current_frame 变量中的所有成员，创建动画中的一个帧（请参阅"创建动画中的单个帧"小节）。

① 获取交换链图像，并在执行该操作的过程中使用 current_frame.ImageAcquiredSemaphore 变量。

② 创建一个帧缓冲区，将它的句柄存储到 current_frame.Framebuffer 成员中。

③ 对存储在 current_frame.CommandBuffer 成员中的命令缓冲区执行记录操作。

④ 将 current_frame.CommandBuffer 成员存储的命令缓冲区，提交给选中的队列。将 current_frame.ImageaAquiredSemaphore 信号用作等待信号，将 current_frame.ReadyToPresentSemaphore 信号用作图像就绪信号，将 current_frame.DrawingFinishedFence 栅栏用作命令缓冲区被执行完之后发出的栅栏。

⑤ 将获得的交换链图像提交给选中的队列，将 current_frame 变量（它存储了 vector 容器 frame_resources 变量中某个元素的值）中 ReadyToPresentSemaphore 成员的值，设置为这个操作的启动渲染操作信号。

（9）向 frame_index 变量存储的值中加 1。如果该值等于 vector 容器 frame_resources 变量中含有元素的数量，则应将 0 赋予 frame_index 变量。

具体运行情况

渲染动画中各个帧的操作是以循环模式执行的，渲染一个帧，显示一幅图像，通常会处理操作系统的消息。开始另一次循环，渲染另一个帧，显示另一幅图像，依次类推。

当仅需要准备一个命令缓冲区和其他必要资源，以便渲染和显示一个帧时，就无法立刻重用该命令缓冲区和这些资源。在上一个提交操作完成前，无法在其他提交操作中重用被上一个操作使用过的信号。这种情况要求应用程序等待命令缓冲区被处理完，但是这种等待操作是非常讨厌的。应用程序在 CPU 中执行的等待操作越多，在图形硬件面前堆积的工作就越多，应用程序的性能就会越差。

为了减少应用程序的等待时间（等待处理上一个帧的命令缓冲区被处理完），需要为渲染和显示一个帧的操作准备多组资源。当为处理一个帧，对命令缓冲区执行记录操作，并将该命令缓冲区提交给队列后，如果想要处理另一个帧，则只需要获取另一组资源。为了处理另一个帧，应使用另一组资源，直到将各组资源都用完为止。然后，我们只需要获取被使用过的各组资源中，在本次循环中最早被使用的那组资源。当然还需要检查是否可以重用这组资源，但是，此刻与这组资源对应的渲染和显示操作很可能已经被硬件处理完。下图展示了使用多组资源处理动画的渲染过程。

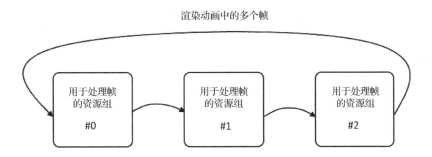

应该创建多少组资源呢？有人可能会认为创建的资源越多越好，因为最好使我们编写的应用程序完全不执行等待操作。但令人遗憾的是，问题不是这么简单的。这样做的话，首先会增加应用程序的内存印迹，但更为重要的是，这会增加输入延迟。我们通常会根据用户输入的信息渲染动画，用户可能会旋转虚拟的摄像机、查看模型，也可能会移动动画人物。我们需要使应用程序，尽可能快地对用户的输入操作做出回应。如果增加渲染帧的数量，就会增加对用户输入操作响应的时间。

 我们需要根据应用程序性能、内存占用量和输入延迟，权衡渲染帧的数量。

那么应该创建多少个帧资源组呢？当然，这需要考虑渲染场景的复杂度、硬件性能，以及渲染情况的类型 [游戏的类型：快速的第一人称视角（FPP）射击游戏和赛车游戏，或速度较慢的角色扮演类游戏（RPG）]，没有哪个确切的值能够满足所有情况。测试结果表明将帧资源组的数量从 1 提高到 2，可以提升 50%性能。增加第 3 个资源组能够进一步提升性能，但是提升性能的程度没有上一个资源组提升性能的程度高。因此，每次增加帧资源组对性能的提升会逐次递减。使用 3 组帧资源好像是不错的选择，但我们应该自己执行测试，查明多少组帧资源最符合我们的需要。

下图展示了 3 个例子，这些示例分别展示了使用 1、2 和 3 组帧资源，对命令缓冲区执行记录操作并提交命令缓冲区的处理过程。

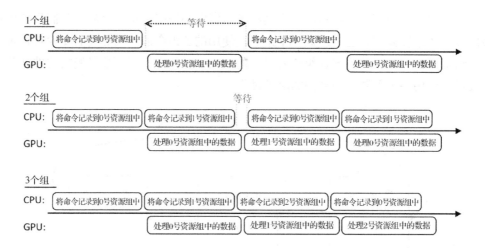

前面介绍了使用多组帧资源的原因，下面介绍使用多组帧资源渲染动画的方式。

首先，应查明这些帧资源是否可以用于渲染动画。通过检查栅栏的状态可以做到这一点。如果栅栏已经被发出了，就可以使用这些帧资源。在渲染第一个帧时应该做什么呢？此刻还没有向队列提交任何命令缓冲区，因而栅栏还不会被发出。这就是在创建多组帧资源的情况中，应创建状态为已发出的栅栏的原因。

```
static uint32_t frame_index = 0;
FrameResources & current_frame = frame_resources[frame_index];

if( !WaitForFences( logical_device, { *current_frame.DrawingFinishedFence
}, false, 2000000000 ) ) {
  return false;
}
if( !ResetFences( logical_device, { *current_frame.DrawingFinishedFence } )
) {
  return false;
}
```

然后，应查明是否为创建的帧创建了帧缓冲区。如果确实创建了，就应该销毁该帧缓冲区，并稍后创建它。为了获取交换链图像，应通过 InitVkDestroyer()函数使用新的空对象的句柄初始化用于存储交换链图像的变量，如有必要应销毁之前存储在该变量中的对象。此后，就可以渲染帧并显示图像了。要做到这一点，需要使用一个命令缓冲区和两个信号（请参阅"创建动画中的单个帧"小节）。

```
InitVkDestroyer( logical_device, current_frame.Framebuffer );

if( !PrepareSingleFrameOfAnimation( logical_device, graphics_queue,
present_queue, swapchain, swapchain_size, swapchain_image_views,
*current_frame.DepthAttachment, wait_infos,
*current_frame.ImageAcquiredSemaphore,
*current_frame.ReadyToPresentSemaphore,
*current_frame.DrawingFinishedFence, record_command_buffer,
current_frame.CommandBuffer, render_pass, current_frame.Framebuffer ) ) {
  return false;
}
frame_index = (frame_index + 1) % frame_resources.size();
return true;
```

最后，将指向当前帧资源组的索引值加 1。这样我们就可以使用另一个帧资源组处理动画中的下一帧，直到将这些帧资源组都用一遍为止，再从第一个帧资源组开始重新使用它们。

```
frame_index = (frame_index + 1) % frame_resources.size();
return true;
```

参考内容

请参阅第 3 章的下列内容：
- 等待栅栏。
- 重置栅栏。

请参阅第 6 章的下列内容：
- 销毁帧缓冲区。

请参阅本章的下列内容：
- 创建动画中的单个帧。

第 10 章

拾遗补缺

本章要点：
- 创建转移矩阵。
- 创建旋转矩阵。
- 创建缩放矩阵。
- 创建透视投影矩阵。
- 创建正交投影矩阵。
- 从文件加载纹理数据。
- 从 OBJ 文件加载 3D 模型。

本章主要内容

前面的章节介绍了 Vulkan 各个方面的知识。我们现在已经了解了使用图形库、编写渲染 3D 图像的应用程序和执行数学计算操作的方式。但是仅掌握 Vulkan 的知识，还不足以创建复杂的场景，以及实现各种渲染算法。还有几个非常有用的操作，使用它们可以帮助我们创建、操作和显示 3D 对象。

本章介绍创建转移矩阵的方式，转移矩阵用于移动、旋转和缩放 3D 网格；也介绍创建投影矩阵的方式；还介绍用于从文件加载图像和 3D 模型的单头文件库，它既简单又具有强大的功能。

创建转移矩阵

对 3D 模型执行的基础操作：在选定方向上将物体移动指定的距离（以长度单位度量）。

具体处理过程

（1）创建 3 个 float 类型的变量，将它们分别命名为 x、y 和 z。使用在 x（左/右）、y（上/下）和 z（前/后）轴方向上，对物体应用的转移量（移动距离）初始化这 3 个变量。

（2）创建一个 std::array<float,16>类型的变量，将其命名为 translation_matrix，该变量用于存储代表转移操作的矩阵。使用下列值初始化 translation_matrix 数组中的每个元素。

- 使用浮点型的 0.0 初始化所有元素。
- 使用浮点型的 1.0 初始化第 0 个、第 5 个、第 10 个和第 15 个元素（矩阵中主对角线上的元素）。
- 使用 x 变量的值初始化第 12 个元素。
- 使用 y 变量的值初始化第 13 个元素。
- 使用 z 变量的值初始化第 14 个元素。

（3）将 translation_matrix 变量中所有元素的值都提供给着色器（通过统一缓冲区或入栈常量），也可以将 translation_matrix 变量中所有元素的值与另一个矩阵相乘，以便通过一个矩阵执行多个操作。

具体运行情况

转移操作是可应用于对象的 3 种基本转换操作之一（另外两种是旋转和缩放）。使用转移操作可以在选定的方向上，使 3D 模型移动指定的距离。

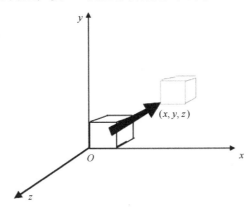

也可以对摄像机应用转移操作，从而更改我们观察整个被渲染场景的视角。

创建转移矩阵的过程很简单。创建一个 4×4 的矩阵，将该矩阵中主对角线上的元素都初始化为浮点型的 1.0，将其他元素都初始化为浮点型的 0.0。使用想要在 x、y 和 z 轴方向移动物体的距离，初始化该矩阵中第 4 列的前 3 个元素。

$$\begin{bmatrix} 1 & 0 & 0 & x \\ 0 & 1 & 0 & y \\ 0 & 0 & 1 & z \\ 0 & 0 & 0 & 1 \end{bmatrix}$$

下面的代码创建了一个转移矩阵。

```
std::array<float, 16> translation_matrix = {
  1.0f, 0.0f, 0.0f, 0.0f,
  0.0f, 1.0f, 0.0f, 0.0f,
  0.0f, 0.0f, 1.0f, 0.0f,
     x,    y,    z, 1.0f
};
return translation_matrix;
```

这段代码假设该矩阵具有以列为主的顺序（前 4 个元素构成了该矩阵的第 1 列，其后的 4 个元素构成了该矩阵的第 2 列，依次类推），因此这个矩阵的方向与上图展示的矩阵的方向相反。但是向着色器提供数据的矩阵的元素的次序，是由着色器源代码中布局修饰符 row_major 和 column_major 设置的。

应注意在着色器中定义矩阵中元素的次序，可使用布局修饰符 row_major 和 column_major 完成这项任务。

参考内容

请参阅第 5 章的下列内容：
- 创建统一缓冲区。

请参阅第 7 章的下列内容：
- 编写通过将顶点位置乘以投影矩阵获得新顶点位置的顶点着色器。

- 在着色器中使用入栈常量。

请参阅第 9 章的下列内容：

- 通过入栈常量为着色器提供数据。

请参阅本章的下列内容：

- 创建旋转矩阵。
- 创建缩放矩阵。

创建旋转矩阵

在创建 3D 场景并操作其中的物体时，通常需要旋转它们，以便将它们放置到正确的位置并获得合适的朝向。要做到这一点需要设置一个向量（旋转操作会围绕该向量执行）和一个角度（用于设置旋转的幅度）。

具体处理过程

（1）创建 3 个 float（浮点）类型的变量，将它们分别命名为 x、y 和 z。使用定义任意向量（旋转操作会围绕该向量执行）的值初始化这 3 个变量，确保该向量是标准化的（长度为浮点型值 1.0）。

（2）创建一个 float 类型的变量，将其命名为 angle，该变量用于存储旋转的角度（幅度）。

（3）创建一个 float 类型的变量，将其命名为 c，该变量用于存储旋转角度的余弦。

（4）创建一个 float 类型的变量，将其命名为 s，该变量用于存储旋转角度的正弦。

（5）创建一个 std::array<float,16> 类型的变量，将其命名为 rotation_matrix，该变量用于存储执行旋转操作的矩阵。使用下列值初始化 rotation_matrix 数组中的元素。

- 将第 0 号元素的值设置为 x * x * (1.0f - c) + c。
- 将第 1 号元素的值设置为 y * x * (1.0f - c) - z * s。
- 将第 2 号元素的值设置为 z * x * (1.0f - c) + y * s。
- 将第 4 号元素的值设置为 x * y * (1.0f - c) + z * s。
- 将第 5 号元素的值设置为 y * y * (1.0f - c) + c。
- 将第 6 号元素的值设置为 z * y * (1.0f - c) - x * s。
- 将第 8 号元素的值设置为 x * z * (1.0f - c) - y * s。
- 将第 9 号元素的值设置为 y * z * (1.0f - c) + x * s。
- 将第 10 号元素的值设置为 z * z * (1.0f - c) + c。

- 将第 15 号元素的值设置为浮点型的 1.0。
- 将其余元素的值设置为浮点型的 0.0。

（6）将 rotation_matrix 变量中所有元素的值都提供给着色器（通过统一缓冲区，或通过入栈常量），也可以将 rotation_matrix 变量中存储的矩阵与另一个矩阵相乘，以便通过一个矩阵执行多个操作。

具体运行情况

创建一个代表常规旋转转换操作的处理过程非常复杂，可以将一个旋转矩阵分解为 3 个独立矩阵：每个矩阵分别代表围绕 x、y 和 z 轴执行的旋转操作，稍后将这 3 个矩阵相乘可以得出与原旋转矩阵相同的一个结果。创建分解后的旋转矩阵就更容易了，但由于需要执行更多操作，因而会降低性能。

因此，创建一个代表围绕选定（任意）向量执行的旋转操作的矩阵，会得到更好的效果。要做到这一点需要设置一个角度，该角度定义了旋转的幅度；还需要定义一个向量，应使这个向量标准化；否则，旋转的幅度会根据该向量的长度按照比例缩放。

 应标准化被围绕执行旋转操作的向量。

下图展示了一个旋转矩阵，用于执行旋转操作的数据，被放置在左上角的 3×3 矩阵中。这种矩阵中的每一列，都分别定义了执行旋转操作后结果的 x、y 和 z 轴方向。更为重要的是，倒置的旋转矩阵定义了方向相反、其他参数完全相同的旋转操作。

$$\begin{bmatrix} R_{xx} & R_{yx} & R_{zx} & 0 \\ R_{xy} & R_{yy} & R_{zy} & 0 \\ R_{xz} & R_{yz} & R_{zz} & 0 \\ 0 & 0 & 0 & 1 \end{bmatrix}$$

例如，如果想要旋转摄影机，以便模仿我们控制的人物向左和向右看的效果，或者模仿汽车向左和向右转的效果，就应该设置指向上方的向量(0.0f, 1.0f, 0.0f)，其中的 f 代表浮点型，也可以设置指向下方的向量(0.0f, -1.0f, 0.0f)。在这种情况下，物体会旋转相同的角度，但是旋转方向是相反的。我们需要选择对于自己最方便的选项。

第 10 章 拾遗补缺

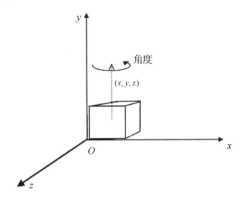

下面的代码创建了一个旋转矩阵，首先，查明是否需要标准化向量并相应地修改向量中的各个组成部分；然后，这段代码会创建用于存储中间结果的辅助变量；最后，初始化旋转矩阵中的所有元素。

```
if( normalize ) {
  std::array<float, 3> normalized = Normalize( x, y, z );
  x = normalized[0];
  y = normalized[1];
  z = normalized[2];
}
const float c = cos( Deg2Rad( angle ) );
const float _1_c = 1.0f - c;
const float s = sin( Deg2Rad( angle ) );
std::array<float, 16> rotation_matrix = {
  x * x * _1_c + c,
  y * x * _1_c - z * s,
  z * x * _1_c + y * s,
  0.0f,
  x * y * _1_c + z * s,
  y * y * _1_c + c,
  z * y * _1_c - x * s,
  0.0f,
  x * z * _1_c - y * s,
  y * z * _1_c + x * s,
  z * z * _1_c + c,
  0.0f,
  0.0f,
```

```
        0.0f,
        0.0f,
        1.0f
    };
    return rotation_matrix;
```

我们需要记住数组(应用程序)和在着色器源代码中被定义的矩阵中元素的次序。在着色器中,可使用布局修饰符 row_major 和 column_major 控制元素的次序。

参考内容

请参阅第 5 章的下列内容:
- 创建统一缓冲区。

请参阅第 7 章的下列内容:
- 编写通过将顶点位置乘以投影矩阵获得新顶点位置的顶点着色器。
- 在着色器中使用入栈常量。

请参阅第 9 章的下列内容:
- 通过入栈常量为着色器提供数据。

请参阅本章的下列内容:
- 创建转移矩阵。
- 创建缩放矩阵。

创建缩放矩阵

对 3D 模型执行的第三个转换基本操作是缩放,使用该操作可以调整物体的大小。

具体处理过程

(1) 创建 3 个 float 类型的变量,将它们分别命名为 x、y 和 z,这些变量用于存储缩放模型操作的因子,x 变量代表宽度、y 变量代表高度、z 变量代表深度。

(2) 创建一个 std::array<float,16> 类型的变量,将其命名为 scaling_matrix,该变量用于存储代表旋转操作的矩阵。使用下列值初始化 scaling_matrix 数组中的各个元素。
- 将所有元素都初始化为浮点型值 0.0。
- 使用 x 变量的值初始化第 0 号元素。
- 使用 y 变量的值初始化第 5 号元素。

- 使用 z 变量的值初始化第 10 号元素。
- 使用浮点型值 1.0，初始化第 15 号元素。

（3）将 scaling_matrix 变量中的所有元素都提供给着色器（通过统一缓冲区或入栈常量），也可以将 scaling_matrix 变量中存储的矩阵与另一个矩阵相乘，以便通过一个矩阵执行多个操作。

具体运行情况

有时需要更改物体的尺寸（相对于场景中的其他物体）。例如，由于魔法效果，我们的人物可能会被缩小，以便进入一个非常小的洞里。这种转换效果是通过缩放矩阵实现的，如下图所示。

$$\begin{bmatrix} x & 0 & 0 & 0 \\ 0 & y & 0 & 0 \\ 0 & 0 & z & 0 \\ 0 & 0 & 0 & 1 \end{bmatrix}$$

使用缩放矩阵可以在各个方向上调整模型的大小。

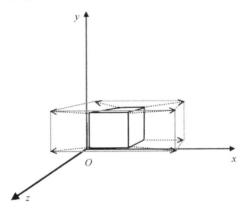

注意，必须均匀地缩放物体。为了简化代码并提高性能，应为着色器提供合并的转换矩阵，不仅要使用矩阵转换顶点，还要转换法向量。当均匀地缩放物体时，在执行完缩放操作后只需要在着色器中标准化法向量。但是，当通过不均匀的方式（在各个方向上使用不同的缩放值）缩放物体时，就无法将该缩放操作应用于法向量，因为照明计算会出错（法向量代表的方向会被更改）。如果确实需要执行不均匀的缩放操作，就需要通过倒转置矩阵对法向量执行转换操作。必须通过独立方式执行这项操作，并将结果提供给着色器。

当不均匀地缩放物体时,必须通过倒转置矩阵对法向量执行转换操作。

使用下面的代码可以创建缩放矩阵。

```
std::array<float, 16> scaling_matrix = {
   x, 0.0f, 0.0f, 0.0f,
   0.0f, y, 0.0f, 0.0f,
   0.0f, 0.0f, z, 0.0f,
   0.0f, 0.0f, 0.0f, 1.0f
};
return scaling_matrix;
```

像使用其他类型的矩阵一样,我们应记住在应用程序(CPU)中定义的数组元素次序,以及在着色器源代码中定义矩阵中元素的次序(使用 column_major 次序或 row_major 次序)。

参考内容

请参阅第 5 章的下列内容:
- 创建统一缓冲区。

请参阅第 7 章的下列内容:
- 编写通过将顶点位置乘以投影矩阵获得新顶点位置的顶点着色器。
- 在着色器中使用入栈常量。

请参阅第 9 章的下列内容:
- 通过入栈常量为着色器提供数据。

请参阅本章的下列内容:
- 创建转移矩阵。
- 创建旋转矩阵。

创建透视投影矩阵

3D 应用程序通常需要模拟人类观察世界的方式:距离远的物体会显得比距离近的物体小。要实现这个效果,需要使用透视投影矩阵。

具体处理过程

（1）创建一个 float 类型的变量，将其命名为 aspect_ratio，该变量用于存储可渲染区域的长宽比（图像的宽度除以图像的高度）。

（2）创建一个 float 类型的变量，将其命名为 field_of_view，该变量用于存储摄像机视图垂直区域的角度（以弧度为单位）。

（3）创建一个 float 类型的变量，将其命名为 near_plane，该变量用于存储从摄像机到近裁剪平面的距离。

（4）创建一个 float 类型的变量，将其命名为 far_plane，该变量用于存储从摄像机到远裁剪平面的距离。

（5）计算浮点型值 1.0 除以 field_of_view 变量中一半值的正切（1.0 / tan(Deg2Rad(0.5f * field_of_view))），将得到的结果存储到一个 float 类型的变量中，将该变量命名为 f。

（6）创建一个 std::array<float, 16>类型的变量，将其命名为 perspective_projection_matrix，该变量用于存储代表透视投影操作的矩阵。使用下列值初始化 perspective_projection_matrix 数组中的元素。

- 将 f / aspect_ratio 的值赋予第 0 号元素。
- 将-f 的值赋予第 5 号元素。
- 将 far_plane / (near_plane – far_plane)的值赋予第 10 号元素。
- 将浮点型值-1.0 赋予第 11 号元素。
- 将(near_plane * far_plane) / (near_plane – far_plane)的值，赋予第 14 号元素。
- 使用浮点型值 0.0 赋予其余元素。

（7）将 perspective_projection_matrix 变量中存储的所有元素都提供给着色器（通过统一缓冲区或入栈常量），也可以将 perspective_projection_matrix 变量中存储的矩阵与另一个矩阵相乘，以便使用一个矩阵执行多个操作。

具体运行情况

图形管线用于处理在裁剪空间中定义的顶点位置，我们通常会在本地（模型）坐标系中设置顶点，然后将这些数据直接提供给顶点着色器。这就是在某个顶点处理阶段（顶点、细分曲面控制、细分曲面评估或几何着色器），需要将顶点位置从本地空间转换到裁剪空间的原因，这种转换操作是通过投影矩阵执行的。如果需要模拟透视除法（perspective division）的效果，就需要使用透视投影矩阵并将该矩阵乘以顶点位置。

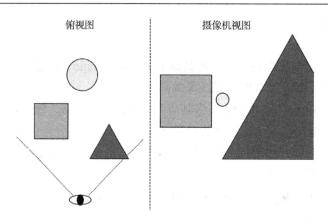

要创建透视投影矩阵,我们需要知道可渲染区域的面积,以便计算该区域的纵横比(将宽度除以高度);还需要设置一个视场(垂直方向),模拟从场景上方执行缩放操作的效果。

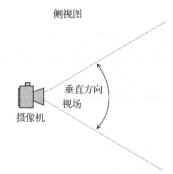

为创建透视投影矩阵需要做的最后一件事情,是设置远、近裁剪平面的距离。因为这两个数据会影响深度计算,所以应使这两个距离尽可能地与场景中的物体接近。如果为近裁剪平面设置了较大的距离值,并为远裁剪平面设置了较小的距离值,场景就会被裁剪,物体会在场景中突然出现和突然消失。如果将近裁剪平面的距离设置得过小,并将远裁剪平面的距离设置得过大,就会失去深度缓冲区的精度,而且会导致深度计算出错。

 远、近裁剪平面应该与被显示的场景一致。

使用上面介绍的数据,通过下面的代码可以创建透视投影矩阵。

```
float f = 1.0f / tan( Deg2Rad( 0.5f * field_of_view ) );
```

```
Matrix4x4 perspective_projection_matrix = {
  f / aspect_ratio,
  0.0f,
  0.0f,
  0.0f,

  0.0f,
  -f,
  0.0f,
  0.0f,

  0.0f,
  0.0f,
  far_plane / (near_plane - far_plane),
  -1.0f,

  0.0f,
  0.0f,
  (near_plane * far_plane) / (near_plane - far_plane),
  0.0f
};
return perspective_projection_matrix;
```

参考内容

请参阅第 5 章的下列内容：
- 创建统一缓冲区。

请参阅第 7 章的下列内容：
- 编写通过将顶点位置乘以投影矩阵获得新顶点位置的顶点着色器。
- 在着色器中使用入栈常量。

请参阅第 9 章的下列内容：
- 通过入栈常量为着色器提供数据。

请参阅本章的下列内容：
- 创建正交投影矩阵。

创建正交投影矩阵

正交投影是一种转换操作，使用该操作可以将顶点从本地坐标系转换到裁剪空间。但与透视投影操作不同，正交投影操作不会考虑透视除法（不会模拟人类观察周围环境的方式）。与透视投影操作类似，正交投影操作也是由 4×4 矩阵实现的。

具体处理过程

（1）创建 2 个 float 类型的变量，将它们分别命名为 left_plane 和 right_plane，这两个变量用于存储左侧和右侧裁剪平面的位置（在 x 轴上）。

（2）创建 2 个 float 类型的变量，将它们分别命名为 bottom_plane 和 top_plane，这两个变量用于存储底部和顶部裁剪平面的位置（在 y 轴上）。

（3）创建 2 个 float 类型的变量，将它们分别命名为 near_plane 和 far_plane，这两个变量用于摄像机到远、近裁剪平面的距离。

（4）创建一个 std::array<float, 16>类型的变量，将其命名为 orthographic_projection_matrix，该变量用于存储代表正交投影操作的矩阵。使用下列值初始化 orthographic_projection_matrix 数组中的各个元素。

- 使用浮点型值 0.0，初始化 orthographic_projection_matrix 数组中的所有元素。
- 使用 2.0 / (right_plane - left_plane)初始化第 0 号元素（其中 2.0 为浮点型值）。
- 使用 2.0 / (bottom_plane - top_plane)初始化第 5 号元素（其中 2.0 为浮点型值）。
- 使用 1.0 / (near_plane - far_plane)初始化第 10 号元素（其中 1.0 为浮点型值）。
- 使用-(right_plane + left_plane) / (right_plane - left_plane)初始化第 12 号元素。
- 使用-(bottom_plane + top_plane) / (bottom_plane - top_plane)初始化第 13 号元素。
- 使用 near_plane / (near_plane - far_plane)初始化第 14 号元素。
- 使用浮点型值 1.0 初始化第 15 号元素。

（5）将 orthographic_projection_matrix 变量中的所有元素都提供给着色器（通过统一缓冲区或入栈常量），也可以将 orthographic_projection_matrix 变量中的矩阵与另一个矩阵相乘，以便通过一个矩阵执行多个操作。

具体运行情况

在使用正交投影操作时，不论距离摄像机多远，场景中的所有物体都会保持原有尺寸和屏幕位置。这就是在绘制各种 UI（用户界面）时正交投影操作非常有用的原因。我们可以定义虚拟屏幕，了解该屏幕所有的边（为投影操作定义的平面），而且可以轻松地在这个屏幕上放置和操作界面元素，必要时还可以使用深度测试。

正交投影操作还广泛地在CAD（计算机辅助设计）程序中得到了应用。CAD程序用于设计建筑、船舶、电子线路和机械设备。在这类情况下，屏幕中所有物体的尺寸和方向都必须精确地与设计师定义的尺寸和方向相同（所有平行线都必须永远平行），而且不应受到摄像机距离和观察角度的影响。

使用下面的代码可以创建代表正交投影操作的矩阵。

```
Matrix4x4 orthographic_projection_matrix = {
  2.0f / (right_plane - left_plane),
  0.0f,
  0.0f,
  0.0f,
  0.0f,
  2.0f / (bottom_plane - top_plane),
  0.0f,
  0.0f,
  0.0f,
  0.0f,
  1.0f / (near_plane - far_plane),
  0.0f,
  -(right_plane + left_plane) / (right_plane - left_plane),
  -(bottom_plane + top_plane) / (bottom_plane - top_plane),
  near_plane / (near_plane - far_plane),
  1.0f
};
return orthographic_projection_matrix;
```

参考内容

请参阅第5章的下列内容：
- 创建统一缓冲区。

请参阅第7章的下列内容：
- 编写通过将顶点位置乘以投影矩阵获得新顶点位置的顶点着色器。
- 在着色器中使用入栈常量。

请参阅第 9 章的下列内容：
- 通过入栈常量为着色器提供数据。

请参阅本章的下列内容：
- 创建透视投影矩阵。

从文件加载纹理数据

纹理化是一种常用的图形技术，使用它可以通过与贴墙纸类似的方式，将图像放置在物体的表面上。这种处理方式不需要增加网格的几何复杂度（过高的几何复杂度既会占用更多硬件处理时间，也会占用更多内存）。纹理化操作简单易用，而且能够生成更好的效果。

可以通过程序生成纹理（在代码中通过动态方式），但是纹理通常是通过读取图像或照片文件获得的。

准备工作

可以通过许多图像库获取图像内容，这些图像库拥有它们本身的行为、使用方式和许可证。本章将使用 Sean T. Barrett 开发的 stb_image 库，该图像库的用法很简单，而且它支持的图像格式足以用于开发 Vulkan 应用程序。该图像库是一个单头文件库，它的所有代码都放置在一个头文件中。该图像库不依赖任何其他库、文件和资源，它的优点是我们可以通过任意方式使用它。

 浏览 https://github.com/nothings/stb 可以下载 stb_image.h 文件。

要在我们编写的应用程序中使用 stb_image 库，需要从 https://github.com/nothings/stb 下载 stb_image.h 文件，并将该文件包含到我们的开发项目中。可以在代码的任意位置包含这个文件，但只能使用需要包含该文件的源代码文件其中之一创建实现文件，并在包含语句的前面添加#define STB_IMAGE_IMPLEMENTATION 定义，如下面的代码所示。

```
#include ...
#define STB_IMAGE_IMPLEMENTATION
#include "stb_image.h"
```

具体处理过程

（1）获取用作纹理的图像文件，将文件名存储到一个 char const *类型的变量中，将该变量命名为 filename。

（2）创建一个 int 类型的变量，将其命名为 num_requested_components。使用代表文件中图像各个组成部分的编号（从 1 到 4，0 代表加载所有组成部分）初始化该变量。

（3）创建 3 个 int 类型的变量，将它们分别命名为 width、height 和 num_components，并使用 0 初始化这 3 个变量。

（4）创建一个 unsigned char *类型的变量，将其命名为 stbi_data。

（5）调用 stbi_load(filename, &width, &height, &num_components, num_requested_components)函数。将第一个参数设置为 filename 变量；将第三、第四和第五个参数分别设置为指向 width、height 和 num_components 变量的指针；将第六个参数设置为 num_requested_components 变量。将该函数调用操作的结果存储到 stbi_data 变量中。

（6）通过查明 stbi_data 变量的值不等于 nullptr，且 width、height 和 num_components 变量的值大于 0，确定这个函数调用操作成功加载了指定文件的内容。

（7）创建一个 int 类型的变量，将其命名为 data_size，使用下列公式初始化该变量。

```
width * height * (0 < num_requested_components ?
num_requested_components : num_components)
```

（8）创建一个 std::vector<unsigned char>类型的变量，将其命名为 image_data，调整该变量的尺寸，以便使其容纳元素的数量不小于 data_size 变量的值。

（9）使用下面的函数调用语句，从 stbi_data 变量中复制 data_size 变量的值，将这些数据复制到 vector 容器 image_data 变量（从该变量的第一个元素开始存储数据）中。

```
std::memcpy( image_data.data(), stbi_data.get(), data_size )
```

（10）调用 stbi_image_free(stbi_data)函数。

具体运行情况

要使用 stb_image 库，就需要使用 stbi_load()函数。该函数会将文件的名称和选定的文件加载部分的编号用作参数，并返回指向存储已加载数据内存区域的指针。这个图像库总是会将图像内容转换为每通道 8 位的数据格式。在调用 stbi_load()函数时，应使用指定的变量设置图像的宽度和高度，以及图像中可读取部分的编号。

使用下面的代码可以加载一整幅图像。

```
int width = 0;
int height = 0;
int num_components = 0;
std::unique_ptr<unsigned char, void(*)(void*)> stbi_data( stbi_load(
filename, &width, &height, &num_components, num_requested_components ),
stbi_image_free );

if( (!stbi_data) ||
    (0 >= width) ||
    (0 >= height) ||
    (0 >= num_components) ) {
  std::cout << "Could not read image!" << std::endl;
  return false;
}
```

要释放 stbi_load() 函数返回的指针，必须调用 stbi_image_free() 函数（将 stbi_load() 函数返回的指针设置为唯一参数）。这就是将已加载的数据存储到创建的变量中（vector 容器 image_data 变量），或者直接存储到某个 Vulkan 资源（图像）的原因，因为这样可以避免出现内存泄露，如下面的代码所示。

```
std::vector<unsigned char> image_data;
int data_size = width * height * (0 < num_requested_components ?
num_requested_components : num_components);
image_data.resize( data_size );
std::memcpy( image_data.data(), stbi_data.get(), data_size );
return true;
```

在上面的代码中，stbi_load() 函数返回的指针会被自动释放，因为将该指针的类型设置为智能指针 std::unique_ptr。本例将图像的内容复制到一个 vector 容器变量中。稍后，该 vector 容器变量会在编写的应用程序中被用作纹理的数据源。

参考内容

请参阅第 4 章的下列内容：

第 10 章 拾遗补缺

- 创建图像。
- 将内存对象分配给图像并将它们绑定到一起。
- 创建图像视图。

请参阅第 5 章的下列内容：

- 创建已采样的图像。
- 创建合并的图像采样器。

请参阅第 7 章的下列内容：

- 编写纹理化的顶点和片段着色器。

从 OBJ 文件加载 3D 模型

渲染 3D 场景需要绘制物体，物体也被称为模型或网格。网格是顶点的集合，而且这些顶点还带有顶点构成曲面或表面（通常为三角形）方式的信息。

物体是在建模软件或 CAD 程序中创建的。可以使用多种不同的格式存储物体，以便将来把它们加载到 3D 应用程序中，提供给图形硬件，然后进行渲染。Wavefront OBJ 是一种比较简单的网格数据文件格式，本节介绍从这种格式的文件加载 3D 模型的方式。

准备工作

可以使用多种库加载 OBJ 文件（或其他文件类型）。tinyobjloader 是一种比较简单、速度很快，而且仍旧在不断发展的库，它是由 Syoyo Fujita 开发的；tinyobjloader 也是一种单头的文件库，因此不需要包含任何其他文件或引用其他库。

 可以从 https://github.com/syoyo/tinyobjloader 下载 tinyobjloader 库。

要使用 tinyobjloader 库，需要从 https://github.com/syoyo/tinyobjloader 下载 tiny_obj_loader.h 文件。可以在代码中的许多位置包含 tinyobjloader 库，但是为了实现该库，需要将该库包含到某个源代码文件中，并在包含语句前添加#define TINYOBJLOADER_IMPLEMENTATION 定义。

```
#include ...
#define TINYOBJLOADER_IMPLEMENTATION
#include "tiny_obj_loader.h"
```

为了完成本节的实验，我们使用自定义结构 Mesh 存储已加载的数据，以便在 Vulkan 中轻松地使用这些数据。Mesh 数据类型具有下列定义。

```
struct Mesh {
  std::vector<float> Data;
  struct Part {
    uint32_t VertexOffset;
    uint32_t VertexCount;
  };
  std::vector<Part> Parts;
};
```

Data 成员用于存储顶点的属性：位置、法线和纹理坐标系（法向量和纹理坐标系数据是可选的）。vector 容器类型的 Parts 成员，用于定义模型的各个独立部分，这些部分都需要通过独立的 API 调用命令（如 vkCmdDraw()函数）绘制。模型的组成部分（由 part 成员代表）是使用两个参数定义的，VertexOffset 子成员定义了指定模型组成部分的起始地址（在一组顶点数据中，构成指定模型组成部分的顶点的存储区域的偏移量）；VertexCount 子成员定义了构成模型组成部分的顶点的数量。

具体处理过程

（1）创建一个 char const *类型的变量，将其命名为 filename，该变量用于存储模型数据源文件的名称。

（2）创建下列变量：

- 类型为 tinyobj::attrib_t，将其命名为 attribs。
- 类型为 std::vector<tinyobj::shape_t>，将其命名为 shapes。
- 类型为 std::vector<tinyobj::material_t>，将其命名为 materials。
- 类型为 std::string，将其命名为 error。

（3）调用 tinyobj::LoadObj(&attribs, &shapes, &materials, &error, filename)函数，将前四个参数设置为指向 attribs、shapes、materials 和 error 变量的指针，将第五个参数设置为 filename 变量。

（4）通过查明该函数调用操作的返回值为 true，确定这个函数调用操作成功完成。

（5）创建一个 Mesh 类型的变量，将其命名为 mesh，该变量用于通过适用于 Vulkan 的方式存储模型数据。

（6）创建一个 uint32_t 类型的变量，将其命名为 offset，并使用 0 初始化该变量。

（7）循环遍历 vector 容器 shapes 变量中所有的元素。假设当前存储在一个类型为 tinyobj::shape_t、名为 shape 的变量中，对 vector 容器 shapes 变量中所有的元素执行下列操作。

① 创建一个 uint32_t 类型的变量，将其命名为 part_offset。使用 offset 变量的值初始化 part_offset 变量。

② 循环遍历 vector 容器 shape.mesh.indices 变量中所有的元素。将当前正在被处理的元素存储到一个类型为 tinyobj::index_t、名为 index 的变量中，并对 vector 容器 shape.mesh.indices 变量中所有的元素执行下列操作。

- 将 vector 容器 attribs.vertices 变量中索引值分别为(3 * index.vertex_index)、(3 * index.vertex_index + 1)和(3 * index.vertex_index + 2)的元素，复制到 vector 容器 mesh.Data 变量中作为新元素。
- 如果需要加载法向量，就应将 vector 容器 attribs.normals 变量中索引值分别为(3 * index.normal_index)、(3 * index.normal_index + 1)和(3 * index.normal_index + 2)的元素，复制到 vector 容器 mesh.Data 变量中。
- 如果需要加载纹理坐标系数据，就应在 vector 容器 mesh.Data 变量中添加两个元素，并使用 vector 容器 attribs.texcoords 变量中索引值分别为(2 * index.texcoord_index)和(2 * index.texcoord_index + 1)的元素的值，初始化 vector 容器 mesh.Data 变量中这两个新添加的元素。
- 将 offset 变量的值加 1。

③ 创建一个 uint32_t 类型的变量，将其命名为 part_vertex_count，将 offset - part_offset 的结果存储到该变量中。

④ 如果 part_vertex_count 变量的值大于 0，就向 vector 容器 mesh.Parts 变量中添加一个新元素。使用下列值初始化该元素中的各个成员。

- 将 part_offset 变量的值，赋予 VertexOffset 成员。
- 将 part_vertex_count 变量的值，赋予 VertexCount 成员。

具体运行情况

应使 3D 模型拥有尽可能少的数据，以便提高加载处理过程的速度，并减少它们占用的内存空间。在开发游戏时，通常应选用某种二进制格式，因为大部分二进制格式都能够满足上述要求。

但是，现在的目的是学习一种新的 API，因此最好选择一种比较简单的格式。因为 OBJ 文件以文本形式存储数据，所以可以轻松查看这种文件的内容，并且可以自行修改这类文件。大多数（尽管不是全部）常见的建模程序，都允许将创建好的模型导出到 OBJ 文件中。因此，这是一种适合初学者使用的文件格式。

本节着重介绍加载顶点数据的方式，应先为模型数据准备存储空间，使用 tinyobjloader 库加载模型。如果该处理过程中出现了错误，那么应向用户显示错误提示信息。

```
tinyobj::attrib_t                    attribs;
std::vector<tinyobj::shape_t>        shapes;
std::vector<tinyobj::material_t>     materials;
std::string error;
bool result = tinyobj::LoadObj( &attribs, &shapes, &materials, &error,
  filename.c_str() );
if( !result ) {
  std::cout << "Could not open '" << filename << "' file.";
  if( 0 < error.size() ) {
    std::cout << " " << error;
  }
  std::cout << std::endl;
  return false;
}
```

理论上，加载模型的代码编写到这里就足够了，但是实际上这个数据结构不能很好地与 Vulkan 匹配。尽管单个顶点的法向量和纹理坐标系数据可能被放置在独立的数组中，但这些数据应使用同一个索引值。令人遗憾的是，在使用 OBJ 文件格式时可能做不到这一点，该文件格式会对多个顶点重用同样的索引值。因此，我们需要将已加载的数据转换为另一种格式，以便使图形硬件能够更轻松地使用这些数据。

```
Mesh mesh = {};
uint32_t offset = 0;
for( auto & shape : shapes ) {
  uint32_t part_offset = offset;
  for( auto & index : shape.mesh.indices ) {
    mesh.Data.emplace_back( attribs.vertices[3 * index.vertex_index + 0] );
    mesh.Data.emplace_back( attribs.vertices[3 * index.vertex_index + 1] );
    mesh.Data.emplace_back( attribs.vertices[3 * index.vertex_index + 2] );
    ++offset;
```

```
    if( (load_normals) &&
        (attribs.normals.size() > 0) ) {
      mesh.Data.emplace_back( attribs.normals[3*index.normal_index+0]);
      mesh.Data.emplace_back( attribs.normals[3*index.normal_index+1]);
      mesh.Data.emplace_back( attribs.normals[3*index.normal_index+2]);
    }
    if( (load_texcoords) &&
        (attribs.texcoords.size() > 0)) {
      mesh.Data.emplace_back( attribs.texcoords[2 * index.texcoord_index + 0] );
      mesh.Data.emplace_back( attribs.texcoords[2 * index.texcoord_index + 1] );
    }
  }
  uint32_t part_vertex_count = offset - part_offset;
  if( 0 < part_vertex_count ) {
    mesh.Parts.push_back( { part_offset, part_vertex_count } );
  }
}
```

执行完上述转换操作后，存储在 mesh 变量的 Data 成员中的数据，会被直接复制到顶点缓冲区中。每个模型组成部分的 VertexOffset 和 VertexCount 成员，都会在执行绘制操作的过程中被使用：我们可以将这些数据提供给 vkCmdDraw() 函数。

在创建图形管线（管线用于绘制通过 tinyobjloader 库加载的，且存储在 Mesh 自定义类型变量中的模型）时，需要为输入组合状态设置为 VK_PRIMITIVE_TOPOLOGY_TRIANGLE_LIST 拓扑结构（请参阅第 8 章）。还应注意，每个顶点的位置都是由 3 个浮点型数值定义的。在加载了顶点法线数据的情况下，每个顶点的位置还是由 3 个浮点型数值定义的。纹理坐标系也是可选数据，其中含有两个浮点型数值。顶点数据的存储方式，是先存储第一个顶点的位置、法线和纹理坐标系数据，然后存储第二个顶点的位置、法线和纹理坐标系数据，依次类推。在创建管线的过程中，必须使用上述信息才能正确地设置顶点绑定关系和属性描述（请参阅第 8 章）。

参考内容

请参阅第 4 章的下列内容：
- 创建图像。

- 将内存对象分配给图像并将它们绑定到一起。
- 使用暂存缓冲区更新与设备本地内存绑定的缓冲区。

请参阅第 7 章的下列内容：

- 编写顶点着色器。

请参阅第 8 章的下列内容：

- 设置管线顶点绑定关系描述、属性描述和输入状态。
- 设置管线输入组合状态。

请参阅第 9 章的下列内容：

- 绑定顶点缓冲区。
- 绘制几何图形。

第 11 章

照明

本章要点：
- 通过顶点漫射照明渲染几何图形。
- 通过片段镜面反射照明渲染几何图形。
- 通过法线贴图渲染几何图形。
- 使用立方体贴图绘制反射和折射几何图形。
- 向场景中添加阴影。

本章主要内容

照明是能够影响我们观察周围环境方式的最重要的因素之一。我们大脑获得的信息，大部分都是通过眼睛从世界获取的。人类的视觉非常敏感，甚至能够察觉出最轻微的照明条件改变。因此，对于 3D 程序和游戏的开发者，以及电影的制作者来说，照明非常重要。

在 3D 图形库仅支持固定功能管线的时代，照明计算是根据一组预定义规则执行的，开发者只能设置光源和被照亮物体的颜色。这使得大多数游戏和应用程序由于都使用一个库，所以具有类似的外观和感觉。图形硬件的一个进步是引入了片段着色器，它们的主要作用是计算片段（像素）的最终颜色。片段着色器会精确地为几何图形生成阴影，其名称 shader（着色器）也源自于此。着色器最大的优点是可编程，它不仅可用于照明计算，而且还能够实现所有算法。

当今的图形硬件更为复杂。图形硬件中某些类型的可编程部分，也被称为着色器。许多算法和处理方式都使用着色器，在游戏、3D 应用程序和电影中显示有趣的图像。直到现在，着色器程序的基本作用仍旧非常重要，如果想要制作出有趣的、引人注目的效果，就必须执行照明计算操作。

本章介绍常用的照明计算，其中包括从简单物体的漫反射照明算法到阴影贴图算法。

通过顶点漫射照明渲染几何图形

基础的漫反射照明算法是大多数照明计算的核心，该算法用于模拟不光滑的表面，向不同方向反射光线的效果。本章介绍使用实现漫反射照明算法的顶点和片段着色器，渲染几何图形的方式。

下面是本实验生成的最终图像效果。

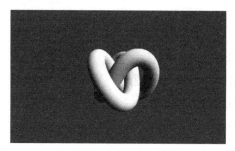

 为了更易于理解和实践，本例将处理步骤分得较细。本章后面的内容会以本节介绍的知识为基础，因此虽然这部分内容较短但通用性更高。

准备工作

漫反射照明原理是博学家Johann Heinrich Lambert根据余弦定理发现的。被照射表面的亮度，与光源至被照射表面的方向（光线向量）和曲面法向量形成的夹角的余弦值成正比。

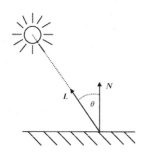

在着色器的内部可以轻松实现漫发射照明效果。法向量是作为顶点属性之一，通过应用程序提供的。所有顶点的位置都是已知的，因此要在着色器内部先计算光线向量，我们只需要提供光线方向或光源位置。法向量和光线向量都必须标准化（都必须拥有 1.0 的长度），计算这两个向量形成的夹角的余弦值，使用 dot() 函数可以做到这一点。

```
max( 0.0, dot( normal_vector, light_vector ) )
```

需要注意的是，余弦值可能是负的。当照射表面某些区域的光线的方向与光源的方向相反时，就会出现这种情况。这些区域无法被指定光源照亮（从指定光源角度看，这些区域处于阴影中），因此我们必须忽略该余弦计算结果，并将这些区域的照明值约束为 0。

后面的所有示例都会使用 VkDestroyer 类，使用该类可以自动销毁 Vulkan 资源。为简便起见，本例还引入了 InitVkDestroyer() 函数，该函数用于 VkDestroyer 对象封装指定资源，并使该对象与创建好的逻辑设备连接到一起。

具体处理过程

（1）创建一个 Vulkan 实例和一个含有一组已启用交换链扩展的逻辑设备，获取用于创建该逻辑设备的物理设备的句柄（请参阅第 2 章）。

（2）通过逻辑设备获取图形和显示队列的句柄（请参阅第 1 章）。

（3）使用选定的参数创建一个交换链，存储该交换链的尺寸（图像面积）和格式（请参阅第 2 章）。

（4）获取所有交换链图像的句柄（请参阅第 2 章）。

（5）为所有交换链图像创建图像视图（请参阅第 4 章）。

（6）创建一组用于生成动画帧的资源：命令缓冲区池、命令缓冲区、信号（至少需要创建 2 个，以便获取交换链图像并指明渲染帧的操作何时结束，以及在显示交换链图像的过程中需要使用哪个交换链）、栅栏和帧缓冲区。这样的资源至少需要创建 1 组，如果通过独立方式渲染多个帧，就应该创建多组这样的资源（请参阅第 9 章）。

（7）通过将顶点位置和法向量数据存储到类型为 Mesh、名为 Model 的变量中，加载 3D 模型数据（请参阅第 10 章）。

（8）使用 VK_BUFFER_USAGE_TRANSFER_DST_BIT 和 VK_BUFFER_USAGE_VERTEX_BUFFER_BIT，创建一个顶点缓冲区（请参阅第 4 章）。

（9）使用 VK_MEMORY_PROPERTY_DEVICE_LOCAL_BIT 属性分配一个内存对象，将该对象与顶点缓冲区绑定到一起（请参阅第 4 章）。

（10）使用暂存缓冲区将 Model 变量的 Data 成员中存储的顶点数据，复制到顶点缓冲区（请参阅第 4 章）。

（11）使用 VK_BUFFER_USAGE_TRANSFER_DST_BIT 和 VK_BUFFER_USAGE_UNIFORM_BUFFER_BIT 用法，创建一个统一缓冲区。使该统一缓冲区拥有足够的空间，以便能够容纳 2 个存储浮点型值的 4×4 矩阵的 32 个元素（请参阅第 5 章）。

（12）创建描述符集合布局，应在该布局中包含一个仅在顶点着色器阶段被访问的统一缓冲区（请参阅第 5 章）。

（13）创建一个描述符池，该描述符池用于分配含有一个统一缓冲区的描述符（请参阅第 5 章）。

（14）使用已创建的布局，通过创建好的描述符池分配一个描述符集合（请参阅第 5 章）。

（15）更新含有统一缓冲区句柄的描述符集合（请参阅第 5 章）。

（16）准备用于创建渲染通道的参数，先设置两个附着材料的描述（请参阅第 6 章）。

- 第一个附着材料应该具有与交换链图像的格式相同的格式，应在启动渲染通道时清除该附着材料，并在渲染通道停止时存储该附着材料的内容。可以不定义该附着材料的初始布局，但必须将它的最终布局定义为 VK_IMAGE_LAYOUT_PRESENT_SRC_KHR。

- 第二个附着材料应该具有某个得到支持的深度格式（VK_FORMAT_D16_UNORM 格式永远都会得到支持，而且至少 VK_FORMAT_X8_D24_UNORM_PACK32 和 VK_FORMAT_D32_SFLOAT 其中之一必定会得到支持），应在启动渲染通道时清除该附着材料，但执行完渲染通道后不需要存储该附着材料的内容。可以不定义该附着材料的初始布局，但必须将它的最终布局定义为与在子通道中定义的布局相同（避免不必要的布局转换操作）。

（17）为渲染通道设置一个子通道，在该子通道中，通过 VK_IMAGE_LAYOUT_COLOR_ATTACHMENT_OPTIMAL 布局，将第一个渲染通道附着材料用作颜色附着材料，通过 VK_IMAGE_LAYOUT_DEPTH_STENCIL_ATTACHMENT_OPTIMAL 布局，将第二个渲染通道附着材料用作深度附着材料（请参阅第 6 章）。

（18）为该渲染通道设置 2 个子通道依赖关系（请参阅第 6 章），使用下列值设置第一个依赖关系。

- 将 VK_SUBPASS_EXTERNAL 赋予 srcSubpass 成员。
- 将 0 赋予 dstSubpass 成员。
- 将 VK_PIPELINE_STAGE_TOP_OF_PIPE_BIT 赋予 srcStageMask 成员。

- 将 VK_PIPELINE_STAGE_COLOR_ATTACHMENT_OUTPUT_BIT 赋予 dstStageMask 成员。
- 将 VK_ACCESS_MEMORY_READ_BIT 赋予 srcAccessMask 成员。
- 将 VK_ACCESS_COLOR_ATTACHMENT_WRITE_BIT 赋予 dstAccessMask 成员。
- 将 VK_DEPENDENCY_BY_REGION_BIT 赋予 dependencyFlags 成员。

（19）使用下列值设置第二个渲染通道依赖关系。
- 将 0 赋予 srcSubpass 成员。
- 将 VK_SUBPASS_EXTERNAL 赋予 dstSubpass 成员。
- 将 VK_PIPELINE_STAGE_COLOR_ATTACHMENT_OUTPUT_BIT 赋予 srcStageMask 成员。
- 将 VK_PIPELINE_STAGE_TOP_OF_PIPE_BIT 赋予 dstStageMask 成员。
- 将 VK_ACCESS_COLOR_ATTACHMENT_WRITE_BIT 赋予 srcAccessMask 成员。
- 将 VK_ACCESS_MEMORY_READ_BIT 赋予 dstAccessMask 成员。
- 将 VK_DEPENDENCY_BY_REGION_BIT 赋予 dependencyFlags 成员。

（20）使用准备好的参数创建渲染通道（请参阅第 6 章）。

（21）使用仅含有一个统一缓冲区的描述符集合布局，创建一个管线布局（请参阅第 8 章）。

（22）通过下面的 GLSL 代码，生成 SPIR-V 程序，使用该程序为顶点着色器阶段创建着色器模块（请参阅第 7 章和第 8 章）。

```
#version 450
layout( location = 0 ) in vec4 app_position;
layout( location = 1 ) in vec3 app_normal;
layout( set = 0, binding = 0 ) uniform UniformBuffer {
  mat4 ModelViewMatrix;
  mat4 ProjectionMatrix;
};
layout( location = 0 ) out float vert_color;
void main() {
  gl_Position = ProjectionMatrix * ModelViewMatrix *
  app_position;
  vec3 normal = mat3( ModelViewMatrix ) * app_normal;
  vert_color = max( 0.0, dot( normal, vec3( 0.58, 0.58, 0.58 ) )
  ) + 0.1;
}
```

（23）通过下面的 GLSL 代码，生成 SPIR-V 程序，使用该程序为片段着色器阶段创建着色器模块。

```
#version 450
layout( location = 0 ) in float vert_color;
layout( location = 0 ) out vec4 frag_color;
void main() {
  frag_color = vec4( vert_color );
}
```

（24）设置含有顶点和片段着色器的管线着色器阶段，这两个阶段都应使用来自相应着色器模块的 main 函数进行设置（请参阅第 8 章）。

（25）设置含有两个属性的管线顶点输入状态，这两个属性都是通过 0 号绑定关系读取的。应通过从每个顶点和 6 * sizeof(float)幅度读取的数据，创建绑定关系（请参阅第 8 章）。第一个属性应拥有下列参数。

- 将 0 赋予 location 成员。
- 将 0 赋予 binding 成员。
- 将 VK_FORMAT_R32G32B32_SFLOAT 赋予 format 成员。
- 将 0 赋予 offset 成员。

（26）应使用下列值设置第二个顶点属性。

- 将 1 赋予 location 成员。
- 将 0 赋予 binding 成员。
- 将 VK_FORMAT_R32G32B32_SFLOAT 赋予 format 成员。
- 将 3 * sizeof(float)的结果赋予 offset 成员。

（27）在不启用基础重启功能的情况下，使用 VK_PRIMITIVE_TOPOLOGY_TRIANGLE_LIST 拓扑结构，设置管线输入组合状态（请参阅第 8 章）。

（28）设置管线视口和剪断测试状态，只需要设置一个视口状态和一个剪断测试状态。因为这两个状态是通过动态方式设置的，所以它们的初始值无关紧要（请参阅第 8 章）。

（29）在不启用深度值限定范围功能、启用光栅化功能、使用 VK_POLYGON_MODE_FILL、VK_CULL_MODE_BACK_BIT 和 VK_FRONT_FACE_COUNTER_CLOCKWISE 模式、不启用为已计算出片段深度值添加额外偏移量的功能，并将线条宽度设置为浮点型值 1.0 的情况下，创建管线光栅化功能（请参阅第 8 章）。

（30）在仅应用于单次采样操作、不对每个样本启用阴影效果、不启用片段遮盖范围位掩码、不根据片段的 alpha 值生成片段的覆盖范围，并且不需要将片段颜色数据中的 alpha 分量，替换为浮点型值 1.0 或者定点格式的可用最大值的情况下，设置管线多重采样状态（请参阅第 8 章）。

（31）在应用于一次深度测试、启用深度数据写入功能、使用 VK_COMPARE_OP_LESS_OR_EQUAL 操作符，且在不启用深度绑定和刻板测试的情况下，设置管线深度状态（请参阅第 8 章）。

（32）在禁用逻辑操作和混合操作的情况下，设置管线混合状态（请参阅第 8 章）。

（33）通过动态方式设置管线的视口和剪断测试（请参阅第 8 章）。

（34）使用准备好的参数创建图形管线（请参阅第 8 章）。

（35）创建一个支持 VK_BUFFER_USAGE_TRANSFER_SRC_BIT 使用方式的暂存缓冲区，使该缓冲区能够容纳两个矩阵（每个矩阵含有 16 个浮点型元素）的数据。必须使用主机可见的内存为该缓冲区的内存对象分配内存（请参阅第 4 章）。

（36）使用与渲染通道中深度附着材料格式相同的格式、与交换链图像相同的尺寸、一个 mipmap 纹理映射等级和数组图层，创建一幅 2D 图像（通过合适的内存对象）和图像视图。必须使该图像支持 VK_IMAGE_USAGE_DEPTH_STENCIL_ATTACHMENT_BIT 用法（请参阅第 4 章）。注意，每次应用程序的窗口被调整大小时，这些资源（包括交换链）都必定会被重新创建。

（37）创建一个模型矩阵，应使该矩阵能够通过乘法运算执行旋转、缩放和转移操作（请参阅第 10 章）。将合并了多个操作的矩阵的内容，复制到暂存缓冲区中起始地址偏移量为 0 的区域（请参阅第 4 章）。

（38）根据交换链图像面积的长宽比，创建透视投影矩阵（请参阅第 10 章）。将该矩阵的内容复制到暂存缓冲区中起始地址偏移量等于模型矩阵含有元素的数量（16 个）乘以单个元素的尺寸（sizeof(float)）的内存区域。注意，每次应用程序窗口的尺寸被调整时，都需要重新创建该矩阵并将它复制到暂存缓冲区中（请参阅第 4 章）。

（39）在渲染循环操作中，每轮循环都通过获取交换链中的一幅图像，创建含有已获得交换链图像和用作深度附着材料的图像的帧缓冲区，对下面介绍的命令缓冲区执行记录操作，将该命令缓冲区提交给图形队列并显示已获得的图像，从而为动画创建一个帧（请参阅第 9 章）。

（40）要对命令缓冲区执行记录操作，应执行下列处理步骤。

- 对使用 VK_COMMAND_BUFFER_USAGE_ONE_TIME_SUBMIT_BIT 用法创建的命令缓冲区执行记录操作（请参阅第 3 章）。
- 在处理了最后一帧后，如果暂存缓冲区已经被更新了，就应为统一缓冲区设置一个缓冲区内存屏障，以便通知驱动程序从此处开始需要通过不同的方式访问该缓冲区。从暂存缓冲区将数据复制到统一缓冲区，然后设置另一个缓冲区内存屏障（请参阅第 4 章）。
- 当使用不同队列执行显示和图形处理操作时，使用图像内存屏障，将已获得交换链图像的所有权，从显示队列转给图形队列（请参阅第 4 章）。
- 启动渲染通道（请参阅第 6 章）。
- 通过提供当前交换链图像的面积，使用动态方式设置视口和剪断测试状态（请参阅第 9 章）。
- 通过 0 号绑定关系绑定顶点缓冲区（请参阅第 9 章）。
- 使用 0 号索引指向描述符集合（请参阅第 5 章）。
- 绑定图形管线（请参阅第 8 章）。
- 绘制几何图形模型（请参阅第 9 章）。
- 停止渲染通道（请参阅第 6 章）。
- 如果使用不同队列执行显示和图形处理操作，使用图像内存屏障，就将已获得交换链图像的所有权，从图形队列转给显示队列（请参阅第 4 章）。
- 停止命令缓冲区的记录操作（请参阅第 3 章）。

（41）要提高应用程序的性能，应使用多组独立资源创建多个动画帧（请参阅第 9 章）。

具体运行情况

我们在启用了 WSI 扩展的情况下，创建了 Vulkan 实例和逻辑设备，还创建一个交换链对象（请参阅相应代码示例中这些操作的完整代码）。

要渲染几何图形，需要先加载 3D 模型，还应将 3D 模型的数据复制到顶点缓冲区，因此还需要创建顶点缓冲区，将内存对象与该顶点缓冲区绑定到一起，并且需要使用暂存缓冲区复制这些模型的数据。

```
if( !Load3DModelFromObjFile( "Data/Models/knot.obj", true, false, false, true, Model ) ) {
  return false;
}
```

```
InitVkDestroyer( LogicalDevice, VertexBuffer );
if( !CreateBuffer( *LogicalDevice, sizeof( Model.Data[0] ) *
Model.Data.size(), VK_BUFFER_USAGE_TRANSFER_DST_BIT |
VK_BUFFER_USAGE_VERTEX_BUFFER_BIT, *VertexBuffer ) ) {
  return false;
}
InitVkDestroyer( LogicalDevice, VertexBufferMemory );
if( !AllocateAndBindMemoryObjectToBuffer( PhysicalDevice, *LogicalDevice,
*VertexBuffer, VK_MEMORY_PROPERTY_DEVICE_LOCAL_BIT, *VertexBufferMemory ) )
{
  return false;
}
if( !UseStagingBufferToUpdateBufferWithDeviceLocalMemoryBound(
PhysicalDevice, *LogicalDevice, sizeof( Model.Data[0] ) *
Model.Data.size(), &Model.Data[0], *VertexBuffer, 0, 0,
VK_ACCESS_TRANSFER_WRITE_BIT, VK_PIPELINE_STAGE_TOP_OF_PIPE_BIT,
VK_PIPELINE_STAGE_VERTEX_INPUT_BIT, GraphicsQueue.Handle,
FrameResources.front().CommandBuffer, {} ) ) {
  return false;
}
```

下一步,需要创建一个统一缓冲区,需要使用统一缓冲区向着色器提供转换矩阵。

```
InitVkDestroyer( LogicalDevice, UniformBuffer );
InitVkDestroyer( LogicalDevice, UniformBufferMemory );
if( !CreateUniformBuffer( PhysicalDevice, *LogicalDevice, 2 * 16 * sizeof(
  float ), VK_BUFFER_USAGE_TRANSFER_DST_BIT |
VK_BUFFER_USAGE_UNIFORM_BUFFER_BIT,
  *UniformBuffer, *UniformBufferMemory ) ) {
  return false;
}
```

该统一缓冲区会在顶点着色器的内部被访问。因此,需要创建描述符集合布局、描述符池和单个的描述符集合,已创建好的统一缓冲区用于更新(填充)描述符集合。

```
VkDescriptorSetLayoutBinding descriptor_set_layout_binding = {
  0,
  VK_DESCRIPTOR_TYPE_UNIFORM_BUFFER,
  1,
```

```cpp
    VK_SHADER_STAGE_VERTEX_BIT,
    nullptr
  };
  InitVkDestroyer( LogicalDevice, DescriptorSetLayout );
  if( !CreateDescriptorSetLayout( *LogicalDevice, {
  descriptor_set_layout_binding }, *DescriptorSetLayout ) ) {
    return false;
  }
  VkDescriptorPoolSize descriptor_pool_size = {
    VK_DESCRIPTOR_TYPE_UNIFORM_BUFFER,
    1
  };
  InitVkDestroyer( LogicalDevice, DescriptorPool );
  if( !CreateDescriptorPool( *LogicalDevice, false, 1, { descriptor_pool_size
  }, *DescriptorPool ) ) {
    return false;
  }
  if( !AllocateDescriptorSets( *LogicalDevice, *DescriptorPool, {
  *DescriptorSetLayout }, DescriptorSets ) ) {
    return false;
  }
  BufferDescriptorInfo buffer_descriptor_update = {
    DescriptorSets[0],
    0,
    0,
    VK_DESCRIPTOR_TYPE_UNIFORM_BUFFER,
    {
      {
        *UniformBuffer,
        0,
        VK_WHOLE_SIZE
      }
    }
  };
  UpdateDescriptorSets( *LogicalDevice, {}, { buffer_descriptor_update }, {},
  {} );
```

渲染操作只能在渲染通道的内部被执行。我们需要创建含有两个附着材料的渲染通道：第一个附着材料是一个交换链图像；第二个附着材料是一幅图像，它是由我们创建的，将会用作深度附着材料。因为我们会在不使用任何后处理技术的情况下仅渲染单个模型，所以仅为该渲染通道创建一个子通道就足够了。

```cpp
std::vector<VkAttachmentDescription> attachment_descriptions = {
  {
    0,
    Swapchain.Format,
    VK_SAMPLE_COUNT_1_BIT,
    VK_ATTACHMENT_LOAD_OP_CLEAR,
    VK_ATTACHMENT_STORE_OP_STORE,
    VK_ATTACHMENT_LOAD_OP_DONT_CARE,
    VK_ATTACHMENT_STORE_OP_DONT_CARE,
    VK_IMAGE_LAYOUT_UNDEFINED,
    VK_IMAGE_LAYOUT_PRESENT_SRC_KHR
  },
  {
    0,
    DepthFormat,
    VK_SAMPLE_COUNT_1_BIT,
    VK_ATTACHMENT_LOAD_OP_CLEAR,
    VK_ATTACHMENT_STORE_OP_DONT_CARE,
    VK_ATTACHMENT_LOAD_OP_DONT_CARE,
    VK_ATTACHMENT_STORE_OP_DONT_CARE,
    VK_IMAGE_LAYOUT_UNDEFINED,
    VK_IMAGE_LAYOUT_DEPTH_STENCIL_ATTACHMENT_OPTIMAL
  }
};
VkAttachmentReference depth_attachment = {
  1,
  VK_IMAGE_LAYOUT_DEPTH_STENCIL_ATTACHMENT_OPTIMAL
};
std::vector<SubpassParameters> subpass_parameters = {
  {
    VK_PIPELINE_BIND_POINT_GRAPHICS,
    {},
```

```cpp
        {
          {
            0,
            VK_IMAGE_LAYOUT_COLOR_ATTACHMENT_OPTIMAL,
          }
        },
        {},
        &depth_attachment,
        {}
      }
    };
    std::vector<VkSubpassDependency> subpass_dependencies = {
      {
        VK_SUBPASS_EXTERNAL,
        0,
        VK_PIPELINE_STAGE_TOP_OF_PIPE_BIT,
        VK_PIPELINE_STAGE_COLOR_ATTACHMENT_OUTPUT_BIT,
        VK_ACCESS_MEMORY_READ_BIT,
        VK_ACCESS_COLOR_ATTACHMENT_WRITE_BIT,
        VK_DEPENDENCY_BY_REGION_BIT
      },
      {
        0,
        VK_SUBPASS_EXTERNAL,
        VK_PIPELINE_STAGE_COLOR_ATTACHMENT_OUTPUT_BIT,
        VK_PIPELINE_STAGE_TOP_OF_PIPE_BIT,
        VK_ACCESS_COLOR_ATTACHMENT_WRITE_BIT,
        VK_ACCESS_MEMORY_READ_BIT,
        VK_DEPENDENCY_BY_REGION_BIT
      }
    };
    InitVkDestroyer( LogicalDevice, RenderPass );
    if( !CreateRenderPass( *LogicalDevice, attachment_descriptions,
    subpass_parameters, subpass_dependencies, *RenderPass ) ) {
      return false;
    }
```

还需要创建一个暂存缓冲区，该暂存缓冲区用于将数据从应用程序传输到统一缓冲区中。

```
InitVkDestroyer( LogicalDevice, StagingBuffer );
if( !CreateBuffer( *LogicalDevice, 2 * 16 * sizeof(float),
VK_BUFFER_USAGE_TRANSFER_SRC_BIT, *StagingBuffer ) ) {
  return false;
}
InitVkDestroyer( LogicalDevice, StagingBufferMemory );
if( !AllocateAndBindMemoryObjectToBuffer( PhysicalDevice, *LogicalDevice,
*StagingBuffer, VK_MEMORY_PROPERTY_HOST_VISIBLE_BIT, *StagingBufferMemory )
) {
  return false;
}
```

在渲染帧之前，需要创建图形管线。由于创建图形管线的代码非常简单，所以此处不再赘述。

要查看该模型，需要加载该模型并创建投影矩阵。模型矩阵用于调整模型在虚拟世界的位置：可以在场景中移动、缩放和旋转模型。这种矩阵通常会与查看矩阵组合到一起，查看矩阵用于在场景中移动摄影机。为简便起见，本例中没有使用查看转换操作，但我们仍需要创建一个投影矩阵。因为投影矩阵中的值取决于帧缓冲区的长宽比（在本例中为应用程序窗口的尺寸），所以每次应用程序的窗口被调整大小时都必须重新计算该投影矩阵的值。

```
Matrix4x4 rotation_matrix = PrepareRotationMatrix( vertical_angle, { 1.0f,
0.0f, 0.0f } ) * PrepareRotationMatrix( horizontal_angle, { 0.0f, -1.0f,
0.0f } );
Matrix4x4 translation_matrix = PrepareTranslationMatrix( 0.0f, 0.0f, -4.0f
);
Matrix4x4 model_view_matrix = translation_matrix * rotation_matrix;
if( !MapUpdateAndUnmapHostVisibleMemory( *LogicalDevice,
*StagingBufferMemory, 0, sizeof( model_view_matrix[0] ) *
model_view_matrix.size(), &model_view_matrix[0], true, nullptr ) ) {
  return false;
}
Matrix4x4 perspective_matrix = PreparePerspectiveProjectionMatrix(
static_cast<float>(Swapchain.Size.width) /
```

```
    static_cast<float>(Swapchain.Size.height),
    50.0f, 0.5f, 10.0f );
if( !MapUpdateAndUnmapHostVisibleMemory( *LogicalDevice,
  *StagingBufferMemory, sizeof( model_view_matrix[0] ) *
  model_view_matrix.size(),
    sizeof( perspective_matrix[0] ) * perspective_matrix.size(),
  &perspective_matrix[0], true, nullptr ) ) {
    return false;
```

本例的最后一个处理步骤是创建一个动画帧，该操作通常在渲染循环的内部被执行，渲染循环中的每个轮次都会渲染一个独立（新）的帧。

首先，应查明是否需要更新统一缓冲区的内容，以及是否需要将数据从暂存缓冲区复制到统一缓冲区。

```
if( !BeginCommandBufferRecordingOperation( command_buffer,
  VK_COMMAND_BUFFER_USAGE_ONE_TIME_SUBMIT_BIT, nullptr ) ) {
    return false;
}
if( UpdateUniformBuffer ) {
  UpdateUniformBuffer = false;
  BufferTransition pre_transfer_transition = {
    *UniformBuffer,
    VK_ACCESS_UNIFORM_READ_BIT,
    VK_ACCESS_TRANSFER_WRITE_BIT,
    VK_QUEUE_FAMILY_IGNORED,
    VK_QUEUE_FAMILY_IGNORED
  };
  SetBufferMemoryBarrier( command_buffer,
    VK_PIPELINE_STAGE_BOTTOM_OF_PIPE_BIT, VK_PIPELINE_STAGE_TRANSFER_BIT, {
    pre_transfer_transition } );
  std::vector<VkBufferCopy> regions = {
    {
      0,
      0,
      2 * 16 * sizeof( float )
    }
  };
```

```
  CopyDataBetweenBuffers( command_buffer, *StagingBuffer, *UniformBuffer,
regions );
  BufferTransition post_transfer_transition = {
    *UniformBuffer,
    VK_ACCESS_TRANSFER_WRITE_BIT,
    VK_ACCESS_UNIFORM_READ_BIT,
    VK_QUEUE_FAMILY_IGNORED,
    VK_QUEUE_FAMILY_IGNORED
  };
  SetBufferMemoryBarrier( command_buffer, VK_PIPELINE_STAGE_TRANSFER_BIT,
VK_PIPELINE_STAGE_VERTEX_SHADER_BIT, { post_transfer_transition } );
}
```

然后，为交换链图像切换队列所有权（在使用不同队列执行图形和显示操作的情况下）。此后，应启动渲染通道并设置为渲染几何图形所必要的所有状态：设置视口和剪断测试状态，绑定顶点缓冲区、描述符集合和图形管线。绘制几何图形，停止渲染通道。我们需要将交换链图像的所有权，再次切换回显示队列（在使用不同队列，执行图形和显示操作的情况下）。

最后，停止命令缓冲区的记录操作。现在就可以将该命令缓冲区提交给队列了。

```
if( PresentQueue.FamilyIndex != GraphicsQueue.FamilyIndex ) {
  ImageTransition image_transition_before_drawing = {
    Swapchain.Images[swapchain_image_index],
    VK_ACCESS_MEMORY_READ_BIT,
    VK_ACCESS_COLOR_ATTACHMENT_WRITE_BIT,
    VK_IMAGE_LAYOUT_UNDEFINED,
    VK_IMAGE_LAYOUT_COLOR_ATTACHMENT_OPTIMAL,
    PresentQueue.FamilyIndex,
    GraphicsQueue.FamilyIndex,
    VK_IMAGE_ASPECT_COLOR_BIT
  };
  SetImageMemoryBarrier( command_buffer,
VK_PIPELINE_STAGE_COLOR_ATTACHMENT_OUTPUT_BIT,
VK_PIPELINE_STAGE_COLOR_ATTACHMENT_OUTPUT_BIT, {
image_transition_before_drawing } );
}
BeginRenderPass( command_buffer, *RenderPass, framebuffer, { { 0, 0 },
```

```
    Swapchain.Size }, { { 0.1f, 0.2f, 0.3f, 1.0f },{ 1.0f, 0 } },
    VK_SUBPASS_CONTENTS_INLINE );
    VkViewport viewport = {
      0.0f,
      0.0f,
      static_cast<float>(Swapchain.Size.width),
      static_cast<float>(Swapchain.Size.height),
      0.0f,
      1.0f,
    };
    SetViewportStateDynamically( command_buffer, 0, { viewport } );
    VkRect2D scissor = {
      {
        0,
        0
      },
      {
        Swapchain.Size.width,
        Swapchain.Size.height
      }
    };
    SetScissorsStateDynamically( command_buffer, 0, { scissor } );
    BindVertexBuffers( command_buffer, 0, { { *VertexBuffer, 0 } } );
    BindDescriptorSets( command_buffer, VK_PIPELINE_BIND_POINT_GRAPHICS,
    *PipelineLayout, 0, DescriptorSets, {} );
    BindPipelineObject( command_buffer, VK_PIPELINE_BIND_POINT_GRAPHICS,
    *Pipeline );
    for( size_t i = 0; i < Model.Parts.size(); ++i ) {
      DrawGeometry( command_buffer, Model.Parts[i].VertexCount, 1,
    Model.Parts[i].VertexOffset, 0 );
    }
    EndRenderPass( command_buffer );
    if( PresentQueue.FamilyIndex != GraphicsQueue.FamilyIndex ) {
      ImageTransition image_transition_before_present = {
        Swapchain.Images[swapchain_image_index],
        VK_ACCESS_COLOR_ATTACHMENT_WRITE_BIT,
        VK_ACCESS_MEMORY_READ_BIT,
```

```
      VK_IMAGE_LAYOUT_PRESENT_SRC_KHR,
      VK_IMAGE_LAYOUT_PRESENT_SRC_KHR,
      GraphicsQueue.FamilyIndex,
      PresentQueue.FamilyIndex,
      VK_IMAGE_ASPECT_COLOR_BIT
    };
    SetImageMemoryBarrier( command_buffer,
 VK_PIPELINE_STAGE_COLOR_ATTACHMENT_OUTPUT_BIT,
 VK_PIPELINE_STAGE_BOTTOM_OF_PIPE_BIT, { image_transition_before_present }
    );
  }
  if( !EndCommandBufferRecordingOperation( command_buffer ) ) {
    return false;
  }
  return true;
```

在创建上一个帧时，法向量和顶点位置数据都是通过自动方式从顶点缓冲区获取的。顶点位置数据不仅用于显示几何图形，还与法向量一起用于照明计算。

```
      gl_Position = ProjectionMatrix * ModelViewMatrix * app_position;
      vec3 normal = mat3( ModelViewMatrix ) * app_normal;
      vert_color = max( 0.0, dot( normal, vec3( 0.58, 0.58, 0.58 ) ) ) + 0.1;
```

为简洁起见，我们在顶点着色器中使用硬编码设置光线向量，通常应通过统一缓冲区或入栈常量提供光线向量数据。在本例中，光线向量永远都指向同一方向（对于所有顶点），因此这模拟了一种定向光源（太阳）。

在上面的代码中，所有照明计算都是在视图空间中被执行的。可以在任何坐标系中执行这类计算，但是要得到正确的结果，必须将所有向量（法线、光线、查看等）转换到同一空间中。

执行完漫反射计算操作后，还应在计算出的颜色值中添加一个常量。这个常量通常被称为环境光，这种光用于照亮场景（否则，所有阴影/未照亮的表面都会显得过暗）。

下图展示了将计算好的漫反射照明值，应用于含有不同数量多边形的几何图形中的每个顶点。左图展示的是精细的几何图形（含有较多的多边形）；右图展示的是粗糙的几何图形（含有较少的多边形）。

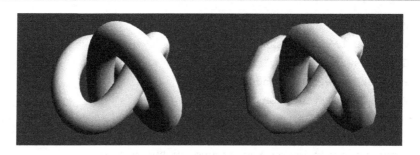

参考内容

请参阅第 2 章的下列内容：
- 通过已启用的 WSI 扩展创建 Vulkan 实例。
- 通过已启用的 WSI 扩展创建逻辑设备。
- 通过 R8G8B8A8 格式和邮箱显示模式（mailbox present mode）创建交换链。

请参阅第 3 章的下列内容：
- 启动命令缓冲区记录操作。

请参阅第 8 章的下列内容：
- 创建图形管线。

请参阅第 9 章的下列内容：
- 通过增加已渲染帧的数量提高性能。

请参阅第 10 章的下列内容：
- 从 OBJ 文件加载 3D 模型。

请参阅本章的下列内容：
- 通过片段镜面反射照明渲染几何图形。
- 通过法线贴图渲染几何图形。

通过片段镜面反射照明渲染几何图形

使用镜面反射照明可以在模型表面添加高亮和反射效果，这样经过渲染的几何图形就会显得有光泽和更加圆滑。

下面是本例生成的图像。

第 11 章 照明

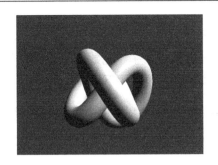

准备工作

Blinn-Phong 模型是最常见的用于描述照亮曲面方式的算法。这是一种以实验为依据的模型，虽然它不完全符合物理学原理，但在已渲染几何图形被简化的情况中，该模型能够生成显得更为真实的效果。因此，这个模型非常适合处理 3D 仿真图形。

Blinn-Phong 模型将曲面发射出的光线分为如下 4 个组成部分。

- 自发光：曲面本身发射的光线。
- 环境光：在整个场景中散射的反射光，没有可见的源头（用于照亮几何图形）。
- 漫反射光：粗糙曲面反射的光（符合朗伯余弦定律）。
- 镜面反射光：由光滑、有光泽的曲面反射的光。

上述光线可能会拥有不同的颜色，这些颜色用于表现曲面的材质（漫反射光的颜色通常源于纹理）。每个光源也可能会由不同颜色的各个光线构成（除自发光外），我们可以将这些情况视为光源影响场景中的环境光的程度、光源发出漫反射光线的数量等。当然，我们可以根据自己的需要修改上面的算法，这样就可以获得易于计算的各种结果。

本例着重介绍漫反射照明和镜面反射光。"通过顶点漫射照明渲染几何图形"小节详细介绍过漫反射照明。镜面反射光是通过曲面法向量 N 和半向量 H 的点积计算的，半向量是指在视图向量 V（从被照亮的点至观看者）和光线向量 L（从被照亮的点至光源）之间一半距离的向量。

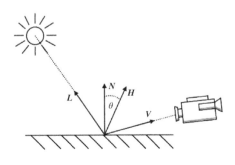

计算好的点积值用于在光滑的表面上，创建闪亮的光反射效果。因为通过这种方式照亮的区域可能会过大，所以可使用电功率（瓦数）计量计算出的值。瓦数越大，物体表面上反射光的区域就越小且亮度越高。可使用下面的代码在着色器中计算该值。

```
pow( dot( half_vector, normal_vector ), shinniness );
```

法向量通常是随几何图形一起被加载的，并且是由应用程序提供的。使用下面的代码可以计算半向量。

```
vec3 view_vector = normalize( eye_position.xyz - vert_position.xyz );
vec3 light_vector = normalize( light_position.xyz - vert_position.xyz );
vec3 half_vector = normalize( view_vector + light_vector );
```

要得到正确的结果，就必须将所有向量都标准化。当然，当曲面没有被照亮（或者曲面没有朝向光源）时，镜面高亮效果不会显示出来。因此，只有当漫反射光线组成部分的值大于 0 时，才应该计算镜面高亮值。

具体处理过程

（1）按照"通过顶点漫射照明渲染几何图形"小节介绍的内容，准备 Vulkan 资源。

（2）仅通过一个统一缓冲区和一个由片段着色器阶段访问的入栈常量范围（起始地址为 0 号偏移量，幅度为 4 * sizeof(float)），使用准备好的描述符集合布局，创建一个管线布局（请参阅第 8 章）。

（3）使用通过下列 GLSL 代码生成的 SPIR-V 程序，为顶点着色器阶段创建一个着色器模块（请参阅第 7 章和第 8 章）。

```
#version 450
layout( location = 0 ) in vec4 app_position;
layout( location = 1 ) in vec3 app_normal;
layout( set = 0, binding = 0 ) uniform UniformBuffer {
  mat4 ModelViewMatrix;
  mat4 ProjectionMatrix;
};
layout( location = 0 ) out vec3 vert_position;
layout( location = 1 ) out vec3 vert_normal;
void main() {
  vec4 position = ModelViewMatrix * app_position;
```

```
    vert_position = position.xyz;
    vert_normal = mat3( ModelViewMatrix ) * app_normal;
    gl_Position = ProjectionMatrix * position;
  }
```

（4）使用通过下列 GLSL 代码生成的 SPIR-V 程序，为片段着色器阶段创建一个着色器模块。

```
#version 450
layout( location = 0 ) in vec3 vert_position;
layout( location = 1 ) in vec3 vert_normal;
layout( push_constant ) uniform LightParameters {
  vec4 Position;
} Light;
layout( location = 0 ) out vec4 frag_color;
void main() {
  vec3 normal_vector = normalize( vert_normal );
  vec3 light_vector = normalize( Light.Position.xyz - vert_position );
  float diffuse_term = max( 0.0, dot( normal_vector, light_vector ) );
  frag_color = vec4( diffuse_term + 0.1 );
  if( diffuse_term > 0.0 ) {
    vec3 view_vector = normalize( vec3( 0.0, 0.0, 0.0 ) - vert_position.xyz );
    vec3 half_vector = normalize( view_vector + light_vector );
    float shinniness = 60.0;
    float specular_term = pow( dot( half_vector, normal_vector ), shinniness );
    frag_color += vec4( specular_term );
  }
}
```

（5）使用顶点和片段着色器模块中的 main 函数，通过顶点着色器和片段着色器设置管线着色器阶段（请参阅第 8 章）。

（6）使用管线布局和上面介绍的着色器阶段，创建一条图形管线。其余用于创建管线的参数与"通过顶点漫射照明渲染几何图形"小节介绍的参数相同。

(7)编写对每个帧执行的命令缓冲区记录（渲染）的函数。要做到这一点，需要启动命令缓冲区的记录操作、将数据从暂存缓冲区复制到统一缓冲区（在必要时）、设置用于切换已获得交换链图像的队列所有权的图像内存屏障、启动渲染通道、通过动态方式设置视口和剪断测试状态，以及绑定顶点、描述符集合和图形管线（请参阅"通过顶点漫射照明渲染几何图形"小节）。

(8)设置光源的位置，并通过入栈常量将该数据提供给着色器。在执行该操作时，需要使用管线布局、通过标志值 VK_SHADER_STAGE_FRAGMENT_BIT 设置的着色器阶段、偏移量（值为 0）和幅度（sizeof(float) * 4），以及指向光源位置数据的指针（请参阅第 9 章）。

(9)将绘制模型的操作记录到命令缓冲区，停止渲染通道，为交换链图像设置另一个图像内存屏障后，停止命令缓冲区记录操作。

(10)将该命令缓冲区提交给图形队列并显示图像（请参阅第 9 章）。

具体运行情况

本例的全部代码几乎与"通过顶点漫射照明渲染几何图形"小节介绍的代码完全相同。两者之间最重要的差别位于顶点着色器和片段着色器中，这两个着色器会根据应用程序提供的数据执行照明计算操作。本例没有在着色器中使用硬编码方式设置光线向量，更确切地说，光线向量是使用应用程序提供的数据计算出来的。位置和法向量会被自动读取为顶点属性。光源位置数据是通过入栈常量读取的，因此在创建管线布局时，我们需要设置入栈常量范围。

```
std::vector<VkPushConstantRange> push_constant_ranges = {
  {
    VK_SHADER_STAGE_FRAGMENT_BIT,    // VkShaderStageFlags类型的管线阶段标志值
    0,                               // uint32_t类型的偏移量
    sizeof( float ) * 4              // uint32_t类型的幅度（单个入栈常量占用的
                                     //   内存空间）
  }
};
InitVkDestroyer( LogicalDevice, PipelineLayout );
if( !CreatePipelineLayout( *LogicalDevice, { *DescriptorSetLayout },
push_constant_ranges, *PipelineLayout ) ) {
  return false;
```

}

可通过命令缓冲区记录操作，为入栈常量提供数据。

```
BindVertexBuffers( command_buffer, 0, { { *VertexBuffer, 0 } } );
BindDescriptorSets( command_buffer, VK_PIPELINE_BIND_POINT_GRAPHICS,
*PipelineLayout, 0, DescriptorSets, {} );
BindPipelineObject( command_buffer, VK_PIPELINE_BIND_POINT_GRAPHICS,
*Pipeline );
std::array<float, 4> light_position = { 5.0f, 5.0f, 0.0f, 0.0f };
ProvideDataToShadersThroughPushConstants( command_buffer, *PipelineLayout,
VK_SHADER_STAGE_FRAGMENT_BIT, 0, sizeof( float ) * 4, &light_position[0] );
```

通过入栈常量可以提供光源位置数据，这样可以提高我们编写的着色器的通用性，可以在着色器中直接计算光线向量，并使用光线向量进行照明计算。

下图展示了一个几何图形的渲染效果，该几何图形是通过在片段着色器内部计算出的漫反射和镜面反射照明数据照亮的。在片段着色器中进行照明计算的效果，比在顶点着色器中进行同样照明计算的效果更好。即使这个几何图形非常简单，照明效果也很好，但是这会付出性能代价。

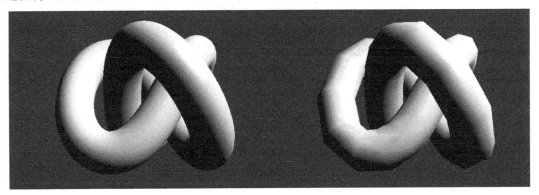

参考内容

请参阅第 7 章的下列内容：
- 将 GLSL 着色器转换为 SPIR-V 程序。

请参阅第 8 章的下列内容：
- 创建着色器模块。
- 设置管线着色器阶段。

- 创建管线布局。

请参阅第 9 章的下列内容：
- 通过入栈常量为着色器提供数据。

请参阅本章的下列内容：
- 通过顶点漫射照明渲染几何图形。

通过法线贴图渲染几何图形

法线贴图是一种图形处理技术，使用它可以在不提高几何复杂性的情况下，增加模型表面的细节。在使用法线贴图技术时，在进行照明计算的过程中不需要使用与顶点关联的法向量，这些法向量会被从图像（纹理）读取的法向量中替换。在这种处理方式中，模型的形状不会被改变，因此不需要为执行顶点转换操作而付出额外的性能代价，而且获得的照明品质会更高。这种处理方式仅依赖法线贴图的品质，与模型复杂性无关。

下图是本例生成的图像。

准备工作

法线贴图也是一种图像，用于存储从高清几何图形获取的法向量。法线贴图用于简单的几何图形（含多边形较少的），模拟大量的表面细节。

第 11 章 照明

在进行简单的照明计算时，我们只需要加载位置和法向量数据，但是在执行法线贴图操作时，需要为指定的 3D 模型加载（或生成）更多的数据。处理上面提到的属性之外，还需要加载纹理坐标系（这样才能在片段着色器的内部对法线贴图取样）和两个额外的向量：正切和二重切。在曲面的某个点上，法向量垂直于曲面，并且会永远指向远离曲面的方向。正切和二重切向量指向曲面的切线方向。正切向量在物体的表面上指向使纹理图像进一步水平化的方向（从左至右，纹理坐标系中的 s 组成部分会不断增加）；二重切向量在物体的表面上指向使纹理图像进一步垂直化的方向（从上至下，纹理坐标系中的 t 组成部分会不断减少）。此外，这三个向量（法线、正切和二重切）都应彼此垂直（微小偏差是可以接受的），而且都应具有 1.0 的长度。

法线、正切和二重切向量不会直接用于照明计算。更确切地说，它们形成了一个旋转矩阵，使用该矩阵可以将向量从纹理（或正切）空间转换到本地模型空间，也可以将向量从本地模型空间转换到纹理（或正切）空间。这样就不需要通过只能应用于专用模型的法向量创建纹理，而可以创建一幅通用的法线贴图，并将它应用于任何几何图形。使用这种 TBN（法线、正切和二重切向量）矩阵，可以通过纹理加载法向量，并在我们更为熟悉的笛卡尔坐标系中执行的照明计算中使用该向量。

具体处理过程

（1）创建"通过顶点漫射照明渲染几何图形"小节介绍的 Vulkan 资源。

（2）从含有法线贴图的文件中加载纹理数据（请参阅第 10 章）。

（3）创建一个合并的二维图像采样器，该采样器应拥有彩色外观和某种格式（如 VK_FORMAT_R8G8B8A8_UNORM），并且支持 VK_IMAGE_USAGE_SAMPLED_BIT 和 VK_IMAGE_USAGE_TRANSFER_DST_BIT 使用方式（请参阅第 5 章）。

（4）将从法线贴图加载的数据，复制到使用暂存缓冲区创建的图像中（请参阅第 4 章）。

（5）从文件加载 3D 模型，除了顶点位置和法向量数据，还应加载纹理坐标，并加载或生成正切和二重切向量。创建一个（顶点）缓冲区，通过暂存缓冲区将已加载的数据复制到该缓冲区中（请参阅第 10 章）。

（6）创建一个描述符集合布局，该布局中应含有一个使用顶点着色器通过 0 号绑定关系访问的统一缓冲区，以及一个使用片段着色器通过 1 号绑定关系访问的合并的图像采样器（请参阅第 5 章）。

（7）创建一个描述符池，该描述符池应含有一个统一缓冲区描述符和一个合并的图像采样器描述符（请参阅第 5 章）。

（8）使用含有一个统一缓冲区和一个合并的图像采样器的描述符集合布局，通过已创建的描述符池分配一个描述符集合（请参阅第5章）。

（9）通过使用0号绑定关系访问的统一缓冲区和使用1号绑定关系访问的法线贴图创建的合并的图像采样器，更新这个描述符集合。将图像布局设置为VK_IMAGE_LAYOUT_SHADER_READ_ONLY_OPTIMAL（请参阅第5章）。

（10）通过创建好的描述符集合布局，创建管线布局。还应通过这个描述符集合布局，设置偏移量为0且幅度为4 * sizeof(float)的、通过片段着色器阶段访问的入栈常量范围（请参阅第8章）。

（11）使用通过下列GLSL代码生成的SPIR-V程序，为顶点着色器阶段创建一个着色器模块（请参阅第7章和第8章）。

```
#version 450
layout( location = 0 ) in vec4 app_position;
layout( location = 1 ) in vec3 app_normal;
layout( location = 2 ) in vec2 app_texcoord;
layout( location = 3 ) in vec3 app_tangent;
layout( location = 4 ) in vec3 app_bitangent;
layout( set = 0, binding = 0 ) uniform UniformBuffer {
  mat4 ModelViewMatrix;
  mat4 ProjectionMatrix;
};
layout( location = 0 ) out vec3 vert_position;
layout( location = 1 ) out vec2 vert_texcoord;
layout( location = 2 ) out vec3 vert_normal;
layout( location = 3 ) out vec3 vert_tanget;
layout( location = 4 ) out vec3 vert_bitanget;
void main() {
  vec4 position = ModelViewMatrix * app_position;
  gl_Position = ProjectionMatrix * position;
  vert_position = position.xyz;
  vert_texcoord = app_texcoord;
  vert_normal = mat3( ModelViewMatrix ) * app_normal;
  vert_tanget = mat3( ModelViewMatrix ) * app_tangent;
  vert_bitanget = mat3( ModelViewMatrix ) * app_bitangent;
}
```

（12）使用通过下列 GLSL 代码生成的 SPIR-V 程序，为片段着色器阶段创建一个着色器模块。

```
#version 450
layout( location = 0 ) in vec3 vert_position;
layout( location = 1 ) in vec2 vert_texcoord;
layout( location = 2 ) in vec3 vert_normal;
layout( location = 3 ) in vec3 vert_tanget;
layout( location = 4 ) in vec3 vert_bitanget;
layout( set = 0, binding = 1 ) uniform sampler2D ImageSampler;
layout( push_constant ) uniform LightParameters {
  vec4 Position;
} Light;
layout( location = 0 ) out vec4 frag_color;
void main() {
  vec3 normal = 2 * texture( ImageSampler, vert_texcoord ).rgb - 1.0;
  vec3 normal_vector = normalize( mat3( vert_tanget, vert_bitanget, vert_normal) * normal );
  vec3 light_vector = normalize( Light.Position.xyz -vert_position );
  float diffuse_term = max( 0.0, dot( normal_vector, light_vector ) ) * max( 0.0, dot( vert_normal, light_vector ) );
  frag_color = vec4( diffuse_term + 0.1 );
  if( diffuse_term > 0.0 ) {
    vec3 half_vector = normalize(normalize( -vert_position.xyz )+ light_vector);
    float specular_term = pow( dot( half_vector, normal_vector ), 60.0 );
    frag_color += vec4( specular_term );
  }
}
```

（13）通过顶点和片段着色器设置管线着色器阶段，顶点和片段着色器都应使用顶点和片段着色器模块中的 main 函数（请参阅第 8 章）。

（14）通过从 0 号绑定关系读取的 5 个属性，设置管线顶点输入状态。应通过从每个顶点读取的数据和 14 * sizeof(float)的幅度，创建该绑定关系（请参阅第 8 章）。应使用下列参数设置第一个属性。

- location 成员的值为 0。
- binding 成员的值为 0。
- format 成员的值为 VK_FORMAT_R32G32B32_SFLOAT。
- offset 成员的值为 0。

（15）应使用下列参数设置第二个属性。
- 将 1 赋予 location 成员。
- 将 0 赋予 binding 成员。
- 将 VK_FORMAT_R32G32B32_SFLOAT 赋予 format 成员。
- 将 3 * sizeof(float)的结果赋予 offset 成员。

（16）应使用下列参数设置第三个属性。
- 将 2 赋予 location 成员。
- 将 0 赋予 binding 成员。
- 将 VK_FORMAT_R32G32_SFLOAT 赋予 format 成员。
- 将 6 * sizeof(float)的结果赋予 offset 成员。

（17）应使用下列参数设置第四个属性。
- 将 3 赋予 location 成员。
- 将 0 赋予 binding 成员。
- 将 VK_FORMAT_R32G32B32_SFLOAT 赋予 format 成员。
- 将 8 * sizeof(float)的结果赋予 offset 成员。

（18）应使用下列参数设置第五个属性。
- 将 4 赋予 location 成员。
- 将 0 赋予 binding 成员。
- 将 VK_FORMAT_R32G32B32_SFLOAT 赋予 format 成员。
- 将 11 * sizeof(float)的结果赋予 offset 成员。

（19）在处理动画中的每个帧时，对命令缓冲区执行记录操作，通过执行命令缓冲区中记录的命令，将数据从暂存缓冲区复制到统一缓冲区、启动渲染通道、通过动态方式设置视口和剪断状态，以及绑定顶点缓冲区、描述符集合和图形管线（请参阅"通过顶点漫射照明渲染几何图形"小节）。

（20）设置光源的位置，通过入栈常量将该数据交给着色器。在执行这个操作时，应将管线布局、使用 VK_SHADER_STAGE_FRAGMENT_BIT 标志值设置的片段着色器阶段、偏移量 0、sizeof(float)*4 的幅度，以及指向光源位置数据的指针设置为参数（请参阅第 9 章）。

（21）绘制模型，将其余必要操作记录到命令缓冲区中，将该命令缓冲区提交给图形队列，显示图像（请参阅第 9 章）。

具体运行情况

要在我们编写的应用程序中使用法线贴图，需要先准备一幅存储了法向量的图像，且必须加载该图像的内容。还需要创建一个采样器，将这幅图像和该采样器创建为合并的图像采样器。

```
int width = 1;
int height = 1;
std::vector<unsigned char> image_data;
if( !LoadTextureDataFromFile( "Data/Textures/normal_map.png", 4,
image_data, &width, &height ) ) {
  return false;
}
InitVkDestroyer( LogicalDevice, Sampler );
InitVkDestroyer( LogicalDevice, Image );
InitVkDestroyer( LogicalDevice, ImageMemory );
InitVkDestroyer( LogicalDevice, ImageView );
if( !CreateCombinedImageSampler( PhysicalDevice, *LogicalDevice,
VK_IMAGE_TYPE_2D, VK_FORMAT_R8G8B8A8_UNORM, { (uint32_t)width,
(uint32_t)height, 1 },
  1, 1, VK_IMAGE_USAGE_SAMPLED_BIT | VK_IMAGE_USAGE_TRANSFER_DST_BIT,
VK_IMAGE_VIEW_TYPE_2D, VK_IMAGE_ASPECT_COLOR_BIT, VK_FILTER_LINEAR,
  VK_FILTER_LINEAR, VK_SAMPLER_MIPMAP_MODE_NEAREST,
VK_SAMPLER_ADDRESS_MODE_REPEAT, VK_SAMPLER_ADDRESS_MODE_REPEAT,
  VK_SAMPLER_ADDRESS_MODE_REPEAT, 0.0f, false, 1.0f, false,
VK_COMPARE_OP_ALWAYS, 0.0f, 1.0f, VK_BORDER_COLOR_FLOAT_OPAQUE_BLACK,
  false, *Sampler, *Image, *ImageMemory, *ImageView ) ) {
  return false;
}
VkImageSubresourceLayers image_subresource_layer = {
  VK_IMAGE_ASPECT_COLOR_BIT,      // VkImageAspectFlags aspectMask
  0,                              // uint32_t mipLevel
  0,                              // uint32_t baseArrayLayer
  1                               // uint32_t layerCount
```

```
  };
  if( !UseStagingBufferToUpdateImageWithDeviceLocalMemoryBound(
    PhysicalDevice, *LogicalDevice,
    static_cast<VkDeviceSize>(image_data.size()),
      &image_data[0], *Image, image_subresource_layer, { 0, 0, 0 }, {
    (uint32_t)width, (uint32_t)height, 1 }, VK_IMAGE_LAYOUT_UNDEFINED,
      VK_IMAGE_LAYOUT_SHADER_READ_ONLY_OPTIMAL, 0, VK_ACCESS_SHADER_READ_BIT,
    VK_IMAGE_ASPECT_COLOR_BIT, VK_PIPELINE_STAGE_TOP_OF_PIPE_BIT,
      VK_PIPELINE_STAGE_FRAGMENT_SHADER_BIT, GraphicsQueue.Handle,
    FrameResources.front().CommandBuffer, {} ) ) {
    return false;
  }
```

此外，我们需要加载一个 3D 模型，应加载顶点位置、法向量和纹理坐标数据。正切和二重切向量也必须加载，但是因为.obj 文件格式无法存储这么多属性，所以我们需要自己创建它们（在 Load3DModelFromObjFile()函数中执行这个操作）。

```
  uint32_t vertex_stride = 0;
  if( !Load3DModelFromObjFile( "Data/Models/ice.obj", true, true, true,
true,
    Model, &vertex_stride ) ) {
    return false;
  }
```

修改"通过顶点漫射照明渲染几何图形"小节介绍的描述符集合。首先，应创建一个合适的描述符集合布局。

```
    std::vector<VkDescriptorSetLayoutBinding> descriptor_set_layout_bindings =
    {
      {
        0,
        VK_DESCRIPTOR_TYPE_UNIFORM_BUFFER,
        1,
        VK_SHADER_STAGE_VERTEX_BIT,
        nullptr
      },
      {
        1,
```

```
      VK_DESCRIPTOR_TYPE_COMBINED_IMAGE_SAMPLER,
      1,
      VK_SHADER_STAGE_FRAGMENT_BIT,
      nullptr
    }
  };
  InitVkDestroyer( LogicalDevice, DescriptorSetLayout );
  if( !CreateDescriptorSetLayout( *LogicalDevice,
  descriptor_set_layout_bindings, *DescriptorSetLayout ) ) {
    return false;
  }
```

然后,创建一个描述符池,并通过它分配描述符集合。

```
  std::vector<VkDescriptorPoolSize> descriptor_pool_sizes = {
    {
      VK_DESCRIPTOR_TYPE_UNIFORM_BUFFER,
      1
    },
    {
      VK_DESCRIPTOR_TYPE_COMBINED_IMAGE_SAMPLER,
      1
    }
  };
  InitVkDestroyer( LogicalDevice, DescriptorPool );
  if( !CreateDescriptorPool( *LogicalDevice, false, 1, descriptor_pool_sizes,
  *DescriptorPool ) ) {
    return false;
  }
  if( !AllocateDescriptorSets( *LogicalDevice, *DescriptorPool, {
  *DescriptorSetLayout }, DescriptorSets ) ) {
    return false;
  }
```

最后,分配好这个描述符集合后,就可以使用统一缓冲区和合并的图像采样器的句柄更新该描述符集合。

```
  BufferDescriptorInfo buffer_descriptor_update = {
    DescriptorSets[0],
```

```
      0,
      0,
      VK_DESCRIPTOR_TYPE_UNIFORM_BUFFER,
      {
        {
          *UniformBuffer,
          0,
          VK_WHOLE_SIZE
        }
      }
    };
    ImageDescriptorInfo image_descriptor_update = {
      DescriptorSets[0],
      1,
      0,
      VK_DESCRIPTOR_TYPE_COMBINED_IMAGE_SAMPLER,
      {
        {
          *Sampler,
          *ImageView,
          VK_IMAGE_LAYOUT_SHADER_READ_ONLY_OPTIMAL
        }
      }
    };
    UpdateDescriptorSets( *LogicalDevice, { image_descriptor_update }, {
    buffer_descriptor_update }, {}, {} );
```

本例需要处理 5 个顶点属性，因此还需要修改顶点输入状态。

```
    std::vector<VkVertexInputBindingDescription>
    vertex_input_binding_descriptions = {
      {
        0,
        vertex_stride,
        VK_VERTEX_INPUT_RATE_VERTEX
      }
    };
    std::vector<VkVertexInputAttributeDescription>
```

```
vertex_attribute_descriptions = {
  {
    0,
    0,
    VK_FORMAT_R32G32B32_SFLOAT,
    0
  },
  {
    1,
    0,
    VK_FORMAT_R32G32B32_SFLOAT,
    3 * sizeof( float )
  },
  {
    2,
    0,
    VK_FORMAT_R32G32_SFLOAT,
    6 * sizeof( float )
  },
  {
    3,
    0,
    VK_FORMAT_R32G32B32_SFLOAT,
    8 * sizeof( float )
  },
  {
    4,
    0,
    VK_FORMAT_R32G32B32_SFLOAT,
    11 * sizeof( float )
  }
};
VkPipelineVertexInputStateCreateInfo vertex_input_state_create_info;
SpecifyPipelineVertexInputState( vertex_input_binding_descriptions,
  vertex_attribute_descriptions, vertex_input_state_create_info );
```

上述属性是在顶点着色器的内部被读取的，顶点着色器用于通过模型视图和投影矩阵，将顶点的位置转换到裁剪空间中。此外，这段代码还将视图空间位置和未修改的纹理坐标系传输给了片段着色器。法线、正切和二重切向量也被传输给了片段着色器，但是它们会通过模型—视图矩阵，先传输给视图空间。

```
vec4 position = ModelViewMatrix * app_position;
gl_Position = ProjectionMatrix * position;

vert_position = position.xyz;
vert_texcoord = app_texcoord;
vert_normal = mat3( ModelViewMatrix ) * app_normal;
vert_tangent = mat3( ModelViewMatrix ) * app_tangent;
vert_bitangent = mat3( ModelViewMatrix ) * app_bitangent;
```

在执行法线贴图处理过程时，最重要的处理部分位于片段着色器中，该部分需要先从纹理读取法向量。纹理值的范围通常为 0.0～1.0（除非使用有符号的标准化纹理格式 SNORM）。然而，标准化向量的所有组成部分都具有-1.0～1.0 的值，因此我们需要使用下面的代码扩展已加载的法向量。

```
vec3 normal = 2 * texture( ImageSampler, vert_texcoord ).rgb - 1.0;
```

片段着色器计算漫发射和镜面反射照明的方式，与"通过片段镜面反射照明渲染几何图形"介绍的方式相同。该方式使用从纹理加载的法向量，而不使用顶点着色器提供的法向量。使用这种计算方式时只需要将所有向量（光线和视图）都位于视图空间中，但是存储在法线贴图中的法向量位于正切空间中，因此需要将其转换到视图空间中。使用通过法线、正切和二重切向量构成的 TBN 矩阵，可以做到这一点。应通过顶点着色器将这 3 个向量从模型空间转换到视图空间（通过将这 3 个向量乘以模型—视图矩阵），所以已创建的 TBN 矩阵会将法向量从正切空间直接转换到视图空间。

```
vec3 normal_vector = normalize( mat3( vert_tanget, vert_bitanget,
    vert_normal) * normal );
```

mat3()是一个构造器，用于通过 3 成分向量（由 3 部分数据构成的向量）创建 3×3 矩阵。使用这种矩阵可以执行旋转和缩放操作，但不能执行转移操作。因为本例需要改变模型的方向（单位—长度向量），所以 mat3()构造器恰好适合处理这种情况。

使用法线贴图可以在非常简单的几何图形（含多边形的数量很少）上，生成引人注目的效果。如下图所示，左图展示了对含有许多多边形的几何图形应用法线贴图的效果；右图展示了对含有较少顶点的类似几何图形应用法线贴图的效果。

第 11 章 照明

参考内容

请参阅第 4 章的下列内容：
- 使用暂存缓冲区更新与设备本地内存绑定的图像。

请参阅第 5 章的下列内容：
- 创建合并的图像采样器。

请参阅第 10 章的下列内容：
- 从文件加载纹理数据。
- 从 OBJ 文件加载 3D 模型。

请参阅本章的下列内容：
- 通过顶点漫射照明渲染几何图形。
- 通过片段镜面反射照明渲染几何图形。

使用立方体贴图绘制反射和折射几何图形

在现实世界中，透明的物体既会传播管线，也会反射光线。如果观察者视线与透明物体表面的法线形成的角度越大，那么看到的反射光线会越多。观察者视线与透明物体表面法线形成的角度越小，看到穿过透明物体的光线就会越多，只有模拟出这样的效果才能使物体显得真实。本章介绍为几何图形渲染出折射和反射效果的方式。

下面是本例生成的图像。

【513】

准备工作

立方体贴图是一种纹理，由代表立方体 6 个面的图像构成。立方体贴图通常用于存储指定位置的场景视图。立方体贴图最常见的用法是天空盒（skybox）。当需要使用贴图渲染指定模型表面上的反射光效果时，立方体贴图非常易于使用。立方体贴图也通常用于模拟物体（如玻璃制品）的透明效果，透明物体会折射光线。分辨率非常低的立方体贴图（如 4×4 像素块），甚至可以直接用于实现环境光。

立方体贴图中含有 6 幅二维图像，这些图像都是正方形的，而且尺寸都相同。在 Vulkan 中，立方体贴图是通过 6 个数组图层使用 2D 图像创建的。立方体贴图的图像视图用于定义这 6 个数组图层，它使用+X、-X、+Y、-Y、+Z 和-Z 的顺序将这 6 个数组图层设置为立方体贴图的 6 个面，如下图所示。

图像由 Emil Persson 社区提供（http://www.humus.name）。立方体的 6 个面与 6 个方向对应，这就像我们站在现实世界的某个点上，将视线转向各个方向并拍摄照片一样。使用这种纹理可以模拟物体表面上反映周围环境的倒影和透过物体显示的影像。然而，当物体被移动而创建该纹理的位置过远时，这种模拟效果就会被破坏，因此必须为新位置创建合适的新纹理。

具体处理过程

（1）创建"通过顶点漫射照明渲染几何图形"小节介绍的 Vulkan 资源。

（2）通过存储了顶点位置和法向量数据的文件，加载 3D 模型数据。该模型作为被反射和折射的环境影像（请参阅第 10 章）。

（3）通过内存对象创建一个（顶点）缓冲区，使用该缓冲区存储模型数据（请参阅第 4 章）。

（4）加载含有立方体顶点位置数据的 3D 模型，该模型用于模拟被反射的环境影像（请参阅第 12 章）。

（5）创建一个内存对象和一个缓冲区，将二者绑定到一起，使用该缓冲区存储环境（天空盒）的顶点数据。

（6）创建一个合并的二维图像采样器，使该图像采样器拥有 6 个数组图层和 1 个立方体图像视图，支持 VK_IMAGE_USAGE_SAMPLED_BIT 和 VK_IMAGE_USAGE_TRANSFER_DST_BIT 使用方式，并使所有维度的寻址操作都使用 VK_SAMPLER_ADDRESS_MODE_CLAMP_TO_EDGE 寻址模式（请参阅第 5 章）。

（7）从文件加载立方体贴图 6 个面的纹理数据（请参阅第 10 章）。

（8）将已加载的所有纹理，存储到创建好的合并图像采样器的数组图层中，应使用下列次序存储这些纹理图像：正负 x 轴方向、正负 y 轴方向和正负 z 轴方向（请参阅第 4 章）。

（9）创建一个含有两个描述符资源的描述符集合布局，一个是通过 0 号绑定关系在顶点着色器内部访问的统一缓冲区，另一个是通过 1 号绑定关系在片段着色器内部访问的合并图像采样器（请参阅第 5 章）。

（10）创建一个描述符集合池，该描述符集合池用于分配一个统一缓冲区描述符和一个合并的图像采样器描述符（请参阅第 5 章）。

（11）使用含有一个统一缓冲区和一个合并的图像采样器资源的描述符集合布局，通过已创建的描述符集合池，分配一个描述符集合（请参阅第 5 章）。

（12）使用通过 0 号绑定关系访问的统一缓冲区和通过 1 号绑定关系访问的合并图像采样器（立方体贴图），更新（写入数据）这个描述符集合。将该立方体贴图的布局设置为 VK_IMAGE_LAYOUT_SHADER_READ_ONLY_OPTIMAL（请参阅第 5 章）。

（13）使用已创建的描述符集合布局，创建一个管线布局。应为该描述符集合布局设置通过片段着色器阶段访问的入栈常量范围，该入栈常量范围的偏移量应为 0，且拥有 4 * sizeof(float)的幅度（请参阅第 8 章）。

（14）创建一个用于绘制反射和折射模型的图形管线。使用通过下列 GLSL 代码生成的 SPIR-V 程序，为顶点着色器阶段创建一个着色器模块（请参阅第 7 章和第 8 章）。

```
#version 450
layout( location = 0 ) in vec4 app_position;
layout( location = 1 ) in vec3 app_normal;
layout( set = 0, binding = 0 ) uniform UniformBuffer {
  mat4 ModelViewMatrix;
  mat4 ProjectionMatrix;
};
layout( location = 0 ) out vec3 vert_position;
layout( location = 1 ) out vec3 vert_normal;
void main() {
  vert_position = app_position.xyz;
  vert_normal = app_normal;
  gl_Position = ProjectionMatrix * ModelViewMatrix * app_position;
```

}

（15）使用通过下列 GLSL 代码生成的 SPIR-V 程序，为片段着色器阶段创建一个着色器模块。

```
#version 450
layout( location = 0 ) in vec3 vert_position;
layout( location = 1 ) in vec3 vert_normal;
layout( set = 0, binding = 1 ) uniform samplerCube Cubemap;
layout( push_constant ) uniform LightParameters {
  vec4 Position;
} Camera;
layout( location = 0 ) out vec4 frag_color;
void main() {
  vec3 view_vector = vert_position - Camera.Position.xyz;
  float angle = smoothstep( 0.3, 0.7, dot( normalize( -view_vector ), vert_normal ) );
  vec3 reflect_vector = reflect( view_vector, vert_normal );
  vec4 reflect_color = texture( Cubemap, reflect_vector );
  vec3 refrac_vector = refract( view_vector, vert_normal, 0.3 );
  vec4 refract_color = texture( Cubemap, refrac_vector );
  frag_color = mix( reflect_color, refract_color, angle );
}
```

（16）通过顶点和片段着色器设置管线着色器阶段，这两个着色器都应使用相应着色器模块中的 main 函数（请参阅第 8 章）。

（17）使用上一步骤定义的管线着色器阶段和"通过顶点漫射照明渲染几何图形"小节介绍的管线参数，创建用于绘制模型的图形管线。

（18）创建一个用于绘制被反射的环境影像（天空盒）的图形管线（请参阅第 12 章）。

（19）要渲染一个帧，应在渲染循环处理过程中的每个轮次中记录一个命令缓冲区。在该命令缓冲区中，应含有将数据从暂存缓冲区复制到统一缓冲区、启动渲染通道、通过动态方式设置视口和剪断状态，以及绑定描述符集合的操作（请参阅"通过顶点漫射照明渲染几何图形"小节）。

（20）绑定为反射/折射影像模型创建的图形管线和顶点缓冲区。

（21）设置摄像机的位置，应通过这个位置观察场景并通过入栈常量将该位置数据提供给着色器。在执行这个操作时，应将管线布局、VK_SHADER_STAGE_FRAGMENT_

BIT（代表片段）着色器阶段、偏移量 0、sizeof(float) * 4 的幅度，以及指向摄影机位置数据的指针作为参数（请参阅第 9 章）。

（22）绘制模型（请参阅第 9 章）。

（23）为创建和绘制天空盒，绑定图形管线和顶点缓冲区。

（24）将其余必要操作记录到命令缓冲区中，将该命令缓冲区提交给图形队列显示图像（请参阅第 9 章）。

具体运行情况

为了做这个实验，应先为两个模型执行加载和创建缓冲区的操作：第一个模型用于模拟主场景（反射/折射影像模型）；第二个模型用于绘制环境影像（天空盒）。我们需要使用暂存缓冲区，将顶点数据复制到这两个顶点缓冲区中。

需要创建一个立方体贴图，应通过创建一个合并的图像采样器做到这一点。这幅图像必须是 2D 的，且具有 6 个数组图层，支持 VK_IMAGE_USAGE_SAMPLED_BIT 和 VK_IMAGE_USAGE_TRANSFER_DST_BIT 使用方式。应根据具体情况选择图像格式，但 VK_FORMAT_R8G8B8A8_UNORM 格式通常可以满足大多数需求。在所有的采样维度（u、v 和 w 轴）上，已创建的采样器必须使用 VK_SAMPLER_ADDRESS_MODE_CLAMP_TO_EDGE 寻址模式，否则所有立方体贴图的边棱就可能会被显示出来。

```
if( !CreateCombinedImageSampler( PhysicalDevice, *LogicalDevice,
VK_IMAGE_TYPE_2D, VK_FORMAT_R8G8B8A8_UNORM, { 1024, 1024, 1 }, 1, 6,
  VK_IMAGE_USAGE_SAMPLED_BIT | VK_IMAGE_USAGE_TRANSFER_DST_BIT,
VK_IMAGE_VIEW_TYPE_CUBE, VK_IMAGE_ASPECT_COLOR_BIT, VK_FILTER_LINEAR,
  VK_FILTER_LINEAR, VK_SAMPLER_MIPMAP_MODE_NEAREST,
VK_SAMPLER_ADDRESS_MODE_CLAMP_TO_EDGE,
VK_SAMPLER_ADDRESS_MODE_CLAMP_TO_EDGE,
  VK_SAMPLER_ADDRESS_MODE_CLAMP_TO_EDGE, 0.0f, false, 1.0f, false,
VK_COMPARE_OP_ALWAYS, 0.0f, 1.0f, VK_BORDER_COLOR_FLOAT_OPAQUE_BLACK,
  false, *CubemapSampler, *CubemapImage, *CubemapImageMemory,
*CubemapImageView ) ) {
  return false;
}
```

将数据添加到立方体贴图图像中，本例从 6 个独立的文件中获取数据，将这些数据复制到一幅图像的 6 个图层中。

```cpp
std::vector<std::string> cubemap_images = {
  "Data/Textures/Skansen/posx.jpg",
  "Data/Textures/Skansen/negx.jpg",
  "Data/Textures/Skansen/posy.jpg",
  "Data/Textures/Skansen/negy.jpg",
  "Data/Textures/Skansen/posz.jpg",
  "Data/Textures/Skansen/negz.jpg"
};
for( size_t i = 0; i < cubemap_images.size(); ++i ) {
  std::vector<unsigned char> cubemap_image_data;
  int image_data_size;
  if( !LoadTextureDataFromFile( cubemap_images[i].c_str(), 4,
cubemap_image_data, nullptr, nullptr, nullptr, &image_data_size ) ) {
    return false;
  }
  VkImageSubresourceLayers image_subresource = {
    VK_IMAGE_ASPECT_COLOR_BIT,
    0,
    static_cast<uint32_t>(i),
    1
  };
  UseStagingBufferToUpdateImageWithDeviceLocalMemoryBound( PhysicalDevice,
*LogicalDevice, image_data_size, &cubemap_image_data[0],
    *CubemapImage, image_subresource, { 0, 0, 0 }, { 1024, 1024, 1 },
VK_IMAGE_LAYOUT_UNDEFINED, VK_IMAGE_LAYOUT_SHADER_READ_ONLY_OPTIMAL,
    0, VK_ACCESS_SHADER_READ_BIT, VK_IMAGE_ASPECT_COLOR_BIT,
VK_PIPELINE_STAGE_TOP_OF_PIPE_BIT, VK_PIPELINE_STAGE_FRAGMENT_SHADER_BIT,
    GraphicsQueue.Handle, FrameResources.front().CommandBuffer, {} );
}
```

还需要创建一个描述符集合，以便使片段着色器能够通过该描述符集合访问这个立方体贴图。为了分配该描述符集合，应创建下面的描述符集合布局。

```cpp
std::vector<VkDescriptorSetLayoutBinding> descriptor_set_layout_bindings =
{
  {
    0,
    VK_DESCRIPTOR_TYPE_UNIFORM_BUFFER,
```

```
      1,
      VK_SHADER_STAGE_VERTEX_BIT,
      nullptr
    },
    {
      1,
      VK_DESCRIPTOR_TYPE_COMBINED_IMAGE_SAMPLER,
      1,
      VK_SHADER_STAGE_FRAGMENT_BIT,
      nullptr
    }
  };
  InitVkDestroyer( LogicalDevice, DescriptorSetLayout );
  if( !CreateDescriptorSetLayout( *LogicalDevice,
  descriptor_set_layout_bindings, *DescriptorSetLayout ) ) {
    return false;
  }
```

描述符集合是通过描述符集合池分配的。因此，应创建一个描述符集合池并使用它分配描述符集合。

```
  std::vector<VkDescriptorPoolSize> descriptor_pool_sizes = {
    {
      VK_DESCRIPTOR_TYPE_UNIFORM_BUFFER,
      1
    },
    {
      VK_DESCRIPTOR_TYPE_COMBINED_IMAGE_SAMPLER,
      1
    }
  };
  InitVkDestroyer( LogicalDevice, DescriptorPool );
  if( !CreateDescriptorPool( *LogicalDevice, false, 1, descriptor_pool_sizes,
  *DescriptorPool ) ) {
    return false;
  }
  if( !AllocateDescriptorSets( *LogicalDevice, *DescriptorPool, {
  *DescriptorSetLayout }, DescriptorSets ) ) {
```

```
      return false;
    }
```

使用应在着色器内部访问的描述符资源的句柄处理描述符资源,并更新已创建的描述符集合。

```
BufferDescriptorInfo buffer_descriptor_update = {
  DescriptorSets[0],
  0,
  0,
  VK_DESCRIPTOR_TYPE_UNIFORM_BUFFER,
  {
    {
      *UniformBuffer,
      0,
      VK_WHOLE_SIZE
    }
  }
};
ImageDescriptorInfo image_descriptor_update = {
  DescriptorSets[0],
  1,
  0,
  VK_DESCRIPTOR_TYPE_COMBINED_IMAGE_SAMPLER,
  {
    {
      *CubemapSampler,
      *CubemapImageView,
      VK_IMAGE_LAYOUT_SHADER_READ_ONLY_OPTIMAL
    }
  }
};
UpdateDescriptorSets( *LogicalDevice, { image_descriptor_update }, {
buffer_descriptor_update }, {}, {} );
```

处理完描述符集合后,应创建渲染通道和 2 个图形管线。一个图形管线用于绘制反射/折射影像模型,另一个图形管线用于绘制环境影像(天空盒)。除了着色器程序和入栈常量范围,用于绘制反射/折射影像模型的图形管线,与"通过顶点漫射照明渲染几何图形"小节介绍的图形管线也非常相似，因此需要在创建管线布局的过程中设置这个图形管线。

```
std::vector<VkPushConstantRange> push_constant_ranges = {
  {
    VK_SHADER_STAGE_FRAGMENT_BIT,
    0,
    sizeof( float ) * 4
  }
};
InitVkDestroyer( LogicalDevice, PipelineLayout );
if( !CreatePipelineLayout( *LogicalDevice, { *DescriptorSetLayout },
  push_constant_ranges, *PipelineLayout ) ) {
    return false;
}
```

像往常一样，顶点着色器用于计算顶点在裁剪空间中的位置，并将位置和法向量数据原封不动地传输给片段着色器。

```
vert_position = app_position.xyz;
vert_normal = app_normal;

gl_Position = ProjectionMatrix * ModelViewMatrix * app_position;
```

在世界空间中计算反射和折射光线最容易，因此应将这两类向量都转换到笛卡尔坐标系中。然而，为了简化本实验，我们假设已经把模型转换到了世界空间中，这就是上面的顶点着色器会将向量（位置和法线）原封不动地传输给片段着色器的原因。片段着色器会接收这些向量，并使用它们通过内置函数 reflect() 和 refract()，计算反射和折射向量。计算出的向量用于从立方体贴图读取值，并根据观察角度将这些数据混合到一起。

```
vec3 view_vector = vert_position - Camera.Position.xyz;

float angle = smoothstep( 0.3, 0.7, dot( normalize( -view_vector ),
  vert_normal ) );

vec3 reflect_vector = reflect( view_vector, vert_normal );
vec4 reflect_color = texture( Cubemap, reflect_vector );

vec3 refrac_vector = refract( view_vector, vert_normal, 0.3 );
```

```
vec4 refract_color = texture( Cubemap, refrac_vector );

frag_color = mix( reflect_color, refract_color, angle );
```

第 12 章详细介绍了创建用于渲染天空盒的图形管线的过程。

需要注意的是，对命令缓冲区执行记录操作。本例需要渲染两个物体，因此需要先设置能够正确绘制模型的合适状态。

```
BindDescriptorSets( command_buffer, VK_PIPELINE_BIND_POINT_GRAPHICS,
*PipelineLayout, 0, DescriptorSets, {} );
BindPipelineObject( command_buffer, VK_PIPELINE_BIND_POINT_GRAPHICS,
*ModelPipeline );
BindVertexBuffers( command_buffer, 0, { { *ModelVertexBuffer, 0 } } );
ProvideDataToShadersThroughPushConstants( command_buffer, *PipelineLayout,
VK_SHADER_STAGE_FRAGMENT_BIT, 0, sizeof( float ) * 4,
&Camera.GetPosition()[0] );
for( size_t i = 0; i < Model.Parts.size(); ++i ) {
  DrawGeometry( command_buffer, Model.Parts[i].VertexCount, 1,
Model.Parts[i].VertexOffset, 0 );
}
```

执行完上述操作后，应渲染天空盒。

```
BindPipelineObject( command_buffer, VK_PIPELINE_BIND_POINT_GRAPHICS,
*SkyboxPipeline );
BindVertexBuffers( command_buffer, 0, { { *SkyboxVertexBuffer, 0 } } );
for( size_t i = 0; i < Skybox.Parts.size(); ++i ) {
  DrawGeometry( command_buffer, Skybox.Parts[i].VertexCount, 1,
Skybox.Parts[i].VertexOffset, 0 );
}
```

当然，我们不需要渲染环境影像（反射和折射影像存储在纹理中）。然而，我们不仅需要显示反射影像，还需要显示折射影像。

使用本节和"通过顶点漫射照明渲染几何图形"小节介绍的知识，可以生成下列图像效果。

参考内容

请参阅第 5 章的下列内容：
- 创建合并的图像采样器。

请参阅第 9 章的下列内容：
- 通过入栈常量为着色器提供数据。

请参阅第 10 章的下列内容：
- 从文件加载纹理数据。
- 从 OBJ 文件加载 3D 模型。

向场景中添加阴影

照明是在三维应用程序中被执行的最重要的操作之一。由于图形硬件本身和图形库的特性，照明计算有一个缺点：其中不包含所有已绘制物体的位置信息。这就是生成阴影需要使用特殊方式和高级渲染算法的原因。

专门用于生成自然阴影效果的流行技术有很多种，下面让我们来了解一种名为阴影贴图的技术。

下图展示了使用这种技术生成的效果。

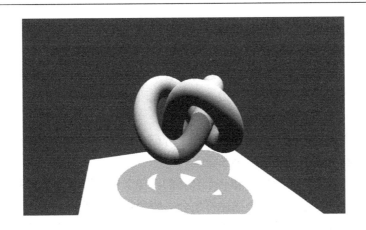

准备工作

阴影贴图技术需要渲染一个场景两次。首先，渲染有阴影的物体，应从光源的角度渲染这些物体。这会将深度值存储到深度附着材料中（不需要存储颜色值）。

其次，应使用常规方式渲染场景（从摄像机的角度）。在着色器的内部应使用生成的阴影贴图。将顶点位置投影到阴影贴图上，并将顶点与光源的距离和从阴影贴图读取的顶点与光源的距离相比较。如果顶点与光源的距离比阴影贴图中顶点与光源的距离值大，就意味着该顶点被覆盖到阴影中了，否则，应对该顶点应用正常的照明效果。

具体处理过程

（1）创建"通过顶点漫射照明渲染几何图形"小节介绍的 Vulkan 资源。

（2）加载含有顶点位置和法向量数据的三维模型，将这些数据存储到一个（顶点）缓冲区中。

（3）通过 VK_BUFFER_USAGE_TRANSFER_DST_BIT 和 VK_BUFFER_USAGE_UNIFORM_BUFFER_BIT 标志值，创建一个统一缓冲区，应为该缓冲区分配足够的内存，以便使之能够容纳 3 个含 16 个浮点型元素的矩阵（请参阅第 5 章）。

（4）创建一个支持 VK_BUFFER_USAGE_TRANSFER_SRC_BIT 使用方式的暂存缓冲区，应为该缓冲区分配足够的内存，以便使之能够容纳 3 个含 16 个浮点型元素的矩阵。应使用主机可见的内存为该缓冲区的内存对象分配内存空间（请参阅第 4 章）。

（5）创建一个用作阴影贴图的合并图像采样器，该图像应是二维的且应使用一种得到支持的深度格式（VK_FORMAT_D16_UNORM 永远都会得到硬件厂商的支持），还应该支持 VK_IMAGE_USAGE_SAMPLED_BIT 和 VK_IMAGE_USAGE_DEPTH_STENCIL_ATTACHMENT_BIT 使用方式（请参阅第 5 章）。

（6）创建含有两个描述符资源的描述符集合布局：一个是在顶点着色器中通过 0 号绑定关系访问的统一缓冲区，另一个是在片段着色器中通过 1 号绑定关系访问的合并图像采样器（请参阅第 5 章）。

（7）创建一个描述符池，该描述符池用于分配一个统一缓冲区描述符和一个合并的图像采样器描述符（请参阅第 5 章）。

（8）使用含有一个统一缓冲区和一个合并的图像采样器资源的描述符集合布局，从已创建的描述符池分配一个描述符集合（请参阅第 5 章）。

（9）使用通过 0 号绑定关系访问的统一缓冲区和通过 1 号绑定关系访问的合并图像采样器（阴影贴图），更新（填充）这个描述符集合。将这个合并的图像采样器的图像布局设置为 VK_IMAGE_LAYOUT_DEPTH_STENCIL_READ_ONLY_OPTIMAL（请参阅第 5 章）。

（10）准备用于创建渲染通道的数据，该渲染通道用于将整个场景绘制到阴影贴图中。应使这个渲染通道仅拥有一个附着材料，且该附着材料的格式应与合并的图像采样器的格式相同。该附着材料图像应在执行加载操作时被清除，而且可以不定义它的初始布局。这个附着材料图像的内容应在渲染通道的末尾存储，且应将它的最终布局设置为 VK_IMAGE_LAYOUT_DEPTH_STENCIL_READ_ONLY_OPTIMAL（请参阅第 6 章）。

（11）用于生成阴影贴图的渲染通道，应仅含有一个带深度附着材料的子通道，而且应将帧缓冲区中布局为 VK_IMAGE_LAYOUT_DEPTH_STENCIL_ATTACHMENT_OPTIMAL 的 0 号附着材料作为深度附着材料（请参阅第 6 章）。

（12）为该渲染通道设置两个子通道依赖关系（请参阅第 6 章），使用下列参数设置第一个依赖关系。

- 将 VK_SUBPASS_EXTERNAL 赋予 srcSubpass 成员。
- 将 0 赋予 dstSubpass 成员。
- 将 VK_PIPELINE_STAGE_FRAGMENT_SHADER_BIT 赋予 srcStageMask 成员。
- 将 VK_PIPELINE_STAGE_EARLY_FRAGMENT_TESTS_BIT 赋予 dstStageMask 成员。
- 将 VK_ACCESS_SHADER_READ_BIT 赋予 srcAccessMask 成员。
- 将 VK_ACCESS_DEPTH_STENCIL_ATTACHMENT_WRITE_BIT 赋予 dstAccessMask 成员。

- 将 VK_DEPENDENCY_BY_REGION_BIT 赋予 dependencyFlags 成员。

（13）使用下列参数设置第二个渲染通道依赖关系。

- 将 0 赋予 srcSubpass 成员。
- 将 VK_SUBPASS_EXTERNAL 赋予 dstSubpass 成员。
- 将 VK_PIPELINE_STAGE_LATE_FRAGMENT_TESTS_BIT 赋予 srcStageMask 成员。
- 将 VK_PIPELINE_STAGE_FRAGMENT_SHADER_BIT 赋予 dstStageMask 成员。
- 将 VK_PIPELINE_STAGE_FRAGMENT_SHADER_BIT 赋予 dstStageMask 成员。
- 将 VK_ACCESS_DEPTH_STENCIL_ATTACHMENT_WRITE_BIT 赋予 srcAccessMask 成员。
- 将 VK_DEPENDENCY_BY_REGION_BIT 赋予 dependencyFlags 成员。

（14）使用上面介绍的参数创建一个渲染通道（请参阅第 6 章）。

（15）创建一个兼容该渲染通道的帧缓冲区。这个帧缓冲区应具有一个附着材料，还应为该附着材料创建图像视图并应用阴影贴图的合并图像采样器。这个帧缓冲区应具有与阴影贴图图像相同的维度（请参阅第 6 章）。

（16）创建第二个渲染通道，该渲染通道用于通过常规方式将场景绘制为交换链图像（请参阅"通过顶点漫射照明渲染几何图形"小节）。

（17）使用已创建的描述符集合布局，创建一个管线布局。还应设置一个通过顶点着色器阶段访问的入栈常量范围，将该入栈常量范围起始地址的偏移量设置为 0，将它的幅度设置为 4 * sizeof(float)（请参阅第 8 章）。

（18）创建一个图形管线，该管线用于将场景绘制到阴影贴图中。先使用通过下面 GLSL 代码生成的 SPIR-V 程序，为顶点着色器阶段创建一个着色器模块（请参阅第 7 章和第 8 章）。

```
#version 450
layout( location = 0 ) in vec4 app_position;
layout( set = 0, binding = 0 ) uniform UniformBuffer {
  mat4 ShadowModelViewMatrix;
  mat4 SceneModelViewMatrix;
  mat4 ProjectionMatrix;
};
void main() {
  gl_Position = ProjectionMatrix * ShadowModelViewMatrix * app_position;
}
```

(19)仅使用一个顶点着色器设置该图形管线中的各个着色器阶段。该顶点着色器应使用已创建着色器模块中的 main 函数(请参阅第 8 章)。

(20)通过使用 0 号绑定关系读取的一个属性,设置管线顶点输入状态。应通过从每个顶点读取的数据创建该绑定关系,并且绑定关系的幅度应设置为 6 * sizeof(float)(请参阅第 8 章)。这个属性应具有下列参数。

- location 成员的值为 0。
- binding 成员的值为 0。
- format 成员的值为 VK_FORMAT_R32G32B32_SFLOAT。
- offset 成员的值为 0。

(21)通过一个大小与阴影贴图图像的尺寸相同的视口,设置视口和剪断测试参数(请参阅第 8 章)。

(22)使用上面介绍的参数创建一个图形管线。应跳过设置绑定状态的处理步骤,因为用于创建阴影贴图的渲染通道中没有任何颜色附着材料(但必须启用栅格化功能,否则无法生成片段且无法将片段的深度值存储到阴影贴图中)。不应通过动态方式设置状态,因为阴影贴图的尺寸不会改变(请参阅第 8 章)。

(23)创建另一个图形管线,该图形管线用于为场景添加阴影。使用通过下列 GLSL 代码生成的 SPIR-V 程序,为顶点着色器阶段创建一个着色器模块。

```
#version 450

layout( location = 0 ) in vec4 app_position;
layout( location = 1 ) in vec3 app_normal;

layout( set = 0, binding = 0 ) uniform UniformBuffer {
  mat4 ShadowModelViewMatrix;
  mat4 SceneModelViewMatrix;
  mat4 ProjectionMatrix;
};

layout( push_constant ) uniform LightParameters {
  vec4 Position;
} Light;

layout( location = 0 ) out vec3 vert_normal;
```

```
layout( location = 1 ) out vec4 vert_texcoords;
layout( location = 2 ) out vec3 vert_light;
const mat4 bias = mat4(
  0.5, 0.0, 0.0, 0.0,
  0.0, 0.5, 0.0, 0.0,
  0.0, 0.0, 1.0, 0.0,
  0.5, 0.5, 0.0, 1.0 );

void main() {
  gl_Position = ProjectionMatrix * SceneModelViewMatrix * app_position;

  vert_normal = mat3( SceneModelViewMatrix ) * app_normal;
  vert_texcoords = bias * ProjectionMatrix * ShadowModelViewMatrix * app_position;
  vert_light = (SceneModelViewMatrix * vec4( Light.Position.xyz, 0.0 ) ).xyz;
}
```

（24）使用通过下列 GLSL 代码生成的 SPIR-V 程序，为片段着色器阶段创建一个着色器模块。

```
#version 450

layout( location = 0 ) in vec3 vert_normal;
layout( location = 1 ) in vec4 vert_texcoords;
layout( location = 2 ) in vec3 vert_light;
layout( set = 0, binding = 1 ) uniform sampler2D ShadowMap;

layout( location = 0 ) out vec4 frag_color;

void main() {
  float shadow = 1.0;
  vec4 shadow_coords = vert_texcoords / vert_texcoords.w;
  if( texture( ShadowMap, shadow_coords.xy ).r < shadow_coords.z - 0.005 )
  {
    shadow = 0.5;
  }
```

```
    vec3 normal_vector = normalize( vert_normal );
    vec3 light_vector = normalize( vert_light );
    float diffuse_term = max( 0.0, dot( normal_vector, light_vector ) );
    frag_color = shadow * vec4( diffuse_term ) + 0.1;
}
```

(25) 通过顶点和片段着色器设置管线着色器阶段，这两个着色器都应使用相应着色器模块中的 main 函数。

(26) 使用通过 0 号绑定关系读取的两个属性，设置管线顶点输入状态。应使用从每个顶点读取的数据创建该绑定关系，且应将它的幅度设置为 6 * sizeof(float)。第一个属性应具有下列参数。

- 将 0 赋予 location 成员。
- 将 0 赋予 binding 成员。
- 将 VK_FORMAT_R32G32B32_SFLOAT 赋予 format 成员。
- 将 0 赋予 offset 成员。

(27) 第二个属性应具有下列参数。

- 将 1 赋予 location 成员。
- 将 0 赋予 binding 成员。
- 将 VK_FORMAT_R32G32B32_SFLOAT 赋予 format 成员。
- 将 3 * sizeof(float) 的计算结果赋予 offset 成员。

(28) 使用上述着色器阶段和两个属性，以及一些参数（这些参数与"通过顶点漫射照明渲染几何图形"小节介绍的参数类似），创建一个用于为场景添加阴影效果的图形管线。

(29) 创建一个视图矩阵，该矩阵应能够与执行旋转、缩放和转移操作的矩阵相乘，以便从光源的角度绘制场景（请参阅第 10 章）。将这两个矩阵的内容复制到暂存缓冲区中起始地址偏移量为 0 的内存区域中（请参阅第 4 章）。

(30) 创建一个用于通过常规方式绘制场景的视图矩阵（从摄像机的角度）。将该矩阵的内容复制到暂存缓冲区中起始地址偏移量为 16 * sizeof(float) 的内存区域中。

(31) 根据交换链图像面积的长宽比，创建一个透视投影矩阵（请参阅第 10 章）。将该矩阵的内容复制到暂存缓冲区中起始地址为 32 * sizeof(float) 的内存区域中。注意，每当应用程序窗口的尺寸被改变后，这个透视投影矩阵都会被重新创建并被复制到暂存缓冲区中（请参阅第 4 章）。

(32) 在绘制动画的每个帧时，都需要对命令缓冲区执行记录操作。先检查是否有视图或投影矩阵被修改了,如果有这样的矩阵,就将暂存缓冲区的内容复制到统一缓冲区中,并设置合适的内存屏障(请参阅第 4 章)。
(33)再启动用于为场景添加阴影效果的渲染通道。绑定顶点缓冲区、描述符集合和用于处理阴影贴图的管线,绘制几何图形并停止该渲染通道。
(34)如有必要,应切换已获得交换链图像的所有权。通过动态方式设置视口和剪断测试状态,绑定用于为场景添加阴影效果的图形管线,再次绘制这个几何图形。停止对命令缓冲区执行的记录操作,将该命令缓冲区提交给队列显示图像。

具体运行情况

先创建一个合并的图像采样器,它用于存储光源角度的深度信息。

```
if( !CreateCombinedImageSampler( PhysicalDevice, *LogicalDevice,
VK_IMAGE_TYPE_2D, DepthFormat, { 512, 512, 1 }, 1, 1,
 VK_IMAGE_USAGE_DEPTH_STENCIL_ATTACHMENT_BIT | VK_IMAGE_USAGE_SAMPLED_BIT,
VK_IMAGE_VIEW_TYPE_2D, VK_IMAGE_ASPECT_DEPTH_BIT, VK_FILTER_LINEAR,
 VK_FILTER_LINEAR, VK_SAMPLER_MIPMAP_MODE_NEAREST,
VK_SAMPLER_ADDRESS_MODE_CLAMP_TO_EDGE,
VK_SAMPLER_ADDRESS_MODE_CLAMP_TO_EDGE,
 VK_SAMPLER_ADDRESS_MODE_CLAMP_TO_EDGE, 0.0f, false, 1.0f, false,
VK_COMPARE_OP_ALWAYS, 0.0f, 1.0f, VK_BORDER_COLOR_FLOAT_OPAQUE_BLACK,
 false, *ShadowMapSampler, *ShadowMap.Image, *ShadowMap.Memory,
*ShadowMap.View ) ) {
  return false;
}
```

这个合并的图像采样器和统一缓冲区在着色器的内部被访问,因此需要创建一个描述符集合,以便使着色器能够通过该描述符集合访问这个合并的图像采样器和统一缓冲区。尽管会使用两个不同管线渲染场景两次,但仍然可以通过使用一个描述符集合避免进行不必要的状态切换。

```
std::vector<VkDescriptorSetLayoutBinding> descriptor_set_layout_bindings =
{
  {
    0,
    VK_DESCRIPTOR_TYPE_UNIFORM_BUFFER,
    1,
```

```
      VK_SHADER_STAGE_VERTEX_BIT,
      nullptr
    },
    {
      1,
      VK_DESCRIPTOR_TYPE_COMBINED_IMAGE_SAMPLER,
      1,
      VK_SHADER_STAGE_FRAGMENT_BIT,
      nullptr
    }
  };
  InitVkDestroyer( LogicalDevice, DescriptorSetLayout );
  if( !CreateDescriptorSetLayout( *LogicalDevice,
  descriptor_set_layout_bindings, *DescriptorSetLayout ) ) {
    return false;
  }
  std::vector<VkDescriptorPoolSize> descriptor_pool_sizes = {
    {
      VK_DESCRIPTOR_TYPE_UNIFORM_BUFFER,
      1
    },
    {
      VK_DESCRIPTOR_TYPE_COMBINED_IMAGE_SAMPLER,
      1
    }
  };
  InitVkDestroyer( LogicalDevice, DescriptorPool );
  if( !CreateDescriptorPool( *LogicalDevice, false, 1, descriptor_pool_sizes,
  *DescriptorPool ) ) {
    return false;
  }
  if( !AllocateDescriptorSets( *LogicalDevice, *DescriptorPool, {
  *DescriptorSetLayout }, DescriptorSets ) ) {
    return false;
  }
```

还可以将统一缓冲区和合并的图像采样器的句柄，添加到该描述符集合中。

```
BufferDescriptorInfo buffer_descriptor_update = {
  DescriptorSets[0],
  0,
  0,
  VK_DESCRIPTOR_TYPE_UNIFORM_BUFFER,
  {
    {
      *UniformBuffer,
      0,
      VK_WHOLE_SIZE
    }
  }
};
ImageDescriptorInfo image_descriptor_update = {
  DescriptorSets[0],
  1,
  0,
  VK_DESCRIPTOR_TYPE_COMBINED_IMAGE_SAMPLER,
  {
    {
      *ShadowMapSampler,
      *ShadowMap.View,
      VK_IMAGE_LAYOUT_DEPTH_STENCIL_READ_ONLY_OPTIMAL
    }
  }
};
UpdateDescriptorSets( *LogicalDevice, { image_descriptor_update }, {
buffer_descriptor_update }, {}, {} );
```

应创建一个渲染通道，它用于将深度信息存储到阴影贴图中。该渲染通道不应使用任何颜色的附着材料，因为本例只需要使用深度数据。还应创建一个帧缓冲区，该帧缓冲区可以有固定尺寸，因为本例不需要更改阴影贴图的尺寸。

```
std::vector<VkAttachmentDescription> shadow_map_attachment_descriptions = {
  {
    0
    DepthFormat,
    VK_SAMPLE_COUNT_1_BIT,
```

```
      VK_ATTACHMENT_LOAD_OP_CLEAR,
      VK_ATTACHMENT_STORE_OP_STORE,
      VK_ATTACHMENT_LOAD_OP_DONT_CARE,
      VK_ATTACHMENT_STORE_OP_DONT_CARE,
      VK_IMAGE_LAYOUT_UNDEFINED,
      VK_IMAGE_LAYOUT_DEPTH_STENCIL_READ_ONLY_OPTIMAL
    }
};
VkAttachmentReference shadow_map_depth_attachment = {
    0,
    VK_IMAGE_LAYOUT_DEPTH_STENCIL_ATTACHMENT_OPTIMAL
};
std::vector<SubpassParameters> shadow_map_subpass_parameters = {
    {
      VK_PIPELINE_BIND_POINT_GRAPHICS,
      {},
      {},
      {},
      &shadow_map_depth_attachment,
      {}
    }
};
std::vector<VkSubpassDependency> shadow_map_subpass_dependencies = {
    {
      VK_SUBPASS_EXTERNAL,
      0,
      VK_PIPELINE_STAGE_FRAGMENT_SHADER_BIT,
      VK_PIPELINE_STAGE_EARLY_FRAGMENT_TESTS_BIT,
      VK_ACCESS_SHADER_READ_BIT,
      VK_ACCESS_DEPTH_STENCIL_ATTACHMENT_WRITE_BIT,
      VK_DEPENDENCY_BY_REGION_BIT
    },
    {
      0,
      VK_SUBPASS_EXTERNAL,
      VK_PIPELINE_STAGE_LATE_FRAGMENT_TESTS_BIT,
      VK_PIPELINE_STAGE_FRAGMENT_SHADER_BIT,
```

```
      VK_ACCESS_DEPTH_STENCIL_ATTACHMENT_WRITE_BIT,
      VK_ACCESS_SHADER_READ_BIT,
      VK_DEPENDENCY_BY_REGION_BIT
    }
  };
  InitVkDestroyer( LogicalDevice, ShadowMapRenderPass );
  if( !CreateRenderPass( *LogicalDevice, shadow_map_attachment_descriptions,
  shadow_map_subpass_parameters, shadow_map_subpass_dependencies,
    *ShadowMapRenderPass ) ) {
    return false;
  }
  InitVkDestroyer( LogicalDevice, ShadowMap.Framebuffer );
  if( !CreateFramebuffer( *LogicalDevice, *ShadowMapRenderPass, {
  *ShadowMap.View }, 512, 512, 1, *ShadowMap.Framebuffer ) ) {
    return false;
  }
```

应创建两个图形管线，让它们使用同一个入栈常量范围，以便减少变量的数量（尽管只有第二个管线会在着色器内部使用入栈常量范围）。

```
  std::vector<VkPushConstantRange> push_constant_ranges = {
    {
      VK_SHADER_STAGE_VERTEX_BIT,
      0,
      sizeof( float ) * 4
    }
  };
  InitVkDestroyer( LogicalDevice, PipelineLayout );
  if( !CreatePipelineLayout( *LogicalDevice, { *DescriptorSetLayout },
  push_constant_ranges, *PipelineLayout ) ) {
    return false;
  }
```

第一个图形管线用于生成阴影贴图，它使用非常简单的着色器，这些着色器仅会读取顶点的位置数据，并从光源的角度渲染场景。

第二个图形管线会通过常规方式渲染场景，使之成为交换链图像，该图形管线的着色器比较复杂。顶点着色器会通过常规方式计算顶点位置，而且会将法向量和光线向量转换到视图空间中,以便能够正确地进行照明计算。

```
vert_normal = mat3( SceneModelViewMatrix ) * app_normal;
vert_light = (SceneModelViewMatrix * vec4( Light.Position.xyz, 0.0 ) ).
xyz;
```

重要的是,顶点着色器能计算顶点在光源视图空间中的位置。要做到这一点,需要将视图矩阵与光源的模型—视图和投影矩阵(透视除法是在片段着色器中进行的)相乘。获得的结果用于从阴影贴于获取数据。然而,计算出的位置数据(在执行完透视除法操作后)是-1.0~1.0 的值,而且需要将通过标准化纹理坐标系从纹理读取的数据约束在-1.0~1.0 内,这就是需要调整矩阵计算结果的原因。

```
vert_texcoords = bias * ProjectionMatrix * ShadowModelViewMatrix *
app_position;
```

这样片段着色器就可以经过插补的顶点位置投影到阴影贴图上,并从合适的坐标系读取数据。

```
float shadow = 1.0;
vec4 shadow_coords = vert_texcoords / vert_texcoords.w;
if( texture( ShadowMap, shadow_coords.xy ).r < shadow_coords.z - 0.005 ) {
  shadow = 0.5;
}
```

将从阴影贴图读取的值与从光源(应添加较小的偏移量)到指定点的距离进行比较,如果该距离大于存储在阴影贴图中的值,那么这个点就应该在阴影中,因而不应照亮它。我们需要添加较小的偏移量,这样物体的表面就不会仅在距离较大的位置投射阴影。不应该完全不应用照明效果,否则会使阴影变得过黑,因此应将 0.5 赋予代表阴影的变量(shadow)。

可使用 textureProj()函数和 sampler2DShadow 对象执行上述计算,这样透视除法、微调距离和将距离与参照值的比较操作都会自动执行。

本例创建的其他资源与"通过顶点漫射照明渲染几何图形"小节介绍的资源类似。除了常规处理过程,本例还需要渲染场景两次。首先,通过从光源的角度绘制所有物体,并填充阴影贴图,该阴影贴图稍后会在从摄像机的角度通过常规方式渲染所有物体时被使用。

```
BeginRenderPass( command_buffer, *ShadowMapRenderPass,
*ShadowMap.Framebuffer, { { 0, 0, }, { 512, 512 } }, { { 1.0f, 0 } },
```

```
  VK_SUBPASS_CONTENTS_INLINE );
  BindVertexBuffers( command_buffer, 0, { { *VertexBuffer, 0 } } );
  BindDescriptorSets( command_buffer, VK_PIPELINE_BIND_POINT_GRAPHICS,
  *PipelineLayout, 0, DescriptorSets, {} );
  BindPipelineObject( command_buffer, VK_PIPELINE_BIND_POINT_GRAPHICS,
  *ShadowMapPipeline );
  DrawGeometry( command_buffer, Scene[0].Parts[0].VertexCount +
  Scene[1].Parts[0].VertexCount, 1, 0, 0 );
  EndRenderPass( command_buffer );
  if( PresentQueue.FamilyIndex != GraphicsQueue.FamilyIndex ) {
    ImageTransition image_transition_before_drawing = {
      Swapchain.Images[swapchain_image_index],
      VK_ACCESS_MEMORY_READ_BIT,
      VK_ACCESS_MEMORY_READ_BIT,
      VK_IMAGE_LAYOUT_UNDEFINED,
      VK_IMAGE_LAYOUT_COLOR_ATTACHMENT_OPTIMAL,
      PresentQueue.FamilyIndex,
      GraphicsQueue.FamilyIndex,
      VK_IMAGE_ASPECT_COLOR_BIT
    };
    SetImageMemoryBarrier( command_buffer,
  VK_PIPELINE_STAGE_COLOR_ATTACHMENT_OUTPUT_BIT,
  VK_PIPELINE_STAGE_COLOR_ATTACHMENT_OUTPUT_BIT, {
  image_transition_before_drawing } );
  }
  BeginRenderPass( command_buffer, *SceneRenderPass, framebuffer, { { 0, 0 },
  Swapchain.Size }, { { 0.1f, 0.2f, 0.3f, 1.0f }, { 1.0f, 0 } },
  VK_SUBPASS_CONTENTS_INLINE );

  VkViewport viewport = {
    0.0f,
    0.0f,
    static_cast<float>(Swapchain.Size.width),
    static_cast<float>(Swapchain.Size.height),
    0.0f,
    1.0f,
  };
```

```
SetViewportStateDynamically( command_buffer, 0, { viewport } );

VkRect2D scissor = {
  {
    0,
    0
  },
  {
    Swapchain.Size.width,
    Swapchain.Size.height
  }
};
SetScissorsStateDynamically( command_buffer, 0, { scissor } );
BindPipelineObject( command_buffer, VK_PIPELINE_BIND_POINT_GRAPHICS,
*ScenePipeline );
ProvideDataToShadersThroughPushConstants( command_buffer, *PipelineLayout,
VK_SHADER_STAGE_VERTEX_BIT, 0, sizeof( float ) * 4,
&LightSource.GetPosition()[0] );
DrawGeometry( command_buffer, Scene[0].Parts[0].VertexCount +
Scene[1].Parts[0].VertexCount, 1, 0, 0 );
EndRenderPass( command_buffer );
```

下图展示了两个模型在平面上的阴影效果。

参考内容

请参阅第 5 章的下列内容：
- 创建合并的图像采样器。

请参阅第 6 章的下列内容:
- 创建渲染通道。
- 创建帧缓冲区。

请参阅本章的下列内容:
- 通过顶点漫射照明渲染几何图形。

第 12 章

高级渲染技术

本章要点：
- 绘制天空盒。
- 使用几何着色器绘制广告牌。
- 使用计算和图形管线绘制微粒。
- 渲染细化的地形。
- 为进行后处理渲染四画面全屏效果。
- 对颜色纠偏后处理效果使用输入附着材料。

本章主要内容

创建 3D 应用程序（如游戏、基准测试和 CAD 工具）时，通常需要根据渲染操作的需求创建各种资源，其中包括网格和纹理、在场景中绘制多个物体、为物体的转换操作设计算法、进行照明计算及图像处理。我们可以通过最适合自己的方式创建这些资源。3D 图形处理行业中有许多非常有用的常见技术，要了解这些技术，可参阅介绍各种 3D 图形 API 使用方式的图书和教程。

Vulkan 是一种较新的图形 API，因此通过 Vulkan 实现的渲染算法创建的资源不是很多。本章介绍通过 Vulkan 应用各种图形技术的方式，还会介绍从众多广受欢迎的游戏和基准程序总结出的高级渲染算法的重要概念，以及将这些概念应用于 Vulkan 资源的方式。

本章着重介绍实验中的关键代码部分，没有介绍资源部分（如命令缓冲区池和渲染通道），应通过常规方式创建这些资源（请参阅第 11 章）。

绘制天空盒

渲染 3D 场景（尤其是视野广阔的场景）需要绘制许多物体。然而，当前图形硬件的处理能力十分有限，不能完全模拟我们日常看到的真实世界。因此，为了减少需要绘制的物体数量和绘制场景的背景，我们通常需要准备一幅含有远处物体的图像（照片），然后仅绘制这幅图像（而不用分别绘制物体和背景）。

游戏角色在游戏中会自由地移动和观察周围环境，在这种情况下我们就不能仅绘制一幅图像，而必须绘制所有方向（上、下、左、右、前、后）上的图像。这些图像会形成一个立方体，立方体的内表面上就是这些背景图像，该立方体就被称为天空盒。我们应将天空盒作为背景进行渲染，并将它的深度值设置为最大上限。

准备工作

绘制天空盒需要创建立方体贴图。立方体贴图含有 6 幅正方形的图像，这些图像模拟了真实世界中所有方向（上、下、左、右、前、后）的视野，如下图所示。

图像由 Emil Persson 社区提供（http://www.humus.name）。

在 Vulkan 中，立方体贴图是由含有 6（或 6 的倍数）个数组图层的图像创建的特殊图像视图。这些图层必须以+X、-X、+Y、-Y、+Z和-Z的次序存储图像。

立方体贴图可以用于绘制天空盒,也可以使用它绘制反射影像和透明的物体,还可以使用它进行照明计算(请参阅第11章)。

具体处理过程

(1)从文件加载 3D 立方体模型,并将该模型的顶点数据存储到顶点缓冲区中。本例只需要使用顶点位置数据(请参阅第 10 章)。

(2)通过一幅正方形的 VK_IMAGE_TYPE_2D 类型的图像[该图像应含有 6(或 6 的倍数)个数组图层]、一个对所有坐标系都使用 VK_SAMPLER_ADDRESS_MODE_CLAMP_TO_EDGE 寻址模式的采样器,以及一个 VK_IMAGE_VIEW_TYPE_CUBE 类型的图像视图,创建一个合并的图像采样器(请参阅第 5 章)。

(3)为含有 6 个面的立方体加载图像数据,并通过暂存缓冲区将这些数据存储到图像的缓冲区中。必须依照下列次序将这些图像数据存储到 6 个数组图层中:+X、-X、+Y、-Y、+Z 和-Z(请参阅第 10 章和第 4 章)。

(4)创建一个统一缓冲区,它用于存储转换矩阵(请参阅第 5 章)。

(5)创建一个描述符集合布局,该描述符集合布局应含有一个通过顶点着色器阶段访问的统一缓冲区和一个通过片段着色器阶段访问的合并图像采样器。使用这个描述符集合布局分配一个描述符集合,通过统一缓冲区和立方体贴图/合并的图像采样器,更新该描述符集合(请参阅第 5 章)。

(6)通过下列 GLSL 代码创建一个含有顶点着色器的着色器模块(请参阅第 8 章)。

```
#version 450
layout( location = 0 ) in vec4 app_position;
layout( set = 0, binding = 0 ) uniform UniformBuffer {
  mat4 ModelViewMatrix;
  mat4 ProjectionMatrix;
};

layout( location = 0 ) out vec3 vert_texcoord;

void main() {
  vec3 position = mat3(ModelViewMatrix) * app_position.xyz;
  gl_Position = (ProjectionMatrix * vec4( position, 0.0 )).xyzz;
```

```
    vert_texcoord = app_position.xyz;
}
```

（7）通过下列 GLSL 代码创建一个含有片段着色器的着色器模块。

```
#version 450
layout( location = 0 ) in vec3 vert_texcoord;
layout( set = 0, binding = 1 ) uniform samplerCube Cubemap;
layout( location = 0 ) out vec4 frag_color;

void main() {
  frag_color = texture( Cubemap, vert_texcoord );
}
```

（8）通过上述含有顶点和片段着色器的模块，创建一个图形管线。该图形管线应使用含有 3 个组成部分（顶点的位置数据）的顶点属性，并将光栅化状态的筛选模式（culling mode）设置为 VK_CULL_MODE_FRONT_BIT。应禁用混合功能，将该管线的布局设置为能够访问统一缓冲区和立方体贴图/合并的图像采样器（请参阅第 8 章）。

（9）通过其余已渲染的几何图形渲染该立方体（请参阅第 5 章、第 8 章和第 9 章）。

（10）每当用户（摄影机）在场景中改变位置时，就应更新统一缓冲区中的模型视图矩阵。每当应用程序的窗口被调整大小时，就应更新统一缓冲区中的投影矩阵。

具体运行情况

要渲染天空盒，需要加载或创建构成立方体的几何图形。只需要获取这些几何图形的顶点位置数据，这样在纹理坐标系中就可以使用它们。

应加载构成立方体贴图的 6 幅图像，并使用该立方体的图像视图创建合并的图像采样器。

```
InitVkDestroyer( LogicalDevice, CubemapImage );
InitVkDestroyer( LogicalDevice, CubemapImageMemory );
InitVkDestroyer( LogicalDevice, CubemapImageView );
InitVkDestroyer( LogicalDevice, CubemapSampler );
if( !CreateCombinedImageSampler( PhysicalDevice, *LogicalDevice,
  VK_IMAGE_TYPE_2D, VK_FORMAT_R8G8B8A8_UNORM, { 1024, 1024, 1 }, 1, 6,
  VK_IMAGE_USAGE_SAMPLED_BIT | VK_IMAGE_USAGE_TRANSFER_DST_BIT,
```

```cpp
    VK_IMAGE_VIEW_TYPE_CUBE, VK_IMAGE_ASPECT_COLOR_BIT, VK_FILTER_LINEAR,
      VK_FILTER_LINEAR, VK_SAMPLER_MIPMAP_MODE_NEAREST,
   VK_SAMPLER_ADDRESS_MODE_CLAMP_TO_EDGE,
   VK_SAMPLER_ADDRESS_MODE_CLAMP_TO_EDGE,
      VK_SAMPLER_ADDRESS_MODE_CLAMP_TO_EDGE, 0.0f, false, 1.0f, false,
   VK_COMPARE_OP_ALWAYS, 0.0f, 1.0f, VK_BORDER_COLOR_FLOAT_OPAQUE_BLACK,
      false, *CubemapSampler, *CubemapImage, *CubemapImageMemory,
   *CubemapImageView ) ) {
      return false;
   }
   std::vector<std::string> cubemap_images = {
      "Data/Textures/Skansen/posx.jpg",
      "Data/Textures/Skansen/negx.jpg",
      "Data/Textures/Skansen/posy.jpg",
      "Data/Textures/Skansen/negy.jpg",
      "Data/Textures/Skansen/posz.jpg",
      "Data/Textures/Skansen/negz.jpg"
   };
   for( size_t i = 0; i < cubemap_images.size(); ++i ) {
      std::vector<unsigned char> cubemap_image_data;
      int image_data_size;
      if( !LoadTextureDataFromFile( cubemap_images[i].c_str(), 4,
   cubemap_image_data, nullptr, nullptr, nullptr, &image_data_size ) ) {
         return false;
      }
      VkImageSubresourceLayers image_subresource = {
         VK_IMAGE_ASPECT_COLOR_BIT,
         0,
         static_cast<uint32_t>(i),
         1
      };

UseStagingBufferToUpdateImageWithDeviceLocalMemoryBound( PhysicalDevice,
      *LogicalDevice, image_data_size, &cubemap_image_data[0],
         *CubemapImage, image_subresource, { 0, 0, 0 }, { 1024, 1024, 1 },
      VK_IMAGE_LAYOUT_UNDEFINED, VK_IMAGE_LAYOUT_SHADER_READ_ONLY_OPTIMAL,
         0, VK_ACCESS_SHADER_READ_BIT, VK_IMAGE_ASPECT_COLOR_BIT,
```

```
    VK_PIPELINE_STAGE_TOP_OF_PIPE_BIT, VK_PIPELINE_STAGE_FRAGMENT_SHADER_BIT,
      GraphicsQueue.Handle, FrameResources.front().CommandBuffer, {} );
}
```

这样就可以通过描述符集合,将创建好的立方体图像视图和采样器提供给着色器。还需要创建一个统一缓冲区,该统一缓冲区用于存储在着色器内部被访问的转换矩阵。

```
std::vector<VkDescriptorSetLayoutBinding> descriptor_set_layout_bindings =
{
  {
    0,
    VK_DESCRIPTOR_TYPE_UNIFORM_BUFFER,
    1,
    VK_SHADER_STAGE_VERTEX_BIT,
    nullptr
  },
  {
    1,
    VK_DESCRIPTOR_TYPE_COMBINED_IMAGE_SAMPLER,
    1,
    VK_SHADER_STAGE_FRAGMENT_BIT,
    nullptr
  }
};
InitVkDestroyer( LogicalDevice, DescriptorSetLayout );
if( !CreateDescriptorSetLayout( *LogicalDevice,
descriptor_set_layout_bindings, *DescriptorSetLayout ) ) {
  return false;
}
std::vector<VkDescriptorPoolSize> descriptor_pool_sizes = {
  {
    VK_DESCRIPTOR_TYPE_UNIFORM_BUFFER,
    1
  },
  {
    VK_DESCRIPTOR_TYPE_COMBINED_IMAGE_SAMPLER,
    1
  }
```

```
    };
    InitVkDestroyer( LogicalDevice, DescriptorPool );
    if( !CreateDescriptorPool( *LogicalDevice, false, 1, descriptor_pool_sizes,
    *DescriptorPool ) ) {
      return false;
    }
    if( !AllocateDescriptorSets( *LogicalDevice, *DescriptorPool, {
    *DescriptorSetLayout }, DescriptorSets ) ) {
      return false;
    }
    BufferDescriptorInfo buffer_descriptor_update = {
      DescriptorSets[0],
      0,
      0,
      VK_DESCRIPTOR_TYPE_UNIFORM_BUFFER,
      {
        {
          *UniformBuffer,
          0,
          VK_WHOLE_SIZE
        }
      }
    };
    ImageDescriptorInfo image_descriptor_update = {
      DescriptorSets[0],
      1,
      0,
      VK_DESCRIPTOR_TYPE_COMBINED_IMAGE_SAMPLER,
      {
        {
          *CubemapSampler,
          *CubemapImageView,
          VK_IMAGE_LAYOUT_SHADER_READ_ONLY_OPTIMAL
        }
      }
    };
    UpdateDescriptorSets( *LogicalDevice, { image_descriptor_update }, {
```

```
buffer_descriptor_update }, {}, {} );
```

因为可以通过普通几何图形渲染天空盒,所以我们不需要为绘制天空盒专门创建一个渲染通道。更为重要的是,为节省处理资源(图像填充率),通常会在渲染几何图形(不透明的)之后和渲染透明物体之前绘制天空盒。这样天空盒就不会遮挡已绘制好的几何图形,而且也不会被裁剪掉。这个效果是通过特殊的顶点着色器实现的,下面是该着色器中最重要的代码。

```
vec3 position = mat3(ModelViewMatrix) * app_position.xyz;
gl_Position = (ProjectionMatrix * vec4( position, 0.0 )).xyzz;
```

首先,将模型视图矩阵与顶点位置数据相乘,获取该矩阵中的旋转操作数据。游戏角色永远都应该处在天空盒的中心,否则模拟出的仿真效果就会被破坏,这就是不需要移动天空盒的原因。我们需要做的仅是旋转天空盒,以便回应游戏角色向周围观察的动作。

然后,将视图空间中的顶点位置数据与投影矩阵相乘,应将结果存储到一个含有 4 个元素的 vector 容器中,后两个元素应含有相同的值,而且应等于结果中 z 轴方向的值。在当代图形硬件中,透视投影操作是通过将顶点位置向量除以该顶点位置的 w 轴(uvw 坐标系中的 w 轴)方向的值执行的。此后,所有在 x 轴和 y 轴方向的值位于<-1, 1>范围内(包括-1 和 1),且 z 轴方向的值位于<0, 1>范围内(包括 0 和 1)的顶点,都会被添加到裁剪体积(Clipping Volume)中并且会被显示出来(在它们没有被其他事物遮挡住的情况下)。因此,使顶点位置数据的后两个组成部分的值相等来计算顶点位置,能够确保顶点会位于远裁剪平面上。

除了顶点着色器和立方体图像视图,天空盒只需要一个特殊的处理步骤。我们需要注意多边形的正反面。通常情况下我们仅绘制几何图形的正面,因为我们只想显示它的外表面。在处理天空盒时,应渲染它的内表面,因为我们是从天空盒的内部观察它的。这就是如果没有专门为天空盒创建网格,在渲染天空盒时就可能需要剔除天空盒前面的原因。可使用下面的代码创建管线光栅化信息。

```
VkPipelineRasterizationStateCreateInfo rasterization_state_create_info;
SpecifyPipelineRasterizationState( false, false, VK_POLYGON_MODE_FILL,
VK_CULL_MODE_FRONT_BIT, VK_FRONT_FACE_COUNTER_CLOCKWISE, false, 0.0f,
1.0f,
    0.0f, 1.0f, rasterization_state_create_info );
```

除此之外,应通过常规方式创建图形管线。要使用图形管线执行绘制操作,需要绑定描述符集合、顶点缓冲区和管线本身。

```
BindVertexBuffers( command_buffer, 0, { { *VertexBuffer, 0 } } );

BindDescriptorSets( command_buffer, VK_PIPELINE_BIND_POINT_GRAPHICS,
*PipelineLayout, 0, DescriptorSets, {} );

BindPipelineObject( command_buffer, VK_PIPELINE_BIND_POINT_GRAPHICS,
*Pipeline );

for( size_t i = 0; i < Skybox.Parts.size(); ++i ) {
  DrawGeometry( command_buffer, Skybox.Parts[i].VertexCount, 1,
Skybox.Parts[i].VertexOffset, 0 );
}
```

下图展示了本例生成的效果。

参考内容

请参阅第 5 章的下列内容：
- 创建合并的图像采样器。
- 创建描述符集合布局。
- 分配描述符集合。
- 更新描述符集合。
- 绑定描述符集合。

请参阅第 8 章的下列内容：
- 创建着色器模块。

- 设置管线着色器阶段。
- 创建图形管线。
- 绑定管线对象。

请参阅第 9 章的下列内容：
- 绑定顶点缓冲区。
- 绘制几何图形。

请参阅第 10 章的下列内容：
- 从文件加载纹理数据。
- 从 OBJ 文件加载 3D 模型。

请参阅第 11 章的下列内容：
- 使用立方体贴图绘制反射和折射几何图形。

使用几何着色器绘制广告牌

简化远处的几何图形是一种常用技巧，用于减少渲染整个场景所需的处理资源。最简单的几何图形是带有物体外观缩略图像的扁平四边形（或三角形）。为了使模拟效果显得逼真，这个扁平四边形必须永远面向摄像机。

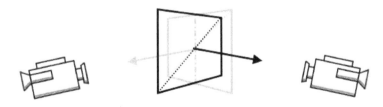

永远面向摄像机的扁平四边形被称为广告牌。不仅可以将远处拥有最少细节的物体处理为广告牌，还可以使用广告牌实现颗粒效果。

使用几何着色器是一种绘制广告牌的简单技巧。

具体处理过程

（1）创建一个启用了 geometryShader 功能的逻辑设备（请参阅第 1 章）。

（2）设置所有广告牌的位置，一个顶点放置一个广告牌。将这些顶点位置数据存储到顶点缓冲区中（请参阅第 4 章）。

（3）创建一个统一缓冲区，设置好该缓冲区的尺寸，以便使之能够容纳至少两个 4×4

转换矩阵（请参阅第 5 章）。

（4）如果需要对广告牌应用纹理，就应创建一个合并的图像采样器，将从文件加载的纹理数据存储到该合并的图像采样器中（请参阅第 5 章和第 10 章）。

（5）如果需要对广告牌应用纹理（通过片段着色器阶段访问的合并图像采样器），就应该为通过顶点和几何着色器阶段访问的统一缓冲区，创建一个描述符集合布局。创建一个描述符集合并使用已创建的统一缓冲区和合并的图像采样器，更新该描述符集合（请参阅第 5 章）。

（6）通过使用下列 GLSL 代码创建的顶点着色器，创建一个着色器模块（请参阅第 8 章）。

```
#version 450
layout( location = 0 ) in vec4 app_position;
layout( set = 0, binding = 0 ) uniform UniformBuffer {
  mat4 ModelViewMatrix;
  mat4 ProjectionMatrix;
};

layout( push_constant ) uniform TimeState {
  float Time;
} PushConstant;

void main() {
  gl_Position = ModelViewMatrix * app_position;
}
```

（7）通过使用下列 GLSL 代码创建的几何着色器，创建一个着色器模块。

```
#version 450
layout( points ) in;
layout( set = 0, binding = 0 ) uniform UniformBuffer {
  mat4 ModelViewMatrix;
  mat4 ProjectionMatrix;
};
layout( triangle_strip, max_vertices = 4 ) out;
layout( location = 0 ) out vec2 geom_texcoord;

const float SIZE = 0.1;
```

```
void main() {
  vec4 position = gl_in[0].gl_Position;
  gl_Position = ProjectionMatrix * (gl_in[0].gl_Position + vec4(
    -SIZE, SIZE, 0.0, 0.0 ));
  geom_texcoord = vec2( -1.0, 1.0 );
  EmitVertex();

  gl_Position = ProjectionMatrix * (gl_in[0].gl_Position + vec4(
    -SIZE, -SIZE, 0.0, 0.0 ));
  geom_texcoord = vec2( -1.0, -1.0 );
  EmitVertex();

  gl_Position = ProjectionMatrix * (gl_in[0].gl_Position + vec4(
    SIZE, SIZE, 0.0, 0.0 ));
  geom_texcoord = vec2( 1.0, 1.0 );
  EmitVertex();

  gl_Position = ProjectionMatrix * (gl_in[0].gl_Position + vec4(
    SIZE, -SIZE, 0.0, 0.0 ));
  geom_texcoord = vec2( 1.0, -1.0 );
  EmitVertex();

  EndPrimitive();
}
```

（8）通过下列 GLSL 代码生成 SPIR-V 程序，使用该程序创建含有片段着色器的着色器模块。

```
#version 450
layout( location = 0 ) in vec2 geom_texcoord;
layout( location = 0 ) out vec4 frag_color;

void main() {
  float alpha = 1.0 - dot( geom_texcoord, geom_texcoord );
  if( 0.2 > alpha ) {
    discard;
  }
  frag_color = vec4( alpha );
```

}

（9）创建一个图形管线，使该图形管线使用上面介绍的顶点、几何和片段着色器模块。只需要为这个图形管线提供一个顶点属性（位置数据），将该图形管线用于绘制几何图形的图形基元，设置为 VK_PRIMITIVE_TOPOLOGY_POINT_LIST。应使这个图形管线能够访问含有转换矩阵的统一缓冲区和（在必要情况下）合并的图像采样器纹理（请参阅第 8 章）。

（10）使用渲染通道绘制几何图形（请参阅第 5 章、第 8 章和第 9 章）。

（11）每当用户（摄像机）在场景中移动时，都应更新统一缓冲区中的模型视图矩阵。每当应用程序的窗口被调整大小时，都应更新统一缓冲区中的投影矩阵。

具体运行情况

我们可先设置广告牌的位置，广告牌是通过点图形基元的方式绘制的，因此一个顶点与一个广告牌对应。我们可以根据自己的需要创建代表广告牌的几何图形，而且不需要使用其他属性。几何着色器能够将单个顶点转换为面向摄像机的四边形，而且能够计算纹理坐标系。

本例不使用纹理，但是会使用纹理坐标系绘制圆形。我们只需要访问存储在统一缓冲区中的转换矩阵，使用下面的代码可以生成该统一缓冲区。

```
std::vector<VkDescriptorSetLayoutBinding> descriptor_set_layout_bindings =
{
  {
    0,
    VK_DESCRIPTOR_TYPE_UNIFORM_BUFFER,
    1,
    VK_SHADER_STAGE_VERTEX_BIT | VK_SHADER_STAGE_GEOMETRY_BIT,
    nullptr
  }
};
InitVkDestroyer( LogicalDevice, DescriptorSetLayout );
if( !CreateDescriptorSetLayout( *LogicalDevice,
descriptor_set_layout_bindings, *DescriptorSetLayout ) ) {
  return false;
}
std::vector<VkDescriptorPoolSize> descriptor_pool_sizes = {
```

```
    {
      VK_DESCRIPTOR_TYPE_UNIFORM_BUFFER,
      1
    }
  };
  InitVkDestroyer( LogicalDevice, DescriptorPool );
  if( !CreateDescriptorPool( *LogicalDevice, false, 1, descriptor_pool_sizes,
  *DescriptorPool ) ) {
    return false;
  }
  if( !AllocateDescriptorSets( *LogicalDevice, *DescriptorPool, {
  *DescriptorSetLayout }, DescriptorSets ) ) {
    return false;
  }
  BufferDescriptorInfo buffer_descriptor_update = {
    DescriptorSets[0],
    0,
    0,
    VK_DESCRIPTOR_TYPE_UNIFORM_BUFFER,
    {
      {
        *UniformBuffer,
        0,
        VK_WHOLE_SIZE
      }
    }
  };
  UpdateDescriptorSets( *LogicalDevice, {}, { buffer_descriptor_update }, {},
  {} );
```

创建一个图形管线,该图形管线应使用一个顶点属性(位置数据),使用下面的代码可以定义这个顶点属性。

```
  std::vector<VkVertexInputBindingDescription>
  vertex_input_binding_descriptions = {
    {
      0,
      3 * sizeof( float ),
```

```
      VK_VERTEX_INPUT_RATE_VERTEX
  }
};
std::vector<VkVertexInputAttributeDescription>
vertex_attribute_descriptions = {
  {
    0,
    0,
    VK_FORMAT_R32G32B32_SFLOAT,
    0
  }
};
VkPipelineVertexInputStateCreateInfo vertex_input_state_create_info;
SpecifyPipelineVertexInputState( vertex_input_binding_descriptions,
  vertex_attribute_descriptions, vertex_input_state_create_info );
```

因为我们会将顶点绘制为点，所以需要在创建该图形管线的过程中设置合适的图形基元类型。

```
VkPipelineInputAssemblyStateCreateInfo input_assembly_state_create_info;
SpecifyPipelineInputAssemblyState( VK_PRIMITIVE_TOPOLOGY_POINT_LIST, false,
  input_assembly_state_create_info );
```

其余管线参数很常见，最重要的部分是着色器。必须使广告牌永远都面向摄像机，因此直接在视图空间中进行计算会更容易。

几何着色器几乎做了全部的工作，它会接收一个顶点（一个点），输出一个含有4个顶点的顺时针连续三角形图形（四边形）。每个新建的顶点都会向左/右和上/下方向偏移一点，以便构成一个四边形。

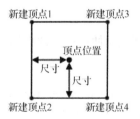

此外，应根据方向和偏移量将纹理坐标赋予新生成的顶点。在本例中，可使用下面的代码创建第一个新顶点。

```
vec4 position = gl_in[0].gl_Position;

gl_Position = ProjectionMatrix * (gl_in[0].gl_Position + vec4( -SIZE, SIZE,
0.0, 0.0 ));
geom_texcoord = vec2( -1.0, 1.0 );
EmitVertex();
```

使用类似的方式可创建其余顶点。当在顶点着色器内部将顶点转换到视图空间中时，生成的四边形永远都会面向屏幕正面。我们只需要将生成的顶点与投影矩阵相乘，从而将这些顶点转换到裁剪空间中。

片段着色器用于去除一些片段，以便通过这个四边形创建一个圆形。

```
float alpha = 1.0 - dot( geom_texcoord, geom_texcoord );
if( 0.2 > alpha ) {
  discard;
}
```

下图展示了在网格的顶点上渲染的广告牌，这些圆球会在图像中显示为平面图形，因而它们并非球形。

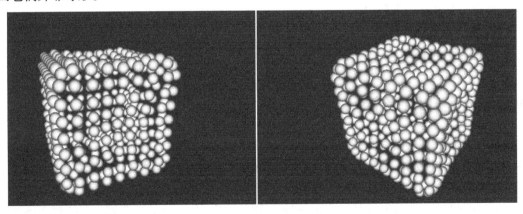

参考内容

请参阅第 1 章的下列内容：

- 获取物理设备的功能和属性信息。
- 创建逻辑设备。

请参阅第 5 章的下列内容：

- 创建统一缓冲区。
- 创建描述符集合布局。
- 分配描述符集合。
- 更新描述符集合。
- 绑定描述符集合。

请参阅第 7 章的下列内容：
- 编写几何着色器。

请参阅第 8 章的下列内容：
- 创建着色器模块。
- 设置管线着色器阶段。
- 设置管线顶点绑定关系描述、属性描述和输入状态。
- 设置管线输入组合状态。
- 创建管线布局。
- 设置图形管线创建参数。
- 创建图形管线。
- 绑定管线对象。

请参阅第 9 章的下列内容：
- 绑定顶点缓冲区。
- 绘制几何图形。

使用计算和图形管线绘制微粒

由于图形硬件的特性和图形管线处理物体的方式，某些自然现象非常难以模拟，如云朵、烟雾、火花、火焰、瀑布、降雨和飘雪。这些效果通常是使用粒子系统模拟的，粒子系统由大量的非常小的子画面构成，这些子画面的行为由粒子系统实现的算法设定。

因为粒子系统中含有数量非常多的独立实体，所以使用计算着色器实现这些实体的行为和这些实体间的相互作用会更方便。模仿每个微粒外观的子画面，通常会通过几何着色器显示为广告牌。

下图展示了本例生成的图像效果。

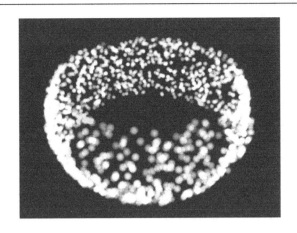

具体处理过程

(1) 创建一个启用了 geometryShader 功能的逻辑设备,选用一个支持图形操作的队列和一个支持计算操作的队列(请参阅第 1 章)。

(2) 为粒子系统生成初始数据(属性)。

(3) 创建一个缓冲区,该缓冲区既可以作为顶点缓冲区,也可以作为纹素仓库缓冲区。将已生成的微粒数据复制到该缓冲区中(请参阅第 5 章和第 4 章)。

(4) 为两个转换矩阵创建一个统一缓冲区。每当摄影机被移动或应用程序窗口被调整大小时,都应更新该统一缓冲区的内容(请参阅第 5 章)。

(5) 创建两个描述符集合布局:一个布局应含有通过顶点和几何着色器阶段访问的统一缓冲区;另一个布局应含有通过计算着色器阶段访问的纹素仓库缓冲区。创建一个描述符集合池,使用这两个描述符集合布局分配两个描述符集合。通过统一缓冲区和纹素仓库缓冲区更新这两个描述符集合(请参阅第 5 章)。

(6) 创建一个着色器模块,应使该模块含有通过下列 GLSL 代码生成的计算着色器(请参阅第 8 章)。

```
#version 450
layout( local_size_x = 32, local_size_y = 32 ) in;
layout( set = 0, binding = 0, rgba32f ) uniform imageBuffer
StorageTexelBuffer;

layout( push_constant ) uniform TimeState {
  float DeltaTime;
} PushConstant;
```

```glsl
const uint PARTICLES_COUNT = 2000;

void main() {
  if( gl_GlobalInvocationID.x < PARTICLES_COUNT ) {
    vec4 position = imageLoad( StorageTexelBuffer,
      int(gl_GlobalInvocationID.x * 2) );
    vec4 color = imageLoad( StorageTexelBuffer,
      int(gl_GlobalInvocationID.x * 2 + 1) );
    vec3 speed = normalize( cross( vec3( 0.0, 1.0, 0.0 ),
      position.xyz ) ) * color.w;
    position.xyz += speed * PushConstant.DeltaTime;
    imageStore( StorageTexelBuffer, int(gl_GlobalInvocationID.x
      *
    2), position );
  }
}
```

（7）创建一个计算管线，使该管线使用含有计算着色器的着色器模块，并能够访问纹素仓库缓冲区和含有一个浮点型值的入栈常量范围（请参阅第8章）。

（8）创建一个含有顶点、几何和片段着色器的图形管线，请参阅"使用几何着色器绘制广告牌"小节介绍的图形管线。这个图形管线必须能够接收两个顶点属性、使用 VK_PRIMITIVE_TOPOLOGY_POINT_LIST 图形基元绘制顶点，而且必须启用混合功能（请参阅第8章）。

（9）要渲染一个帧，需要先对用于分配计算工资的命令缓冲区执行记录操作，再将该命令缓冲区提交给支持计算操作的队列。当该队列处理完已提交的命令缓冲区后，应发出一个信号（请参阅第9章和第3章）。

（10）在处理每个帧时，都应该对一个用于绘制广告牌的命令缓冲区执行记录操作，请参阅"使用几何着色器绘制广告牌"小节。将命令缓冲区提交给支持图形处理操作的队列。在提交命令缓冲区的过程中，提供一个由计算队列发出的信号（请参阅第3章）。

具体运行情况

绘制粒子系统的处理过程可分为两个步骤。

- 通过计算着色器更新所有微粒的位置。
- 使用含有顶点、几何和片段着色器的图形管线，在已更新的位置绘制微粒。

要创建粒子系统，需要考虑用于计算顶点位置和绘制所有微粒的数据。本例使用 3 个参数：位置、速度和颜色。每组这样的参数都会由顶点着色器通过顶点缓冲区访问，而且同样的数据也会被读取到计算着色器中。在除顶点着色器阶段外的其他着色器阶段中，用于访问大量实体的一个简便方式是使用纹素缓冲区。因为既需要读取数据也需要写入数据，所以应使用纹素仓库缓冲区。使用纹素仓库缓冲区可以从通过一维方式存储图像的缓冲区中获取数据（请参阅第 5 章）。

我们应先为粒子系统生成初始数据，为了能够通过正确的方式从纹素仓库缓冲区读取数据，必须使用选定的格式存储这些数据。纹素仓库缓冲区限定了几种必须使用的格式，所以我们需要使用这些格式其中之一处理微粒的参数。位置和颜色属性都至少含有 3 个数值。在本例中，微粒会围绕整个粒子系统的中心移动，因此根据微粒的当前位置可以非常容易地计算微粒的速度。我们只需要区分出各个微粒的速度，所以使用一个数值调整速度向量就足够了。

这样，我们用于处理微粒的参数一共有 7 个，可以将这些参数封装到两个 RGBA 的浮点型 vector 容器中。先处理微粒位置属性的 3 个组成部分（x、y 和 z 轴的值）。下一个数值没有在粒子系统中被使用，但是为了能够通过正确的方式读取数据，也需要存储该数值。将浮点型值 1.0 存储为微粒位置属性的第 4 个组成部分。再处理代表颜色的 R、G 和 B 数值，以及一个用于调整微粒速度向量的数值。本例通过随机方式生成这些数值，并将它们存储到一个 vector 容器中。

```
std::vector<float> particles;
for( uint32_t i = 0; i < PARTICLES_COUNT; ++i ) {
  Vector3 position = /* generate position */;
  Vector3 color = /* generate color */;
  float speed = /* generate speed scale */;
  particles.insert( particles.end(), position.begin(), position.end() );
  particles.push_back( 1.0f );
  particles.insert( particles.end(), color.begin(), color.end() );
  particles.push_back( speed );
}
```

生成的数据会被复制到缓冲区中。创建一个缓冲区，应使该缓冲区在渲染处理过程中作为顶点缓冲区，且在进行位置计算时能够作为纹素仓库缓冲区。

```
InitVkDestroyer( LogicalDevice, VertexBuffer );
InitVkDestroyer( LogicalDevice, VertexBufferMemory );
InitVkDestroyer( LogicalDevice, VertexBufferView );
if( !CreateStorageTexelBuffer( PhysicalDevice, *LogicalDevice,
VK_FORMAT_R32G32B32A32_SFLOAT, sizeof( particles[0] ) * particles.size(),
  VK_BUFFER_USAGE_TRANSFER_DST_BIT | VK_BUFFER_USAGE_VERTEX_BUFFER_BIT |
VK_BUFFER_USAGE_STORAGE_TEXEL_BUFFER_BIT, false,
  *VertexBuffer, *VertexBufferMemory, *VertexBufferView ) ) {
  return false;
}
if( !UseStagingBufferToUpdateBufferWithDeviceLocalMemoryBound(
PhysicalDevice, *LogicalDevice, sizeof( particles[0] ) * particles.size(),
  &particles[0], *VertexBuffer, 0, 0, VK_ACCESS_TRANSFER_WRITE_BIT,
VK_PIPELINE_STAGE_TOP_OF_PIPE_BIT, VK_PIPELINE_STAGE_VERTEX_INPUT_BIT,
  GraphicsQueue.Handle, FrameResources.front().CommandBuffer, {} ) ) {
  return false;
}
```

此外，还需要创建一个统一缓冲区，该缓冲区作为存储转换矩阵。这个统一缓冲区和纹素仓库缓冲区都会通过描述符集合提供给着色器。应创建两个独立的描述符集合，第一个描述符集合中，应仅包含一个通过顶点和几何着色器访问的统一缓冲区；第二个描述符集合用于在计算着色器中访问纹素仓库缓冲区。因此，我们需要创建两个描述符集合布局。

```
std::vector<VkDescriptorSetLayoutBinding> descriptor_set_layout_bindings =
{
  {
    0,
    VK_DESCRIPTOR_TYPE_UNIFORM_BUFFER,
    1,
    VK_SHADER_STAGE_VERTEX_BIT | VK_SHADER_STAGE_GEOMETRY_BIT,
    nullptr
  },
  {
    0,
    VK_DESCRIPTOR_TYPE_STORAGE_TEXEL_BUFFER,
    1,
    VK_SHADER_STAGE_COMPUTE_BIT,
    nullptr
```

```
    }
  };
  DescriptorSetLayout.resize( 2 );
  InitVkDestroyer( LogicalDevice, DescriptorSetLayout[0] );
  InitVkDestroyer( LogicalDevice, DescriptorSetLayout[1] );
  if( !CreateDescriptorSetLayout( *LogicalDevice, {
  descriptor_set_layout_bindings[0] }, *DescriptorSetLayout[0] ) ) {
    return false;
  }
  if( !CreateDescriptorSetLayout( *LogicalDevice, {
  descriptor_set_layout_bindings[1] }, *DescriptorSetLayout[1] ) ) {
    return false;
  }
```

应创建一个描述符集合池,以便通过它分配两个描述符集合。

```
  std::vector<VkDescriptorPoolSize> descriptor_pool_sizes = {
    {
      VK_DESCRIPTOR_TYPE_UNIFORM_BUFFER,
      1
    },
    {
      VK_DESCRIPTOR_TYPE_STORAGE_TEXEL_BUFFER,
      1
    }
  };
  InitVkDestroyer( LogicalDevice, DescriptorPool );
  if( !CreateDescriptorPool( *LogicalDevice, false, 2, descriptor_pool_sizes,
  *DescriptorPool ) ) {
    return false;
  }
```

此后,就可以分配两个描述符集合,并通过已创建的缓冲区和缓冲区视图更新这两个描述符集合。

```
  if( !AllocateDescriptorSets( *LogicalDevice, *DescriptorPool, {
  *DescriptorSetLayout[0], *DescriptorSetLayout[1] }, DescriptorSets ) ) {
    return false;
  }
```

```
BufferDescriptorInfo buffer_descriptor_update = {
  DescriptorSets[0],
  0,
  0,
  VK_DESCRIPTOR_TYPE_UNIFORM_BUFFER,
  {
    {
      *UniformBuffer,
      0,
      VK_WHOLE_SIZE
    }
  }
};
TexelBufferDescriptorInfo storage_texel_buffer_descriptor_update = {
  DescriptorSets[1],
  0,
  0,
  VK_DESCRIPTOR_TYPE_STORAGE_TEXEL_BUFFER,
  {
    {
      *VertexBufferView
    }
  }
};
UpdateDescriptorSets( *LogicalDevice, {}, { buffer_descriptor_update }, {
storage_texel_buffer_descriptor_update }, {} );
```

应创建图形和计算管线。在执行移动操作时，就必须根据实时数值进行计算，因为通常无法根据固定的时间间隔进行计算。因此，计算着色器必须能够获取处理了上一个帧后到现在所经过时间的数值。可以通过入栈常量范围提供这个值，下面是用于创建计算管线的代码。

```
std::vector<unsigned char> compute_shader_spirv;
if( !GetBinaryFileContents( "Data/Shaders/Recipes/12 Advanced Rendering
Techniques/03 Drawing particles using compute and graphics
pipelines/shader.comp.spv", compute_shader_spirv ) ) {
  return false;
```

```cpp
}
VkDestroyer<VkShaderModule> compute_shader_module( LogicalDevice );
if( !CreateShaderModule( *LogicalDevice, compute_shader_spirv,
*compute_shader_module ) ) {
  return false;
}
std::vector<ShaderStageParameters> compute_shader_stage_params = {
  {
    VK_SHADER_STAGE_COMPUTE_BIT,
    *compute_shader_module,
    "main",
    nullptr
  }
};
std::vector<VkPipelineShaderStageCreateInfo>
compute_shader_stage_create_infos;
SpecifyPipelineShaderStages( compute_shader_stage_params,
compute_shader_stage_create_infos );
VkPushConstantRange push_constant_range = {
  VK_SHADER_STAGE_COMPUTE_BIT,
  0,
  sizeof( float )
};
InitVkDestroyer( LogicalDevice, ComputePipelineLayout );
if( !CreatePipelineLayout( *LogicalDevice, { *DescriptorSetLayout[1] }, {
push_constant_range }, *ComputePipelineLayout ) ) {
  return false;
}
InitVkDestroyer( LogicalDevice, ComputePipeline );
if( !CreateComputePipeline( *LogicalDevice, 0,
compute_shader_stage_create_infos[0], *ComputePipelineLayout,
VK_NULL_HANDLE, VK_NULL_HANDLE, *ComputePipeline ) ) {
  return false;
}
```

下面的代码定义了纹素仓库缓冲区，计算着色器从该缓冲区读取数据。

```
layout( set = 0, binding = 0, rgba32f ) uniform imageBuffer
```

```
StorageTexelBuffer;
```

可使用 imageLoad() 函数从纹素仓库缓冲区读取数据。

```
vec4 position = imageLoad( StorageTexelBuffer, int(gl_GlobalInvocationID.x
    * 2) );
vec4 color = imageLoad( StorageTexelBuffer, int(gl_GlobalInvocationID.x
    * 2 + 1) );
```

我们需要读取两个值，因此需要使用两条调用 imageLoad() 函数的语句。这类函数调用操作会返回为缓冲区定义的格式（数据类型）的值（本例中为浮点型的含有 4 个元素的 vector 容器）。我们应根据计算着色器当前实例的唯一值访问该缓冲区。

应进行计算并更新顶点的位置。执行了计算操作后，微粒就能根据位置和向上的向量围绕场景的中心移动。使用 cross() 函数可以计算代表速度的新向量。

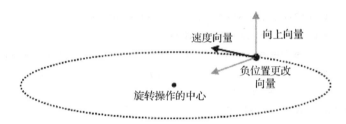

应将这个通过计算得到的速度向量添加到已获得的位置，使用 imageStore() 函数将得到的结果存储到同一个缓冲区中。

```
imageStore( StorageTexelBuffer, int(gl_GlobalInvocationID.x * 2), position
    );
```

本例不需要更改颜色或速度，因此只需要存储一个值。

因为我们只需要访问一个微粒的数据，所以可以向同一个缓冲区读写数据。在较复杂的情况中（如微粒彼此之间相互影响），就不能使用同一个缓冲区读写微粒的数据。因为计算着色器执行计算操作的次序是未知的，所以我们可能会读取还没有经过计算而更改的值，也可能会读取计算出的新值。这会影响执行计算操作的准确度，而且可能会得到无法预料的结果。

本例图形管线的创建过程与"使用几何着色器绘制广告牌"小节介绍的图形管线创建过程非常类似。两者之间的差异是本例图形管线的创建过程需要获取两个属性而不是一个。

```
std::vector<VkVertexInputBindingDescription>
```

```
vertex_input_binding_descriptions = {
  {
    0, VK_VERTEX_INPUT_RATE_VERTEX
  }
};
std::vector<VkVertexInputAttributeDescription>
vertex_attribute_descriptions = {
  {
    0,
    0,
    VK_FORMAT_R32G32B32A32_SFLOAT,
    0
  },
  {
    1,
    0,
    VK_FORMAT_R32G32B32A32_SFLOAT,
    4 * sizeof( float )
  }
};
VkPipelineVertexInputStateCreateInfo vertex_input_state_create_info;
SpecifyPipelineVertexInputState( vertex_input_binding_descriptions,
vertex_attribute_descriptions, vertex_input_state_create_info );
```

而且，本例还需要将顶点渲染为点图形基元。

```
VkPipelineInputAssemblyStateCreateInfo input_assembly_state_create_info;
SpecifyPipelineInputAssemblyState( VK_PRIMITIVE_TOPOLOGY_POINT_LIST, false,
input_assembly_state_create_info );
```

两者之间的最后一项差异是本例图形管线的创建过程启用了相加混合（additive blending）功能，因此使微粒在不断增加。

```
std::vector<VkPipelineColorBlendAttachmentState> attachment_blend_states =
{
  {
    true,
    VK_BLEND_FACTOR_SRC_ALPHA,
    VK_BLEND_FACTOR_ONE,
```

```
      VK_BLEND_OP_ADD,
      VK_BLEND_FACTOR_ONE,
      VK_BLEND_FACTOR_ONE,
      VK_BLEND_OP_ADD,
      VK_COLOR_COMPONENT_R_BIT |
      VK_COLOR_COMPONENT_G_BIT |
      VK_COLOR_COMPONENT_B_BIT |
      VK_COLOR_COMPONENT_A_BIT
    }
  };
  VkPipelineColorBlendStateCreateInfo blend_state_create_info;
  SpecifyPipelineBlendState( false, VK_LOGIC_OP_COPY,
    attachment_blend_states, { 1.0f, 1.0f, 1.0f, 1.0f },
    blend_state_create_info );
```

本例的绘制处理过程也分为两个步骤。第一步，对用于分配计算工作的命令缓冲区执行记录操作。某些硬件平台可能会具有专门用于进行数学计算的队列家族，因此最好将含有计算着色器的命令缓冲区提交给这类队列家族。

```
  if( !BeginCommandBufferRecordingOperation( ComputeCommandBuffer,
    VK_COMMAND_BUFFER_USAGE_ONE_TIME_SUBMIT_BIT, nullptr ) ) {
    return false;
  }

  BindDescriptorSets( ComputeCommandBuffer, VK_PIPELINE_BIND_POINT_COMPUTE,
    *ComputePipelineLayout, 0, { DescriptorSets[1] }, {} );

  BindPipelineObject( ComputeCommandBuffer, VK_PIPELINE_BIND_POINT_COMPUTE,
    *ComputePipeline );

  float time = TimerState.GetDeltaTime();
  ProvideDataToShadersThroughPushConstants( ComputeCommandBuffer,
    *ComputePipelineLayout, VK_SHADER_STAGE_COMPUTE_BIT, 0, sizeof( float ),
    &time );

  DispatchComputeWork( ComputeCommandBuffer, PARTICLES_COUNT / 32 + 1, 1, 1
  );
```

```
if( !EndCommandBufferRecordingOperation( ComputeCommandBuffer ) ) {
  return false;
}

if( !SubmitCommandBuffersToQueue( ComputeQueue.Handle, {}, {
ComputeCommandBuffer }, { *ComputeSemaphore }, *ComputeFence ) ) {
  return false;
}
```

第二步，执行绘制操作。本例的绘制操作是通过常规方式执行的，我们只需要使图形队列与计算队列同步执行。通过在向图形队列提交命令缓冲区时，提供额外的等待信号可以做到这一点。当计算队列处理完已提交的含有计算着色器的命令缓冲区后，就必须发出这个信号。

下图展示了含有不同数量微粒的粒子系统。

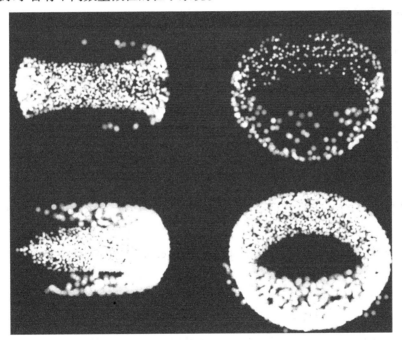

参考内容

请参阅第 1 章的下列内容：
- 获取物理设备的功能和属性信息。

请参阅第 5 章的下列内容：
- 创建仓库纹素缓冲区。
- 创建描述符集合布局。
- 创建描述符池。
- 分配描述符集合。
- 更新描述符集合。
- 绑定描述符集合。

请参阅第 7 章的下列内容：
- 编写计算着色器。

请参阅第 8 章的下列内容：
- 创建着色器模块。
- 创建图形管线。
- 创建计算管线。

请参阅第 9 章的下列内容：
- 通过入栈常量为着色器提供数据。
- 绘制几何图形。
- 分配计算工作。

渲染细化的地形

含有开阔视野和较长渲染距离的 3D 场景，通常也含有大量地形。绘制地面是一个非常复杂的题目，而且是一项可以通过许多种方式完成的工作。不能将远处的地形绘制得太复杂，因为这会占用过多内存和处理资源。必须将游戏角色附近的区域绘制得足够精细，以便为玩家提供真实感。因此，应该离摄像机越远绘制的细节就越少，离摄像机越近绘制的细节就越多。

这是使用细分曲面着色器渲染高品质图像的典型示例。在处理地形时，可使用含有较少顶点的平面。在使用细分曲面着色器时，可增加摄像机附近地面的图形基元数量。这样我们就可以通过调整已生成顶点的位置，增加或减少地形的高度。

下图展示了本例生成的图像效果。

第 12 章 高级渲染技术

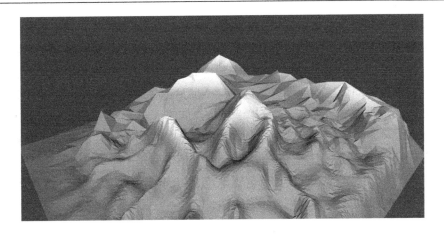

准备工作

绘制地形通常需要准备高度数据，可以根据自己选用的公式，通过程序快速地创建这些数据。然而，也可以通过名为高度贴图的纹理，提前创建这些数据。高度贴图含有地形的高度信息（用于标识高于或低于指定基准的数值），高度贴图中较亮的颜色代表较高的高度，较暗的颜色代表较低的高度。下图就是一个高度贴图的示例。

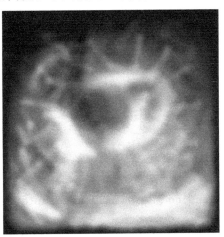

具体处理过程

（1）加载或创建一个平面模型（水平对齐的平面），需要设置位置和纹理坐标两个属性。将顶点数据存储到顶点缓冲区中（请参阅第 10 章和第 4 章）。

（2）为两个转换矩阵创建一个统一缓冲区（请参阅第 5 章）。

(3)从图像文件加载高度信息(请参阅第 10 章)。创建一个合并的图像采样器,将已加载的高度数据存储到该合并的图像采样器中(请参阅第 5 章和第 4 章)。

(4)创建一个描述符集合布局,使该布局含有一个通过细分曲面控制着色器和几何着色器阶段访问的统一缓冲区,以及一个通过细分曲面控制着色器和细分曲面评估着色器阶段访问的合并图像采样器(请参阅第 5 章)。使用创建好的描述符集合布局分配一个描述符集合。使用创建好的统一缓冲区、合并的图像采样器和图像视图的句柄,更新这个描述符集合(请参阅第 5 章)。

(5)使用下列 GLSL 代码为顶点着色器创建 SPIR-V 程序,通过该 SPIR-V 程序创建一个着色器模块(请参阅第 8 章)。

```
#version 450
layout( location = 0 ) in vec4 app_position;
layout( location = 1 ) in vec2 app_texcoord;
layout( location = 0 ) out vec2 vert_texcoord;
void main() {
  gl_Position = app_position;
  vert_texcoord = app_texcoord;
}
```

(6)为细分曲面控制着色器阶段,创建一个着色器模块。使用下面的 GLSL 代码生成 SPIR-V 程序。

```
#version 450
layout( location = 0 ) in vec2 vert_texcoord[];
layout( set = 0, binding = 0 ) uniform UniformBuffer {
  mat4 ModelViewMatrix;
  mat4 ProjectionMatrix;
};
layout( set = 0, binding = 1 ) uniform sampler2D ImageSampler;
layout( vertices = 3 ) out;
layout( location = 0 ) out vec2 tesc_texcoord[];

void main() {
  if( 0 == gl_InvocationID ) {
    float distances[3];
    float factors[3];
```

```glsl
    for( int i = 0; i < 3; ++i ) {
      float height = texture( ImageSampler, vert_texcoord[i]
      ).x;
      vec4 position = ModelViewMatrix * (gl_in[i].gl_Position +
      vec4( 0.0, height, 0.0, 0.0 ));
      distances[i] = dot( position, position );
    }
    factors[0] = min( distances[1], distances[2] );
    factors[1] = min( distances[2], distances[0] );
    factors[2] = min( distances[0], distances[1] );

    gl_TessLevelInner[0] = max( 1.0, 20.0 - factors[0] );
    gl_TessLevelOuter[0] = max( 1.0, 20.0 - factors[0] );
    gl_TessLevelOuter[1] = max( 1.0, 20.0 - factors[1] );
    gl_TessLevelOuter[2] = max( 1.0, 20.0 - factors[2] );
  }
  gl_out[gl_InvocationID].gl_Position =
  gl_in[gl_InvocationID].gl_Position;
  tesc_texcoord[gl_InvocationID] =
  vert_texcoord[gl_InvocationID];
}
```

（7）使用下列 GLSL 代码，为细分曲面评估着色器创建一个着色器模块。

```glsl
#version 450
layout( triangles, fractional_even_spacing, cw ) in;
layout( location = 0 ) in vec2 tesc_texcoord[];
layout( set = 0, binding = 1 ) uniform sampler2D HeightMap;
layout( location = 0 ) out float tese_height;
void main() {
  vec4 position = gl_in[0].gl_Position * gl_TessCoord.x +
                  gl_in[1].gl_Position * gl_TessCoord.y +
                  gl_in[2].gl_Position * gl_TessCoord.z;
  vec2 texcoord = tesc_texcoord[0] * gl_TessCoord.x +
                  tesc_texcoord[1] * gl_TessCoord.y +
                  tesc_texcoord[2] * gl_TessCoord.z;
  float height = texture( HeightMap, texcoord ).x;
  position.y += height;
```

```
    gl_Position = position;
    tese_height = height;
}
```

（8）使用下列 GLSL 代码，为几何着色器创建一个着色器模块。

```
#version 450
layout( triangles ) in;
layout( location = 0 ) in float tese_height[];

layout( set = 0, binding = 0 ) uniform UniformBuffer {
  mat4 ModelViewMatrix;
  mat4 ProjectionMatrix;
};
layout( triangle_strip, max_vertices = 3 ) out;
layout( location = 0 ) out vec3 geom_normal;
layout( location = 1 ) out float geom_height;

void main() {
  vec3 v0v1 = gl_in[1].gl_Position.xyz -
    gl_in[0].gl_Position.xyz;
  vec3 v0v2 = gl_in[2].gl_Position.xyz -
    gl_in[0].gl_Position.xyz;
  vec3 normal = normalize( cross( v0v1, v0v2 ) );

  for( int vertex = 0; vertex < 3; ++vertex ) {
    gl_Position = ProjectionMatrix * ModelViewMatrix *
      gl_in[vertex].gl_Position;
    geom_height = tese_height[vertex];
    geom_normal = normal;
    EmitVertex();
  }
  EndPrimitive();
}
```

（9）为片段着色器创建一个着色器模块，使用下列 GLSL 代码为该模块生成 SPIR-V 程序。

```
#version 450
```

```
layout( location = 0 ) in vec3 geom_normal;
layout( location = 1 ) in float geom_height;
layout( location = 0 ) out vec4 frag_color;

void main() {
  const vec4 green = vec4( 0.2, 0.5, 0.1, 1.0 );
  const vec4 brown = vec4( 0.6, 0.5, 0.3, 1.0 );
  const vec4 white = vec4( 1.0 );
  vec4 color = mix( green, brown, smoothstep( 0.0, 0.4,
  geom_height ) );
  color = mix( color, white, smoothstep( 0.6, 0.9, geom_height )
  );

  float diffuse_light = max( 0.0, dot( geom_normal, vec3( 0.58,
  0.58, 0.58 ) ) );
  frag_color = vec4( 0.05, 0.05, 0.0, 0.0 ) + diffuse_light *
  color;
}
```

（10）使用上述 5 个着色器模块创建一个图形管线，应使该图形管线获取两个顶点属性：由 3 个组成部分构成的位置数据和由两个组成部分构成的纹理坐标。这个图形管线必须使用 VK_PRIMITIVE_TOPOLOGY_PATCH_LIST 图形基元，它的路径应含有 3 个控制点（请参阅第 8 章）。

（11）创建其余资源并绘制几何图形（请参阅第 11 章）。

具体运行情况

我们将加载平面模型作为绘制地形处理过程的起点，平面模型可以是一个含有大于 4 个顶点的简单正方形。在细分曲面着色器阶段生成过多顶点，可能会付出过多性能代价，因此我们应在基础几何的复杂度和细分曲面因素之间找到平衡点。下图展示了用作细分曲面地形基础的平面。

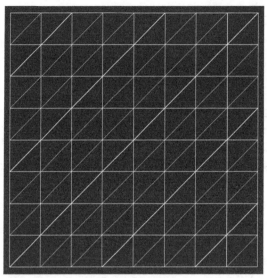

本例将会从纹理加载高度信息,这种加载数据的方式就是从文件加载数据的。创建一个合并的图像采样器,并将加载的数据存储到该合并的图像采样器中。

```
int width = 1;
int height = 1;
std::vector<unsigned char> image_data;
if( !LoadTextureDataFromFile( "Data/Textures/heightmap.png", 4, image_
data,
&width, &height ) ) {
  return false;
}
InitVkDestroyer( LogicalDevice, HeightSampler );
InitVkDestroyer( LogicalDevice, HeightMap );
InitVkDestroyer( LogicalDevice, HeightMapMemory );
InitVkDestroyer( LogicalDevice, HeightMapView );
if( !CreateCombinedImageSampler( PhysicalDevice, *LogicalDevice,
VK_IMAGE_TYPE_2D, VK_FORMAT_R8G8B8A8_UNORM, { (uint32_t)width,
(uint32_t)height, 1 },
  1, 1, VK_IMAGE_USAGE_SAMPLED_BIT | VK_IMAGE_USAGE_TRANSFER_DST_BIT,
VK_IMAGE_VIEW_TYPE_2D, VK_IMAGE_ASPECT_COLOR_BIT, VK_FILTER_LINEAR,
  VK_FILTER_LINEAR, VK_SAMPLER_MIPMAP_MODE_NEAREST,
VK_SAMPLER_ADDRESS_MODE_CLAMP_TO_EDGE,
VK_SAMPLER_ADDRESS_MODE_CLAMP_TO_EDGE,
```

```
  VK_SAMPLER_ADDRESS_MODE_CLAMP_TO_EDGE, 0.0f, false, 1.0f, false,
VK_COMPARE_OP_ALWAYS, 0.0f, 1.0f, VK_BORDER_COLOR_FLOAT_OPAQUE_BLACK,
  false, *HeightSampler, *HeightMap, *HeightMapMemory, *HeightMapView ) ) {
  return false;
}
VkImageSubresourceLayers image_subresource_layer = {
  VK_IMAGE_ASPECT_COLOR_BIT,
  0,
  0,
  1
};
if( !UseStagingBufferToUpdateImageWithDeviceLocalMemoryBound(
  PhysicalDevice, *LogicalDevice,
  static_cast<VkDeviceSize>(image_data.size()),
  &image_data[0], *HeightMap, image_subresource_layer, { 0, 0, 0 }, {
  (uint32_t)width, (uint32_t)height, 1 }, VK_IMAGE_LAYOUT_UNDEFINED,
  VK_IMAGE_LAYOUT_SHADER_READ_ONLY_OPTIMAL, 0, VK_ACCESS_SHADER_READ_BIT,
  VK_IMAGE_ASPECT_COLOR_BIT, VK_PIPELINE_STAGE_TOP_OF_PIPE_BIT,
  VK_PIPELINE_STAGE_FRAGMENT_SHADER_BIT, GraphicsQueue.Handle,
  FrameResources.front().CommandBuffer, {} ) ) {
  return false;
}
```

本例还需要使用一个含有转换矩阵的统一缓冲区，以便将顶点从本地空间转换到视图空间，然后将顶点转换到裁剪空间。

```
    InitVkDestroyer( LogicalDevice, UniformBuffer );
    InitVkDestroyer( LogicalDevice, UniformBufferMemory );
    if( !CreateUniformBuffer( PhysicalDevice, *LogicalDevice, 2 * 16 * sizeof(
      float ), VK_BUFFER_USAGE_TRANSFER_DST_BIT |
    VK_BUFFER_USAGE_UNIFORM_BUFFER_BIT,
      *UniformBuffer, *UniformBufferMemory ) ) {
      return false;
    }
    if( !UpdateStagingBuffer( true ) ) {
      return false;
    }
```

为这个统一缓冲区和合并的图像采样器，创建一个描述符集合。该统一缓冲区会在细分曲面控制和几何着色器阶段中被访问，高度信息是在细分曲面控制和评估着色器阶段读取的。

```cpp
std::vector<VkDescriptorSetLayoutBinding> descriptor_set_layout_bindings =
{
  {
    0,
    VK_DESCRIPTOR_TYPE_UNIFORM_BUFFER,
    1,
    VK_SHADER_STAGE_TESSELLATION_CONTROL_BIT |
VK_SHADER_STAGE_GEOMETRY_BIT,
    nullptr
  },
  {
    1,
    VK_DESCRIPTOR_TYPE_COMBINED_IMAGE_SAMPLER,
    1,
    VK_SHADER_STAGE_TESSELLATION_CONTROL_BIT |
VK_SHADER_STAGE_TESSELLATION_EVALUATION_BIT,
    nullptr
  }
};
InitVkDestroyer( LogicalDevice, DescriptorSetLayout );
if( !CreateDescriptorSetLayout( *LogicalDevice,
descriptor_set_layout_bindings, *DescriptorSetLayout ) ) {
  return false;
}
std::vector<VkDescriptorPoolSize> descriptor_pool_sizes = {
  {
    VK_DESCRIPTOR_TYPE_UNIFORM_BUFFER,
    1
  },
  {
    VK_DESCRIPTOR_TYPE_COMBINED_IMAGE_SAMPLER,
    2
  }
```

```
};
InitVkDestroyer( LogicalDevice, DescriptorPool );
if( !CreateDescriptorPool( *LogicalDevice, false, 1, descriptor_pool_sizes,
  *DescriptorPool ) ) {
return false;
}
if( !AllocateDescriptorSets( *LogicalDevice, *DescriptorPool, {
*DescriptorSetLayout }, DescriptorSets ) ) {
  return false;
}
```

可以使用统一缓冲区、合并的图像采样器和图像视图更新这个描述符缓冲区，因为在应用程序的生命周期中统一缓冲区、合并的图像采样器和图像视图不会被改变（当应用程序的窗口被调整尺寸时，不需要重新创建统一缓冲区、合并的图像采样器和图像视图）。

```
BufferDescriptorInfo buffer_descriptor_update = {
  DescriptorSets[0],
  0,
  0,
  VK_DESCRIPTOR_TYPE_UNIFORM_BUFFER,
  {
    {
      *UniformBuffer,
      0,
      VK_WHOLE_SIZE
    }
  }
};
std::vector<ImageDescriptorInfo> image_descriptor_updates = {
  {
    DescriptorSets[0],
    1,
    0,
    VK_DESCRIPTOR_TYPE_COMBINED_IMAGE_SAMPLER,
    {
      {
        *HeightSampler,
        *HeightMapView,
```

```
            VK_IMAGE_LAYOUT_SHADER_READ_ONLY_OPTIMAL
      }
    }
  }
};
UpdateDescriptorSets( *LogicalDevice, image_descriptor_updates, {
buffer_descriptor_update }, {}, {} );
```

创建图形管线，这个管线非常复杂，需要启用 5 个可编程的图形管线阶段。

```
std::vector<ShaderStageParameters> shader_stage_params = {
  {
    VK_SHADER_STAGE_VERTEX_BIT,
    *vertex_shader_module,
    "main",
    nullptr
  },
  {
    VK_SHADER_STAGE_TESSELLATION_CONTROL_BIT,
    *tessellation_control_shader_module,
    "main",
    nullptr
  },
  {
    VK_SHADER_STAGE_TESSELLATION_EVALUATION_BIT,
    *tessellation_evaluation_shader_module,
    "main",
    nullptr
  },
  {
    VK_SHADER_STAGE_GEOMETRY_BIT,
    *geometry_shader_module,
    "main",
    nullptr
  },
  {
    VK_SHADER_STAGE_FRAGMENT_BIT,
    *fragment_shader_module,
```

```
      "main",
      nullptr
    }
  };
  std::vector<VkPipelineShaderStageCreateInfo> shader_stage_create_infos;
  SpecifyPipelineShaderStages( shader_stage_params, shader_stage_create_infos
  );
```

为什么要将全部 5 个阶段都创建出来呢？在任何情况中都需要创建顶点着色器。在本例中，顶点着色器只需要读取两个输入属性（位置和纹理坐标），然后将这些数据传递给后面管线阶段。

在启用细分曲面功能的情况下，需要创建细分曲面控制和评估着色器阶段。顾名思义，细分曲面控制着色器用于控制已处理小多边形（已生成顶点的数量）的细分曲面等级。本例根据小多边形与摄像机的距离生成顶点：距离摄像机越近的小多边形，通过细分曲面着色器生成的顶点越多。这样远处的地形就会比较简单，且不会为渲染操作付出过多性能代价；而距离摄像机较近的小多边形，地形就会比较复杂。

我们不能为整个小多边形（本例中为三角形）设置一种细分曲面等级。当两个毗邻的三角形拥有不同的细分曲面等级时，在它们相接的边界上会生成不同数量的顶点。不同三角形生成的顶点会被放置在不同的位置上，而且这些顶点也会拥有不同的偏移量，这就会在渲染出的地面上挖出一个洞。

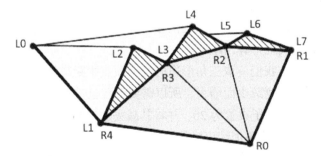

请参见上图中的两个三角形：左侧三角形由 L0、L1 和 L7 顶点构成，右侧三角形由 R0、R1 和 R2 顶点构成。其他顶点是由曲面细分着色器生成的。这两个三角形共用一个边：L1~L7 或 R1~R4（L1 和 R4 标识的是同一个顶点，L7 和 R1 标识的是同一个顶点）；但是这条边使用的细分曲面等级（因子）不只一个。这会在由这两个三角形构成的曲面上，形成间断点（在上图中使用条纹代表）。

为了避免出现这个问题，我们需要为每条三角形边计算细分曲面因子，以便固定共用同一条边的两个三角形。本例将根据顶点与摄像机的距离计算细分曲面因子。我们将对三角形中的所有顶点计算细分曲面因子，对指定的三角形边应用两个细分曲面因子中较大的一个。

```
float distances[3];
float factors[3];

for( int i = 0; i < 3; ++i ) {
  float height = texture( ImageSampler, vert_texcoord[i] ).x;
  vec4 position = ModelViewMatrix * (gl_in[i].gl_Position + vec4( 0.0,
    height, 0.0, 0.0 ));
  distances[i] = dot( position, position );
}
factors[0] = min( distances[1], distances[2] );
factors[1] = min( distances[2], distances[0] );
factors[2] = min( distances[0], distances[1] );

gl_TessLevelInner[0] = max( 1.0, 20.0 - factors[0] );
gl_TessLevelOuter[0] = max( 1.0, 20.0 - factors[0] );
gl_TessLevelOuter[1] = max( 1.0, 20.0 - factors[1] );
gl_TessLevelOuter[2] = max( 1.0, 20.0 - factors[2] );
```

上面的细分曲面控制着色器代码，计算了所有顶点与摄像机的距离（平方值）。我们需要使用从高度贴图读取的数据调整顶点的位置，以便将整个小多边形（本例为三角形）放置在正确的位置，并正确地计算出距离。

对于所有三角形边，我们应取三角形边的两个顶点中距离摄像机较近的。因为想要将细分曲面因子设置得随距离减少而增大，所以需要倒置已计算出的细分曲面因子。本例通过硬编码方式将细分曲面因子设置为 20，并将其减去选定的距离值。因为不应将细分曲面因子设置得小于 1.0，所以应添加约束操作。

通过这种方式计算出的细分曲面因子，有助于增加随距离增大而减少生成顶点数量的效果。这样做的目的是帮助我们观察对三角形执行细分曲面操作的方式，以及随着与摄像机距离的缩短而增加图形细节的方式。然而，在现实案例中我们应创建一条公式，以便使该效果能够一目了然。

下一步应使细分曲面评估着色器获取已生成顶点的权重，以便为顶点计算新位置。还应对纹理坐标执行相同的操作，因为我们需要从高度贴图加载高度信息。

```
vec4 position = gl_in[0].gl_Position * gl_TessCoord.x +
                gl_in[1].gl_Position * gl_TessCoord.y +
                gl_in[2].gl_Position * gl_TessCoord.z;
vec2 texcoord = tesc_texcoord[0] * gl_TessCoord.x +
                tesc_texcoord[1] * gl_TessCoord.y +
                tesc_texcoord[2] * gl_TessCoord.z;
```

计算出顶点的新位置后，还需要向其中添加偏移量，以便为顶点设置合适的高度。

```
float height = texture( HeightMap, texcoord ).x;
position.y += height;
gl_Position = position;
```

细分曲面评估着色器后面是几何着色器阶段。我们可以忽略该阶段，但是本例使用它计算已生成三角形的法向量。使用一个法向量代表三角形中所有顶点的法向量，因此需要执行平面着色操作。

这个法向量是通过 cross() 函数计算出来的，cross() 函数接收两个向量并且会返回一个与这两个向量垂直的向量。我们通过提供两个向量形成三角形的两条边。

```
vec3 v0v1 = gl_in[1].gl_Position.xyz - gl_in[0].gl_Position.xyz;
vec3 v0v2 = gl_in[2].gl_Position.xyz - gl_in[0].gl_Position.xyz;
vec3 normal = normalize( cross( v0v1, v0v2 ) );
```

应使用几何着色器计算出所有顶点在裁剪空间中的位置，并输出这些数据。

```
for( int vertex = 0; vertex < 3; ++vertex ) {
  gl_Position = ProjectionMatrix * ModelViewMatrix *
gl_in[vertex].gl_Position;
  geom_height = tese_height[vertex];
  geom_normal = normal;
  EmitVertex();
}
EndPrimitive();
```

为了简化本例，还应使用一个简单的片段着色器，该片段着色器应根据地形的高度混合3种颜色：绿色代表低洼的草地，灰色/褐色代表中等高度的岩石，白色代表山峰上的积雪。该片段着色器还应使用漫反射/兰伯特（Lambert）光照模型，执行简单的照明计算。

上述构成图形管线的着色器用于绘制细分了曲面的地形。在创建图形管线的过程中，我们必须仔细考虑图形基元的拓扑结构。因为启用了细分曲面着色器阶段,所以需要使用 VK_PRIMITIVE_TOPOLOGY_PATCH_LIST 拓扑结构。在创建管线的过程中,我们还需要提供细分曲面状态。因为本例处理的是三角形,所以应设定一个小多边形中含有 3 个控制点。

```
VkPipelineInputAssemblyStateCreateInfo input_assembly_state_create_info;
SpecifyPipelineInputAssemblyState( VK_PRIMITIVE_TOPOLOGY_PATCH_LIST, false,
 input_assembly_state_create_info );
VkPipelineTessellationStateCreateInfo tessellation_state_create_info;
SpecifyPipelineTessellationState( 3, tessellation_state_create_info );
```

可通过常规方式定义其余管线创建参数,在执行渲染操作的过程中不需要执行任何特殊操作。我们只需要绘制一个与上述图形管线绑定的平面,就可以生成一个类似现实中地形的几何图形。下图展示了本例生成的效果。

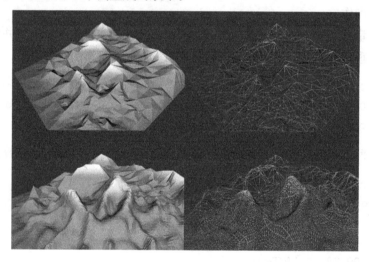

参考内容

请参阅第 4 章的下列内容:
- 创建缓冲区。

请参阅第 5 章的下列内容:
- 创建合并的图像采样器。
- 创建统一缓冲区。
- 创建描述符集合布局。

第 12 章 高级渲染技术

- 分配描述符集合。
- 更新描述符集合。

请参阅第 7 章的下列内容：

- 编写细分曲面控制着色器。
- 编写细分曲面评估着色器。
- 编写几何着色器。

请参阅第 8 章的下列内容：

- 创建着色器模块。
- 设置管线输入组合状态。
- 设置管线细分曲面状态。
- 创建图形管线。

请参阅第 10 章的下列内容：

- 从文件加载纹理数据。
- 从 OBJ 文件加载 3D 模型。

请参阅第 11 章的下列内容：

- 通过顶点漫射照明渲染几何图形。

为进行后处理渲染四画面全屏效果

图像处理是另一类在 3D 图形处理中常用的技术，计算机几乎难以直接模拟人类眼睛观察世界的方式。有许多种效果不能仅通过绘制几何图形生成。例如，较亮的区域看起来比较暗的区域更大（这种效果通常称为高光）；位于我们视觉焦点上的物体会显得更清晰，离焦点越远的物体就越模糊（这种效果称为景深）；人类眼睛在白天和黑夜看到的同一种颜色会显得不同，只要添加非常微小的照明，图像中的所有事物就会显得带一点青色。

通过后期处理技术可以很容易实现这些效果，我们可以通过常规方式渲染场景。此后，可执行另一个渲染操作，从图像读取数据并根据选定的算法处理这些数据。要渲染一幅图像，需要将其放置在一个四画面场景中。这种几何图形通常称为四画面全屏效果。

具体处理过程

（1）获取用于创建四画面全屏效果的顶点数据，将下列值赋予 4 个顶点（必要时应添加纹理坐标）。

- 将{ -1.0f, -1.0f, 0.0f }赋予左上角顶点（f 代表浮点型值）。
- 将{ -1.0f, 1.0f, 0.0f }赋予左下角顶点。
- 将{ 1.0f, -1.0f, 0.0f }赋予右上角顶点。
- 将{ 1.0f, 1.0f, 0.0f }赋予右下角顶点。

（2）创建一个顶点缓冲区，分配一个内存对象并将其与该顶点缓冲区绑定到一起。使用暂存资源将数据存储到这个顶点缓冲区中（请参阅第 4 章）。

（3）创建一个合并的图像采样器。根据在执行渲染操作和后期处理过程中访问该合并图像采样器的方式，设置合适的使用方式。如果需要将该合并图像采样器作为颜色附着材料，则应将使用方式设置为 VK_IMAGE_USAGE_COLOR_ATTACHMENT_BIT；如果需要将该合并图像采样器作为采样样本（使用采样器读取数据），则应将使用方式设置为 VK_IMAGE_USAGE_SAMPLED_BIT；如果要执行加载/存储操作，就应将使用方式设置为 VK_IMAGE_USAGE_STORAGE_BIT；还有一些其他必要的使用方式，请参阅第 5 章。

（4）创建一个描述符集合布局，应使该布局含有一个合并的图像采样器。创建一个描述符集合池，并使用创建好的描述符集合布局使用该描述符集合池分配一个描述符集合。使用图像视图和合并的图像采样器更新这个描述符集合。每当应用程序的窗口被调整大小和重新创建图像时，都应执行这个更新操作（请参阅第 5 章）。

（5）如果想要访问许多不同类型的图像坐标，就应创建一个独立的专用渲染通道，并使该渲染通道含有一个附着材料和至少一个子通道（请参阅第 6 章）。

（6）使用下面的 GLSL 代码创建 SPIR-V 程序，通过该 SPIR-V 程序为顶点着色器创建一个着色器模块（请参阅第 8 章）。

```
#version 450
layout( location = 0 ) in vec4 app_position;
void main() {
  gl_Position = app_position;
}
```

（7）通过下面的 GLSL 代码为片段着色器创建一个着色器模块。

```
#version 450
layout( set = 0, binding = 0 ) uniform sampler2D Image;
layout( location = 0 ) out vec4 frag_color;
void main() {
  vec4 color = vec4( 0.5 );
```

```
    color -= texture( Image, gl_FragCoord.xy + vec2( -1.0, 0.0 ) );
    color += texture( Image, gl_FragCoord.xy + vec2( 1.0, 0.0 ) );

    color -= texture( Image, gl_FragCoord.xy + vec2( 0.0, -1.0 ) );
    color += texture( Image, gl_FragCoord.xy + vec2( 0.0, 1.0 ) );

    frag_color = abs( 0.5 - color );
}
```

(8) 使用上述着色器模块创建一个图形通道，一定要使该图形通道能够读取一个含有顶点位置的顶点属性（可能还需要读取含有纹理坐标的第二个属性）。应使用 VK_PRIMITIVE_TOPOLOGY_TRIANGLE_STRIP 拓扑结构并禁用面选取（face culling）功能，请参阅第 8 章。

(9) 使用创建好的图像渲染场景，启动另一个渲染通道并使用创建好的图形通道创建四画面全屏效果（请参阅第 6 章、第 5 章和第 9 章）。

具体运行情况

可使用计算着色器执行图像后期处理操作。当需要在屏幕上显示图像时，就必须使用交换链。要使着色器能够从图像读取数据，在创建该图像时就必须将它的使用方式设置为仓库图像。令人遗憾的是，这种使用方式的图像可能无法作为交换链图像，因此需要额外创建中间媒介资源，但会增加代码的复杂度。

使用图形管线可以在片段着色器的内部处理图像数据，并将得到的结果存储到颜色附着材料中。这是交换链图像必须使用的处理方式，因此这种处理方式就顺理成章地成为 Vulkan 处理图像的方式。图形管线的目标是绘制几何图形，因此不仅需要使用顶点数据、顶点着色器和片段着色器，还需要使用渲染通道和帧缓冲区。这就是使用计算着色器可能效率更高的原因。因此，应根据图形硬件支持的具体功能（可用的交换链图像使用方式）和遇到的具体情况进行权衡取舍。

本例介绍在后处理阶段绘制四画面全屏效果的方式，这需要用到顶点数据，可以直接在裁剪空间中创建这些数据。这样我们就可以创建更简单的顶点着色器，并避免执行将顶点位置与投影矩阵相乘的计算操作。执行了透视除法操作后，为了使顶点不超出视图空间范围，顶点位置的 x 轴和 y 轴坐标必须在<-1,1>范围内（包含-1 和 1），z 轴坐标必须在<0, 1>范围内。因此，如果想要使图像覆盖整个屏幕，就需要使用下列顶点。

```
    std::vector<float> vertices = {
```

```
    -1.0f, -1.0f, 0.0f,
    -1.0f,  1.0f, 0.0f,
     1.0f, -1.0f, 0.0f,
     1.0f,  1.0f, 0.0f,
};
```

如有必要，可使用标准化的纹理坐标，也可以使用内置值 gl_FragCoord（在编写 GLSL 着色器时），该值含有当前已处理的着色器的屏幕坐标。在使用输入附着材料时，甚至不需要使用纹理坐标，因为我们只能访问与当前已处理片段有关联的样本。

首先，应将顶点数据存储到顶点缓冲区中。因此，我们需要创建一个顶点缓冲区，分配一个内存对象，并将它们绑定到一起，然后将顶点数据存储到该顶点缓冲区中。

```
InitVkDestroyer( LogicalDevice, VertexBuffer );
if( !CreateBuffer( *LogicalDevice, sizeof( vertices[0] ) * vertices.size(),
VK_BUFFER_USAGE_TRANSFER_DST_BIT | VK_BUFFER_USAGE_VERTEX_BUFFER_BIT,
*VertexBuffer ) ) {
  return false;
}
InitVkDestroyer( LogicalDevice, BufferMemory );
if( !AllocateAndBindMemoryObjectToBuffer( PhysicalDevice, *LogicalDevice,
*VertexBuffer, VK_MEMORY_PROPERTY_DEVICE_LOCAL_BIT, *BufferMemory ) ) {
  return false;
}
if( !UseStagingBufferToUpdateBufferWithDeviceLocalMemoryBound(
PhysicalDevice, *LogicalDevice, sizeof( vertices[0] ) * vertices.size(),
&vertices[0], *VertexBuffer, 0, 0,
  VK_ACCESS_VERTEX_ATTRIBUTE_READ_BIT, VK_PIPELINE_STAGE_TOP_OF_PIPE_BIT,
VK_PIPELINE_STAGE_VERTEX_INPUT_BIT, GraphicsQueue.Handle,
FrameResources.front().CommandBuffer, {} ) ) {
  return false;
```

然后，我们需要在片段着色器内部访问纹素数据。如果想要访问存储在同一渲染通道中上一个子通道中的颜色附着材料数据，则可使用输入附着材料。我们可以使用仓库图像、独立的采样器和已采样的图像，也可以使用合并的图像采样器，本例采用后一种方式。为了简化本例的代码，我们从文件读取纹理数据。但在大多数情况中应使用图像渲染场景。

```
    int width = 1;
```

第 12 章 高级渲染技术

```
int height = 1;
std::vector<unsigned char> image_data;
if( !LoadTextureDataFromFile( "Data/Textures/sunset.jpg", 4, image_data,
&width, &height ) ) {
  return false;
}
InitVkDestroyer( LogicalDevice, Sampler );
InitVkDestroyer( LogicalDevice, Image );
InitVkDestroyer( LogicalDevice, ImageMemory );
InitVkDestroyer( LogicalDevice, ImageView );
if( !CreateCombinedImageSampler( PhysicalDevice, *LogicalDevice,
VK_IMAGE_TYPE_2D, VK_FORMAT_R8G8B8A8_UNORM, { (uint32_t)width,
(uint32_t)height, 1 },
  1, 1, VK_IMAGE_USAGE_SAMPLED_BIT | VK_IMAGE_USAGE_TRANSFER_DST_BIT,
VK_IMAGE_VIEW_TYPE_2D, VK_IMAGE_ASPECT_COLOR_BIT, VK_FILTER_NEAREST,
  VK_FILTER_NEAREST, VK_SAMPLER_MIPMAP_MODE_NEAREST,
VK_SAMPLER_ADDRESS_MODE_CLAMP_TO_EDGE,
VK_SAMPLER_ADDRESS_MODE_CLAMP_TO_EDGE,
  VK_SAMPLER_ADDRESS_MODE_CLAMP_TO_EDGE, 0.0f, false, 1.0f, false,
VK_COMPARE_OP_ALWAYS, 0.0f, 1.0f, VK_BORDER_COLOR_FLOAT_OPAQUE_BLACK, true,
  *Sampler, *Image, *ImageMemory, *ImageView ) ) {
  return false;
}
VkImageSubresourceLayers image_subresource_layer = {
  VK_IMAGE_ASPECT_COLOR_BIT,
  0,
  0,
  1
};
if( !UseStagingBufferToUpdateImageWithDeviceLocalMemoryBound(
PhysicalDevice, *LogicalDevice,
static_cast<VkDeviceSize>(image_data.size()),
  &image_data[0], *Image, image_subresource_layer, { 0, 0, 0 }, {
(uint32_t)width, (uint32_t)height, 1 }, VK_IMAGE_LAYOUT_UNDEFINED,
  VK_IMAGE_LAYOUT_SHADER_READ_ONLY_OPTIMAL, 0, VK_ACCESS_SHADER_READ_BIT,
VK_IMAGE_ASPECT_COLOR_BIT, VK_PIPELINE_STAGE_TOP_OF_PIPE_BIT,
  VK_PIPELINE_STAGE_FRAGMENT_SHADER_BIT, GraphicsQueue.Handle,
```

```
    FrameResources.front().CommandBuffer, {} ) ) {
  return false;
}
```

上面的代码创建了一个合并的图像采样器,并设定需要使用非标准化的纹理坐标访问该合并的图像采样器。通常应将坐标限定在<0.0, 1.0>范围内(包含 0.0 和 1.0)。这样我们就不需要担心图像的尺寸了。为了进行后期处理,我们通常希望使用屏幕空间坐标处理纹理图像,在这种情况下会使用非标准化的纹理坐标(这些纹理坐标与图像的面积对应)。

要访问一幅图像,还需要使用描述符集合。本例不需要使用统一缓冲区,因为本例已绘制的几何图形顶点已经位于正确的空间(裁剪空间)中。在分配描述符集合前,应先创建一个含有在片段着色器阶段被访问的合并图像采样器的描述符集合布局,再创建一个描述符集合池,并通过该描述符集合池分配一个描述符集合。

```
VkDescriptorSetLayoutBinding descriptor_set_layout_binding = {
  0,
  VK_DESCRIPTOR_TYPE_COMBINED_IMAGE_SAMPLER,
  1,
  VK_SHADER_STAGE_FRAGMENT_BIT,
  nullptr
};
InitVkDestroyer( LogicalDevice, DescriptorSetLayout );
if( !CreateDescriptorSetLayout( *LogicalDevice, {
descriptor_set_layout_binding }, *DescriptorSetLayout ) ) {
  return false;
}
VkDescriptorPoolSize descriptor_pool_size = {
  VK_DESCRIPTOR_TYPE_COMBINED_IMAGE_SAMPLER,
  1
};
InitVkDestroyer( LogicalDevice, DescriptorPool );
if( !CreateDescriptorPool( *LogicalDevice, false, 1, { descriptor_pool_size
}, *DescriptorPool ) ) {
  return false;
}
if( !AllocateDescriptorSets( *LogicalDevice, *DescriptorPool, {
*DescriptorSetLayout }, DescriptorSets ) ) {
  return false;
```

```
            }
            ImageDescriptorInfo image_descriptor_update = {
              DescriptorSets[0],
              0,
              0,
              VK_DESCRIPTOR_TYPE_COMBINED_IMAGE_SAMPLER,
              {
                {
                  *Sampler,
                  *ImageView,
                  VK_IMAGE_LAYOUT_SHADER_READ_ONLY_OPTIMAL
                }
              }
            };
            UpdateDescriptorSets( *LogicalDevice, { image_descriptor_update }, {}, {},
            {} );
```

上面的代码更新了含有已创建好的采样器和图像视图的描述符集合。令人遗憾的是，我们用于渲染屏幕的图像的尺寸通常与屏幕的尺寸一样。这意味着当应用程序窗口的大小被改变时，就必须重新创建这幅图像。要做到这一点，必须先销毁旧图像并使用新尺寸创建一幅新图像。执行完这样的操作后必须再次更新描述符集合，使之含有新图像（不需要重新创建采样器）。因此我们必须牢记的一点是，每当应用程序窗口被调整大小后，都需要更新描述符集合。

最后，创建图形管线。该图像管线必须仅含有两个着色器阶段：顶点和片段。顶点着色器获取属性的数量，取决于是否需要使用纹理坐标。应使用VK_PRIMITIVE_TOPOLOGY_TRIANGLE_STRIP拓扑结构，绘制四画面全屏效果的几何图形。本例不需要使用任何绑定关系。

后期处理中最重要的操作是在片段着色器的内部执行的，需要做的工作取决于我们想要使用的技术。本例使用边缘检测算法。

```
            vec4 color = vec4( 0.5 );

            color -= texture( Image, gl_FragCoord.xy + vec2( -1.0, 0.0 ) );
            color += texture( Image, gl_FragCoord.xy + vec2( 1.0, 0.0 ) );

            color -= texture( Image, gl_FragCoord.xy + vec2( 0.0, -1.0 ) );
```

```
color += texture( Image, gl_FragCoord.xy + vec2( 0.0, 1.0 ) );

frag_color = abs( 0.5 - color );
```

上面的片段着色器代码，在被处理的片段周围提取了 4 个样本。将从片段左侧提取的样本与从片段右侧提取的样本进行比较，这样就可以查明水平方向上样本之间的差值。如果这个值很大，就说明这里是边缘。

在片段的垂直方向上也进行相同的操作（垂直方向上的样本差值或梯度，用于检测水平边缘；水平梯度用于检测垂直边缘），应将检测出的边缘上的片段存储到输出变量中。本例还额外使用了 abs() 函数，但这样做仅为了生成视觉效果。

上面的片段着色器访问了多个纹理坐标，也可以对合并的图像采样器（输入附着材料，它使得我们能够仅访问与正在被处理的片段关联的一个坐标）执行这些操作。然而，要将一幅图像作为除输入附着材料之外的资源，与描述符集合绑定到一起，就必须先停止当前的渲染通道，然后启用另一个渲染通道。在一个渲染通道中，图像不能既被作为附着材料又被作为非附着材料。

使用本例的代码可以生成下面右侧图的效果（左侧图为原始图像）。

参考内容

请参阅第 4 章的下列内容：

- 创建缓冲区。
- 将内存对象分配给图像并将它们绑定到一起。
- 使用暂存缓冲区更新与设备本地内存绑定的缓冲区。

请参阅第 5 章的下列内容：

第 12 章 高级渲染技术

- 创建合并的图像采样器。
- 创建描述符集合布局。
- 分配描述符集合。
- 绑定描述符集合。
- 更新描述符集合。

请参阅第 6 章的下列内容：

- 启动渲染通道。
- 停止渲染通道。

请参阅第 8 章的下列内容：

- 创建着色器模块。
- 设置管线顶点绑定关系描述、属性描述和输入状态。
- 设置管线输入组合状态。
- 设置管线光栅化状态。
- 创建图形管线。

请参阅第 9 章的下列内容：

- 绑定顶点缓冲区。
- 绘制几何图形。

对颜色纠偏后处理效果使用输入附着材料

3D 应用程序使用了各种各样的后处理技术，颜色纠偏就是其中的一种。这种技术比较简单，但是它可以生成引人注目的效果，并大幅度提升已渲染场景的外观和感觉。颜色纠偏可以改变场景的气氛，并引导出用户想要的感觉。

通常，要生成颜色纠偏效果，需要从当前处理的样本读取数据。这是一种非常好的特性，使我们能够使用输入附着材料实现颜色纠偏效果，还使我们能够在用于渲染场景的渲染通道中执行后处理操作，从而能够提高我们编写的应用程序的性能。

下面是本例生成的图像效果。

具体处理过程

（1）使用在后处理阶段必须用到的额外资源创建四画面全屏效果（请参阅"为进行后处理渲染四画面全屏效果"小节）。

（2）创建一个含有输入附着材料的描述符集合布局，并使这个输入附着材料能够在片段着色器阶段中被访问。使用创建好的描述符集合布局分配一个描述符集合（请参阅第 5 章）。

（3）创建一幅 2D 图像（一个内存对象和一个图像视图），这幅图像用于绘制场景。在创建该图像的过程中设置使用方式时，不仅应包含 VK_IMAGE_USAGE_COLOR_ATTACHMENT_BIT 使用方式，还应包含 VK_IMAGE_USAGE_INPUT_ATTACHMENT_BIT 使用方式。每当应用程序的窗口被调整大小时，都应重新创建这幅图像（请参阅第 5 章）。

（4）使用已创建好的图像的句柄，更新含有输入附着材料的描述符集合。每当应用程序的窗口被调整大小且重新创建图像时，都应执行这个更新操作（请参阅第 5 章）。

（5）创建用于渲染场景的常用资源。在创建用于渲染场景的渲染通道时，应在该渲染通道的末尾添加一个子通道。将在上一个子通道中使用的颜色附着材料，设置为这个新添加的子通道中的输入附着材料（请参阅第 6 章）。

（6）使用下面的 GLSL 代码创建一个顶点着色器，通过该顶点着色器创建一个着色器模块（请参阅第 8 章）。

```
#version 450
layout( location = 0 ) in vec4 app_position;
```

```
void main() {
  gl_Position = app_position;
}
```

(7）使用下面的 GLSL 代码创建一个片段着色器，通过该片段着色器创建一个着色器模块。

```
#version 450
layout( input_attachment_index = 0, set = 0, binding = 0 )
uniform subpassInput InputAttachment;
layout( location = 0 ) out vec4 frag_color;

void main() {
  vec4 color = subpassLoad( InputAttachment );
  float grey = dot( color.rgb, vec3( 0.2, 0.7, 0.1 ) );
  frag_color = grey * vec4( 1.5, 1.0, 0.5, 1.0 );
}
```

(8）创建一个用于在后处理阶段执行绘制操作的图形管线，通过该图形管线使用前面创建的顶点和片段着色器模块。参考"为进行后处理渲染四画面全屏效果"小节，创建其余管线参数。

(9）在动画的每个帧中，使用创建好的图像绘制场景，然后执行下一个子通道（请参阅第 6 章）。绑定用于执行后处理操作的图形管线，绑定含有输入附着材料的描述符集合，绑定含有四画面全屏效果数据的顶点缓冲区，并绘制四画面全屏效果（请参阅第 5 章、第 8 章和第 9 章）。

具体运行情况

因为本例的场景是通过两个步骤绘制的，所以应在同一个渲染通道中创建后处理效果。

第一步应创建用于绘制基本场景的资源：场景的几何图形、纹理、描述符集合和管线对象等。第二步应对四画面全屏效果执行"为进行后处理渲染四画面全屏效果"小节介绍的处理步骤。

在后处理阶段中使用的最重要的两种资源是图像和图形管线。当我们使用常规方式渲染场景时，应将这幅图像作为颜色附着材料。我们会使用这幅图像渲染场景，而不是将这幅图像作为交换链图像。不仅在渲染场景的过程中应将这幅图像作为颜色附着材料，而且在后处理过程中还应将这幅图像作为输入附着材料。需要注意的是，每当应用程序的尺寸被调整后都需要重新创建这幅图像。

```
InitVkDestroyer( LogicalDevice, SceneImage );
InitVkDestroyer( LogicalDevice, SceneImageMemory );
InitVkDestroyer( LogicalDevice, SceneImageView );
if( !CreateInputAttachment( PhysicalDevice, *LogicalDevice,
VK_IMAGE_TYPE_2D, Swapchain.Format, { Swapchain.Size.width,
Swapchain.Size.height, 1 }, VK_IMAGE_USAGE_COLOR_ATTACHMENT_BIT |
VK_IMAGE_USAGE_INPUT_ATTACHMENT_BIT, VK_IMAGE_VIEW_TYPE_2D,
VK_IMAGE_ASPECT_COLOR_BIT, *SceneImage, *SceneImageMemory, *SceneImageView
) ) {
  return false;
}
```

要将图像作为输入附着材料，就需要使用描述符集合。这个描述符集合必须至少含有我们需要使用的输入附着材料，因此我们应创建合适的描述符集合布局。输出附着材料只能在片段着色器的内部被访问，因此应通过下列方式创建描述符集合布局、描述符集合池和分配描述符集合。

```
std::vector<VkDescriptorSetLayoutBinding>
    scene_descriptor_set_layout_bindings = {
    {
        0,
        VK_DESCRIPTOR_TYPE_INPUT_ATTACHMENT,
        1,
        VK_SHADER_STAGE_FRAGMENT_BIT,
        nullptr
    }
};
InitVkDestroyer( LogicalDevice, PostprocessDescriptorSetLayout );
if( !CreateDescriptorSetLayout( *LogicalDevice,
    scene_descriptor_set_layout_bindings, *PostprocessDescriptorSetLayout ) ) {
  return false;
}
std::vector<VkDescriptorPoolSize> scene_descriptor_pool_sizes = {
    {
        VK_DESCRIPTOR_TYPE_INPUT_ATTACHMENT,
        1
    }
```

```
};
InitVkDestroyer( LogicalDevice, PostprocessDescriptorPool );
if( !CreateDescriptorPool( *LogicalDevice, false, 1,
scene_descriptor_pool_sizes, *PostprocessDescriptorPool ) ) {
  return false;
}
if( !AllocateDescriptorSets( *LogicalDevice, *PostprocessDescriptorPool, {
*PostprocessDescriptorSetLayout }, PostprocessDescriptorSets ) ) {
  return false;
}
```

还应通过作为颜色附着材料/输入附着材料的图像的句柄更新描述符集合。因为每当应用程序的窗口被调整尺寸时，这幅图像就会被重新创建，所以还必须更新描述符集合。

```
ImageDescriptorInfo scene_image_descriptor_update = {
  PostprocessDescriptorSets[0],
  0,
  0,
  VK_DESCRIPTOR_TYPE_INPUT_ATTACHMENT,
  {
    {
      VK_NULL_HANDLE,
      *SceneImageView,
      VK_IMAGE_LAYOUT_SHADER_READ_ONLY_OPTIMAL
    }
  }
};
UpdateDescriptorSets( *LogicalDevice, { scene_image_descriptor_update },
{}, {}, {} );
```

下面应创建渲染通道。在本例中，用于渲染场景和进行后处理的渲染通道都可以通过常规方式创建。场景是在专用的子通道中被渲染的。后处理阶段增加了一个子通道，以便渲染四画面全屏效果。

通常应定义 2 个渲染附着材料：颜色附着材料（交换链图像）和深度附着材料（带深度格式的图像）。但本例需要定义 3 个附着材料：第一个是供创建好的图像使用的颜色附着材料；第二个是常规用途的深度附着材料；第三个是供交换链图像使用的颜色附着材料。这样就能通过常规方式使用两个组成部分（颜色附着材料和深度附着材料）渲染场景了。

然而，在后处理阶段，第一个附着材料被作为输入附着材料；第二个附着材料被作为颜色附着材料，用于渲染四画面全屏效果；因此，只有最后一幅图像（附着材料）才能够显示在屏幕上。

下面的代码设置了渲染通道的附着材料。

```
std::vector<VkAttachmentDescription> attachment_descriptions = {
  {
    0,
    Swapchain.Format,
    VK_SAMPLE_COUNT_1_BIT,
    VK_ATTACHMENT_LOAD_OP_CLEAR,
    VK_ATTACHMENT_STORE_OP_DONT_CARE,
    VK_ATTACHMENT_LOAD_OP_DONT_CARE,
    VK_ATTACHMENT_STORE_OP_DONT_CARE,
    VK_IMAGE_LAYOUT_UNDEFINED,
    VK_IMAGE_LAYOUT_SHADER_READ_ONLY_OPTIMAL
  },
  {
    0,
    DepthFormat,
    VK_SAMPLE_COUNT_1_BIT,
    VK_ATTACHMENT_LOAD_OP_CLEAR,
    VK_ATTACHMENT_STORE_OP_DONT_CARE,
    VK_ATTACHMENT_LOAD_OP_DONT_CARE,
    VK_ATTACHMENT_STORE_OP_DONT_CARE,
    VK_IMAGE_LAYOUT_UNDEFINED,
    VK_IMAGE_LAYOUT_DEPTH_STENCIL_ATTACHMENT_OPTIMAL
  },
  {
    0,
    Swapchain.Format,
    VK_SAMPLE_COUNT_1_BIT,
    VK_ATTACHMENT_LOAD_OP_DONT_CARE,
    VK_ATTACHMENT_STORE_OP_STORE,
    VK_ATTACHMENT_LOAD_OP_DONT_CARE,
    VK_ATTACHMENT_STORE_OP_DONT_CARE,
    VK_IMAGE_LAYOUT_UNDEFINED,
```

```
      VK_IMAGE_LAYOUT_PRESENT_SRC_KHR
  }
};
```

如下面的代码所示，这个渲染通道含有两个子通道。

```
VkAttachmentReference depth_attachment = {
  1,
  VK_IMAGE_LAYOUT_DEPTH_STENCIL_ATTACHMENT_OPTIMAL
};
std::vector<SubpassParameters> subpass_parameters = {
  {
    VK_PIPELINE_BIND_POINT_GRAPHICS,
    {},
    {
   {
       0,
       VK_IMAGE_LAYOUT_COLOR_ATTACHMENT_OPTIMAL,
     }
    },
    {},
    &depth_attachment,
    {}
  },
  {
    VK_PIPELINE_BIND_POINT_GRAPHICS,
    {
      {
        0,
        VK_IMAGE_LAYOUT_SHADER_READ_ONLY_OPTIMAL,
      }
    },
    {
      {
        2,
        VK_IMAGE_LAYOUT_COLOR_ATTACHMENT_OPTIMAL,
      }
    },
```

```
        {},
        nullptr,
        {}
    }
};
```

请不要忘记设置渲染通道中各个子通道的依赖关系,这些依赖关系非常重要,因为它们用于使两个子通道能够同步。在将数据写入纹理前,我们无法从纹理读取数据,因此需要在 0 号子通道和 1 号子通道之间(在含有颜色附着材料和输入附着材料的子通道之间)设置依赖关系。同理,也需要为交换链图像设置依赖关系。

```
std::vector<VkSubpassDependency> subpass_dependencies = {
    {
        0,
        1,
        VK_PIPELINE_STAGE_COLOR_ATTACHMENT_OUTPUT_BIT,
        VK_PIPELINE_STAGE_FRAGMENT_SHADER_BIT,
        VK_ACCESS_COLOR_ATTACHMENT_WRITE_BIT,
        VK_ACCESS_INPUT_ATTACHMENT_READ_BIT,
        VK_DEPENDENCY_BY_REGION_BIT
    },
    {
        VK_SUBPASS_EXTERNAL,
        1,
        VK_PIPELINE_STAGE_TOP_OF_PIPE_BIT,
        VK_PIPELINE_STAGE_COLOR_ATTACHMENT_OUTPUT_BIT,
        VK_ACCESS_MEMORY_READ_BIT,
        VK_ACCESS_COLOR_ATTACHMENT_WRITE_BIT,
        VK_DEPENDENCY_BY_REGION_BIT
    },
    {
        1,
        VK_SUBPASS_EXTERNAL,
        VK_PIPELINE_STAGE_COLOR_ATTACHMENT_OUTPUT_BIT,
        VK_PIPELINE_STAGE_TOP_OF_PIPE_BIT,
        VK_ACCESS_COLOR_ATTACHMENT_WRITE_BIT,
        VK_ACCESS_MEMORY_READ_BIT,
```

```
      VK_DEPENDENCY_BY_REGION_BIT
    }
  };
```

本例在后处理阶段使用了一个标准的图形管线,这个图形管线只有两个特异之处:一是这个图形管线是在 1 号子通道中被使用的(而不像其他示例那样在 0 号子通道中被使用,因为场景是在 0 号子通道中被渲染的);二是片段着色器没有从合并的图像采样器加载颜色数据,而从输入附着材料加载颜色数据。下面的代码定义了片段着色器内部的输入附着材料。

```
layout( input_attachment_index = 0, set = 0, binding = 0 ) uniform
  subpassInput InputAttachment;
```

可使用 subpassLoad() 函数从输入附着材料读取数据,该函数仅接收统一变量(uniform variable)。不需要使用纹理坐标,因为我们只能通过与被处理片段关联的坐标,并从输入附着材料读取数据。

```
vec4 color = subpassLoad( InputAttachment );
```

这样片段着色器就能够获取已加载的颜色,通过这些数据计算出灰褐色,并将结果存储到输出变量(颜色附着材料)中。执行完这一系列处理步骤后就能够创建出最终结果。如下图所示,左侧是通过常规手段渲染的场景,右侧是通过处理后得到的效果。

参考内容

请参阅第 5 章的下列内容:
- 创建输入附着材料。
- 创建描述符集合布局。

- 分配描述符集合。
- 更新描述符集合。
- 绑定描述符集合。

请参阅第 6 章的下列内容：

- 设置子通道描述。
- 创建渲染通道。
- 进入下一个子通道。

请参阅第 8 章的下列内容：

- 创建着色器模块。
- 绑定管线对象。

请参阅第 9 章的下列内容：

- 绑定顶点缓冲区。
- 绘制几何图形。

请参阅本章的下列内容：

- 为进行后处理渲染四画面全屏效果。